Von Pythagoras bis Hilbert

Der österreichische Schriftsteller **Egmont Colerus** behandelte in seinen Romanen aus einer zutiefst humanistischen Weltsicht in impressionistischer oder auch expressionistischer Art zahlreiche Problemstellungen in historischer Einkleidung. Darüber hinaus schrieb er mehrere Sachbücher. Er zählte damit zu den erfolgreichsten deutschen Schriftstellern (Gesamtauflage über 670.000 Exemplare).

Über das Buch:

Colerus ist der berufene Autor, der die Epochen der Mathematik darzustellen vermag. Nur er hat die Gabe, wissenschaftliche Dinge so darzustellen, dass sie jedermann versteht und begeistert wird. An entscheidenden, sorgfältig ausgewählten Persönlichkeiten werden die Entwicklungsstufen der Mathematik aufgewiesen in stetem Zusammenhang mit den allgemeinen historischen, vor allem kulturhistorischen Entwicklungslinien.

Das Buch wird dadurch äußerst reizvoll und interessant. Eine ganz eigene Geschichte der Mathematik. Besonders kommen klar die Unterschiede der einzelnen Völker aller Kulturabschnitte zum Ausdruck. Ein sehr empfehlenswertes Werk.

(Die Rote Edition Bd. 33: Nachdruck der Ausgabe von 1937)

EGMONT COLERUS

VON PYTHAGORAS BIS HILBERT

Die Epochen der Mathematik
und ihre Baumeister

*GESCHICHTE DER MATHEMATIK
FÜR JEDERMANN*

Nachdruck der Ausgabe von

1937

Die Rote Edition Bd. 33

Bibliografische Information der Deutschen Nationalbibliothek:
Die Deutsche Nationalbibliothek verzeichnet diese Publikation in der
Deutschen Nationalbibliografie; detaillierte bibliografische Daten
sind im Internet über dnb.dnb.de abrufbar

Titelfoto: Die Mathematikerin Hypatia von Charles Mitchell 1885, (siehe auch
Seite 120)

© 2021, Egmont Colerus

Herstellung und Verlag: BoD – Books on Demand, Norderstedt

ISBN: 978-3-7543-4018-9

INHALT

VORWORT

Es erscheint mir beinahe unfaßbar, daß erst wenig mehr als zwei Jahre verstrichen sind, seitdem ich meinen ersten mathematischen Popularisierungsversuch „Vom Einmaleins zum Integral" in die Welt hinaussandte. Das Echo, das dieses Buch und das ihm in Jahresfrist nachgesandte Geometriebuch „Vom Punkt zur vierten Dimension" in vielen Ländern Europas erweckte, machte es mir geradezu zur Pflicht, jedem Wunsch nachzukommen, den diese mächtige Mathematikergemeinde mir übermittelte. Hat doch die Gesamtauflage meiner ersten zwei Bücher in allen Sprachen bereits fast 60.000 erreicht!

Ich nenne diese Ziffer in Demut und in Freude über das geistige Interesse, das aus ihr spricht. Aber, wie schon gesagt, auch im Gefühl tiefer Verpflichtung. Gewiß, es gibt viele und ausgezeichnete Bücher und Abhandlungen über die Geschichte der Mathematik. Die Leser und Kritiker meiner Bücher (fast wäre ich versucht, von letzteren als von „Förderern und Propagatoren" zu sprechen!) haben aber mehr als einmal den Wunsch geäußert, auch die „werdende Wissenschaft" von mir behandelt zu sehen, und zwar nicht bloß in leichterer und populärerer Art, als dies der strengen Wissenschaft erlaubt und möglich ist, sondern auch von gewissen allgemeineren kulturhistorischen Aspekten aus, zu denen mich meine Tätigkeit als Dichter kulturhistorisch-geistesgeschichtlicher Synthesen angeblich irgendwie legitimiert.

Ich habe die mir von meiner Gemeinde, zu der erfreulicherweise auch ein ebenso aufgeklärter wie rühriger und kulturell gesinnter Buchhandel gehört, in mancher Form

9

gestellte Aufgabe, wie ich offen gestehen muß, sehr zögernd und sehr zweifelsüchtig auf mich genommen, obwohl mein Verleger Paul Zsolnay unter dem unmittelbaren Eindruck eines Vortrages, den ich in der Wiener Urania unter dem Titel „Die Epochen der Mathematik und ihre Baumeister" hielt, sich noch überdies zu allen anderen Anregern meiner „Geschichte der Mathematik" in höchst positiver Art hinzugesellte.

Ich mußte also wohl oder übel meine bisherigen, immerhin schon lange betriebenen Studien der Mathematikgeschichte im letzten Jahre in einer Art intensivieren, die mir manchmal das Dichterwort „O wären wir weiter, o wär' ich zu Haus" auf die Lippen trieb, denn bloß in sekundärer Arbeit, die nur die vorhandenen mathematikgeschichtlichen Werke gleichsam ausschrotete, wollte ich die „Epochen" nicht behandeln. So weit es nur ging, sollten mich die Originalwerke der großen Heroen unserer Wissenschaft mit ihrem schöpferischen, vom Rausch des Werdens und Entdeckens durchwärmten Atem anwehen.

Trotz dieser Verschärfung, die ich mir auferlegte und die irgendwie wissenschaftlichen Arbeitsbedingungen manchmal nahekommt, maße ich mir aus sehr tiefliegenden prinzipiellen Gründen auch in diesem dritten Teil meiner Populär-Mathematik nicht an, Wissenschaft getrieben zu haben. Mein Bestreben ist vielmehr nach wie vor, im Vorhofe der Wissenschaft die Bildungsdürstenden zu unterrichten und ihnen den Weg zum Genuß wahrer Wissenschaft zu ebnen.

Das vorliegende Buch wendet sich auch in noch viel höherem Maße als seine beiden Vorgänger an ein breites Publikum, das sich nach allen meinen bisherigen Erfahrungen aus den heterogensten Alters- und Berufsschichten zusammensetzt. Ähnlich der Musik ist ja die Mathematik eine im besten Sinne des Wortes menschliche Angelegenheit. Rang, Würde, Alter, Geschlecht und Herkunft sind ihr einerlei und sie ist zudem noch bestrebt, dem Willen Gottes, dem Willen zur lautersten

10

und unerbittlichsten Wahrheit, soweit dies irdischen Wesen möglich ist, nahezukommen. Sie will aber auch ebensosehr den irdischen Hochmut, die intellektuelle Anmaßung und die apokalyptische Skepsis bekämpfen, da sie auf einer Seite den Himmelstürmern ein donnerndes Halt zuruft, auf der andren Seite durch die Entwicklung von Jahrtausenden bewiesen hat, daß stets wieder neue Kulturen in neuer Form dieses oberste Reich des Geistes weiterbauen und einander zu einer sicherlich erst mit den letzten Menschen endenden Aufstiegskette die Hand reichen.

Um diese Entwicklung, soweit sie bisher seit den alten Ägyptern, Mesopotamiern und Indern vorliegt, den weitesten Kreisen zugänglich zu machen, habe ich das vorliegende Buch gleichsam in zwei Schichten aufgebaut. Der mathematisch abseitige oder mindergeübte Leser mag die sehr sparsam vorkommenden Formeln links liegen lassen oder überfliegen, um sich ausschließlich den kulturgeschichtlichen, biographischen und philosophischen Erörterungen zuzuwenden, die vielleicht auch nicht stets sehr leicht sind, jedoch für Feinde der formalen Mathematik den Vorteil haben, in gewöhnlicher Umgangssprache verfaßt zu sein.

Für anspruchsvollere Leser wollte ich es nicht unterlassen, meine Ausführungen durch konkrete Beispiele zu untermalen, die ich so sorgfältig als möglich auswählte, um sie sowohl leichtverständlich als charakteristisch zu gestalten. Es hat ja die Darstellung der werdenden Wissenschaft von vornherein den großen Vorteil auf ihrer Seite, daß sie den Leser vom Leichteren zum Schwereren führt und so gleichsam zum zwanglosen Unterrichtskurs wird, in dem sich eine Stufe über der andren aufbaut.

Nach all dem brauche ich nicht zu betonen, daß das vorliegende Buch für sich allein ein abgeschlossenes Ganzes bildet und auch als solches verfaßt wurde, wenngleich es aus demselben Geist entstanden ist wie seine beiden Vorgänger und sich ihnen helfend an die Seite stellt.

Zu danken habe ich im allgemeinen meiner Gemeinde in allen Ländern, die mir durch ihren Enthusiasmus und ihr Verständnis die Mathematik und zudem jede ernste kulturelle Bestrebung noch lieber machte, als sie es mir schon von vornherein war. Im besonderen danke ich meinem Lehrer Dr. Walther Neugebauer, der mir auch diesmal mehr als einen wertvollen Wink gab. Ich danke weiters dem Maler Hans Strohofer für die Anfertigung der Zeichnungen und den Freunden, dem Verleger Paul Zsolnay und dem Verlagsdirektor Felix Costa für die produktive Ungeduld, mit der sie der Fertigstellung dieses Buches entgegensahen.

Den Publizisten und Buchhändlern aber, die sich gelegentlich des Erscheinens meiner früheren Mathematikbücher geradezu zu Propagandazentralen für die Verbreitung der Mathematik konstituierten, danke ich im Namen unsrer königlichen Wissenschaft, für deren Ruhm und Aufstieg all die Geistesriesen, deren Taten und Werdegang wir auf den folgenden Seiten näherrücken wollen, in der oder jener Form ihr blühendes Leben weihten.

Wien, 21. Februar 1937.

EGMONT COLERUS

Erstes Kapitel

PYTHAGORAS

Mathematik als Wissenschaft

Wir stellen uns in das sechste vorchristliche Jahrhundert. Und wir muten uns die Märchengabe zu, gleichsam allgegenwärtig zu sein, ohne selbst gesehen zu werden. Für diese Reise auf einem Zauberteppich haben wir keinen Plan. Nur der Wunsch soll uns führen, nur die Laune. Und die Bilder und die Gedanken werden Sätze, formen sich zum Überblick.

Satter Friede liegt über dem Lande der Pharaonen. Der Sturm aus dem Osten hat noch nicht zu brausen begonnen. Nichts deutet darauf hin, daß er sich zum Orkan verstärken wird. Wenn anders man verästelte diplomatische Verhandlungen mit den Persern nicht allzu ernst nimmt. Wer sollte sie auch allzuernst nehmen? In der vieltausendjährigen Geschichte des ägyptischen Reiches hat ja die Diplomatie niemals geruht. Und rätselhaft wie seine Sphinxe liegt dieses Land da in all seiner Herrlichkeit.

Jahr für Jahr überschwemmt der Nil die Fluren, zerstört schlammbringend, neue Frucht verheißend, die sorgfältig ausgemessenen Gemarkungen. Wenn die Fluten sich verlaufen haben, dann eilen unzählige Feldmesser hinaus auf die Schlammflächen, auf denen noch Fische und Frösche zappeln, schlagen Pflöcke ein, verbinden sie mit Meßschnüren und rechnen. Rechnen Tag und Nacht, bis in kurzer Zeit jedem Grundbesitzer wieder seine Felder zugeteilt sind.

Auf diese Emsigen aber blicken in majestätischer Ruhe erhabene Bauwerke herab. Pyramiden mit scharfen Kanten, spiegelglatten grauen polierten Flächen. Über und über bedeckt mit grell-bunten Hieroglyphen. Warum

13

stehen sie so unwahrscheinlich regelmäßig, so streng geometrisch da, diese Pyramiden? Warum auch geben die Formen der Obelisken, Tempelpylonen, Pfeiler, Kanalböschungen, Getreidespeicher den Pyramiden an peinlichster Arbeit nichts nach?

Wir erlauschen das Geheimnis: Es ist Architektengeschicklichkeit, unterstützt von Seilspannern und Geometern, die aus dicken Papyrosrollen allerlei Formeln herauslesen und sie anwenden. Sie wissen genaue Verfahrensweisen, um rechte Winkel zu bestimmen. Es ist ihnen bekannt, daß, wenn man aus Seilen ein Dreieck mit den Seiten von 3, 4 und 5 Einheiten bildet und es durch Pflöcke an den Knotenpunkten dieser Seile festlegt, dann stets ein unbedingt verläßlicher rechter Winkel im Punkt des Zusammenstoßens der Seiten 3 und 4 entsteht. Aber solches Wissen ist ja höchst primitiv. Das reicht selbst für die ägyptischen Geometer in die Jahrtausende zurück. Heute weiß man mehr im heiligen Lande Kemi. Man kennt ein Verfahren, das Jahrtausende später Trigonometrie heißen wird. Wenigstens einiges kennt man davon. Nämlich die Winkelfunktion des Kotangens. Kurz, man weiß, daß die Winkelgröße eines spitzen Winkels im rechtwinkeligen Dreieck in genauer Abhängigkeit von den Katheten des Dreieckes steht. Eine dieser Katheten heißt „Pir-em-mus". Das haben die Griechen erlauscht, schlecht gehört und daraus das Wort Pyramis oder Pyramide gemacht. Aber das ereignete sich erst später. Jetzt stehen wir am Beginn des sechsten vorchristlichen Jahrhunderts. Und da gilt unsre Bewunderung nicht bloß den herrlichen Bauten, sondern auch der wohlgeordneten Staatsverwaltung Ägyptens, seinem blühenden Handel, seinem Rechts- und Finanzwesen.

Wie machen es wohl nur die Rechenmeister, die dort um den Getreideberg herumstehen und ihn streng nach vorher festgesetzter Anteilquote an verschiedene Eigentümer zuteilen, bevor auch nur eine einzige Mengeneinheit auf die Waage kommt? Sie haben eben auch für

14

solche Zwecke Verfahrensarten ersonnen. „Haufenberechnung" nennen sie es. Und sie schrecken auch vor sehr verwickelten Zuteilungsfragen nicht zurück. Gesellschaftsrechnung, Regeldetri, Gleichungen mit einer Unbekannten wird man später das nennen, was sich hier zum erstenmal regt und zum erstenmal den Zwecken der Menschen dient. Und es gibt auf dem Boden dieses heiligen Landes noch manches andre, manches auch, in das wir nicht eindringen, das wir nicht durchschauen können.

Wir aber wissen, daß wir am Beginn eines Fluges durch Jahrtausende sind. Kein Zauber darf uns gefangen halten. Wir fliegen nach Osten, denn man hat uns sonderbare Dinge erzählt, was es dort gibt und was — ebenfalls seit Jahrtausenden — dort von den „Chaldäern" getrieben wird.

Auch das Zweistromland des Euphrat und Tigris, das jetzt eben von den Persern beherrscht wird, ist uraltes Kulturland. Sumerier und Akkadier, Assyrier und Babylonier haben hier gedacht, gekämpft, geackert, einander vernichtet und sich miteinander vermengt. Und alle haben sonderbare Keilschriftzeichen in Tontäfelchen geritzt. Ganze Magazine voll. Und auf Tausenden und Abertausenden dieser Täfelchen wurde gerechnet. Das letzte Ziel der Rechnungen aber ist hier, mit Ausnahme praktischer Dinge des Geldwesens, ja sogar der Transportversicherung, nicht sosehr auf die äußere Gestaltung gerichtet gewesen wie im Lande Ägypten. Hier, in Babylon und rundum im Zweistromland, richtet man seinen Blick zum Himmel. Die Chaldäer sind die besten Astronomen der bekannten Welt. Sie berechnen Verfinsterungen der Sonne und des Mondes voraus, prüfen und bestimmen den Kalender und wissen sehr genau Bescheid um die Winkel, unter denen die Gestirne erscheinen und untertauchen, und um die Bahnen, die von den Planeten durchlaufen werden.

Sie betreiben die sphärische Trigonometrie, die Winkelmeßkunde auf der Kugel, in der Hohlkugel des Firma-

15

mentes. Sie haben den Kreis in dreihundertsechzig Grade geteilt, sie benützen ein Ziffernsystem mit der Grundzahl 60 und meistern selbst schwierige, großzahlige Berechnungen, ja sogar Quadrat- und Kubikzahlen. Vielleicht stehen sie auch mit ihren östlichen Nachbarn, den Indern, und den fernsten Nachbarn, den Chinesen, in Verbindung? Wir wollen da nicht Märchen ersinnen. Wir wissen bloß, daß die Inder in ungeheuren Zahlen schwelgen, daß sie eigene Worte für Zahlen besitzen, die an das Unvorstellbare grenzen. In ihrem uralten Epos Mahabharatam ist von $24 \cdot 10^{15}$ Göttern die Rede und Gautama Buddha soll 600.000 Millionen Söhne gehabt haben. Ein Volksmärchen aber, das wir am Markt von Benares erlauschen, berichtet, daß einst in grauer Vorzeit eine Affenschlacht stattfand, an der 10^{40} Affen teilgenommen haben. Was ist das wohl für eine Zahl? Jahrtausende später hat man berechnet, daß diese Affen nicht in einer Hohlkugel Platz hätten, deren Durchmesser gleich dem Durchmesser des ganzen Sonnensystems (der Neptunbahn) wäre. Gläubig sind sie, großzügig und phantastisch, diese alten Inder. Trotz oder infolge dieser zügellosen Geistigkeit entdecken sie jedoch eine Wahrheit nach der andern. Und sie kennen auch ähnliche Künste wie die Seilspanner (Harpedonapten) des Nillandes. Nur ist ihr Musterdreieck zur Erzeugung des rechten Winkels nicht das nächstliegende mit dem Seitenverhältnis 3, 4 und 5, sondern ein Dreieck der Seiten 5, 12 und 13. Mit diesem „Werkzeug" nun stecken sie die Grundrisse von Altären ab, deren Form manchmal etwa einem aus Dreiecken, Rhomben und Quadraten zusammengesetzten Adler gleicht.

In der Zeit aber, durch die wir fliegen, rechnen auch fleißige Chinesen mit „Rechenbrettern", bei denen Kügelchen auf Drähten aufgereiht sind. Und ganz fern im Westen hält das amerikanische Reich der hochzivilisierten Majas, ohne Zusammenhang mit all den bisher von uns besuchten Völkern, Staat und Verwaltung, Handel und Kalender mit gut erdachten Ziffersystemen in bester Ordnung.

16

An den Ufern des Mittelmeeres aber ist ein großes Werden und eine wunderbare Geburt im Gange. Auf den Inseln, die wie im Traum in heiteren blauen Wassern liegen, an deren Hängen glühender Wein reift, und auf dem Festland, in der Rosenstadt Milet, erfaßt eine unentrinnbare Sehnsucht Einzelne. Die Sieben Weisen Griechenlands stehen plötzlich vor den erstaunten Augen der Mitwelt, und einer dieser Weisen ist Thales von Milet. Gut, die Landsleute halten ihn schon als Jüngling für ein großes Licht des Geistes und des Wissens. Er aber hat Kunde vernommen von tieferer, älterer, klarerer Weisheit. Und er besteigt ein Schiff und fährt in die Welt. Dorthin, wo höchster Preis winkt. Im Delta des Nils liegen griechische Siedlungen. Dort stehen hellenische Hilfstruppen den Pharaonen zu Diensten. Kein Wunder, daß sich Thales in diesen Landstrich begibt. Freundlich und väterlich wird er von ägyptischen Priestern unterwiesen. Beileibe nicht im Geheimwissen. Man zeigt ihm eben, wie man einfache Dinge mißt und berechnet. Thales aber gerät in einen Rausch des Erkennenwollens. Sein Geist beginnt zu rasen. Und die Priester Ägyptens erstaunen nicht so sehr über das Ergebnis der Entdeckungen des Thales als vielmehr über die sonderbare, ihnen fremde Anschauungs- und Verallgemeinerungskraft, mit der der junge Hellene die Aufgaben anpackt.

Er steht im Wüstensand zu Füßen der großen Pyramiden. Ein Priester Ägyptens fragt ihn lächelnd, wie hoch wohl die Pyramide des Königs Chufu (die Cheops-Pyramide) sei. Thales überlegt. Dann antwortet er, er werde die Höhe nicht schätzen, sondern messen. Ohne jedes Werkzeug, ohne Hilfsmittel. Und er legt sich in den Sand und bestimmt die eigene Körperlänge. Was er vorhabe, fragen ihn die Priester. Er aber erklärt: „Ich werde mich einfach ans eine Ende dieser gemessenen Länge meines Körpers stellen und warten, bis mein Schatten genau so lang ist, wie meine Körpergröße. In eben demselben Augenblick muß auch die Schattenlänge der Pyramide eures Chufu (oder wie wir Hellenen sagen, des Cheops) genau so viele Schritte messen, wie die Pyramide hoch ist." Als der Priester, verblüfft von der unvorstellbaren Einfachheit der Lösung, noch nachsinnt, ob da nicht irgendein Trugschluß, ein Fehler vorliegen könnte, spricht Thales schon weiter: „Wenn ihr aber wollt, daß ich euch diese Höhe zu jeder beliebigen Stunde messe, dann werde ich diesen Wanderstab hier in den Sand stecken. Seht, sein Schatten ist etwa halb so kurz wie der Stab selbst. Folglich muß eben jetzt auch der Schatten der Pyramide etwa die Hälfte ihrer Höhe messen. Ihr seid ja geschickt genug, die Messung sehr genau durchzuführen. Ihr habt dann bloß die Stablänge mit der Schattenlänge zu vergleichen, um durch Teilung oder Vervielfachung des Pyramidenschattens die Höhe des Bauwerks zu ermitteln."

In dieser Art setzt Thales von Milet die Ägypter in Staunen. In seiner Vaterstadt aber mißt er sogar die Entfernung von Schiffen, die draußen auf der See fahren. Nur einen Visierwinkel braucht er dazu und die Höhe seines Standortes über dem Meeresspiegel: Er arbeitet mit der Ähnlichkeit von Dreiecken und hat die einfachsten „Verhältnisse" und „Proportionen" in den Kreis seiner Betrachtungen einbezogen. Das ist aber noch durchaus nicht alles. Er hat viel Tieferes entdeckt, viel Folgenschwereres. Er weiß nämlich bereits, daß der Winkel im Halbkreise, jener Winkel also, dessen Schenkel durch die Endpunkte eines Durchmessers laufen und dessen Scheitel im Umfang des Halbkreises liegt, jederzeit ein rechter Winkel ist. Mit dieser Erkenntnis hat er ein Tor geöffnet, durch das in der Zukunft, und zwar schon in naher Zukunft, viel Neues einströmen sollte. Wir wollen es aber nicht bei dieser Andeutung bewenden lassen, sondern unseren Weltflug unterbrechen und deutlich sagen, was wir meinen. Wenn ein Mann vom geistigen Range eines Thales einmal gesehen hat, daß sich über einer und derselben Hypotenuse im Halbkreise unzählig viele rechtwinklige Dreiecke bilden lassen, dann ist es fast verwunderlich, daß er sich nicht eine weitere Frage

18

nach der Beziehung vorgelegt hat, in der die Katheten zueinander und zu ihrer gemeinsamen Hypotenuse stehen. Insbesondere, da ja als fast sicher anzunehmen ist, daß er in Ägypten vom Dreieck mit dem Seitenverhältnis 3, 4 und 5 gehört hat. Oder hat Thales dort nichts von solchen Dreiecken erfahren? Wir haben keine nähere Kenntnis davon. Es steht nur fest, daß Pythagoras von Samos ein Schüler desselben Thales von Milet war. Und was die Nennung dieses Namens in eben diesem Zusammenhang bedeutet, dürfte jedem klar sein, der nur die einfachsten Anfangsgründe der Geometrie kennt. Wir werden aber gleichwohl darüber später eingehender sprechen. Allerdings erst, nachdem wir unseren Weltflug noch ein wenig fortgesetzt haben.

Das Leben des Pythagoras von Samos verläuft im sechsten vorchristlichen Jahrhundert, das wir schon mehrfach erwähnten und dessen prinzipielle Wichtigkeit für die Wissenschaftsgeschichte wir auch bald erörtern werden. Als Jüngling hat Pythagoras weite Reisen unternommen. Ein ganzer Kranz von Sagen wurde später um diese Reisen gelegt. Sicher dürfte Pythagoras in Ägypten gewesen sein. Man behauptet, er sei dort nach allerlei Bemühungen schließlich in die ägyptischen Priesterschaften aufgenommen worden und habe den ganzen Bildungsgang dieser Priester geteilt. Ja, es wird noch weit mehr erzählt. Im Jahre 525 vor Christi Geburt, als Kambyses Ägypten eroberte, soll Pythagoras als ägyptischer Priester in Gefangenschaft geraten und nach Babylon verschleppt worden sein. Von dort sei er sogar nach Persepolis und nach Indien gekommen. Endlich befreit, sei er nach Samos zurückgekehrt, habe aber die Heimat sofort wieder verlassen, da sie sich undankbar zeigte.

So wird später erzählt. Doch gilt bloß der ägyptische Aufenthalt als wissenschaftlich gesichert. Auf jeden Fall aber ging Pythagoras in reiferen Jahren nach Unter-Italien, wo damals in ungeheurer Pracht und Macht die griechischen Pflanzstädte lagen, die man als Groß-Griechenland bezeichnete. Dort war zu dieser Zeit das

Schwergewicht hellenischer Kultur und Bildung. In Sybaris, Kroton, Metapont, um nur einige Namen zu nennen. Pythagoras wählt das dorische Kroton, die Stadt der berühmtesten Athleten, als Aufenthalt und gründet dort seine esoterische, geheimnisvolle Schule, deren priesterlicher Charakter stark an die Ägypter und Babylonier erinnert. Aus der Schule wird in kurzer Zeit eine Art von Geheim-Orden, eine Sekte. Ihr Einfluß wächst überraschend schnell. Sybaris soll zerstört worden sein, weil die Sybariten Pythagoras beleidigten. Auch um all diese Ereignisse ist viel Sage und Geheimnis. Die Schule wird schließlich zerstört, da sie sich durch ihre aristokratische Struktur zahllose Feinde machte und ihr geheimnisvolles Wesen viele Handhaben zu Angriffen bot. Ob dies noch zu Lebzeiten des Pythagoras erfolgte, wissen wir nicht. Es ist aber wenig wahrscheinlich, obgleich Pythagoras sein Leben nicht in Kroton, sondern in Metapont beschloß.

Unbedingt feststehend sind folgende für uns wichtige Tatsachen: Die Sekte der Pythagoreer betrachtete als Mittelpunkt ihrer Tätigkeit die Beschäftigung mit Mathematik. Und sie hat sich in der oder jener Form durch fast zweihundert Jahre erhalten. Eben dieser ursprüngliche Geheimcharakter jedoch macht es beinahe unmöglich, zu unterscheiden, was Pythagoras selbst und was seine Schüler entdeckten. Da wir aber nur über die grundlegenden Anfänge berichten, wollen wir diese, wie es die Schule tat, dem großen Samier selbst zuschreiben, weil sein ungeheurer Einfluß zudem unerklärlich wäre, wenn er nicht Bahnbrechendes geschaffen hätte.

Nun sind wir auch so weit, daß wir unsere bisherigen Andeutungen über die Wichtigkeit gerade des sechsten Jahrhunderts näher erläutern können. Um diese Zeit nämlich vollzog sich auf mathematischem Gebiet das „griechische Wunder", die Geburt des Abendlandes in geistig-wissenschaftlicher Beziehung. Diese Behauptung ist nicht etwa ein Wunschtraum hellenisch begeisterter Altertumsforscher. Es handelt sich da um eine harte beweisbare Tatsache, deren sich die Alten selbst schon vollkommen bewußt waren und die sie in lakonischen Worten behaupteten und festlegten. Wir müssen ein wenig vorgreifen. Als nämlich die geradezu unwahrscheinliche mathematische Leistung der großen hellenischen Jahrhunderte schon vorlag oder sich vorzubereiten begann, regte Aristoteles, der Alleswisser, an, die Entwicklung der mathematischen Erkenntnisse historisch festzuhalten. Sein Schüler Eudemos unterzog sich dieser Aufgabe und ein großes Fragment dieser Bemühungen ist uns durch Proklos Diadochos, einen Philosophen des fünften nachchristlichen Jahrhunderts, erhalten. Dieses „Mathematikerverzeichnis" (das bisher fast aller historischen, aus andren Quellen schöpfenden Kritik standgehalten hat) sagt nun über Pythagoras die inhaltschweren Worte: „Nach diesen[1]) verwandelte Pythagoras die Beschäftigung mit diesem Wissenszweige (Mathematik) in eine wirkliche Wissenschaft, indem er die Grundlage derselben von höherem Gesichtspunkte aus betrachtete und die Theoreme derselben immaterieller und intellektueller erforschte. Er ist es auch, der die Theorie des Irrationalen und die Konstruktion der kosmischen Körper erfand."

Wir werden über jedes Wort dieser bedeutsamen Stelle sprechen. Vorläufig erschüttert uns die Feststellung, daß es erst Pythagoras war, der die Mathematik zu einer „Wissenschaft" erhob oder, wie das Mathematikerverzeichnis präziser sagt, aus irgendeinem vorwissenschaftlichen Zustand in eine Wissenschaft „verwandelte".

Was heißt das? Was heißt das vor allem aus dem Munde eines Autors, der eben über Thales berichtete? Hat er nichts von Ägypten, Babylon, Indien gewußt? Hat er es nie versucht, ähnlich uns, im Geiste einen Weltflug zu unternehmen? War er bloß von hellenisch-nationaler Eitelkeit erfüllt, dieser Eudemos? Warum aber schreibt der Neuplatoniker Proklos acht Jahrhunderte später

---

[1]) Gemeint sind Thales von Milet und ein gewisser Mamerkos, von dem wir nur den Namen kennen.

diese Stelle ohne Randbemerkung ab? Zu einer Zeit, wo jeder Vergnügungsreisende sich über altägyptische Mathematik um wenig Geld informieren konnte? Wir werden nicht grübeln. Wir beantworten die aufgeworfenen Fragen einfach dahin, daß eben das „griechische Wunder" tatsächlich existierte und daß das Mathematikerverzeichnis nichts andres aussagt als die schlichte Wahrheit. Es ist durchaus nicht einfach, diesen Umbruch in der Geistesgeschichte deutlich zu machen. Vielleicht lag es sogar Pythagoras selbst ganz ferne, als wissenschaftlicher Revolutionär auftreten zu wollen. Sicherlich hat er in seiner Schule nicht programmatisch verkündet: „Ich werde jetzt aus der Mathematik endlich eine Wissenschaft machen. Bisher war sie ein ziel- und planloses, bloß nach praktischen Gesichtspunkten orientiertes Umhertappen." So ähnlich konnte ein Immanuel Kant von der Philosophie sprechen — allerdings erst, nachdem er die bisherige Philosophie mit der bisherigen Mathematik verglichen hatte. Aber Pythagoras, heimgekehrt nach Griechenland aus den verwirrenden Zonen des Morgenlandes, hat bestimmt nichts andres beabsichtigt, als alles, was er dort erlernt hatte, wiederzugeben. Manches habe man ihm wahrscheinlich verschwiegen, dachte er. Und er müsse für das Gehörte und dort Gelernte Begründungen suchen. Schüler fragten ihn zudem in heiliger Wißbegier nach diesem und jenem. Und plötzlich — dies die Geburt des Abendlandes — begann sich all das bisherige, von anderen Völkern errungene Wissen in einem anders strukturierten Geist zu spiegeln, durch die Linse hellenischen Genies sich zu brechen und zu sammeln. Der ordnende hellenische Geist begann das „Material" zu verarbeiten und „immaterieller und intellektueller zu erforschen". Was heißt das nun wieder? Wie kommt gerade ein Grieche dazu, ein Angehöriger dieses Augen-Volkes, der „Sinnlichkeit" der kühlen Rechner Ägyptens und Babylons abzuschwören und das Immaterielle, Unsinnliche und das Intellektuelle, also das rein Verstandesmäßige, in den Vordergrund zu rücken? Nein, so einfach lagen die Verhältnisse wieder nicht, wie der Aristoteliker Eudemos meint. Es war nicht bloß die Vergeistigung, die das „griechische Wunder" vollbrachte. Noch viel mehr waren es rein optische Eigenschaften des Griechentums, die all das ermöglichten. Im Planen und Forschen der Hellenen lag durchaus nicht an erster Stelle ein Grübeln, sondern eine Zusammenschau, die sich dann so rasch vollzog. Gewiß, die Griechen haben uns auch die Logik als Wissenschaft geschenkt, sie schenkten uns aber dazu die platonische Idee, dieses Ur-Bild alles Seins, und sie schenkten uns auch ihre nie wieder erreichte Plastik und Architektonik. Und alle diese Fähigkeiten waren eben auch bei der Geburt der „Wissenschaft Mathematik" am Werke. Jedem Zwecke abhold, nur in sich ruhend, Weltharmonie erstrebend, richtete sich in Pythagoras das Ideal einer logisch, optisch und ästhetisch befriedigenden Mathematik auf, über deren Erkenntnisränder hinaus ihn sogar mystisch-religiöse Schauer packten.

Wir werden in der Folge sehen, wie dieses ästhetische Wissenschaftsideal der Hellenen[1]) die ganze Entwicklung der griechischen Wissenschaft ermöglicht, hemmt und schließlich zerstörend auflöst. Derartige Behauptungen scheinen ein Widerspruch in sich selbst zu sein. Es scheint aber nur so. Denn jedes System hat in sich selbst seine Erfüllungsgrenzen.

Worin also — um gegenständlicher zu werden — bestand das umwälzend Neue der neuen „Wissenschaft"? Was heißt überhaupt „Wissenschaft"? Dem Sprachsinn nach, wie alle auf -schaft endigenden Wörter, wohl gesammeltes, zusammengefaßtes, in eine Regel gebrachtes Wissen. Eine Bruderschaft, Verwandtschaft, Freundschaft, Gesellschaft ist die zusammengefaßte Gesamtheit von Brüdern, Verwandten, Freunden, Gesellen. Es ist der Inbegriff aller Brüder usw., der hier in einem Wort ausgedrückt werden soll. Gut, aber zusammengefaßtes

---

[1]) Wie es Pierre Boutroux in seinem grundlegenden Werk „Das Wissenschaftsideal der Mathematiker" (B. G. Teubner, Leipzig und Berlin) nennt.

Wissen war das Rechenbuch des Ahmes aus dem dritten vorchristlichen Jahrtausend doch auch, waren auch die Tontafelbibliotheken Mesopotamiens? Warum war das keine echte Wissenschaft? Wir möchten da ohne Rangordnungs- oder Werturteile feststellen, daß zwischen Technik und Wissenschaft eine tiefe Kluft liegt. Angewandtes oder zur Anwendung bestimmtes Wissen ist Technik. Ist Sammlung von Ratschlägen, Rezepten, Verfahrensarten, die ohne weitere Begründung dem Praktiker in die Hand gegeben werden. Jedenfalls steht auch vor Pythagoras etwas wie Wissenschaft hinter der Rechentechnik. Aber die ganze Anlage dieser vorhellenischen Mathematik wollte garnicht bis zu Urgründen vorstoßen, begnügte sich mit rhapsodisch und zusammenhanglos Gefundenem, das sich praktisch eignete, annähernd stimmte. Und hatte vor allem zu keiner Zeit als Mittelpunkt ihres Forschens das Streben nach Allgemeingültigkeit. Man zerbrach sich im alten Ägypten den Kopf über die spezielle Einzellösung einer Haufenrechnung (Gleichung) und dachte garnicht daran, ähnliche oder analoge Aufgaben auf gemeinsame Regeln zu bringen. Noch weniger fiel es jemandem ein, für alle gleichen Probleme eine gleiche Schreibart auszubilden. Wir werden erst viel später erkennen, was alles damit „noch nicht geleistet" war.

Auf jeden Fall hat das „Mathematiker-Verzeichnis" nicht einmal dem Thales von Milet die Zensur des streng Wissenschaftlichen erteilt, obgleich es ihm zubilligt, „das eine sinnlich faßlicher, das andre wieder allgemeiner behandelt zu haben". Wir müssen hier, um keine Mißverständnisse zu erzeugen, anmerken, daß sowohl Ägypter als Babylonier sicherlich nicht jeder Theorie entbehrten. Nur war ihre Theorie, so weit wir es heute überblicken können, durchaus nicht spekulativ, nicht deduktiv, sondern probierend und induktiv. Sie holten äußerstenfalls das „Allgemeingültige" eines mathematischen Problems aus vielen Einzellösungen, wenn sie so etwas überhaupt unternahmen. Fast niemals jedoch leiteten sie das Einzelne aus dem „Allgemeingültigen" her. Es ist aber gerade die Eigenschaft und zwar die grundlegendste Eigenschaft der Mathematik, daß ihre Forschungsmethode den zweiten, den deduktiven Weg gehen muß, um sie wirklich zur Höhe zu führen und um aus ihr ein auch für die Praxis taugliches Werkzeug zu schmieden. Wir sprachen das Wort „Werkzeug" aus. Also soll Mathematik doch bloß ein Werkzeug sein? Gewiß, sie soll es in irgend einem Stadium einmal sein. Denn ein vollständig zweckloses Beginnen wäre nichts als Spielerei des Geistes oder „Denksport", wie man heute ab und zu sagt. Den Griechen der olympischen Spiele lag ein solcher geistiger Sport sicherlich nicht allzuferne. Und nicht nur Pythagoras hat die rein erzieherische Seite der mathematischen Beschäftigung sehr stark hervorgehoben. Aber auch die rein körperliche Ertüchtigung durch athletische Übungen bleibt letzten Endes nicht Selbstzweck. Man kann sich nicht stets mehr und mehr ertüchtigen, um schließlich bloß an der Tüchtigkeit an und für sich Freude zu empfinden. Dahinter liegt und lag stets ein Wehrgedanke, ein Aufstiegsgedanke eines ganzen Volkes, ein Ideal der Tüchtigkeits-Bereitschaft. Und dadurch löst sich der nur scheinbare Zwiespalt zwischen „Wissenschaft als Selbstzweck" und „Wissenschaft als Werkzeug" sehr leicht und harmonisch: Eine kleine Schar von Bahnbrechern, berauscht von heiligem Drang, vergißt, wozu Werkzeuge geschaffen werden sollen. Das Werkzeug wird in sich und an sich, nach Grundsätzen, die in den Tiefen der geistigen und intuitiven Struktur der jeweiligen Schöpfer liegen, zur möglichsten Vollendung und Abrundung gebracht. Mag es dann anwenden, wer es will und wer es braucht. Auf jeden Fall wurde das Arsenal der Waffen des betreffenden Volkes oder der Gemeinschaft vermehrt.

Nun scheint dieser Auslegung wieder die pythagoreische Geheimhaltung zu widersprechen. Sie bezog sich aber doch nicht auf alles, sondern vorwiegend auf Methoden und ungesicherte Ergebnisse. Die großen Entdeckungen wurden auch damals der Öffentlichkeit übergeben, mit Ausnahme von Resultaten, die nur zu mystischen Kultzwecken gesucht wurden oder die nach Ansicht der Pythagoreer eher dem Verfall als dem Aufbau der Wissenschaft dienen konnten. Sei dem aber auch wie immer: die Tatsache ist nicht aus der Welt zu schaffen, daß selbst eine zum Teil geheimgehaltene Wissenschaft etwas anderes bedeutet als bloß praktische Regeln. Und wir wollen jetzt zusehen, in welchem Sturmschritt die Entdeckungen schon bei ihrem ersten Vertreter griechischen Stammes vorstießen.

Hatte noch ein Thales von Milet, der wohl ursprünglich Kaufmann gewesen ist und sich erst im höchsten Alter der Mathematik hingab, den großen Übergang zur wahren Wissenschaft mehr geahnt als ausgeführt, so verband sich in Pythagoras all das, was sein Lehrer Thales wußte, mit den Ergebnissen seiner Studienreisen sofort zu einer ganzen Reihe bahnbrechender Errungenschaften. Als erste dieser Neuerungen wollen wir die bekannteste besprechen, den sogenannten pythagoreischen Lehrsatz, ohne den eine Mathematik im weiteren Sinne überhaupt nicht zu denken ist. Wir wollen nicht allzuweit vorgreifen, aber wir müssen doch hier schon andeuten, daß ohne diesen Lehrsatz kaum irgendein Zweig der Geometrie und darüber hinaus der auf Geometrie fußenden höheren Mathematik sich hätte ausbilden können.

Jedermann weiß, wie dieser Lehrsatz lautet, weiß, daß in jedem rechtwinkligen Dreieck das Quadrat über der dem rechten Winkel gegenüberliegenden Seite (der Hypotenuse) gleich ist der Summe aus den Quadraten über den beiden anderen Dreieckseiten, den sogenannten Katheten. Die von Schopenhauer aufgeworfene Frage, warum diese Beziehung bestehe, ist wie alle derartigen Fragen nicht zu beantworten. Man kann in hundert Arten beweisen, daß es so ist. Das „Warum" bleibt ein Mysterium. Die Eigenschaften einer geometrischen Figur liegen eben in ihrem Wesen, im Begriff der Figur, den wir selbst gebildet haben. Solche Fragen sind ebenso sinnlos wie die Fragen, ob es in „Wirklichkeit" rechte

Winkel geben kann. Es „gibt“, streng genommen, in einer derart aufgefaßten „Wirklichkeit“ überhaupt keine Winkel, da sich unendlich dünne Linien und vollständig ausdehnungslose Scheitelpunkte in einer materiellen Welt nicht manifestieren können. Alle Gebilde der Geometrie existieren nur in unsrem Kopfe, sie sind ein Geisterreich, das seine Gesetze, unabhängig von der äußeren Erfahrung, in sich selbst trägt, das aber ebendeshalb als Reich reiner Formen, an jede beliebige „Wirklichkeit“ angelegt, Geltung besitzen und behalten muß. Die Sätze über das Dreieck gelten für ein Dreieck aus Fixsternen ebenso hundertprozentig wie für ein Dreieck aus Holz, Metall, Stein oder Brotteig. Sie gelten aber auch für ein Dreieck aus Zahlenlinien. Doch das nur nebenbei.

Pythagoras hatte also als erster den Satz für jedes Dreieck ausgesprochen, der bisher in Ägypten bloß für das Seitenverhältnis 3, 4, 5 (somit $3^2 + 4^2 = 5^2$ oder $9 + 16 = 25$) und in Indien für die Seiten 5, 12 und 13 (somit $5^2 + 12^2 = 13^2$ oder $25 + 144 = 169$) bekannt war. Und dazu für seine Umkehrung, von der man in Ägypten und Indien eigentlich ausgegangen war. In diesen beiden Ländern hatte man, wie wir wissen, gesagt, ein rechter Winkel entstehe (oder ein rechtwinkliges Dreieck liege vor), wenn die Seiten in dem und dem Verhältnisse ständen. Pythagoras sagt umgekehrt: In jedem rechtwinkligen Dreieck, also in jedem und jedem aller überhaupt möglichen rechtwinkligen Dreiecke, verhielten sich die Seiten in dem schon oben geschilderten quadratischen Verhältnis der Gleichheit von Summe der Kathetenquadrate mit dem Hypotenusenquadrat. Wenn man weiters etwa als Konstruktionsbehelf den Satz des Thales von Milet heranzieht, dann könnte man über einer und derselben Hypotenuse alle die unendlich vielen rechtwinkligen Dreiecke zeichnen, die ihre Scheitelpunkte im Kreisumfang haben müssen. Wie verschieden diese Dreiecke nun auch aussehen, stets wird das Quadrat über dem Kreisdurchmesser flächengleich sein der Summe der Quadrate über den beiden Seiten, die je einen Umfangspunkt des Halbkreises mit den Endpunkten des erwähnten Durchmessers verbinden. Und wir glauben, daß es auch einem Skeptiker jetzt klar sein muß, wie weit sich dieses vollständig allgemeine Gesetz von den an sich brauchbaren und richtigen Einzelfällen der ägyptischen und indischen Geometrie unterscheidet. Vor allem ist der Satz des Pythagoras, obgleich er ein wirkliches Messen erst ermöglicht, durchaus unabhängig von jeder eigentlichen konkreten Maßgröße. Er ist Ursprung und Ausgangspunkt und nicht Folge oder Ergebnis der Messung. Das bis dahin primitive „Werkzeug" ist gleichsam zur universell anwendbaren Maschine geworden. Und man darf jetzt ruhig die Frage aufwerfen, wie groß etwa die Hypotenuse sein müsse, wenn wir die beiden Katheten $a = 5$ und $b = 7$ kennen. Die Summe $a^2 + b^2$ ist in konkreten Zahlen hier $5^2 + 7^2 = 25 + 49 = 74$, somit ist das Hypotenusenquadrat gleich 74. Nun ist aber diese Zahl keine Quadratzahl, hat keine ganzzahlige „Wurzel", denn $8^2 = 64$ und 9^2 schon 81. Also eine sicherlich sehr ernste Schwierigkeit, auf die wir an dieser Stelle noch nicht näher eingehen wollen. Pythagoras suchte daher sofort nach einem Weg, beliebig viele Zahltriaden, also Zahldreiheiten zu gewinnen, für die unter der Bedingung $a^2 + b^2 = c^2$ alle drei Zahlen a, b und c stets ganze Zahlen wären. Für ungerade Zahlen fand er selbst die Formel, für gerade wurde sie erst Jahrhunderte später von seinem großen Schüler Platon aufgestellt. Die pythagoreische Lösung lautet, modern geschrieben, wenn a eine ungerade Zahl ist und dieses a als $a = 2n + 1$ dargestellt wird, für $b = 2n^2 + 2n$ und für die Hypotenuse $c = 2n^2 + 2n + 1$. Also für $a = 9$ etwa oder $a = 2 \cdot 4 + 1$ ist $b = 2 \cdot 4^2 + 2 \cdot 4 = 40$ und $c = 2 \cdot 4^2 + 2 \cdot 4 + 1 = 41$. Tatsächlich ist $9^2 + 40^2 = 41^2$ oder $81 + 1600 = 1681^1)$.

---

¹) Des Interesses halber sei hier bereits die platonische Formel für gerade Ausgangszahlen vorweggenommen. Sei $2n$ eine gerade Zahl, dann ergeben sich die drei Seiten als $2n$, $(n^2 + 1)$ und $(n^2 - 1)$ also etwa für $2n = 8$ die andern Seiten 17 und 15. Also $8^2 + 15^2 = 17^2$ oder $64 + 225 = 289$.

Nach dieser pythagoreischen Formel findet man leicht für $n = 1$ das ägyptische und für $n = 2$ das indische Dreieck. Daß Pythagoras auch wußte, daß er jede dieser Zahldreiheiten mit beliebigen ganzen Zahlen vervielfachen durfte, ohne die Ganzzahligkeit der Lösung zu beeinträchtigen, ist mehr als wahrscheinlich, da die einfachste Zeichnung lehrt, daß sich am Wesen der Figur durch Verdopplung, Verdreifachung usf. der Einheitsstrecke nichts ändert. Etwa $(3 \cdot 3)^2 + (3 \cdot 4)^2 = (3 \cdot 5)^2$ ergibt wieder ein ganzzahliges rechtwinkliges Dreieck, da $81 + 144 = 225$ die Richtigkeit zeigt.

Wie nun, so fragen wir uns, hat Pythagoras unbestimmte Gleichungen behandelt, die ihm die erwähnten Lösungen lieferten? War er etwa schon im Besitze einer Buchstabenrechnung? Oder hat er seine Weisheit von der ägyptischen Haufen-Rechnung entlehnt? Die zweite Möglichkeit besteht, die erste ist unbedingt abzulehnen. Es besteht aber noch eine dritte Möglichkeit, mit der wir uns aus sehr wichtigen Gründen eingehend auseinandersetzen müssen. Es wird nämlich berichtet, daß schon Pythagoras und die Pythagoreer die Kunst des „Anlegens" geübt hätten, daß ihnen alle drei Methoden des parabolischen, elliptischen und hyperbolischen Anlegens geläufig gewesen seien. Wir dürfen — dies sei festgestellt — hier noch durchaus nicht an die uns bekannten Kurven-Begriffe von Parabel, Ellipse und Hyperbel denken. Viel später, wie wir noch sehen werden, hat sich dieser Kurvenbegriff bei Apollonios von Pergä aus dem entwickelt, was hier in Rede steht. Aber so weit sind wir vorläufig noch nicht. Die Kunst des Anlegens war vielmehr etwas, was sich auf griechischem Boden eigentümlich entwickelte, eine Verwandlungskunst, eine Kunst, Figuren der Geometrie in andre Figuren gleichen Flächeninhaltes zu verwandeln. Neuere Forscher der Mathematikgeschichte haben diese Betätigung treffend als „geometrische Algebra" bezeichnet[1]).

[1]) Vor allem Zeuthen (Geschichte der Mathematik im Altertum und Mittelalter).

Und diese „Algebra" ermöglicht es tatsächlich, in verkappter Art Gleichungen bis zum sogenannten zweiten oder gemischtquadratischen Grad zu lösen. Es würde weit über unseren Rahmen hinaus führen, diese Kunst eingehend zu erörtern, da sie als Gleichungsmethode ausschließlich auf die hellenische Mathematik beschränkt blieb[1]). Es obliegt uns aber gleichwohl, wenigstens ein einfaches Beispiel (eine parabolische Flächenanlegung) zu zeigen und zu erläutern. Daß man sich die Multiplikation als Rechteck denken kann, ist klar. Das Produkt aus a und b ist a mal b und dieses Produkt ist gleich der Fläche eines Rechteckes mit den Seiten a und b. Es ergibt sich daraus auch die Umkehrbarkeit (Kommutativität) der Multiplikation, denn die Fläche des Rechtecks ist natürlich auch $b \cdot a$, wie der Augenschein und ein reihenweises Auszählen der Einheitsquadrate lehrt. Man kann sogar die Lösung komplizierterer Aufgaben versuchen. Teilt man nämlich die beiden Seiten des Rechteckes (oder besser, stellt man sie als Summen dar), so findet man, daß $(a + b)(c + d)$ gleich ist $ac + bc + ad + bd$. Man braucht bloß in den Teilungspunkten Parallel-Linien zu den Seiten zu ziehen und den Flächeninhalt der durch diese Hilfslinien neu entstandenen vier Rechtecke abzulesen. Tatsächlich sagte man, so wie wir heute noch $a \cdot a$ als a^2 oder „a zum Quadrat" bezeichnen, für das allgemeine Produkt $a \cdot b$ in Griechenland stets „Rechteck aus a und b"[2]). Ein Produkt aber ist eine neue Zahl, bzw. es kann jederzeit als Zahl aufgefaßt werden. Wir werden allerdings später sehen, daß Vieta und andere neuzeitliche Mathematiker es rügen, daß die Hellenen die Zahlen einmal als Linien und dann wieder als Flächen ansahen. Doch das werden wir später erörtern. Tatsache war es für die Griechen, daß

---

[1]) Wo sie bei den Arabern oder im europäischen Mittelalter und zu Beginn der Neuzeit in Europa noch auftritt, ist sie ausschließlich Nachahmung der Griechen oder Reminiszenz an griechische Methoden.

[2]) Diese Ausdrucksweise findet sich noch bei Descartes und vereinzelt noch später.

30

man eine Zahl n, die nur irgendwie teilbar war, als Rechteck der Seiten a und b darstellen konnte. Also $n = ab$.
Nun kann man dieses Rechteck zeichnen. Will man weiters
n durch irgendeine Zahl (= Strecke) d dividieren, dann verlängert man etwa b um d und „legt" an dieses d ein neues
Rechteck „an".Und zwar so, wie in der Figur dargestellt.

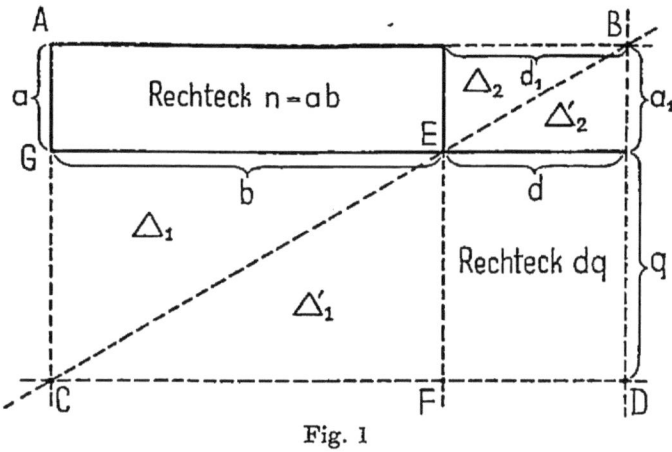

Fig. 1

Man zieht nämlich auch die Verlängerung d_1 zum Punkt
B, von dort durch E die Diagonale bis dorthin, wo sie
sich mit der Verlängerung von a schneidet. Von diesem
Scheitelpunkt C wird nun, parallel mit b, eine Linie bis D
gezogen, der ein Schnittpunkt der Verlängerung von a_1
mit dieser Parallelen ist. Nun ist das ganze neue große
Rechteck $A\,B\,C\,D$ durch die Diagonale in zwei gleiche
Dreiecke geteilt, die jedes aus einem Rechteck ab, bzw.
dq und aus zwei Dreiecken $\triangle_1$ und $\triangle_2$, bzw. $\triangle_1'$ und
$\triangle_2'$ bestehen. Da die $\triangle_1$ und $\triangle_2$ mit $\triangle_1'$ und $\triangle_2'$ ersichtlich gleich sind, ist auch das Rechteck ab gleich
dem neuen „angelegten" Rechteck dq. Wenn aber
$ab = dq$, dann ist $\dfrac{ab}{d} = q$ oder die zu dividierende Zahl n
durch den Divisor d gleich dem Quotienten q.

Das ist aber nur eine der vielen algebraischen Anwendungsmöglichkeiten der parabolischen Anlegung. Man könnte auch eine lineare Gleichung der Form $ab = cx$ oder eine ihrer Umformungen in derselben Weise lösen. Oder aber es könnte das Problem so gestellt sein, daß wir aus dem Rechteck ab ein Quadrat erzeugen, somit $ab = x^2$ konstruieren sollten, was wieder die positive Lösung der reinquadratischen Gleichung liefert usf. Jedenfalls waren die schon bei Pythagoras und seinen nächsten Schülern behandelten Probleme durchaus nicht primitiv.

Dieser Eindruck verstärkt sich noch bedeutend, wenn wir jetzt die pythagoreische Zahlenlehre, seine Arithmetik näher ins Auge fassen. Man weiß, daß Pythagoras die Eins selbst nicht als Zahl, sondern als Ursprung aller Zahlen ansah. Man betrieb nach dem Grundsatze, daß das Wesen der Dinge die Zahl sei, eine sehr umfassende Zahlenmystik und entdeckte im Laufe der Forschungen über die Zahlen allerlei Zusammenhänge. Bevor wir jedoch Näheres darüber mitteilen, müssen wir noch einen Begriff nachtragen, der auch bei der Zahlenlehre eine Rolle spielen wird. Man nannte die bei allen Flächenanlegungen bedeutsame Figur $A\ B\ D\ F\ E\ G$ (Fig. 1) ein „Gnomon" (zu deutsch einen „Erkenner"). Nun versuchten die Pythagoreer sofort, an ein Quadrat der Einheit rechtwinklig-gleicharmige Gnomone anzulegen, und fanden damit, wie die Figur 2 zeigt, die auffallende Tatsache, daß die Summe der ungeraden Zahlen, so weit man die Summierung auch treibt, stets Quadratzahlen liefert. Also $1 + 3 = 4 = 2^2$, $1 + 3 + 5 = 9 = 3^2$, $1 + 3 + 5 + 7 = 16 = 4^2$ und so fort bis $1 + 3 + 5 + + 7 + \cdots + (2n-1) = n^2$, wobei n die um eins vermehrte Anzahl der angelegten Gnomone bedeutet.

Aus der Addition der natürlichen Zahlen $1 + 2 + 3 + + 4 + \cdots$ dagegen bildete man ein Punkte-Dreieck mit der Eins als Spitze und nannte alle Zahlen Dreieckszahlen, die, wie etwa 28 oder 55, aus einer Auf-Addierung der Folge der natürlichen Zahlen entstanden waren.

Darüber hinaus erörterte man noch „befreundete Zahlen"
(etwa 220 und 284), von denen jede gleich der Summe
der Teiler der anderen ist. Denn $220 = 1 + 2 + 4 +$
$+ 71 + 142$ und $284 = 1 + 2 + 4 + 5 + 10 + 11 +$
$+ 20 + 22 + 44 + 55 + 110$. „Vollkommene Zahlen"
aber waren wieder solche, die der Summe ihrer Teiler
selbst gleich sind. Eine vollkommene Zahl war etwa

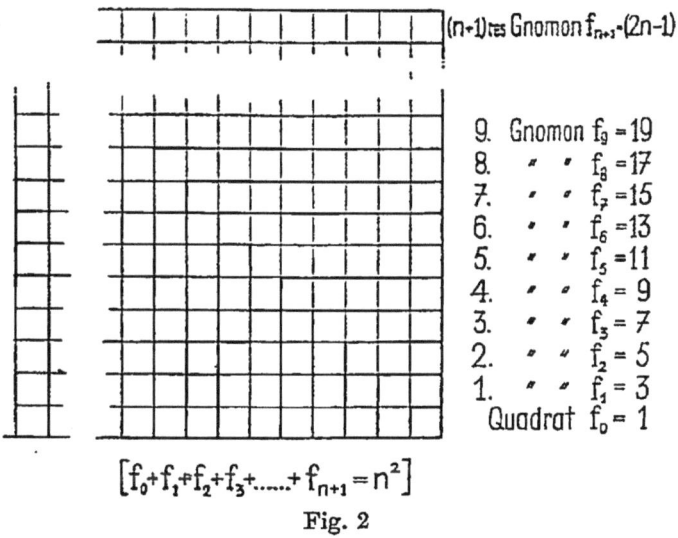

$$(n+1)\text{tes Gnomon } f_{n+1} \cdot (2n-1)$$

9. Gnomon $f_9 = 19$
8. „ „ $f_8 = 17$
7. „ „ $f_7 = 15$
6. „ „ $f_6 = 13$
5. „ „ $f_5 = 11$
4. „ „ $f_4 = 9$
3. „ „ $f_3 = 7$
2. „ „ $f_2 = 5$
1. „ „ $f_1 = 3$
Quadrat $f_0 = 1$

$$\left[f_0 + f_1 + f_2 + f_3 + \ldots + f_{n+1} = n^2\right]$$

Fig. 2

$6 = 1 + 2 + 3$ oder $496 = 1 + 2 + 4 + 8 + 16 +$
$+ 31 + 62 + 124 + 248$.
Dies alles diene nur als Beispiel für die zahlentheoretische Beschäftigung (wie man seit Legendre sagen
müßte), die von Pythagoras selbst und seinen Schülern
ausgeübt wurde. Was aber wollte man mit diesen Zahlen-
beziehungen? Auch das wissen wir: Man erstrebte, die
Harmonie des Zahlenreiches und damit die Harmonie des
Weltalls zu durchschauen. Man wurde in diesem Forschen
noch durch die harmonischen Beziehungen der Musik
bestärkt, die sich in den sonderbaren Proportionen der

schwingenden Saitenlängen auf einem Monochord (einem Ein - Saiten - Instrument) offenbarten. Kurz, man schwelgte im Gedanken der ganzzahligen Erfaßbarkeit des Universums und glaubte, den letzten Rätseln des Seins auf der Spur zu sein. In einer Art, die einzig und allein dem hellenischen Wesen entsprach: in der Form lückenloser Harmonie und reinlichster Klarheit und Durchsichtigkeit.

Da meldete sich, gerade den höchsten und weitesttragenden Entdeckungen entspringend, plötzlich eine avernische Macht, die diesen Traum mitleidlos zerstörte; wobei man allerdings damals nicht ahnte und ahnen konnte, daß eben diese höchst unerwünschte, fast unterweltliche Entdeckung später erst so recht die Bahn zu schwindelerregendem mathematischen Fortschritt freimachen würde. Wir meinen mit dieser Ankündigung die Entdeckung des Irrationalen.

Wie diese Entdeckung von den Hellenen aufgefaßt wurde, beweist uns ein altes Scholion zum zehnten Buche der Elemente Euklids, das in neuerer Zeit als Bemerkung des schon erwähnten Philosophen Proklos Diadochos angesehen wird. Es lautet: „Man sagt, daß der Mann, der zuerst die Betrachtung des Irrationalen aus dem Verborgenen in die Öffentlichkeit brachte, durch einen Schiffbruch umgekommen sei. Und zwar deshalb, weil das Unaussprechliche und Bildlose immer verborgen hätte bleiben sollen. Deshalb auch wurde der Untäter, der von ungefähr dieses Bild des Lebendigen berührte und aufdeckte, an den Ort der Entstehung versetzt und wird dort von den ewigen Fluten umspült."

Wem beim Lesen dieser Stelle nicht kalte Schauer über den Rücken rieseln, der hat für Mystik kein Gefühl. Eine jener sakralen furchtbaren Drohungen weht aus den Worten, wie sie nur durch Verkünder laut werden, die das Ziel und Ideal eines ganzen Volkes und seiner Zukunft bedroht sehen. Kein Wort des Mitleides mit dem Unglücklichen, kein Ton der Rührung. Er hat sich am Heiligsten vergangen, er muß stumm gemacht, vernichtet, sinnbildlich an den Ort der „Entstehung", also ins Nichts, aus dem er gekommen, zurückversetzt werden. Ewige Fluten mögen ihn dort umspülen, ihn ewig gefangen halten. Er hat die Urtiefen des Lebens berührt, in die wir nicht zurückschauen dürfen. Denn wir müssen vorwärtsschauen, und das Geschenk des Lebens haben wir erhalten, um vom Unaussprechlichen und Bildlosen, vom chaotischen Urgrund, zum Klaren, Harmonischen, Bildhaften, zum Kosmos, zur Harmonie der Sphären aufzusteigen. Der Rest aus dem Tartaros, das Alogon, das Irrationale muß gehütetes Geheimnis weniger Priester des Wissens bleiben, die es unverbrüchlich geheim halten, auf daß nicht sein Schlamm, wieder hervorbrechend, die mühsam gebahnten Pfade des Aufstieges ungangbar mache.

Vielleicht die hellenischeste aller Legenden, diese Legende von der Strafe der Götter am Ausplauderer des Geheimnisses. Aber das Geheimnis war nun einmal, verhältnismäßig bald, in die Öffentlickeit gedrungen und die Wissenschaft mußte das Geheimnis in den Kauf nehmen. Sie tat es aber nicht in der Form einer Kapitulation. Sondern in der Form eines erbitterten Rückzugsgefechts. Noch heute ist der Kampf gegen das Irrationale nicht erloschen, noch in den letzten Jahrzehnten gab es heroische Versuche, das Irrationale irgendwie zu binden und einzuordnen.

Es trat für Pythagoras selbst zuerst an der unerwartetsten Stelle zutage. Dort, wo man die größte Regelmäßigkeit voraussetzen hätte müssen. Nämlich bei der Untersuchung des rechtwinklig-gleichschenkligen Dreiecks, oder, was dasselbe ist, bei der Durchforschung der Diagonale des Quadrates. Sind hier nämlich die beiden Katheten 1 und 1, so ist das Hypotenusenquadrat gleich 2, da $1^2 + 1^2 = 2$, und die Hypotenuse selbst ist, in moderner Art geschrieben, gleich der Wurzel aus zwei $= \sqrt{2}$. Man kann aber suchen — und das wußte schon Pythagoras —, solange man will, so findet man keine ganze und auch keine Bruchzahl, die mit sich selbst

multipliziert genau 2 ergibt. Heute schreiben wir $\sqrt{2} =$
$= 1\cdot4142135624\ldots$ und fügen Punkte an, die bedeuten, daß der Dezimalbruch kein Ende hat und daß
es auch kein System gibt und keine reine oder gemischte
Periodizität, die ein Zuendeführen dieses Systembruches
auch nur in Gedanken gestattete. Die Zahl $\sqrt{2}$, d. h.
deren Ergebnis ist alogos, ist unaussprechbar. Sie und
andere derartige in keine Regel einzufangenden Zahlen
sind, wie das Scholion zu Euklid sagt, bildlos. Sie sind
höchstens ein Bild des Lebendigen selbst, das auch irrational ist, also jeder ratio, jeder zergliedernden, regel-
den Vernunft spottet. Und trotzdem liegt die Hypotenuse des gleichseitig-rechtwinkligen Dreiecks, die
Quadratdiagonale, so glatt, so abgeschlossen, so selbstverständlich da, als ob sie sich durch nichts von andern
Strecken unterschiede. Hat sie etwa keine wirkliche
Länge, keine Endpunkte? Ist sie an den Enden zer-
fasert oder zerfranst? Nein, sicher nicht! Man fand auch
sofort noch mehr, noch Unheimlicheres: Wenn man etwa
die Quadratdiagonale als Einheit wählte, dann muß sie
eine klare Strecke mit der ganzzahligen Länge 1 sein.
Wie sehen aber dann die Quadratseiten (als Katheten
eines rechtwinklig-gleichschenkligen Dreiecks) aus?
Sicherlich ist jetzt, um wieder in heutiger Sprache zu
reden, $1^2 = x^2 + x^2$, also $1^2 = 2x^2$ und $x^2 = \dfrac{1^2}{2} = \dfrac{1}{2}$.

Unser x muß also $\sqrt{\dfrac{1}{2}}$ sein, was $\dfrac{1}{\sqrt{2}}$ oder mit rationalem

Nenner $\dfrac{\sqrt{2}}{2}$ ergibt. Da nun $\sqrt{2}$ irrational ist, muß auch
dessen Hälfte irrational sein. Was ist da geschehen? Jetzt
sind plötzlich wieder die früher rationalen Katheten irrational? Man wußte auch sofort, was das bedeutete. Die
zwei Längen sind jede für sich durchaus nicht irrational.
Sie sind weder rational noch irrational. Aber sie sind
nicht miteinander ganzzahlig und auch nicht durch
irgendeine Art von Brüchen vergleichbar, sie sind also
relativ zueinander irrational, sie sind inkommensurabel.

36

Und gleichwohl wieder ein neues Geheimnis: Diese Eigenschaft bezog sich offensichtlich nur auf die Darstellung der Zahl als Quadrat. Stellte man etwa die Zahl 32 als Rechteck der Seiten 8 und 4 dar, dann konnte man ohne weiteres zwei kommensurable Strecken (nämlich 8 und 4) die „Flächenzahl" 32 erzeugen lassen. Man konnte aber jetzt durch „Verwandlung" dieses Rechtecks in ein inhaltsgleiches Quadrat, also durch eine Aufgabe der parabolischen Flächenanlegung, in dieser neuen Quadratseite die Quadratwurzel aus 32 darstellen. Diese war nun sowohl zu 4 als zu 8 inkommensurabel, somit das, was wir heute irrational nennen.

Aber auch an anderen Stationen der nun nach allen Richtungen einsetzenden geometrischen Forschung traten Irrationalitäten auf. Merkwürdiger Weise gerade beim Regelmäßigsten. So insbesondere beim gleichseitigen Dreieck (Verhältnis von Seite und Höhe), beim gleichseitigen Sechseck und insbesondere beim gleichseitigen Fünfeck, dessen erste Darstellung und Erforschung sicherlich der pythagoreischen Schule, wenn nicht sogar Pythagoras selbst angehört. Es ist ja bekannt, daß das sogenannte Sternfünfeck, der spätere „Drudenfuß", gleichsam Wappen und Erkennungszeichen der Pythagoreer war.

Aus der Lehre von den Vielecken aber ergab sich ein ebenso zwangsläufiger wie fruchtbarer Übergang zur Lehre von den Körpern, zur Stereometrie. Die von uns noch nicht gedeutete Stelle des Mathematikerverzeichnisses, daß Pythagoras sich mit den „kosmischen Körpern" beschäftigte, bedeutet nichts anderes als die Entdeckung der regelmäßigen Vielflache oder Polyeder. Der plastische Sinn der alten Griechen hatte hiebei durchaus nicht die großen Schwierigkeiten, die später von der Geschichtsforschung oft ins Treffen geführt wurden, um die Unwahrscheinlichkeit einer so weit zurückreichenden Datierung dieser Entdeckung darzutun. Man fand inzwischen an verschiedenen Fundstellen Vielflachmodelle (wie wir heute sagen würden), die aus Marmor oder Bronze bestehen. Zudem kann niemand leugnen, daß etwa der Würfel, das Tetraeder und das Oktaeder schon im alten Ägypten bekannt waren oder bekannt sein mußten. Es blieben also nur das Ikosaeder, das von zwanzig gleichseitigen Dreiecken begrenzt ist, und das aus zwölf gleichseitigen Fünfecken bestehende Pentagondodekaeder zu entdecken. Gerade der letzterwähnte Vielflächer lag aber den Entdeckern des regelmäßigen Fünfecks sehr nahe, und es wird sogar durch Jamblichos überliefert, daß ein gewisser Hippasos aus der pythagoreischen Schule es zustandegebracht habe, das Pentagondodekaeder als erster der Kugel einzubeschreiben. Nun habe er diese Entdeckung gegen jede Gepflogenheit der Pythagoreer veröffentlicht und sei wegen dieser Gottlosigkeit im Meer umgekommen. Also wieder ein „Gottesurteil" wegen „Verbrechens gegen die Geometrie". Jamblichos, der doch nach Christi Geburt lebte und schrieb, fügt bei, Hippasos habe durch seine Veröffentlichung zwar den Ruhm der Entdeckung davongetragen, sie sei aber eigentlich das Eigentum Jenes, den man nicht einmal mit Namen zu nennen wage, nämlich des großen Pythagoras selbst. Aus dieser Äußerung geht für uns hervor, daß die Alten dem Hippasos zwar das Einbeschreiben in die Kugel, dem Pythagoras selbst aber die Entdeckung des regulären Zwölfflaches zubilligten.

Nun noch ein Wort zur Bezeichnung der Vielflache als „kosmische Körper". Dieser Name hängt mit einer, wahrscheinlich nach-pythagoreischen, atomistischen Vorstellung über den Aufbau der Welt zusammen. Die Elemente beständen aus kleinsten Teilchen und diese seien beim Feuer Tetraeder, bei der Luft Oktaeder, beim Wasser Ikosaeder und schließlich beim Element Erde Würfel. Da man in dieser Zuordnung der regulären Vielflache an die Elemente das Dodekaeder nicht unterbrachte, behauptete man, es diene dem Weltganzen als Bauplan und Umriß.

Wenn uns nun auch diese letzte kosmologische Annahme vielleicht etwas erkünstelt und naiv anmutet,

38

dürfen wir gleichwohl nicht vergessen, daß unsere allerjüngsten Vorstellungen über die Konstitution der Materie garnicht so weltenweit anders geartet sind als diese ersten schüchternen Anfänge einer wissenschaftlichen Weltdeutung. Auch wir verlegen heute die unterschiedliche Artung unsrer Elemente in einen Unterschied der Atome oder Urbestandteile. Auch wir benutzen im „Atom-Modell" von Niels Bohr, noch mehr aber in den Theorien von Schrödinger und Heisenberg ein irgendwie geometrisches Bild für die Strukturierung der Atome. Nur sind unsere Bilder nicht statisch und gestaltgebunden wie die althellenischen, sondern quantitativ (Elektronenanzahl) und dynamisch (Elektronenbahnen).

Wir haben hiermit das Wichtigste, was Pythagoras und seine Schüler leisteten, zumindest angedeutet. Es ist viel mehr, als ein flüchtiger Blick bemerkt, und mehr, als die Späteren glaubten, die es ja stets „so herrlich weit bringen", wenn einmal nur der solide Grund gelegt ist. Diesen „Quadergrund" erblicken wir aber nicht bloß ganz allgemein in der Erhebung der Mathematik zur deduktiv, also vom Allgemeinen ins Einzelne arbeitenden Wissenschaft. Wobei es wieder gleichgültig ist, ob die Entdeckung des allgemeinen Satzes auf induktivem Wege erfolgte. Denn nicht das „Experiment" ist der Mathematik verboten, sondern das Stehenbleiben beim Experiment. Nicht allein also die Verallgemeinerung an sich war ein Verdienst der Pythagoreer. Sie legten darüber hinaus unvergängliche Fundamente im einzelnen und bewiesen dadurch, daß ihre Methode nicht bloß ein Programm, sondern selbst eine „Kunst des Entdeckens" war, die sie Stufe über Stufe emporführte. Gewiß, der Lehrsatz des Pythagoras wurde an und für sich für die folgenden Jahrtausende ein Sprungbrett, wurde, wie man scherzhaft sagte, der Pons asinorum, die Eselsbrücke. Aus ihm wuchs aber sofort der unheimliche neue Zahltypus des Irrationalen heraus. Und die Tatsache allein, daß die Pythagoreer, wenn auch zuerst in rein mystisch-kultischer Absicht, Zahlentheorie zu treiben begannen, wurde für den

Aufstieg der Mathematik geradezu entscheidend. Denn bei eben dieser Beschäftigung wurde der Grund gelegt zum Studium der Zahlenfolgen und der Reihen. Und es ist ein sonderbares Zusammentreffen, daß gerade diese Reihen viel später die Brücke zu schlagen bestimmt waren vom rationalen Ufer zum noch uneroberten, unaussprechlichen, bildlosen Ufer des Irrationalen.

Zweites Kapitel

EUKLID

Mathematik und Philosophie

Vitruvius erzählt in seinem Werke über die Architektur in der Vorrede folgende kennzeichnende Anekdote: „Aristippus philosophus Socraticus, naufragio cum eiectus ad Rhodiensium litus animadvertisset geometrica schemata descripta, exclamavisse ad comites ita dicitur: Bene speremus, hominum enim vestigia video." Wir wollen diese Stelle frei ins Deutsche übertragen, um ihren für unsren Gegenstand ungeheuer aufschlußreichen Symbolgehalt entsprechend deutlich herauszustellen. Aristippus also, ein Anhänger oder Schüler des Sokrates, sei bei einem Schiffbruch ans Ufer von Rhodos ausgeworfen worden. Dort habe er in den Sand gezeichnete geometrische Figuren bemerkt und soll darauf, zu seinen Gefährten gewendet, freudig ausgerufen haben: „Wir wollen bester Hoffnung sein, denn ich sehe die Fährte von Menschen!"

Die Fährte echter, wahrer Menschen, wollen wir hinzufügen. Fast denken wir bei diesem Ausruf an unser: „Wo man singt, dort laß dich ruhig nieder, böse Menschen haben keine Lieder." Für den Hellenen war es klar: Kein Barbare hauste hier. Denn böse Menschen haben keine „schemata geometrica", keine geometrischen Figuren. Das Antlitz des Kulturmenschen leuchtet im Glanz geometrischen Wissens und seine Fährte ist die geometrische Figur.

40

Diese Anekdote soll sich etwa zur Zeit Platons zuge-
tragen haben, also um 400 vor Christi Geburt. Daher
obliegt es uns diesmal, mit unserem Zauberteppich nicht
den Raum, sondern die Zeit zu durcheilen, um den Inhalt
all dessen wiederzugeben, was von Pythagoras steil an-
steigend zum leuchtenden Kulm des hellenischen Geistes-
wunders führte. Wir wollen diese gärende, vorwärts-
stürmende Zwischenzeit als die Zeit des Einbruches der
Philosophie in die Mathematik charakterisieren, obgleich
es in ihr durchaus nicht an mathematischer Eigenleistung
und Eigenentwicklung fehlte. Sie hätte aber trotz all
dieser Erfolge nicht die letzte Höhe erreicht, wenn sich
nicht eine weitere Zone hellenischen Genies teils befruch-
tend, teils zersetzend zu ihr gesellt hätte.

Auf demselben unteritalischen Boden Großgriechen-
lands nun, auf dem die Reste der pythagoreischen Schule
ihre tiefgründigen, noch geheimnisumhüllten Forschungen
fortsetzten, erwächst auch eine philosophische Schule,
die Schule der Philosophen von Elea, die, vom großen
Philosophen Parmenides gegründet, in Zenon schließlich
einen fast ins Karikaturenhafte verzerrten Vertreter fand.
Er war kein Mathematiker, sondern, wie Cantor sagt, eher
das Gegenteil eines Mathematikers, eröffnete aber durch
seine Skepsis, durch seine vor keiner Paradoxie zurück-
schreckende Zweifelsucht einen Streit, der sich bis in
unsre Tage zieht, ohne je zum endgültigen Abschluß kommen zu können. Er rührte als erster in aller Schärfe an
die große Gegengesetzlichkeit innerhalb des Menschen-
geistes, an die Antinomie zwischen Stetigkeit und unendlicher Teilbarkeit, zwischen Ruhe und Bewegung. Bevor
wir jedoch über Zenon selbst sprechen, müssen wir
zurückgreifen: Schon von Anaximandros von Milet wird
behauptet, er habe den Begriff des Unendlichen in die
Wissenschaft eingeführt, und die Pythagoreer deckten
sowohl durch ihre Betrachtungen der Zahlenfolgen als
auch durch die Entdeckung des Irrationalen tiefe Einblicke ins Unendliche, in das niemals zu Ende zu Führende
auf. Gewiß, das Alogon, das Unaussprechliche, wurde

abgelehnt und zurückgeschoben. Man erklärte, es entspreche zwar jeder Zahl eine Größe oder Strecke, nicht aber jeder Größe oder Strecke eine Zahl. Was nützte dieses Zurückschieben des Urproblems? Das Irrationale war nun einmal durchgesickert und es existierte, ob man es als gleichsam vollbürgerliche hellenische Denkkategorie anerkannte oder nicht.

Nun war aber, noch vor Zenon, ein mächtiger, geometriekundiger Philosoph, Anaxagoras, aufgestanden, der dem Stetigkeitsprinzip seine schärfste Formulierung gegeben hatte. Anaxagoras erklärte: „Im Kleinen gibt es kein Kleinstes, sondern es gibt stets noch ein Kleineres... Aber auch im Großen gibt es stets noch etwas, das größer ist.“ Und schon etwa zwanzig Jahre nach der Geburt des Anaxagoras wurde wieder ein Bahnbrecher geboren, Demokritos aus Abdera, aus jener verrufenen Schildbürgerstadt des Altertums, von deren Bewohnern man sich die tollsten und albernsten Geschichten erzählte. Der „Abderite“ Demokrit aber sollte als Stern erster Größe in die Weltgeschichte eingehen. Er war sozusagen der erste Entdecker des Materialismus und hat dem Begriff des Atoms, des letzten unteilbaren kleinsten Teiles, sein erstes und sein bleibendes Bestehen verschafft. Demokrit war auch ein hochrangiger Mathematiker, hatte, wie schon so viele, Ägypten besucht und hat — eine sonderbare Laune der Wissenschaftsgeschichte — gerade auf mathematischem Gebiet eine grundlegende Entdeckung gemacht, die seiner atomistischen Philosophie schnurstracks zuwiderlief. Er bestimmte nämlich als erster das Volumen der Pyramide und des Kegels, indem er diese Gebilde in dünnste Scheiben zerschnitt und ihre Volumen als ein Drittel eines Prismas, bzw. Zylinders von gleicher Grundfläche und gleicher Höhe erklärte. Diese an sich durchaus richtige Erkenntnis ist — und das wollten wir oben sagen — auf atomistischer Grundlage nicht möglich. Es genügen dazu nicht dünne Scheiben, sondern dünnste und wieder noch dünnere Schnitte, sonst erhält man keine glatte Pyramide, sondern eine Stufen-

pyramide und keinen glatten Kegel, sondern einen Stufen-
kegel, den man zu den glatten Gebilden — Prisma und
Zylinder — nicht in Beziehung setzen kann. Wie es nun
auch immer mit dieser Entdeckung des Demokrit oder
mit jener des Anaxagoras ausgesehen haben mag, der als
politischer Häftling im Gefängnis zu Athen die erste
Kreisquadratur gezeichnet haben soll: sicher ist jedenfalls, daß der Streit der Philosophen um die tiefsten Probleme der Mathematik auf allen Linien entbrannt war.
Und hierzu müssen wir jetzt das „Gegenteil eines Mathematikers", den Skeptiker Zenon aus Elea, herbeirufen,
damit er uns in seiner überspitzten, unterhaltlichen Art
die Fruchtlosigkeit aller tieferen mathematischen Bemühung klarlege. Zenon war ein Feind der Pythagoreer.
Warum, wissen wir nicht. Wir wollen aber annehmen, daß
ihn keine persönlichen, sondern rein sachliche Gründe
leiteten. Weil er aber ein Feind der Pythagoreer war,
mußte er zuerst das Heiligste dieser Schule, den Zahlbegriff zersetzen. Und er besorgte seinen Angriff äußerst
gründlich. Er leugnete nämlich kurzweg die Möglichkeit
jeder Vielheit. Eine Vielheit, so schloß er, müsse sich aus
Einheiten aufbauen. Eine Einheit, eine solche nämlich,
die diesen Namen wirklich verdiene, könne nur dann vorliegen, wenn es sich um Unteilbares handle. Etwas Unteilbares aber dürfe wieder keine Größe besitzen, sonst
müßte es teilbar sein. Da somit die Einheit keine Größe
habe, sei sie gleichsam ein Nichts. Ein Nichts aber könne
man vervielfachen, so weit man wolle, und man erhalte
dadurch wieder ein Nichts. Es existiere also keine Vielheit. Man könne aber ebensogut behaupten, die Einheiten seien unendlich groß. Denn wenn das Viele oder
die Vielheit existieren solle, dann müßten ihre Teile voneinander entfernt liegen. Daher könnten dazwischen
wieder Teile eingeschoben werden, die wieder eine Größe
haben müßten, und so fort ins Unendliche. Wie weit man
nun auch diesen Prozeß verfolge, gelange man stets wieder
zu Teilen, zu Einheiten, die eine Größe hätten, somit aus
unendlich vielen Teilen beständen, die selber wieder

Größe hätten usw. Daher müsse jede Einheit unendlich groß sein, da sie sich aus unendlich vielen, selbst ausgedehnten Teilen zusammensetze. Nicht genug aber an der schauerlichen Tatsache, daß es keine Einheiten und keine Vielheiten, also keine Größen und keine Zahlen gebe, oder daß Einheit und Vielheit jede für sich unendlich groß seien, so gebe es darüber hinaus auch keine Bewegung. Ehe ein abgeschossener Pfeil an seinem Ziele ankommen könne, müsse er vorerst die Hälfte des Weges zurücklegen, von dieser Hälfte wieder die Hälfte und so fort. Entweder nun setze sich jede solche Hälfte aus wirklichen, existierenden Wegstrecken von $\frac{1}{4}$, $\frac{1}{8}$, $\frac{1}{16}$, $\frac{1}{32}$, usw. des ganzen Weges zusammen, dann sei sie eben die Summe unendlich vieler, wenn auch stets kleiner werdender, doch noch immer wirklicher Wegstrecken. Dann aber brauche der Pfeil schon für die kleinste ins Auge gefaßte Strecke eine unendliche Zeit, bleibe also auf der Bogensehne hängen. Oder aber die Teilstrecken seien nicht weiter teilbar, dann seien sie eben nichts. Und aus einer auch noch so umfassenden Aufsummierung der „Nichtse" könne nie ein Etwas entstehen. Auch in diesem Falle bleibe der Pfeil auf dem Bogen. Aus ähnlichen Gründen könne auch der schnellfüßige Achilles niemals die Schildkröte einholen, die einmal einen Vorsprung habe, weil, während Achilles den Vorsprung durchlaufe, die Schildkröte einen neuen Vorsprung gewinne, und so fort bis ans Ende der Zeiten, das aber Achilles ebenso wenig erlebe wie die Schildkröte.

Nun war Zenon von Elea ein zu heller Kopf, um auf den Einwurf, daß der Pfeil in Wirklichkeit abfliege, daß die Vielheit tatsächlich existiere und daß Achilles die Schildkröte in wenigen Augenblicken erreicht haben würde, mit dem Jahrtausende später geprägten Philosophenwort: „Desto schlimmer für die Tatsachen" zu antworten. Er wollte vielmehr die ebenso „tatsächlich" sofort auftretenden Schwierigkeiten in möglichst greller Art beleuchten, die sich der Behauptung

44

eines Anfanges, einer letzten Einheit, eines selbst unteilbaren Teiles entgegenstellen. Daran ·änderte es auch nichts, daß inzwischen schon Theodoros von Kyrene die Irrationalität aller unendlich vielen Quadratwurzeln, sofern es sich nicht um Wurzeln aus Quadratzahlen handelte, bewiesen hatte.

Nun haben wir aber schon bei Anaxagoras angedeutet, dieser große Philosoph habe sich mit der Quadratur des Kreises beschäftigt. War das ein herausgegriffenes Einzelproblem oder war es vielmehr eine gleichsam prinzipielle Angelegenheit? Rein chronologisch müßten wir hier schon von den drei großen „klassischen Problemen" des Hellenentumes sprechen, müßten hier schon die Quadratur des Kreises, die Verdoppelung des Würfels und die Dreiteilung des Winkels behandeln. Wir bitten aber für die Erörterung dieser Probleme um Aufschub. Wir werden sie im nächsten Kapitel eingehend durchleuchten. In diesem Kapitel müssen wir uns auf andere Probleme beschränken, da sonst die eigentümliche Stellung Euklids nicht zum vollen Ausdruck käme.

Wir wollen also bloß anmerken, daß auch in dieser Zeit schon manches entstand, das die Taten eines Archimedes und eines Apollonios von Pergä vorbereitete. Für Euklids Leistungen dagegen war es am wichtigsten, daß man erkannte, mathematischer Erfindergeist und plastisches Schauen reichten nicht aus, die Mathematik zu der Höhe emporzureißen, die den erleuchtetsten Köpfen als Ideal vorschwebte. Um vollste, echteste Wissenschaft zu werden, mußte sich Mathematik vorübergehend unter philosophische Kontrolle stellen. Diese Kräfteverschiebung hatte vor allem Zenon durch seine maßlosen, aber sehr treffsicheren Angriffe gegen die merkwürdig brüchigen und leicht verwundbaren Fundamente der Mathematik erreicht.

Bevor wir weitersprechen, noch eine kleine, sehr notwendige Einschaltung: Wir hörten schon, daß die alten Griechen, insbesondere· die Pythagoreer, ihre Zahlentheorie als Arithmetik bezeichneten, eine Bezeichnung, die auch auf all das ausgedehnt wurde, was damals algebraischen Charakter trug. Ein konkretes Zahlenrechnen, wie es die mathematische Hauptbeschäftigung bei Ägyptern und Babyloniern (und allen andern nichtgriechischen Völkern) gebildet hatte, wurde auf hellenischem Boden nicht als Wissenschaft anerkannt. Es hieß Logistik, war eine geschätzte Kunst der Rechenmeister (Logistiker), war aber durchaus keine Wissenschaft. Diese Unterschätzung, deren Ursachen wir ergründen müssen, rächte sich für die hellenische Mathematik noch mehr als die absolute Trennung zwischen praktischer, messender Geometrie, der sogenannten Geodäsie, und der eigentlichen strengen Geometrie als Wissenschaft, die einzig wirklichen Rang im geistigen Kosmos besaß. Das Wort Geometrie, das „Vermessung" oder „Ausmessung" der Erde bedeutet, ist also falsch und anachronistisch. Thales und die Pythagoreer dürften es in Anlehnung an ägyptische Gebräuche und Methoden ohne weitern Nebengedanken auf die griechische Mathematik angewendet haben, die höchstens Gestalten-, Formen- oder Proportionenlehre hätte heißen dürfen, um durch ihren Namen das auszudrücken, was sie wollte und was sie wieder nicht wollte.

Es liegt uns fern, uns lächerlich zu machen und die Schöpfer dieser Wissenschaft wegen einer Namensunkorrektheit zu kritisieren. Wir weisen nur darauf hin, um allfällige Irrtümer abzuriegeln. Uns interessiert auch noch viel mehr die Tatsache, daß die griechische Mathematik in ihren beiden Hauptzweigen, der Lehre von Zahlen und Zahlenvertretern (also in Arithmetik und Algebra) und in der Lehre von den Größen und ihren Beziehungen (also in der Geometrie), jegliche Praxis, härter gesagt: eine Verunreinigung durch solche Praxis ablehnte. Nur im Denkraum sollte Mathematik getrieben werden und enthalten sein, aus dem Erfahrungsraum war sie verbannt, so weit sie Wissenschaft genannt wurde. Dadurch, und das die Rechtfertigung eines derartigen Puritanismus, der besonders bei einem lebenszuge-

46

wandten Volk, wie es die Griechen waren, auffällt, dadurch also wurde ihr höchste Allgemeingültigkeit, Verallgemeinerungskraft und ästhetisch-harmonische Einheitlichkeit gesichert. Dadurch aber wieder schritt sie an manchem Problem, das nur die Praxis stellen hätte können, achtlos vorbei und brachte sich auch im rein Theoretischen um eine gewisse notwendige Elastizität und Weltweite. Es ist das Problem des Klassischen, der Formreinheit an und für sich, das uns hier entgegentritt: das Problem von Form und Inhalt, das am Ende der von uns eben besprochenen Vorbereitungszeit ein Aristoteles in seiner ganzen Breite aufrollte. Und es ist zudem noch ein weiteres, sehr tiefes und rätselhaftes Problem des Zusammenwirkens der einzelnen Kulturfaktoren. Während nämlich in Ägypten die Mathematik bloße Hilfstechnik einer sicherlich tiefkulturellen Gesamtheitsformung auf architektonischem und verwaltungsmäßigem Gebiete war, während sie in Babylon und bei dessen Vorläufern auch noch gleichsam als Zusatzmaterie das Leben und die Mystik unterstützte, hat sie sich im Griechentum zur eigenen Welt konstituiert. Die Mathematik hat sich auf hellenischem Boden selbständig gemacht, beginnt das gesamte Denken der führenden Menschen zu formen, sie wird eine „Überwissenschaft“, ähnlich der Philosophie, die ja aus der Natur ihrer Problemstellung heraus stets Überwissenschaft sein soll. Und die Mathematik prallt auch folgerichtig in diesen Jahrhunderten mit der Nebenbuhlerin Philosophie hart zusammen. Unter ungeheurem geistigen Schmerz wird der „euklidische Mensch“ geboren, wie Oswald Spengler diesen Typus von Menschen nennt, der die Form so hoch stellt, daß er der praktisch anwendbarsten Wissenschaft fast die Anwendung auf die Wirklichkeit untersagt, um sie durch Jahrhunderte zu einer Vollendung zu treiben, die sie tatsächlich erst wieder am Ende des neunzehnten Jahrhunderts erreicht hat. Der Weg dieser Entwicklung wird unbeirrbar weitergegangen, nichts ist zu gering, nichts zu schwer, um das Ziel zu erreichen. In diesen für Hellas politisch so stürmischen und bewegten Jahrhunderten, in denen der Ansturm der Perser sich an den gepanzerten Scharen von Schwerter schwingenden Künstlern, Philosophen und Mathematikern bricht, in denen, noch schmerzlicher, der Bruderzwist seine blutigsten Orgien im peloponnesischen Krieg feiert, in denen schließlich der große abtrünnige Schüler Platons, der Riesengeist und Riesensammler Aristoteles, einen jungen, halbwilden König aus dem verachteten Bergland Makedonien unterrichtet, der dann als Alexander der Große die morschen Kulturstaaten des Ostens und Südens bis ins Fünfstromland Indiens und bis an die Grenze Äthiopiens zerschmettert, — in dieser so stürmischen und wahrhaft großen Zeit hat die Philosophie das ihr anvertraute Reinigungswerk der Mathematik vollendet. Gleichzeitig mit den Formwundern eines Phidias, Praxiteles und der großen Dramatik des Aischylos, Sophokles und Euripides.

Über Platons Akademie soll der Spruch gestanden haben, daß kein der Geometrie Unkundiger eintreten möge. Und im Lyzeum des Aristoteles wurde elementare Mathematik als selbstverständlich vorausgesetzt. Ja, noch mehr: Platon selbst hat die noch heute gültige Forderung aufgestellt, daß Konstruktionen geometrischer Art nur dann kanonisch seien, wenn sie lediglich unter Zuhilfenahme von Lineal und Zirkel ausgeführt würden. Dies bedeutet aber, wie man heute weiß, daß nur Probleme in dieser Art konstruiert werden können, deren arithmetisches Gegenstück nicht höhere als zweitgradige, also höchstens gemischt-quadratische Gleichungen erfordert. Dabei blieb Platon nicht stehen. Er ließ sich von Pythagoreern unterrichten, lernte von Mitschülern, wie Theaitetos, und Zeitgenossen, wie Eudoxos, von denen der Erstgenannte die Theorie des Irrationalen in aller Allgemeinheit ausbaute[1]). Und er hatte seine Forderung an den Pforten der Akademie durchaus nicht als Phrase oder Aperçu gemeint. Denn er selbst stellte als erster

[1]) Von Eudoxos wird im nächsten Kapitel ausführlich die Rede sein.

in der Geschichte der Mathematik die sogenannte „analytische Methode" in den Vordergrund der Forschung, die darin gipfelt, das geometrische Problem als gelöst zu betrachten und davon rückschließend die Eigenschaften der Figuren in ihrer umfassendsten Gesamtheit zu erforschen. Wenn die kosmischen Körper oder die regelmäßigen Vielflache auch platonische Körper heißen, hängt dies wohl eher mit naturphilosophischen Ausdeutungen und näherer Erforschung dieser Körper als mit ihrer Entdeckung zusammen.

Nun aber trat, wie schon erwähnt, nach Platon, dessen Ermahnung an seine Schüler, sich der Mathematik philosophisch und kritisch zu widmen, auf durchaus fruchtbaren Boden gefallen war, der große Stagirite Aristoteles auf den Plan. Und schuf ein Gipfelwerk menschlichen Denkens, dessen Formung er der Mathematik ebensowohl ablauschte, als er es auch wieder zur Richtschnur und Forschungsregel an die Mathematik weitergab. Wir meinen die Begründung der Logik als Wissenschaft, deren erste Geburtswehen uns aus den Platonischen Dialogen in wogendem Leben, in berauschendem Werden noch heute gegenwartsnah erscheinen. Aristoteles, dessen Geist, ungleich dem Geiste Platons, nicht so sehr dem synthetisch Deduktiven als dem Induktiven zuneigte, war Forscher und Sammler zugleich. Und er regte daher nach allen Seiten zu Kompilationen an. Auch auf dem Gebiete der Mathematik. So kam es, daß sein Schüler Eudemos jene wertvolle Geschichte der Mathematik verfaßte, deren durch Proklos erhaltene Bruchstücke als sogenanntes „Mathematikerverzeichnis" für uns noch heute von unschätzbarem Werte sind.

Die Stürme der Welteroberung durch Alexander den Großen sind verrauscht. Alexander selbst hat seine Kometenlaufbahn vollendet. Der Osten, den er niedergeworfen, hat ihn ausgehöhlt, entnervt, hat ihm ein frühes Ende bereitet. Und die Diadochen haben untereinander das Erbe der Welt geteilt. Am Zentrum der werdenden Welt, die wieder in satter Ruhe liegt, in

Alexandria, residiert Ptolemäus Soter, der erste griechische König Ägyptens. Noch bleibt Athen Sitz höchster Bildung, noch florieren in edlem Wetteifer die Akademie Platons und die peripatetische Schule des Aristoteles. Auch Großgriechenland ist vorläufig bloß gefährdet, noch nicht aber bedrängt. Das Schwergewicht auch des Geistes jedoch beginnt sich nach Alexandria zu verlegen. Denn dort entstehen unter Ptolemäus II. Philadelphus weite Hallen für den Geist, entsteht das Museion, Forschungsstätte, Bibliothek und Stiftung zugleich. Aller persönlichen Sorgen sind die Gelehrten des Museions enthoben, alle Wissenschaft auch des Ostens und Ägyptens strömt ihnen geheimnislos und willig zu. Und in den Hallen ruhen Tausende und Abertausende von Papyrosrollen, auf denen flinke Abschreiber das gesamte Wissen der bisherigen Weltentwicklung aller Zonen aufgezeichnet haben.

Durch diese Hallen nun wandelt etwa um 300 vor Christi Geburt ein stiller Mann. Woher er kam, wissen wir nicht. Wir wissen nicht einmal, wann er geboren wurde und wann er starb. Nur einmal hat er als Person in seinem Leben etwas gesagt, das allen Höflingen die Haare zu Berge trieb. Als ihn nämlich sein König Ptolemäus Philadelphus fragte, ob es für den Unterricht oder die Aneignung der Mathematik keinen bequemeren Weg gebe als den der „Elemente", hat er stolz geantwortet: „Für die Mathematik gibt es keinen Königsweg." Ptolemäus Philadelphus dürfte nicht verstimmt gewesen sein. Wahrscheinlich hat er gelacht. Nicht aber aus Gutmütigkeit. Denn die ersten Ptolemäer zeichneten sich in gleicher Art durch skrupelloseste Genußsucht, Verwandtenmorde und ähnliches, doch auch wieder durch ein überschwängliches Mäzenatentum aus. Sie suchten eben ihre Macht sowohl in der Zeitlichkeit als gegenüber der Ewigkeit zu befestigen und gebrauchten auf dem ewigkeitsgewohnten Boden Ägyptens zu diesem Zweck nicht die althergebrachten Pyramiden, sondern die weniger kostspieligen Künstler, Philosophen und Mathematiker. Mit Euklid ist ihnen diese Absicht vortrefflich gelungen. Die schon erwähnten „Elemente" sind außer der Bibel das meistvervielfältigte Buch des abendländischen Kulturkreises und erlebten nach vorsichtiger Schätzung allein durch Druck über 1500 verschiedene Ausgaben, von denen einige schwindelnd hohe Auflageziffern erreichten. Wir sprechen von Büchern. Auch in dieser Beziehung ist seit den Anfängen der hellenischen Mathematik ein großer Wandel eingetreten. Während ein Thales oder ein Pythagoras keinerlei mathematische Schriften hinterließen, wimmelt es jetzt, wenige Jahrhunderte später, von solchen Aufzeichnungen. Ja, es soll sogar eine ganze Reihe von „Elementen" der Geometrie schon vor Euklid gegeben haben. Wir besitzen aber keine einzige derartige Sammlung. Ist also alles nur ein rein antiquarisch-historischer Zufall? War Euklid nur einer von vielen, dem es ein günstiges Geschick gab, durch innerlich und sachlich gar nicht gerechtfertigte Erhaltung seiner Schriften die Ewigkeit zu erschleichen? Nein, so war dem durchaus nicht! Wieder, wie bei Pythagoras, sprang aus dem Haupt des Zeus eine Pallas Athene in voller Rüstung. Die „Elemente" waren so neu, so umfassend, so endgültig, so unangreifbar, daß sie, wie wir heute sagen würden, unmittelbar nach ihrem Erscheinen die größte Sensation erregten. Darum wurden sie überverhältnismäßig vervielfältigt und darum wurden sie so sehr Grundlage des Studiums und Gemeingut aller Gebildeten, daß sie nicht mehr aus dem Geistesleben verschwanden, wenn auch der Erdkreis wankte und neue Völker das Erbe des klassischen Altertums antraten. Euklids Elemente waren eben ein Hauptaktivum dieser Erbschaft.

Nun haben wir aber bisher bloß äußere Dinge berichtet: Eine Biographie Euklids, die aus einer einzigen Anekdote und aus einer vagen Jahreszahl besteht. Und einen Bucherfolg, dessen innere Begründung wir zwar behaupteten, der aber durchaus nicht auf Treu und Glauben als begründet hingenommen werden muß. Daher ist es höchste Zeit, zum Kern der ganzen Angelegenheit vorzustoßen.

Nicht ohne sehr überlegte Absicht haben wir den Streit der griechischen Philosophen so stark in den Vordergrund gerückt. Die durch all diese unheimlich temperamentvollen und erbitterten Geistesfehden geklärte, gereinigte und doch wieder gewitterschwangere Kulturatmosphäre hellenischen Bereiches verlangte zu Beginn der alexandrinischen Epoche etwas anderes von der „sichersten Wissenschaft" als gelegentliche verblüffende Problemstellungen und ebenso verblüffende Rätsellösungen. Sie verlangte aber auch eine Beseitigung des „Skandals der Mathematik", die durch Angriffe von der Art Zenonischer Paradoxien im Ansehen der durch Komödiendichter zum Lachen gereizten Volksmassen nicht gerade gestiegen war. Dies aber um so mehr, als es sich bei der Mathematik um ein Nationalheiligtum handelte, um einen Beweis des Menschseins, der höheren Kultur und Zivilisation. Wodurch nun sollte diese Riesenaufgabe bewältigt werden? Es gab hierzu wohl nur den durch die Logik des Aristoteles vorgezeichneten Weg. Und dieser hieß: Gesamtaufbau einer echten Wissenschaft durch strengste Systematik. Nicht etwa durch die künstliche Bemühung originalitätslüsterner Sammler und Gelehrten, die Mathematik so behandeln würden wie ein Raritätenkabinett mit äußerlich aufgepfropfter Einteilung. Nein, aus den tiefsten, ersten Wurzeln, aus den Sockelquadern mußte alles Schritt für Schritt sich vor dem Weisheitsliebenden aufbauen und eine Wahrheit mußte zwingend aus der anderen folgen. Zur Analysis im Sinne Platons blieb später Zeit. Zuerst mußte, rein deduktiv, die Synthesis, das stufenweise Aufeinandertürmen der mathematischen Erkenntnisse geleistet werden.

Euklid hat diese allen früheren aussichtslos scheinende Riesenaufgabe in einer Art bewältigt, daß sein Bau durch Jahrtausende aller Kritik standhielt, sofern sie nicht bloß schlechter Laune entsprang wie die Einwürfe Schopenhauers und zudem noch, wie alle solchen Einwürfe, an tiefem Mißverständnis der eigentlichen mathematischen Zielsetzung krankte. Und Euklid hat diese Aufgabe derart bewältigt, daß ihn erst die geistige Entwicklung der letzten Jahrzehnte des neunzehnten Jahrhunderts erreichte und sein Werk verallgemeinern konnte, wobei sie ihn durch diese Verallgemeinerung eher rechtfertigte als angriff. Kurz, man könnte als Motto über die Elemente Euklids einen Buchtitel schreiben, den Pater Saccheri, der Vorreiter der nichteuklidischen Geometrien, allerdings in etwas anderem Sinne, seinem Buche gab: „Euclides ab omni naevo vindicatus." Zu deutsch: „Euklid, von allem Makel gereinigt."

Dabei sei nur nebenhin erwähnt, daß Euklid Gründer und erstes Schulhaupt der großen Mathematikerschule Alexandrias war; daß er noch andere großartige Werke, wie die Porismen und die Data, außerdem ein Buch über Kegelschnitte und anderes mehr verfaßte; und daß ihm unstreitig der Rang eines ganz großen Mathematikers gebührt, auch was seine höchstpersönlichen Entdeckerleistungen betrifft. Es soll nämlich durchaus nicht den Anschein haben, als ob er bloß Sammler und Systematiker gewesen wäre, obgleich ihn auch diese Leistung allein unsterblich machen müßte, da sie die Konzeption der gesamten Mathematik betrifft.

Nun wollen wir aber doch des lebendigeren Einblicks wegen die „Elemente" flüchtig durchblättern. Sie heißen in griechischer Sprache „Stoicheia" und sind in dreizehn Bücher eingeteilt. An ihrer Spitze steht das weltberühmte euklidische „Axiomensystem", die Zusammenfassung der sogenannten Erklärungen, Forderungen und Grundsätze. Man hat diese einzelnen Gruppen auch als Definitionen, Postulate und Axiome bezeichnet und viel darüber diskutiert, wodurch sie sich voneinander unterscheiden. Sicherlich sind die Axiome oder Grundsätze nichts anderes als allgemeine oder allgemeingültige oder allen Menschen gemeinsame Einsichten, die nicht bewiesen zu werden brauchen, auch gar nicht bewiesen werden können. Jeder, auch der verwickeltste Beweis muß endlich bei diesen Axiomen als letzten Beweisgründen landen, muß auf sie als letzte

Instanzen stoßen. Daß das Ganze größer als sein Teil sei (Axiom 9) oder daß zwei gerade Linien niemals einen Raum (Fläche) einschließen könnten (Axiom 12), muß ebenso jeder mathematischen oder geometrischen Bemühung irgendwie zugrunde liegen wie etwa die Forderung 2, daß man eine begrenzte gerade Linie stetig gerade verlängern könne und daß es möglich sei, aus jedem Mittelpunkt, mit welchem Radius immer, einen Kreis zu konstruieren (Postulat 3). Ebenso setzt die ganze Geometrie rein definitorisch voraus, daß ein Punkt keine Teile (Definition 1) und eine Linie nur eine Länge ohne Breite besitze (Definition 2) oder daß ein mit seinem Nebenwinkel spiegelbildlich gleicher Winkel ein rechter Winkel sei (Definition 10).

Aus diesem Minimum von 35 Definitionen, 3 Postulaten und 12 Axiomen[1]) nun baut Euklid, wie schon erwähnt, die ganze Mathematik auf, wobei er im späteren Verlauf der Darstellung noch eine große Anzahl von Definitionen, jedoch keine Postulate und Axiome mehr hinzufügt.

Das erste Buch nun handelt von Dreiecken, Parallellinien und Parallelogrammen und schließt mit dem klassischen, euklidischen Beweis des Pythagoreischen Lehrsatzes. Dazu wollen wir bemerken, daß die noch heute übliche Beweisform, bestehend aus Behauptung, Beweis und Schlußformel („was zu beweisen war") bei Euklid erstmalig konsequent auftritt. Bei Konstruktionen heißt es am Schluß: „Was zu konstruieren war." Das zweite Buch wendet den „Magister Matheseos" (wie der Lehrsatz des Pythagoras später genannt wurde) in ausgedehntester Weise an und enthält durch seine zahlreichen Verwandlungsaufgaben eigentlich eine „geometrische Algebra", wie wir sie bereits bei den Pythagoreern kennen lernten. Die weiteren planimetrischen Bücher drei und vier behandeln die Kreislehre, die

---

[1]) Nach neuester Lesart gibt es 23 Definitionen, 5 Postulate und 8 Axiome, ohne daß diese Verschiebung der Einteilung das Wesen der Sache ändert.

Sehnen- und die Tangentenvielecke und schließen mit dem fünften Buch, das die Proportionenlehre bringt, und dem sechsten, das die Ähnlichkeit der Figuren erörtert, den ersten Teil des Werkes ab. Hervorzuheben ist die ungeheure Verallgemeinerung, die alle bisherigen Lehrsätze durch Euklid erfahren haben. Wir können uns nicht in Einzelheiten verlieren, wollen es aber doch nicht unterlassen, auf den 31. Satz des sechsten Buches zu verweisen, der ganz allgemein die Behauptung aufstellt, daß die Summe ähnlicher Gebilde über den beiden Katheten stets gleich sei einer analogen ähnlichen Figur über der Hypotenuse. Dieser ganz allgemeine, bei Euklid auf zwei Wegen bewiesene Satz ist wohl eine sehr umfassende Folgerung, die aus dem Pythagorassatz hervorgeht. Es war damit etwa bewiesen, daß die Summe zweier aus Kreisen gebildeter „Möndchen"[1]) über den Katheten flächengleich sei dem Möndchen über der Hypotenuse.

Ist nun diese Verbreiterung des planimetrischen Wissens bei Euklid erstaunlich, so setzen uns die folgenden Bücher sieben bis zehn vielleicht in noch größere Verwunderung. Was sich da vor uns aufbaut, ist nichts weniger als eine umfassende Zahlentheorie, begonnen vom Unterschied der Primzahlen und zusammengesetzten Zahlen über gemeinsames Maß und gemeinsames Vielfaches, über einen Beweis von der unendlichen Menge der Primzahlen bis zu einer durchgebildeten Theorie des Irrationalen und des Inkommensurablen. Ein neuerer Forscher, Nesselmann, erklärt, daß man über das in den Elementen bezüglich höherer Irrationalitäten Erreichte durch volle achtzehnhundert Jahre nicht hinauskommen konnte, was begreiflich ist, wenn man bedenkt, daß Euklid mit

Ausdrücken vom Typus $\sqrt{\frac{1}{2}\sqrt{a \pm b}\left(\sqrt{a} \pm \sqrt{b}\right)}$ allerlei

Umformungen ohne eigentliche algebraische Schreib-

---

[1]) Siehe des Verfassers Buch „Vom Einmaleins zum Integral", S. 279, Figur 43, wo eine der „Möndchenkonstruktionen" des Hippokrates von Chios dargestellt ist.

weise, also vorwiegend geometrisch, vornehmen mußte. Dieses Zeugnis Nesselmanns diene zur schlagenden Widerlegung des weitverbreiteten Irrtums, daß Spitzengeister früherer Epochen etwa naiv waren, nur weil sie einige Jahrtausende vor uns lebten oder weil sie vielleicht ganz andere Dinge wollten als wir Heutigen. Nachdem nun Euklid die Zahlentheorie erledigt hat, begibt er sich in den Büchern elf bis dreizehn auf das Gebiet der räumlichen Geometrie und baut sie ebenfalls in synthetischer Art auf. Er hat sie allerdings nicht so erschöpfend behandelt wie die ebene Geometrie, ein Umstand, der bis in den Unterricht der Gegenwart nachwirkt. Gleichwohl sind auch auf stereometrischem Gebiet seine Leistungen erstaunlich genug, und er verwendet bei krummflächigen Gebilden, wie bei der Kugel, bereits Methoden der Rechnung mit dem Unendlichen (Infinitesimalmathematik) in Form des sogenannten Exhaustionsbeweises. Doch darüber wollen wir im nächsten Kapitel sprechen. Daß nach Ansicht einiger Kompilatoren des Altertums der Endzweck und die Krönung des euklidischen Werkes die Untersuchung der kosmischen Körper (der regelmäßigen Polyeder) gewesen sei, mag nebenbei erwähnt werden. Tatsache ist es, daß bei Euklid schon ein zwingender Beweis dafür auftritt, daß es nur fünf reguläre Vielflache geben könne (als Anmerkung zum 18. Satz des dreizehnten Buches), was in sehr eleganter Art demonstriert wird. Nun sagt derselbe uns schon sattsam bekannte Proklos, der aus der angeblichen Zugehörigkeit Euklids zur platonischen Philosophie auf das Endziel der Elemente (die platonischen Vielflache) geschlossen hat, an einer andern Stelle viel plausibler, daß „Elemente" alle Dinge genannt würden, „deren Theorie hindurchdringt zum Verstehen der andern Dinge und von denen aus uns die Lösung der Schwierigkeiten dieser andern Dinge gelingen würde". Kurz gesagt, wir sollen durch die Elemente befähigt werden, alle andern Dinge der Mathematik zu meistern. Die Elemente sind somit nicht ein „Königsweg", wohl aber die einzige breite Heeresstraße, die über Berg und Tal zur Mathematik führt. Und es ergibt sich nach Euklid der dreistufige Aufbau der Mathematik als Axiomatik, als Untersuchung der Elementarsätze und als weitere Mathematik, deren Gebiet einleuchtenderweise weder begrenzt noch eingeengt werden kann. Somit wäre also durch Euklid der Unterbau der Mathematik für alle Ewigkeit gelegt worden und wir dürften konsequenterweise sein Werk nur ausweiten, niemals jedoch auf andere Fundamente stellen. So dachte noch ein Immanuel Kant in seiner berühmten Vorrede zur zweiten Auflage der „Kritik der reinen Vernunft" vom Jahre 1787. Es war die Herrschaft der „euklidischen" Welt, der „euklidischen" Mathematik, die bis zum Beginn des 19. Jahrhunderts nicht angezweifelt wurde, wenn auch eines der Axiome (je nach Lesart Axiom 11 oder Postulat 5) selbst den alten Griechen viel Kopfzerbrechen verursachte. Moderne Mathematiker hohen Ranges, die einzigen sicherlich, die sich in die Psyche Euklids voll hineindenken können, behaupten sogar, daß Euklid selbst dieses Axiom nur unter großen Gewissensbissen hingeschrieben haben dürfte. Es lautet: „Wenn eine Gerade zwei andere Gerade trifft und mit ihnen auf derselben Seite innere Winkel bildet, die zusammen kleiner als zwei Rechte sind, sollen jene beiden Geraden, ins Unendliche verlängert, auf der Seite zusammentreffen, auf der die Winkel liegen, die kleiner als zwei Rechte sind."

Wir wissen aus der Schule, daß der größte Teil unserer Geometrie mit diesem Grundsatz steht und fällt. Denn etwa die Tatsache, daß die Winkel eines Dreiecks die Summe von 180 Graden oder zwei Rechten haben, ist ohne das Parallelenaxiom schlechterdings unbeweisbar. Und es hätten schon die alten Griechen, die mit Kugeldreiecken sehr geschickt umgingen, bemerken können, daß tatsächlich auf der Kugel, auf der es nur einander schneidende „Gerade" (die Größtkreise) gibt, die Winkelsumme stets von 180 Graden verschieden ist, wobei sie diese 180 Grade ausnahmslos übertrifft[1]).

Aber zurück in die euklidische Welt! Für unsren Standpunkt in Raum und Zeit — das Alexandria des 4. und 3. vorchristlichen Jahrhunderts — ist Mathematik zum erstenmal durch Euklid vollgültig gegen alle Gefahren philosophischer Zersetzung gesichert worden. Neugeboren steht unsre Wissenschaft vor den erstaunten Augen der Welt schlackenlos da. Der Weg unbegrenzten Aufstieges ist geebnet, der Bau wolkenhoher Türme ermöglicht, da die Fundamente tief verwurzelt sind im unentrinnbaren Urgesetz des Denkens, der Logik, und zugleich im Gesetz der reinen Anschauung, im dreidimensionalen, „euklidischen" Raum.

Drittes Kapitel

ARCHIMEDES

Mathematik und Wirklichkeit

Eine neue werdende Weltmacht tritt auf den Plan, als das Hellenentum nach den Alexanderzügen eben den großen letzten Traum eines Weltimperialismus ausgeträumt hat. Im Jahre 216 sind bei Cannae 50.000 tapfere römische Legionäre von Hannibal zusammengehauen worden. Es ist der Wendepunkt der römischen Geschichte, einer jener Wendepunkte, an denen über Sieg oder Untergang einer Nation nicht mehr ihre physische, sondern ausschließlich nur noch ihre moralische Möglichkeit entscheidet. Alles scheint für Rom verloren. Doch es rafft die letzten Waffenfähigen zusammen, bewaffnet sie mit alten Beutestücken aus den Tempeln, und schon

---

[1]) Unter „Gerader" auf der Kugel muß man die kürzeste Verbindung zweier Punkte, also den Größtkreis verstehen, falls man die Kugelfläche nicht verläßt. Zu solcher Verallgemeinerung sind die alten Griechen jedoch nicht vorgedrungen.

58

zwei Jahre später steht der Consul M. Claudius Marcellus mit den Resten des bei Cannae fast gänzlich vernichteten Heeres vor Syrakus, um den Verbündeten Karthagos zu züchtigen. Doch die Römer sind von Unglück verfolgt, auch hier ereignet sich ein negatives Wunder. Als Marcellus Syrakus von der Seeseite angreift, senken sich eiserne Hände und Schnäbel von den Mauern, krallen sich in die Schiffe und heben sie hoch, um sie wieder fallen zu lassen. Und auf die zerschmetterten Planken, an die sich Ertrinkende klammern, saust ein furchtbarer Hagel riesiger Steinblöcke, wie er von Menschenkraft noch niemals erregt wurde. Älteste Veteranen erblassen. Wo sich über den Mauern von Syrakus ein Tauende oder ein Stückchen Holz zeigt, dort fliehen die Legionäre in unhemmbarem Entsetzen. Denn sie wollten gegen Menschen kämpfen, oder, wenn es sein müßte, gegen die Kriegselefanten Hannibals, nicht mehr aber gegen feindlich gesinnte Götter und hundertarmige Riesen. Ihr Führer aber, der große Consul Marcellus, sorgt dafür, daß sie eine Erklärung des schrecklichen Wunders erhalten. Und da erfahren sie, daß ein Einzelner gegen sie alle streitet, ein einsamer zweiundsiebzigjähriger Greis. Er heißt Archimedes und ist der größte aller hellenischen Mathematiker, einer jener skurrilen, weltabgewandten Männer, deren Wesen der harte, wirklichkeitsverwurzelte Römer noch weniger versteht als seine ihm ebenfalls unklare Beschäftigung mit Linien und Buchstaben. Ist das Zauberei? Hat man über diese Tröpfe bisher fälschlich gespöttelt und gelacht? Jetzt, wo es ernst geworden ist, hat man's. Jetzt recken sich die eisernen Zauberkrallen über die Mauern und die Steine hageln, als ob Vesuv und Ätna zugleich das Innere der Erde ausspieen.

Und zu allem soll dieser Archimedes, gerade dieser Archimedes, der schnurrigste aller Geometer sein, den die Hellenen hervorbrachten. Man? erfährt alles von gefangenen Syrakusanern, die sich durch Geschwätzigkeit Erleichterung ihres Gefangenenloses erkaufen wollen. Archimedes sei mit dem Königshause verwandt, seine

Familie sei reich gewesen. Er aber habe durch Verträumtheit alles vor die Hunde gebracht. Sei es ein Wunder, daß ein Mann abwirtschaften müsse, den die Verwandten mit sanfter Gewalt zum Bad schleppten, weil er es ebenso vergaß wie die Mahlzeiten? Und wenn er endlich badete, dann zeichne er während der Salbung ununterbrochen Linien in den Sand und murmle unverständliche Worte. Ja, einmal sei er sogar splitternackt durch die Straßen von Syrakus gelaufen und habe in einem fort „Heureka, heureka!" geschrien. Was habe er da „gefunden"? Daß der Goldschmied den König betrogen und den Goldkranz nicht aus reinem Gold angefertigt habe? Angeblich sei Archimedes dies dadurch zum Bewußtsein gekommen, daß das Bad überlief, als er sich hineinsetzte. Das sei doch, bei den Göttern, keine große Entdeckung. Auf jeden Fall sei dieser Archimedes ein Narr oder ein Dämon oder beides.

Die römischen Bauern, aus denen sich ja die Legionen zusammensetzen, sind durch diese Erzählungen aufgeregter Syrakusaner nicht getröstet. Im Gegenteil. Jetzt glauben sie erst recht an Zauber und schwärzesten Spuk. Und als endlich nach zwei grauenvollen Jahren Syrakus ihnen durch List und Überrumplung in die Hände fällt, da stürmen sie mordend und plündernd durch die Gassen der eroberten Stadt und sind noch wilder als sonst, da sie an jeder Straßenbiegung das Auftauchen neuer archimedischer Gespenster befürchten.

Dabei betritt ein Legionär ein anscheinend unbewohntes Haus. Im Garten sitzt ein Greis und zeichnet Figuren in den Sand. Warum soll er sie nicht zeichnen? Gewiß, heute ist viel Lärm in der Stadt. Aber solchen Lärm gab es oft in den vergangenen zwei Jahren. Und das Problem leidet keinen Aufschub. Archimedes blickt kaum auf. Er merkt nur, daß ein Fuß in seine Linien tritt. „Störe mir meine Kreise nicht!" sagt er sanft. Doch fast im gleichen Augenblick macht das Schwert des Legionärs seinem Leben ein Ende.

Hat der Soldat gewußt, daß er Archimedes tötete? Wollte er den „Zauberer" beseitigen, um die Legionen und Rom zu retten? Trotz des strengen Befehls des Consuls Marcellus, Archimedes zu schonen? Marcellus war erbittert, als er von der Tat hörte. Er ließ Archimedes mit allen Ehren bestatten und setzte ihm ein Grabmal, das allerdings durch Jahrhunderte vergessen war und von Hecken und Dornen überwuchert wurde. Erst Cicero hat es wieder aufgespürt, fand darauf die in den Zylinder einbeschriebene Kugel und bewies der Welt damit, daß Archimedes nicht nur eine Sage, sondern ein lebendiger Mensch gewesen war. Ein Mensch — fügen wir hinzu —, dessen innere Dämonie kaum je in der Geschichte des Geistes übertroffen wurde. So umwälzend, so neu, so zukunftsschwanger war alles, was er unternahm und schuf.

Wir aber müssen nun mit unserem Zauberteppich in die Zeit zurückfliegen, in der wir schon einmal weilten, müssen die geistigen Ahnen dieses unheimlichen Gestalters feststellen, da er für uns sonst noch viel mehr in die Zonen des nicht mehr zu Verstehenden gerückt würde.

Von den Eleaten, der Philosophenschule, die der Riesengeist Parmenides gegründet hatte, haben wir schon gehört. Es war jene Schule, die das ewige Sein, das Ruhende, als oberstes Weltprinzip erklärte und alles Werden zu bloßem Schein degradierte. Es war jene Schule, deren, fast möchte man sagen, karikaturistischen Ausklang der Eleate Zeno mit seinen sophistischen Paradoxien bildete. Wenn nun auch das Mißverständnis, das in diesen geistigen Luftsprüngen lag, von gründlicheren Geistern bald aufgeklärt und auf sein richtiges Maß zurückgeführt wurde, so blieb der echte Kern eleatischer Weisheit doch tief in der hellenischen Philosophie verwurzelt, da er dem Grundcharakter des zeitlosen Volkes der Harmonie sehr angemessen war. Und die echte eleatische Auffassung setzt sich fort in der platonischen Lehre von den ewig seienden Ideen, von den Urbildern alles Daseins, aller schattenhaften, verunreinigten Wirklichkeit. Von dort pflanzt sich diese Grundstimmung der in sich ruhenden Ewigkeit weiter über Aristoteles fort, bis sie in der rein statischen, klaren und bewegungslosen Mathematik Euklids ihren vollendetsten Ausdruck auf geometrischem Gebiet findet. Für Euklid etwa ist ein Kreis durchaus nicht das Ergebnis eines Zirkelumschwunges, auch nicht das schon abstraktere Resultat der Bewegung eines Halbmessers, einer um einen der Endpunkte wieder in sich selbst zurückgedrehten Strecke, sondern die Gesamtheit oder der Inbegriff aller Punkte, für die der Abstand von einem bevorzugten Punkt (dem sogenannten Mittelpunkt) gleich ist. Es wird also, rein eleatisch, nicht das Werden des Kreises, sondern das Sein des Kreises ausgedrückt. Noch augenfälliger wird dieser Wesensunterschied bei verwickelteren Kurven. So bemerkt der Archimedesforscher A. Czwalina treffend, daß Archimedes die von ihm entdeckte und nach ihm benannte Spirale folgendermaßen beschreibt: „Wenn sich ein Halbstrahl um seinen Anfangspunkt mit gleichförmiger Geschwindigkeit dreht, nach einer beliebigen Anzahl von Drehungen wieder in seine Anfangslage zurückkehrt, und sich auf dem Halbstrahl ein Punkt mit gleichförmiger Geschwindigkeit, im Anfangspunkt des Halbstrahls beginnend, bewegt, so beschreibt dieser Punkt eine Spirale." Dagegen, so sagt Czwalina, hätte Euklid, ohne sich selbst untreu zu werden, dieselbe Kurve in seiner statischen Art so beschreiben müssen: „Es ist gegeben ein Halbstrahl und außerhalb desselben ein Punkt. Es sei die Gesamtheit aller der Punkte betrachtet, für die sich der Abstand des gegebenen Punktes zum Anfangspunkt des Halbstrahls verhält wie der Winkel, den jener Halbstrahl bildet, zu dem Winkel, den dieser Abstand bildet."

An diesem Beispiel ist die Grenze der euklidischen Darstellungsart klar ersichtlich. Die logisch und weltanschaulich begründete Ausschließung alles Werdenden, aller Bewegung, erzeugt zunehmend eine Starrheit und Undurchsichtigkeit der Darstellung, wenn es sich um

62

verwickeltere Probleme oder Definitionen handelt. Doch darin lag der Unterschied durchaus nicht allein. Wir müssen ihn also tiefer und verhüllter suchen. Zu diesem Zweck muß uns aber der Zauberteppich neuerdings bis zu Parmenides zurücktragen.

Wir sagten schon, daß die Philosophie des Seins dem der Harmonie zugewandten Geist der Hellenen durchaus gemäß war. Die Griechen haßten das Uferlose, Unbegrenzte, Formlose. Und sie wollten nicht an Dinge rühren, die, über das Menschenmaß hinausreichend, eigentlich den Göttern gehörten. So wurde auch Prometheus, der Übermenschliches erstrebt hatte, mit Ketten an den Kaukasus geschmiedet und die Adler des Zeus fraßen an der Leber des hilflos gemachten Titanen.

War es sinnbildhaft, daß, fast zu gleicher Zeit mit dem Ruhespender Parmenides, am entgegengesetzten Ende hellenischen Gebietes, in Ephesos, ein Mann zu lehren begann, der nicht bloß äußerlich dem Kaukasus näher war? Der all das prometheische Feuer in Hellas entfesselte oder zumindest solcher Entfesselung die geistige Unterlage lieh? Er hieß Heraklit und wurde schon im Altertum der „dunkle Heraklit" genannt, was wohl nicht bloß allein wegen der epigrammatischen Kürze seiner Weisheiten, sondern mindestens ebenso wegen des Inhalts seiner Lehren geschah, die jenes zweite Wesen des Griechengeistes spiegelte, der sich manchmal eruptiv Luft machte und den mühsam errungenen Kosmos, die schwer erkämpfte Harmonie wieder ins Wanken brachte. Heraklit stellte dem Sein der Eleaten das ewige Werden entgegen. „Alles fließt" und „Der Widerstreit ist Vater des Allgeschehens" sind seine obersten Grundsätze, die sofort aus dem ewig Ruhenden das unterbrechungslos Veränderliche machen und das Sein zu einem ungreifbaren, schattenhaften Übergangspunkt zwischen Vergangenheit und Zukunft degradieren. Diese Lehre wirkt aber, ebenso wie die eleatische, bestimmend auf das Reich der Mathematik ein. Denn schon die Linie ist, heraklitisch gesehen, nicht mehr eine Perlenschnur von einander be-

nachbarten, gleichwohl aber getrennten Punkten, sondern
sie wird zur Bewegungsspur eines fortschreitenden Punktes und wird damit stetig oder kontinuierlich. Damit
aber ist in irgendeiner Form auch das streng verpönte,
nur den Göttern erfaßbare Unendliche in die Geometrie
gebracht, da ein Kontinuum, um wirklich stetig zu sein,
aus unzähligen Punkten[1]) bestehen muß.

Aber nicht die Lehre des Heraklit allein begleitete
jene Zeit, deren Vorwärtssturm zu euklidischer Formvollendung wir bereits geschildert haben. Außer der
dunklen Mahnung des Irrationalen wurden in diesen
Jahrhunderten, insbesondere im fünften vorchristlichen
Jahrhundert, die drei sogenannten klassischen Probleme
aufgestellt, die durch ihre Lösungsschwierigkeit das Geheimnis aller mathematischen Bemühung so recht offenbarten; und die an der Möglichkeit voller und endgültiger Harmonie zweifeln und verzweifeln ließen. Zuerst das Problem der Winkeldreiteilung und das delische
Problem oder die Würfelverdoppelung, das zudem noch
sakrale, mystische Schauer auslöste. In ihrer Not, bedrängt von Ungemach und Seuchen, hatten sich die
Delier an das Orakel zu Delphi um Hilfe gewandt und
dort die Auskunft erhalten, der Zorn des Gottes könne
nur dadurch versöhnt werden, daß sein Altar in Delos
verdoppelt würde. Nun hatte aber dieser Altar die
Gestalt eines Würfels, und man mußte nach mancher
Bemühung erkennen, daß die Problemlösung mit den
konstruktiven Mitteln von Zirkel und Lineal nicht gelang,
was uns Heutigen sofort erklärlich ist, weil es sich bei
der Würfelverdoppelung um Auflösung der drittgradigen
(kubischen) Gleichung $x^3 = 2\,a^3$ handelt und mit Zirkel
und Lineal höchstens quadratische Gleichungen behandelt werden können. Das Dritte der Probleme aber
war die Quadratur des Kreises, mit der sich, wie schon
erwähnt, bereits Anaxagoras beschäftigt haben soll.

---

[1]) Von den verschiedenen „Mächtigkeiten" der unendlichen Mengen im Sinne der Mengentheorie sprechen wir
auf dieser Stufe noch nicht.

Wir sind außerstande, all die mannigfaltigen und genialen Versuche zur Lösung dieser drei Probleme auszuführen, die, wie festgestellt werden soll, wirkliche und ernst zu nehmende Lösungen ergaben. Wir wollen nur erwähnen, daß sich gelegentlich dieser Problemlösungen eine „Bewegungsgeometrie" entwickelte, die stets neue und stets kompliziertere Kurven[1]) entdeckte. Die sogenannte „Einschiebung" war auch nichts anderes als die Hinzufügung einer Bewegungskonstruktion zu den bisherigen Hilfsmitteln von Zirkel und Lineal. Nun trat aber ein neues Geheimnis hinzu, das bei der versuchten Quadratur des Kreises offenbar wurde. Während nämlich ein Teil der Mathematiker fest davon überzeugt war, die Flächen- oder Raumausmessung krummlinig begrenzter Gebilde müsse naturnotwendig zu irrationalen, also stets nur zu angenähert richtigen Ergebnissen führen, glaubte der andere Teil der Geometer bloß an die Unvollkommenheit der bisherigen Methoden. Eine tiefere Erkenntnis müßte rationale Ergebnisse ermöglichen. Der Zufall wollte es, daß die zweite Ansicht in augenfälliger Weise durch die Möndchenkonstruktionen des Hippokrates von Chios Stütze und Bestätigung erhielt. Dem Hippokrates war es nämlich unwiderleglich gelungen, seine Möndchen, also allseitig krummlinig begrenzte Figuren, mit einem rechtwinkligen Dreieck in ein streng rationales Verhältnis zu setzen. Der damaligen Geometrie war es bereits ein Leichtes, dieses Dreieck in ein flächengleiches Quadrat zu verwandeln, wodurch die erste glatte Quadratur einer krummlinig begrenzten Figur geleistet war. Es konnte also niemand mehr behaupten, der Flächeninhalt derartiger Gebilde sei seinem Wesen nach nur durch irrationale Inhaltszahlen ausdrückbar.

---

[1]) So etwa die berühmte „Quadratrix" (auf griechisch „Tetragonizousa"), die von Hippias als Ergebnis einer drehenden und einer fortschreitenden Bewegung konstruiert wurde.

Die große Hoffnung, die Hippokrates bei allen, die sich um die Quadratur bemühten, erweckt hatte, wollte sich aber durchaus nicht erfüllen, und so mußte man wieder zu einer Methode seine Zuflucht nehmen, der allerdings der Makel des verpönten „Unendlichen" untilgbar anhaftete. Wir erwähnten schon, daß der Atomistiker Demokrit als erster den Inhalt der Pyramide und des Kegels als ein Dritteil des gleich hohen Prismas bzw. Zylinders gleicher Grundfläche festgestellt hatte, indem er die Gebilde in dünne Scheiben zerschnitt. Das war, sollte sie taugen, unleugbar eine Operation mit unendlich kleinen Größen. Man hatte aber für die Quadratur und Kubatur noch eine zweite Methode, die darin bestand, daß man die krummlinige Figur durch geradlinig begrenzte Figuren stets mehr und mehr ausfüllte und schließlich sämtliche geradlinig begrenzten Figuren aufzusummieren trachtete. Sollte diese Methode nicht ein bloßer Näherungsprozeß sein, dann mußte man wohl oder übel eine Summe unendlich vieler Summanden bilden. Wie machte man aber das? Vor allem: würde eine derartige Summe nicht notwendigerweise als Ergebnis eine unendliche Größe liefern müssen, selbst wenn die Summanden noch so klein waren? Also Problem über Problem und Widerspruch über Widerspruch. Aber zeigte nicht wieder das Ergebnis des Hippokrates bei seinen „Möndchen", daß derartiges möglich sein mußte? Ein rationales Quadraturergebnis war ohne solche Möglichkeiten undenkbar.

In diesem Schwanken der Begriffe stand nun wieder ein Riesengeist auf, dessen Tat nicht hoch genug angeschlagen werden kann, da sie bis auf den heutigen Tag zureichend und gültig geblieben ist. Eudoxos, ein Zeitgenosse des Platon, beseitigte nämlich das Dilemma zwischen „unendlich" und „endlich" mit einem Schlage dadurch, daß er den Begriff des „beliebig Kleinen" einführte und den sogenannten Grenzübergang logisch sicherstellte. Er erklärte nämlich: „Wenn man von einer Größe die Hälfte oder mehr als die Hälfte wegnimmt und diesen Vorgang hinreichend oft wiederholt, dann kann man stets zu einer Größe gelangen, die kleiner ist als irgendeine gegebene Größe derselben Art". Wir können also nach Eudoxos ins beliebig Kleine so weit vorstoßen, als wir wollen. Die Folge der Größen strebt unter der angegebenen Bedingung, die wir heute eine Konvergenzbedingung nennen, stets weiter und weiter gegen Null. Wir schreiben für den Satz des Eudoxos

heute $\lim \alpha . \beta . \gamma \ldots = 0$ für $\alpha, \beta, \gamma \lessgtr \dfrac{1}{2}$ und wissen,

daß diese Folge tatsächlich konvergent ist. Ihre vollständige Aufsummierung muß also ein endliches Resultat liefern, weil die zunehmende Anzahl der Summanden durch ihre zunehmende Kleinheit entsprechend aufgewogen wird. Die Folge und die aus der Folge gebildete Reihe hat einen angebbaren Grenzwert, der bei der Folge 0 und bei der Reihe eine endliche Zahl ist. Nun war die Forderung des Eudoxos alles eher denn graue Theorie. Wir sehen aus den Elementen des Euklid an mehreren Stellen, wie die Methode des Eudoxos gehandhabt wurde. Euklid beweist nämlich den Satz, daß sich zwei Kreise zueinander wie die Quadrate ihrer Durchmesser verhalten, dadurch, daß er die Kreise als Polygone beliebig großer Seitenanzahl ansieht. Denn er hat eben bewiesen, daß sich einbeschriebene ähnliche Polygone verhalten wie die Quadrate der Durchmesser des Kreises, in den sie einbeschrieben sind. Um nun zu zeigen, daß der Kreis wirklich als Polygon mit beliebig großer Seitenanzahl betrachtet werden kann, werden die Segmente, die zwischen Polygon und Kreis bleiben, durch Dreiecke gefüllt, die fortschreitend der Forderung des Eudoxos entsprechen, deren Größe also unter jedes beliebige Maß gebracht werden kann. Dadurch ist der Kreis „ausgeschöpft". Und da ausschöpfen auf lateinisch exhaurire heißt, nannte man diesen Beweis im siebzehnten Jahrhundert den „Exhaustionsbeweis". An einer zweiten Stelle führt Euklid den Exhaustionsbeweis, um zu zeigen, daß zwei dreiseitige Pyramiden gleicher Höhe sich im

Volumen zueinander verhielten wie die Flächeninhalte ihrer Grundflächen. Es wird außerdem über Eudoxos berichtet, daß er die Entdeckung Demokrits betreffend das Volumen von Pyramide und Kegel durch den „Exhaustionsbeweis" sichergestellt habe.

Wenn nun die Hellenen auch durch die Methode des Eudoxos in den Besitz einer logisch vollgültig gesicherten Infinitesimalmethode gelangt waren, so fiel es ihnen gleichwohl durchaus nicht ein, diese Methode zu verallgemeinern. Sie führten vielmehr, wie wir an Euklid gezeigt haben, den Exhaustionsbeweis in jedem Fall gesondert durch und suchten im übrigen die Quadraturen und Kubaturen nach Methoden zu bewältigen, die ihnen dem Wesen echter Geometrie angemessener erschienen.

Wir müssen aber jetzt zum Helden dieses Kapitels zurückkehren, von dem wir zuletzt berichteten, er sei im Jahre 212 v. Christi Geburt durch die blindwütige Roheit eines römischen Soldaten als Vierundsiebzigjähriger getötet worden. Sein letzter Kampf für die Polis, die Vaterstadt, ist tief symbolisch. Er zeigt, daß sich die hellenische Mathematik in ihrer stolzen Vereinsamung erst dann der Wirklichkeit zuwandte, als es bereits zu spät war. „Gebt mir einen Punkt außerhalb der Erde und ich werde sie aus ihrer Bahn rücken", hat derselbe Archimedes stolz gesagt, der zwar noch einige römische Kriegsschiffe zerschmettern, sich selbst aber und sein Volk nicht mehr vom Untergang erretten konnte. Was ist nun diese „Wirklichkeit", der die Mathematik das eine Mal ferner, das andere Mal näher stehen kann? Das müssen wir jetzt untersuchen.

Unser Geist hat zwei formale Möglichkeiten, aus dem ursprünglichen Chaos den Kosmos zu gewinnen. Diese Möglichkeiten oder Anschauungsformen sind nach Kant der Raum und die Zeit. Beide vereint aber ergeben die Bewegung. Und das Lebendige hat an beiden teil. Die alten Hellenen neigten dazu, die Erforschung des formalen Raumes, der ja die eigentliche Welt des Auges ist, in den Vordergrund zu schieben. Sie versuchten verzweifelt, in heutiger Sprache gesprochen, stets nur „Momentbilder" der Welt zu gewinnen und diese dann auf ihre Beziehungen zu untersuchen. Oder diese Beziehungen zu erzeugen. Architektonik und Plastik sind die künstlerischen Ausdrucksformen solcher Geistesstruktur. Die Anhänger Heraklits aber, die Fanatiker des „Panta rhei" (alles fließt), wollten wieder bloß den „Film" des Geschehens betrachten und alles Gewordene aus dem Gesichtswinkel des Werdens heraus begreifen. Ihre Grundveranlagung ist eine dynamische und historische. Historisch allerdings nicht im Sinne der Geschichtsforschung, sondern im Sinne entwicklungsgeschichtlicher Weltbetrachtung. Nun führt die Überbetonung des eleatischen Standpunktes von der Wirklichkeit weg zu einer Art von Nirwana, während der konsequent prometheische Zug der Heraklitschule dem Fortschrittswahn und der Veräußerlichung verfällt. Dem Leben selbst aber, dessen Gesetz nach den Worten der Pythagoreer gerade das Ungesetz des Irrationalen ist, kann man mit keiner der beiden Weltansichten voll deckend genügen. Dem Glück, der „Euousia", mag das Sein mehr entsprechen. Dem Widerstreit im Lebendigen eher das rasende Werden.

Aus dieser Geistesverfassung heraus hat es die griechische Mathematik bis auf Archimedes versäumt, über die Brücke der Mechanik zur Wirklichkeit einer Technik vorzustoßen, die der Möglichkeit nach stets in ihr lag. Jahrhundertelang konnte dieser Mangel durch die körperliche und moralische Tüchtigkeit der Menschen wettgemacht werden. Als aber Hellas mit der überlegenen Organisationsfähigkeit und der weit höheren Gemeinschaftsmoral Roms zusammenstieß, da zeigte es sich bei der Belagerung von Syrakus, daß das Hellenentum sich als Ganzes für das Ideal euklidischer Formreinheit geopfert hatte. Es war jetzt zu spät, der Einzelne, wie ein Archimedes, konnte die Katastrophe nicht mehr aufhalten. Denn von nun an begann Rom, wenn auch langsam und mißverstehend, den griechischen Geist, der im Sterben zur Wirklichkeit erwacht war, für die Zwecke seiner Weltherrschaft zu benutzen.

Wir wollen aber nicht ungerecht sein. Denn einem Archimedes war es trotz allem nur darum möglich, die Mathematik in letzter Konsequenz zu „verwirklichen", weil er auf dem sicheren Fundament euklidischer Unangreifbarkeit weiterzubauen vermochte. Wodurch also unterschied sich Archimedes von den meisten seiner Vorgänger? Wodurch mutet uns sein ganzes Denken und Schaffen so neuzeitlich an? Es ist wohl auf allen Linien und Gebieten seine prometheische Art, die diesen Eindruck erzeugt. Er setzte sich über alle Vorurteile hinweg, um die „Wirklichkeit" zu bezwingen. Diese „Wirklichkeit" aber wieder trieb ihn weiter und weiter. Denn sie duldet kein beschauliches Verweilen bei reinen Formen und Proportionen. Es gibt in der Natur sehr selten auch nur halbwegs angenäherte geometrische Figuren. Alles ist körperlich und die Körper sind unregelmäßig. Man muß dieser Unform mit allerlei Schlichen an den Leib rücken, muß vor allem die Methode des Unregelmäßigen ausbilden, das heißt, man muß Wege finden, das Gekrümmte und das Formlose zu beherrschen. Solche Probleme aber treiben den Geist zwangsläufig zum Irrationalen oder zum Infinitesimalen, da das Maß stets von der Geraden ausgeht, jede Kurve somit rektifiziert (gerade gestreckt), jede krummlinig begrenzte Fläche quadriert und jeder derart gebaute Körper kubiert werden muß. Dabei aber gibt es keine stolze Abkehr vom Rechnerischen, wenn man die Dinge bis auf den Grund durchforschen will.

Archimedes entzog sich keiner dieser Forderungen. Er war einer der blendendsten Rechenkünstler aller Zeiten. Die Tatsache, daß die Kreiszahl π zwischen $3\frac{1137}{8069}$ und $3\frac{1335}{9347}$ betrage (was er dann abgekürzt als $3\frac{10}{71}$ und $3\frac{10}{70}$ in die Mathematik einführte), ist ihm ebenso geläufig wie Quadratwurzelausziehungen $\sqrt{349540} \sim$

$\sim 591\frac{1}{8}$ oder $\sqrt{3} \sim \frac{265}{153} \sim \frac{1351}{780}$, wobei für uns das Zeichen $\sim$ bedeuten soll, daß der gefundene Wert nur ungefähr stimmt.

Nun wurde am Hofe des Königssohnes Gelon von Syrakus einmal darüber gesprochen, daß sich das griechische System der Zahlenschreibung durchaus nicht gut zur Darstellung sehr großer Zahlen eigne, und man mag sich, wissenschaftlich ästhetisierend, in die Unendlichkeit der Größe nach oben und unten verloren haben. Wobei Archimedes vielleicht für das Unendlichkleine die Exhaustion oder eine fallende geometrische Reihe als Beispiel anführte, die ja, wie etwa 1, $\frac{1}{4}$, $\frac{1}{16}$, $\frac{1}{64}$, ... sehr bald in das Dunkel ununterscheidbarer Winzigkeit verschwindet. Wie aber steht es mit dem unendlich Großen? Kann man das auch an Figuren, an kleiner werdenden Dreiecken aufzeigen? Nein, man kann es nicht. Man kann, so rief wohl einer aus, solche Größen wohl nur an der Natur demonstrieren. Die Anzahl der Sandkörner an den Strandküsten Siziliens sei sicherlich unzählbar, unendlich.

Einige Tage später erhielt Kronprinz Gelon eine Schrift, deren Anfangssätze lauteten: „Manche Leute, mein Kronprinz Gelon, glauben, die Zahl des Sandes sei von unbegrenzter Größe. Ich meine nicht die Zahl des um Syrakus und sonst noch in Sizilien befindlichen Sandes, sondern auch des Sandes auf dem ganzen festen Lande, dem bewohnten und unbewohnten. Andere gibt es wieder, die diese Zahl zwar nicht als unbegrenzt annehmen; sondern sie meinen, es sei noch niemals eine so große Zahl genannt worden, daß sie die Sandzahl übertrifft. Wenn sich nun diese Leute einen so großen Sandhaufen dächten wie die Masse der ganzen Erde, dabei sämtliche Meere ausgefüllt und alle Vertiefungen der Erde so hoch wie die höchsten Berge zugeschüttet, so würden sie gewiß um so mehr glauben, daß keine Zahl

71

zur Hand sei, die Menge dieses Sandes noch zu überbieten. Ich aber will nun mittels geometrischer Beweise,
denen Ihr, o Prinz, beipflichten werdet, zu zeigen versuchen, daß unter den von mir benannten Zahlen, die
sich in meiner Schrift an Zeuxippos befinden, einige
nicht nur die Körnerzahl eines Sandhaufens übertreffen,
dessen Größe der Erde gleichkommt, wenn sie nach
meiner obigen Erklärung ausgefüllt wäre, sondern auch die
einer Sandmenge, deren Größe dem Weltall gleich ist."
Archimedes hat dieses Wort eingelöst. Er zeigt, daß es
leicht möglich sei, sogenannte „Oktaden" zu bilden, das
sind Zahlengruppen des Zehnersystems, deren erste die
Myriade zur zweiten Potenz, also 10^8 oder 100,000.000
beträgt. Die zweite Oktade reicht von ($10^8 + 1$) bis 10^{16},
die dritte von ($10^{16} + 1$) bis 10^{24}, und so fort bis
$10^{800,000.000}$, d. i. eine Zahl mit 800,000.000 Nullen. Damit
aber ist erst die „erste Periode" zu Ende, auf die man
auch weiter bauen kann oder die man sogar durch Wahl
und Erfindung eines eigenen Wortes zur neuen Einheit
machen könnte, und so fort ins Grenzenlose. Wenn
man nun weiter annimmt, daß ein Sandkorn der zehn-
tausendste Teil eines Mohnkornes ist, von dem wieder
40 auf eine Fingerbreite gehen; wenn man weiter fordert,
der Erdumfang sei 55.000 km (in Wirklichkeit ist er
40.000 km) und die Sonne sei von der Erde 925 Millionen
Kilometer entfernt (richtig 150 Millionen Kilometer);
wenn man schließlich das Sonnensystem nur als winzigen
Teil der Weltkugel (Fixsterngewölbe) ansetzt, deren
Durchmesser sich zum Bahnkreise der Erde wie dieser
zum Zentrum verhalten möge: dann erhält man als
Durchmesser des Weltalls $9^1/_4$ Billionen Kilometer oder
fast ein Lichtjahr, wie wir heute sagen. Nun ist diese
Kugel schon durch 10^{63} Sandkörner, also durch eine ganz
am Beginn der „ersten Periode" liegende Zahl, durch
eine Zahl der siebenten „Oktade" erfüllt.
Wir müssen bei diesem Ausblick ins unendlich Große
noch etwas verweilen. Zuerst fällt es uns auf, daß der
prometheisch-revolutionäre Geist des Archimedes nicht

davor zurückschreckt, die „bewohnte Erde" seines Freundes Eratosthenes, des großen Bibliothekars von Alexandria, des „Herrn Beta"[1]) zu verlassen und sich mit Aristarch von Samos in die weiten Sternenräume hinauszuwagen. Aristarch hatte ja bereits das geozentrische System verlassen und war zum heliozentrischen System übergegangen, ohne allerdings innerhalb der antiken Welt damit durchzudringen. Erst Kopernikus und Galilei bauten auf dem System des Aristarch weiter. Archimedes selbst war Geozentriker. Aber er lehnte das System Aristarchs anscheinend nicht ab, da er wahrscheinlich schon die Relativität aller Bewegung voll durchschaute. Weiters frappiert uns bei dieser „Sandrechnung" die Ähnlichkeit des Zahlenrausches mit indischen Vorbildern. Tatsächlich kehren derartige Zahlenüberschwänglichkeiten an keiner Stelle der antiken Mathematik wieder.

Die Rechenkunst des Archimedes erschöpfte sich durchaus nicht in dieser Sandrechnung. Auch nicht in der Rektifikation und Quadratur des Kreises, deren Ergebnisse (sie sind auf weniger als 0·6 Promille genau!), wir schon erwähnt haben. Es traten nämlich bei andern Gelegenheiten allgemeinere Rechenprobleme auf, die man als algebraisch bezeichnen muß. So etwa bei der Quadratur der Spirale die Summierung einer arithmetischen Reihe zweiter Ordnung. Populär gesagt, handelt es sich dabei um beliebig fortgesetzte Addierung von Quadratzahlen, etwa $1 + 4 + 9 + 16 + 25 + 36 + \ldots + n^2$. In unglaublich scharfsinnigen Beweisketten findet Archimedes hierfür Ergebnisse, die, umgeformt, unserer Formel $1^2 + 2^2 + 3^2 + \ldots + n^2 = \frac{1}{6} n (n + 1) (2n + 1)$ entsprechen. Ebenso ist es ihm ein Leichtes,

---

[1]) Angeblich hieß Eratosthenes so mit einer Art von Spitznamen, weil er auf allen Gebieten der zweitgrößte Geist des Altertums war. Den ersten Rang α reservierte man aus Ehrfurcht den Geistern der Vergangenheit. Es ist derselbe Eratosthenes, von dem das „Zahlensieb", die bis heute einzig anwendbare Methode zur Auszählung der Primzahlen, herrührt.

die gelegentlich der Quadratur der Parabel auftretende fallende geometrische Reihe $1 + \frac{1}{4} + \frac{1}{16} + \frac{1}{64} + \cdots$ zu summieren. Ob Archimedes bei dieser letzteren Summierung bereits das volle Bewußtsein einer Summe unendlich vieler Glieder einer offensichtlich konvergenten Reihe vorschwebte, wie wir sie heute nach der Formel $s_\infty = \frac{a}{1-q}$ leisten, wodurch sich für $1 + \frac{1}{4} + \frac{1}{16} + \cdots$ die Summe $s_\infty = \dfrac{1}{1 - \dfrac{1}{4}} = \dfrac{4}{3}$ ergäbe, ist zweifelhaft. Der Exhaustionsbeweis arbeitet ja seit Eudoxos absichtlich nicht mit dem unendlich Kleinen. Man sagt vielmehr, daß sich die „Ausschöpfung" des Parabelsegments durch Dreiecke, von denen die folgenden an Flächeninhalt stets ein Viertel der vorherigen ausmachten, weiter und weiter fortsetzen lasse. Stets werde man zu jeder noch so kleinen Größe durch Fortsetzung des Verfahrens noch kleinere Dreiecke finden. Und zwar sagt Archimedes, daß die Summe obiger Reihe (also die endliche Summe von n Gliedern) stets um den dritten Teil des jeweils kleinsten Gliedes kleiner sei als $\frac{4}{3}$. Das heißt also $s_n = \frac{4}{3} - \frac{1}{3}\left(\frac{1}{4}\right)^n$. Da nun aber trotzdem stets ein Unterschied, wenn auch ein beliebig kleiner, zurückbleibt, folgt die Unmöglichkeit, daß die Aufsummierung der Dreiecke größer sei als das Parabelsegment. Da aber weiters dieser Unterschied unter jede beliebige Größe gebracht werden kann, darf man apagogisch schließen, daß das Parabelsegment auch nicht kleiner sein kann als $\frac{4}{3}$ des Ausgangsdreiecks. Oder schärfer: keine der beiden Flächen kann größer sein als die andere. Daher sind die beiden Flächen gleich. Folglich ist die Fläche des Segments gleich $\frac{4}{3}$ des Ausgangsdreieckes.

Archimedes ist aber nicht bei Kreis, Parabel und Spirale stehen geblieben. In weiteren kühnen und genialen

Exhaustionsbeweisen bestimmte er als erster in der Wissenschaftsgeschichte die Oberfläche und den Rauminhalt der Kugel als $4\,r^2\,\pi$ bzw. $\frac{4}{3}\,r^3\,\pi$. Die Zahl π wird natürlich in seinen Schriften nicht so genannt, wie wir es heute zu tun gewohnt sind. Wir bedienen uns nur der Verständlichkeit halber der modernen Schreibweise. Dies halten wir auch fest, wenn wir sagen, der besondere Stolz des Archimedes sei die Aufstellung des Verhältnisses

$$V_1 : V_2 : V_3 = \frac{4}{3}\,r^3\,\pi : 2\,r^3\,\pi : \frac{2}{3}\,r^3\,\pi = 2 : 3 : 1 \text{ gewesen,}$$

womit er das Kubikinhaltsverhältnis von Kugel, Zylinder und Kegel angab, wenn die Grundfläche von Zylinder und Kegel den Flächeninhalt des Größtkreises der Kugel und die beiden Körper als Höhe den Kugeldurchmesser besitzen.

Aber auch dabei blieb er nicht stehen. Er bestimmte, ebenfalls als erster, den Flächeninhalt der Ellipse als $F = a\,b\,\pi$, wobei a und b die beiden Halbachsen sind. In einer Schrift über die Konoide und Sphäroide fand er zudem noch den Rauminhalt des Rotationsparaboloids (Konoide) und des Rotationsellipsoids und Hyperboloids (Sphäroide). Also eine auf alle zugänglichen Kurven und von Kurven erzeugten Umdrehungskörper angewendete Infinitesimalgeometrie, deren vollste Bewußtheit und Planmäßigkeit nur ein doktrinärer Tor bestreiten könnte.

Eine andere Frage ist es, auf welchem Weg Archimedes zu seinen ungeheuren Entdeckungen gelangte. Darüber hat uns ein glücklicher Fund aufgeklärt, den der dänische Gelehrte und Archimedesforscher J. L. Heiberg im Jahre 1906 machte. In diesem von Heiberg und Zeuthen entzifferten Palimpsest sagt nämlich Archimedes selbst ganz unbefangen in einem Schreiben an Eratosthenes: „Manches, was mir vorher durch die Mechanik klar geworden, wurde nachher bewiesen durch die Geometrie, weil die Behandlung durch jene Methode noch nicht durch Beweis begründet war; es ist nämlich leichter, wenn man durch diese Methode[1]) vorher eine Vorstellung von den Fragen gewonnen hat, den Beweis herzustellen, als ihn ohne eine vorläufige Vorstellung zu erfinden." Über dieses Zeugnis von Archimedes selbst ist nicht hinwegzukommen. Und es ist zugleich ein Generalzeugnis für den mathematischen Zeugungsakt überhaupt. Synthetisch, aus Axiomen, Definitionen und Forderungen aufbauend, ist wohl, entwicklungsgeschichtlich betrachtet, nur die nachträgliche systematische D a r s t e l l u n g der Mathematik. Das Auffinden einzelner Wahrheiten geschieht eher auf analytischem oder mechanischem Wege oder gar durch das „mathematische Experiment", wie es ja schon dem Pythagoras zugeschrieben wird. Und es ist sogar sehr wahrscheinlich, daß der Mechaniker Archimedes bei Inhaltsbestimmungen vorher mit der Waage gearbeitet und den geometrischen Beweis nachher ersonnen hat, was seine Verdienste nicht schmälert, da seine geometrischen Beweise als Musterbeispiele von synthetischer Strenge und Ausführlichkeit auf die Zukunft übergingen. Allerdings gibt es noch eine andere Art, mathematische Entdeckungen zu machen, die Oswald Spengler die magische nennen würde. Leibniz hat sie als „cabbala vera", als wahre Kabbalistik oder als lullische Kunst bezeichnet. Doch es ist hier noch nicht der Ort, darüber zu sprechen, da sie bei Archimedes und auf hellenischem Boden nicht auftritt. Hier ist erst die Mechanik und die Bewegungsgeometrie (Spirale, Rotationskörper usw.) in den Bereich der streng euklidischen „ruhenden" Mathematik eingebrochen.

Ein Kapitel der Mechanik aber war es, das sich seit Archimedes dauernd als eigentümliche Zwischenform zwischen Mathematik und Physik erhielt und das auch heute noch eine ungeheure Rolle spielt. Wir meinen die so recht eigentlich durch Archimedes begründete und durch ihn bereits zu großer Vollendung getriebene Statik, die Lehre vom Gleichgewicht ruhender Körper. Es kann nicht deutlich genug gesagt werden, daß eine mathe-

---

[1]) D. h. die mechanische.

matische Statik ohne Unendlichkeitsüberlegungen kaum
denkbar ist. Schon der Schwerpunkt an und für sich
ist nicht bloß ein möglicher Unterstützungspunkt eines
Körpers, sondern die Fiktion, daß das ganze Gewicht
des betrachteten Gebildes in diesem einen, durchaus
ausdehnungslosem Punkt vereinigt sei. Darüber hinaus
aber kann es ein Gleichgewicht sicherlich nur geben,
wenn ein Gewicht existiert. Schon Archimedes setzt
sich über diese selbstverständlich scheinende Forderung
mit einem einzigen Gewaltstreich hinweg. Er vindiziert
alle Eigenschaften von Gebilden, die der Schwere unterworfen sind, wie Gleichgewicht, Schwerpunkt, Schwerlinien usw. für geometrische Figuren. Da ausdehnungslose Gebilde keine Masse, also kein Gewicht haben
können, ist dieser Gewaltstreich größer und kühner, als
wir es heute fühlen. Wir sind durch Jahrtausende an
diese Darstellungsart gewöhnt, die voraussetzt, daß man
ein wirkliches, etwa aus Holz angefertigtes Dreieck (das
natürlich eigentlich ein sehr niedriges Prisma ist), stets
dünner werden läßt, bis es, sagen wir Papierdicke erhält.
Nun läßt man seine Dicke weiter und weiter schwinden
und sieht zu, welche statischen Eigenschaften unabhängig von der Dicke erhalten bleiben. Gut, der Schwerpunkt bleibt derselbe, bzw. er bleibt in der Draufsicht
am gleichen Fleck, wie sehr ich auch die Dicke verringere.
Dasselbe gilt für die Schwerlinien. Dasselbe für Beziehungen des Gewichtes und der Gewichtsverteilung
zu anderen Flächengebilden jeweils gleicher Dicke. Wenn
sich nun Schwere und Körperlichkeit vollständig ver-
flüchtigt haben, wenn die Figur zum geometrischen
Schemen geworden ist, dann behalte ich diese Beziehungen als Rest in der Hand. Obwohl im tiefsten Sinn eine
ungeheure Abstraktionskraft erforderlich ist, vom
,,Schwer''punkt schwereloser Schatten und vom Gleich-
,,gewicht'' gewichtsloser Dinge zu sprechen. Wie man
auch die Sache wenden mag, bleibt ohne vollste infinitesimale Überlegung der Widerspruch bestehen, und
auch die Analogie mit den geometrischen Figuren, die

ja in „Wirklichkeit" ebensowenig existieren, ist sehr brüchig. Denn geometrische Figuren sind Gestaltformen, sind Größengesetze, während statische Betrachtungen außerhalb gravitierender Massen, also außerhalb eines körperlichen Bereiches, überhaupt jeden Sinn verlieren. Wie dem nun auch sei, hat Archimedes mit kühnsten Griffen diesen Teil der Mechanik durchforscht. Er war sich klar über die Hebelgesetze, handhabte in doppelt infinitesimaler Art die Flächenvergleichung von im Gleichgewicht befindlichen Figuren, die er in beliebig (unendlich) dünne Streifen zerlegte, und leistete zudem in der Hydrostatik durch Entdeckung des „archimedischen Prinzips"[1]) Bahnbrechendes, wobei er zudem noch den Begriff des spezifischen Gewichtes der Körper und die Gesetze der Schwimmlage und Schwimmstabilität (metazentrische Höhe) feststellte. Und seine Mechanik war so umfassend, daß er nicht bloß die „Schraube ohne Ende" zur Wasserförderung verwendete und seinem König Hiero die Sensation verschaffte, als einzelner ein schweres Schiff von Stapel zu lassen, sondern daß er, wie schon erwähnt, seine Vaterstadt durch zwei Jahre gegen die Römer verteidigte.

Das alles aber würde ihn zwar zum Genie, noch nicht aber zum größten Mathematiker des Altertums stempeln. Als solcher ist seine Produktivität schier unerschöpflich gewesen. Und vor allem seine ungeheure Gelenkigkeit, wenn man so sagen darf. Daß der Kreisinhalt gleich ist einem Dreieck mit der Kreisperipherie als Grundlinie und dem Radius als Höhe, ist ebenso einzigartig meisterhaft, wie die Aufstellung neuer Axiome, etwa, daß die Gerade stets die kürzeste Verbindung zwischen zwei Punkten sei. Und erst in neuester Zeit wurde eine weitere axiomatische Feststellung des Archimedes in ihrer vollen Bedeutung gewürdigt, die Aussage nämlich, daß all unsrem Messen der Grundsatz vorangehen müsse, es sei stets möglich, jede beliebige Strecke AB durch

---

[1]) Gleichheit des Gewichts der verdrängten Wassermenge mit dem Gewicht des schwimmenden Körpers.

entsprechende Vervielfachung einer kleineren Strecke AC zu übertreffen. Das sieht wie ein Scherz aus oder wie eine Binsenwahrheit. Es hat sich aber herausgestellt, daß dieses und eben dieses Axiom unsre ganze Geometrie zum Typus einer „archimedischen" macht, wobei andre „nichtarchimedische" Typen weder unmöglich noch in sich widersprechend sind. Schließlich hat Archimedes auch die Stereometrie durch die Feststellung und Durchforschung der 13 archimedischen oder halbregelmäßigen Körper (Polyeder) mächtig gefördert. Deren Flächen sind 3-, 4-, 5-, 6-, 8-, 10- und 12-Ecke, und zwar bestehen zehn dieser Vielflache aus je zweierlei und die übrigen drei aus je dreierlei der angeführten regelmäßigen Vielecke. Es zeigt sich bei Archimedes nach Ablauf von Jahrtausenden das Gesetz wirklicher menschlicher Geistesgröße. Er selbst war der Großmeister der Exhaustion. Sein Werk aber, so klein es verhältnismäßig rein äußerlich und an Seitenanzahl erscheint, ist kaum „auszuschöpfen". Noch weniger ist das Wunder zu erfassen, daß sich stets wieder innerhalb streng geschlossener Kulturen Menschen erheben, die durch ihre Taten weit in die Zukunft noch nicht gewordener Kulturen hineinreichen. Das ist aber der dynamischeste und aktuellste Begriff des Erschaffens „ewiger" Werte, der potentiellen „Unsterblichkeit" echtester Leistung. Denn erst beinahe achtzehn Jahrhunderte später sollte der faustische Geist der abendländischen Völker dort anknüpfen, wo der römische Soldat blindwütig die Kreise des Titanen gestört hatte.

Viertes Kapitel

APOLLONIOS VON PERGÄ

Mathematik als Virtuosität

Zwei Typen von Schaffenden beherrschen sowohl die Entwicklung der Wissenschaft als die der Kunst. Sie sind streng voneinander getrennt, liegen oft miteinander im Streit, scharen gleichsam Parteien um 'sich, die einander manchmal bis aufs Messer befehden, und geben darüber hinaus Anlaß, sehr kluge und sehr überspitzte Theoreme aufzustellen, worin das Wesen „wahrer'' Wissenschaft und „wahrer" Kunst liege.

Es ist ungeheuer schwierig, festzustellen, wodurch diese Typen sich voneinander unterscheiden, da, wie bei allem Lebendigen, zahllose Übergänge und Halbschatten von einem Typus zum andern überleiten. Jede krasse Formulierung ist daher falsch. Wir müssen aber gleichwohl versuchen, diese polaren Erscheinungsformen des Genialen irgendwie zu deuten, da wir im andern Falle die wichtigsten Bahnbrecher der geistigen und der künstlerischen Menschheitsentwicklung nicht erfassen könnten.

Auf jeden Fall — und das ist der erste Unterschied — versucht ein Typus, wie Archimedes, obgleich er den Zauber reinster Formgebung kennt, die Wirklichkeit nicht bloß durch Formzauber, sondern auch durch Inhalte zu bändigen und zu überwinden. Er will erkennen. Bis zu den letzten Tiefen. Und ruht nicht einen Augenblick im Werk. Er stürmt vielmehr mit einer Art von trotziger Ungeduld von einer Erkenntnis zur andern, wobei sein Werk mehr als einmal den Stempel des Unvollendeten, Sprunghaften, Unzusammenhängenden trägt. Der andre Typus manifestiert sich dagegen oft an einem einzigen Werk, das bis zu vollkommen unangreifbarer Vollendung vorgetrieben ist, sich von seinem Schöpfer löst, als sei es ein eigenlebendiges Wesen, und das eben dadurch eine gleichsam dem Werk selbst innewohnende Ewigkeit erringt.

Mag man nun, wie es später geschah, von klassischer und romantischer Haltung sprechen, mag man den Unterschied mit venezianischen Kunstausdrücken als Furia und Morbidezza, also sozusagen als rasenden Vorwärtssturm oder verrauchende, beinahe kränkliche Weichheit charakterisieren, mag man von Inhalt und Form, von Dynamik und Statik, von Sein und Werden, von Harmonie und Formauflösung, von göttlicher Ruhe und Titanentrotz, von euklidischer und faustischer Seele, von apollinischer und dionysischer Veranlagung sprechen: so bleibt stets als Wirklichkeitsrest das Bestehen dieser zwei Typen in allen Kulturen. Um zu verdeutlichen: So wie sich Archimedes und Apollonios zueinander verhalten, so verhalten sich etwa Leibniz zu Euler, oder Richard Wagner zu Mozart und Leonardo da Vinci zu Raffael oder Tintoretto zu Tizian.

Es ist kein Relativismus, wenn behauptet wird, daß beide Typen für die Entwicklung notwendig sind und beide, jeder auf seinem Platze, gleichen Ewigkeitsgehalt erzeugen und gleicherweise neue Kategorien des Weltverstehens erschließen können, was nach Georg Simmel das wahre Genie charakterisiert. Daher ist es auch sehr anfechtbar, zu behaupten, nur die Form sei ewig. Was heißt ewig? Ist ewig das, was unverändert die Zeit überdauert, oder das, was sich als Bestandteil und Stufe des Weiterkommens später herausstellt oder sich bereits so tief in den Kulturbesitz, bis in die Sprache und ins Denken hinein, durchgesenkt hat, daß wir sein Vorhandensein kaum noch bemerken? Die Formalisten werden die erste, die Inhaltsbringer die zweite Wirkung erzielen, wobei natürlich weder den ersten der Inhalt noch den zweiten irgendeine Form abgesprochen werden soll. Wir reden ja hier von den obersten Gipfelleistungen.

Nun wollten wir dies alles bloß festlegen, um das Genie eines Archimedes vom Genie des Apollonios abgrenzen zu können. Archimedes heißt allenthalben der größte Mathematiker des Altertums, manchmal sogar der größte Mathematiker aller Zeiten. Apollonios aber wurde bereits in der späteren Antike der „große Geometer" genannt, ein Beiname, den er durch die Jahrtausende ungeschmälert beibehielt. War also der eine bloß ein großer, der andre dagegen ein größter Bahnbrecher? Oder war Apollonios gar nur ein mittelmäßiger Abschreiber, ein Zusammenfasser, ein Kompilator? Während Archimedes ein originaler Entdecker von viel umfassenderem Horizont war?

Wir werden später die Wirkung beider Epochenbringer bei der Geburt unsrer gegenwärtigen Mathematik sehen. Sie haben beide mitgewirkt. Und es wird behauptet, daß Archimedes gleichsam das Unendlichkeitsdenken, Apollonios dagegen den Koordinatenbegriff eingeführt habe, beides unerläßliche Voraussetzungen für die Entstehung und den Ausbau unserer „höheren Mathematik".

Wo Urteile und Wertungen nicht eindeutig sind, dort ist es sicherlich am besten, dem Problem tiefer nachzuspüren, da von vornherein ein Wust von Mißverständnissen und kulturkritischen Parteistandpunkten zu erwarten ist. Wir werden also in unsrer bisherigen Art zuerst die historische Lage des Apollonios ansehen, um zu seinem Werk irgendeine Stellung gewinnen zu können. Apollonios war ein jüngerer Zeitgenosse des Archimedes. Er dürfte etwa 40 Jahre alt gewesen sein, als Archimedes dem Mordstahl zum Opfer fiel. Und er soll um diese Zeit schon eine sehr bedeutende Leistung hinter sich gehabt haben. Apollonios war typischer Alexandriner, war ein Schüler der ersten Euklidschüler und verbrachte auch einen großen Teil seines Lebens im Museion zu Alexandria. Nur in späten Jahren dürfte er nach Pergamon übersiedelt sein. Er hat, wie viele der rein formalen Virtuosen, eigentlich keine Biographie und kein Schicksal, das uns aufrütteln oder ergreifen würde. Er lebte, schuf und starb. Und über die inneren Kämpfe, Peripetien und Stürme derartiger Menschen sind wir gewöhnlich nicht unterrichtet. Es mag da, ebenso wie bei Euklid, bei Raffael, bei Tizian, bei Euler, bei Aristoteles ein geheimes Gesetz walten. Dieser Formtypus ist angesehen, geehrt, führt ein ruhiges, geklärtes, manchmal allerdings auch bescheidenes Leben, und die Menschen bemächtigen sich in erster Reihe des Werkes und vergessen darüber den Schöpfer; ohne daß der Schöpfer sich wesentlich bemüht, diese Einstellung der Mitwelt zu korrigieren. Er tritt allenfalls nur hervor, um die Störenfriede der Form, die Männer des dynamisch-prometheischen Typs selbst oder unter Mithilfe pedantischer und puritanischer Verehrer in die Schranken zu weisen. Oder aber er ist so sanften Gemütes, daß er auch dies unterläßt und ganz in seiner Formwelt vergraben bleibt. Auf jeden Fall setzte sich der Himmelssturm eines Archimedes bei Apollonios nicht fort. Wir hören bloß, daß Apollonios in leiser, aber doch irgendwie verletzender Art die Archimedischen Forschungen angriff, worauf Archimedes in seiner „Rinderaufgabe" ebenso leise und beinahe ironisch geantwortet haben soll. Apollonios hatte nämlich einen besseren Näherungswert für π als Archimedes gefunden und hatte auch nach Bekanntwerden der „Sandzahl" eine Schrift über große Zahlen verfaßt, die das Periodensystem des Archimedes kritisierte. Nun habe Archimedes, so vermutet Fr. Hultsch in der Real-Enzyklopädie der classischen Altertumswissenschaft[1]), durch Aufstellung des Rinderproblems zeigen wollen, daß es auch Aufgaben gebe, die selbst einem Apollonios große Schwierigkeiten machen müßten. Die Lösung dieses Gleichungssystems ergibt nämlich nach neuesten Forschungen Zahlen mit über 200.000 Stellen in dezimaler Schreibung.

Wir erwähnten, daß Apollonios die eigentliche Archimedische Mathematik nicht fortsetzte. Dies muß mit aller Schärfe betont werden. Apollonios kümmerte sich nicht darum, daß ringsum der Erdkreis wankte, daß während seiner Lebenszeit die Entscheidungskämpfe um die Weltherrschaft der Römer stattfanden und die äußere Macht des Hellenentums zerbrach. Er wurde durch das Flammenzeichen von Syrakus nicht aufgeschreckt, wurde durch die Erfindertätigkeit des Archimedes nicht wachgerüttelt, sondern er setzte die hellenische Mathematik, die eleatisch-euklidische Geometrie fort und hob sie zu endgültiger Vollendung. Wobei er sich durchaus nicht allen Neuerungen verschloß, sondern im Gegenteil etwa in der Zahlenlehre zu Erkenntnissen vordrang, die einer starken Annäherung an unser Stellenwertsystem gleichen.

[1]) Artikel „Archimedes", Bd. 2, 1896.

Seine eigentlichste epochale Virtuosenleistung aber sind die berühmten acht Bücher über die Kegelschnitte, die uns fast vollständig erhalten sind und die eine derartig staunenswerte Vollständigkeit zeigen, daß unser letzter Wahnglaube an die Naivität der griechischen Mathematiker schwinden muß. Der Begriff eines „Alexandriners" ist ein Kulturbegriff merkwürdiger Prägung. Es genügen Gestalten wie Euklid, Eratosthenes und Apollonios, um ihn aufzustellen. Diese glasklare Ruhe des Forschens, dieser Überblick über die eigene Welt und diese Vollendung innerhalb des gegebenen Kosmos wurde kaum jemals wieder erreicht. Das Werk der Alexandriner mußte den Anschein erwecken, daß der Gipfel des Wissens erreicht sei und daß nichts mehr zu leisten übrig bleibe. Gerade aber solche Leistung ist neben ihrer Größe ungeheuer gefährlich für den weiteren Aufstieg der Kultur. Denn wie sehr der alexandrinische Vollendungsglaube trügerisch war, stellte sich später deutlich heraus. Allerdings erst nach einer Schaffenspause der Menschheit, die sich höchst verschwenderisch über zahlreiche Jahrhunderte und mehrere Kulturkreise erstreckte, bis plötzlich aus Regionen, die man bisher für abwegig gehalten hatte, die neue Entwicklung in unerwartetster Form emporschoß.

Apollonios also knüpfte, wie wir sagten, mit einigen nebensächlichen Konzessionen an die große hellenisch-euklidische Tradition der Mathematik nicht nur äußerlich, sondern tiefinnerlich an und führte das Spezialgebiet der Kurven zweiter Ordnung oder der Kegelschnitte zu einer durch Jahrtausende nicht mehr übertroffenen Vollendung. Gewiß, die Kegelschnitte waren bereits innerhalb der platonischen Akademie als Hilfsmittel der Würfelverdopplung entdeckt worden und wurden auch bereits durch Euklid in einer uns verlorengegangenen Schrift behandelt. Doch zeigt die Tatsache, daß noch Archimedes die alten Bezeichnungen des Menaechmos (viertes vorchristliches Jahrhundert) verwendet, ganz deutlich, daß auch Euklid durchaus nicht auf der Höhe der Erkenntnisse des

84

Apollonios gestanden haben kann. Menaechmos und mit ihm alle Nachfolger bis einschließlich Archimedes waren sich über das Zustandekommen und die Beziehungen der Kegelschnitte noch nicht ganz klar und definierten demgemäß die Parabel als einen Schnitt einer Ebene senkrecht zur Seitenlinie eines Kegels, dessen Seiten im Scheitel einen rechten Winkel bildeten. Ein in gleicher Art geführter Schnitt an einem stumpfwinkligen Kegel dagegen ergebe eine Hyperbel, an einem spitzwinkligen Kegel eine Ellipse. Dabei wurden die Ausdrücke Parabel, Hyperbel und Ellipse nicht gebraucht, sondern man sprach vom „Schnitt des rechtwinkligen Kegels" usf. Dies alles, obgleich man viele Eigenschaften der Kegelschnittlinien kannte und sogar schon zur Zeit Platons mechanische Vorrichtungen zur Erzeugung von solchen Kurven (insbesondere der Parabel) besaß. Es gab also Parabelzirkel und man wußte über manches Verhältnis innerhalb dieser Kurven genau Bescheid.

Apollonios verallgemeinert gleich am Beginn seines Buches die Lehre von den Kegelschnitten, soweit es damals überhaupt möglich war. Er läßt eine Gerade, die in einem fixen Punkt festgehalten wird und beliebig nach beiden Seiten verlängert werden kann, den Umfang eines Kreises entlang gleiten, bis sie wieder in ihre Ausgangslage zurückkehrt. Dadurch erzeugt er einen Rotationskegel, allenfalls sogar einen Doppelkegel, und zeigt nun sofort, daß sich vier Arten von Schnitten aus einem und demselben spitzwinkligen Kegel gewinnen lassen: der Kreis, die Ellipse, die Parabel und die Hyperbel. Die Art der Kurve hänge lediglich von der Neigung der Schnittebene zur Kegelseite ab. Damit ist die auch heute noch gültige Erzeugung der Kegelschnitte als Schnitte durch einen und denselben Kegel festgestellt. Nun ist diese, man könnte sagen, sinnfällige Art der Kurvenerzeugung durchaus nicht die allein denkbare. Ganz unabhängig von einem wirklichen Kegel stehen hinter diesen Kurven verschiedene Erzeugungsmöglichkeiten als sogenannte geometrische Örter, die sich, rein planimetrisch, aus den Eigenschaften der erwähnten Kurven ergeben und die auf uralte Aufgaben der geometrischen Algebra bis zu Pythagoras zurückführen. Zum Verständnis des Begriffes „geometrischer Ort" sei angemerkt, daß dieses Forschungsziel schon lange in der hellenischen Geometrie bekannt war und einen Inbegriff von Abständen oder Verhältnissen bedeutet. Die Auffassung eines Gebildes als „geometrischer Ort" entspringt der eleatisch-statischen Betrachtungsweise. So ist etwa ein Kreis der „geometrische Ort" aller Punkte, die von einem und demselben Punkt (dem Mittelpunkt) einen gleich großen Abstand haben. Und eine Winkelhalbierende ist der geometrische Ort aller Punkte, die jederzeit von beiden Schenkeln des Winkels gleich weit abstehen, usf.

Natürlich gibt es viel kompliziertere Bedingungen für geometrische Örter, wie wir es schon bei der archimedischen Spirale gezeigt haben, als wir mit Czwalina ihre Definition in euklidischer Sprache wiederzugeben versuchten. Damit sind wir so weit, ausführen zu können, daß die Kegelschnittskurven erst durch Apollonios ihre heutigen Namen erhielten und warum ihnen gerade diese Namen beigelegt wurden. Darüber hinaus aber werden wir zu erörtern haben, wieso man behaupten konnte, Apollonios von Pergä sei gleichsam der erste Entdecker der Koordinatengeometrie gewesen.

Zu diesem Zweck müssen wir auf die drei Arten der Flächenanlegung zurückgreifen, die schon dem Pythagoras bekannt gewesen bzw. von ihm entdeckt worden sein sollen. Die erste Aufgabe, die parabolische Flächenanlegung, verlangt, daß an die gegebene Strecke AB ein Rechteck so angelegt werde, daß sein Flächeninhalt einer gegebenen Fläche, etwa dem Quadrat über ED, gleich ist. Es besteht also die Flächenbeziehung $\overline{ED}{}^2 = $
$= AB \cdot AD$. Wenn wir nun Strecke AB als q bezeichnen und konstant halten, während wir ED sich beliebig verändern lassen, dann muß sich naturgemäß auch AD verändern, um unsrer eingangs aufgestellten Bedingung

zu genügen. Nennen wir nun die Strecke $AD = x$ und $DE = y$, dann drückt sich unsre Bedingung als $y^2 = qx$ aus, was mit der heute gebräuchlichen „Scheitelgleichung" einer Parabel bei rechtwinkligen Koordinaten genau übereinstimmt. Wir Heutigen setzen allerdings aus gewissen Gründen für q die Größe $2p$, was aber am Wesen der Sache gar nichts ändert, da es sich dabei um eine konstante Größe handelt.

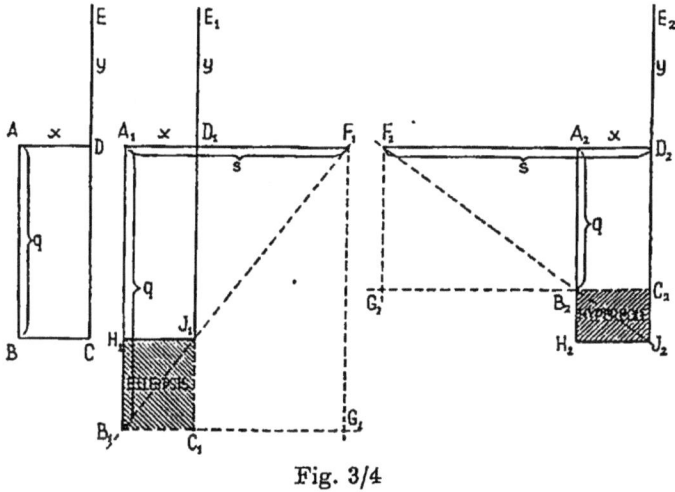

Fig. 3/4

Es sei aber schon an dieser Stelle, um jedes Mißverständnis auszuschließen, festgestellt, daß bei Apollonios durchaus nicht allgemeine Koordinaten gebraucht werden, die als Achsenkreuz oder als Bezugssystem, unabhängig von jeder Figur, vorhanden sind und in die dann später behufs analytischer Untersuchung Kurven hineingelegt werden. Apollonios geht vielmehr genau in entgegengesetzter Art vor. Bei ihm ist die Figur das Primäre, und bloß gewisse, innerhalb der Figur gelegene oder zumindest mit ihr in unlösbarem Zusammenhang stehende Hilfslinien ergeben, rein planimetrisch, gewisse Proportionen und die ganze Figur unterliegt gewissen

87

Flächeneigenschaften. Als Ergebnis ist dann die Figur durch diese inneren Beziehungen definiert. Also noch einmal: Apollonios gebraucht durchaus keine Koordinaten im cartesischen Sinne, er definiert vielmehr die Kegelschnittkurven durch Flächenbeziehungen, wobei er die ausführlich durch Euklid behandelten Aufgaben der „Anlegung" als identisch mit den Kegelschnitten erkennt. Dies war sein unvergängliches Verdienst. Denn es zeigt sich, daß der „geometrische Ort", der dieser Definitionsbedingung entspricht, die Kurve also, die durch den Punkt E beschrieben wird, in unserem ersten Fall eine Parabel ist, wenn DE von Null bis zu einem beliebigen Streckenlängenbetrag wächst.

Der Vollständigkeit halber zeigen wir noch die beiden anderen Flächenanlegungen. Wiederum ist eine Strecke $A_1 B_1$ und das Quadrat über $E_1 D_1$ gegeben. Dazu kommt noch eine gegebene Strecke $A_1 F_1$, die mit $A_1 B_1$ das Rechteck $A_1 B_1 G_1 F_1$ bildet. Es soll nun ein Rechteck $A_1 B_1 C_1 D_1$ gefunden werden, das erst um ein dem Rechteck $A_1 B_1 G_1 F_1$ ähnliches Rechteck $B_1 C_1 H_1 K_1$ vermindert (elleipsis, defectus) werden muß, um ein dem Quadrat über $D_1 E_1$ flächengleiches Rechteck $A_1 D_1 H_1 K_1$ zu liefern. Da nun die Ähnlichkeit von $B_1 C_1 H_1 K_1$ mit $A_1 F_1 B_1 G_1$ dadurch gegeben ist, daß Punkt K_1 auf der Diagonale $B_1 F_1$ liegt, so besteht die Proportion

$$C_1 K_1 : B_1 C_1 = F_1 G_1 : B_1 G_1,$$

daher ist

$$C_1 K_1 = \frac{B_1 C_1 \cdot F_1 G_1}{B_1 G_1} = \frac{A_1 D_1 \cdot A_1 B_1}{A_1 F_1}.$$

Nach der Voraussetzung muß also sein

$$\overline{E_1 D_1}^2 = A_1 B_1 \cdot A_1 D_1 - A_1 D_1 \frac{A_1 D_1 \cdot A_1 B_1}{A_1 F_1}.$$

Wenn wir nun $A_1 B_1$ wieder mit q, $A_1 D_1$ mit x und $D_1 E_1$ mit y und schließlich $A_1 F_1$ mit s bezeichnen, dann ergibt sich $y^2 = q x - x \cdot \dfrac{x q}{s}$, was sich für uns als Scheitelgleichung der Ellipse enthüllt.

88

Untersucht man endlich die als hyperbolische (überschießende) Flächenanlegung bekannte Aufgabe, bei der
zu einem Rechteck $A_2 B_2 C_2 D_2$ ein diesem Rechteck
ähnliches Stück $B_2 C_2 H_2 K_2$ hinzugefügt (Hyperbole)
werden muß, damit ein dem Quadrat $\overline{E_2 D_2}^2$ flächengleiches Rechteck $A_2 H_2 K_2 D_2$ entsteht, dann ändert sich
gegenüber der vorhergegangenen Aufgabe nur das Vorzeichen und wir erhalten

$$\overline{E_2 D_2}^2 = A_2 B_2 \cdot A_2 D_2 + A_2 D_2 \frac{A_2 D_2 \cdot A_2 B_2}{A_2 F_2}.$$

Dieses „Überschießen" (Hyperbole, excessus) ergibt
die Definition der Hyperbel, wenn wir wieder unsere
festen Linien durch variable Größen ersetzen und die
konstanten Größen q und s nennen. Wir erhalten dann
die Scheitelgleichung der Hyperbel als $y^2 = q + x \cdot \frac{xq}{s}$,
die wir, ebenso wie die Ellipsengleichung, durch geeignete Umformungen auf die uns heute geläufigen
analytischen Funktionen für Ellipse und Hyperbel
bringen können.

Diese Tat ist aber, wie erwähnt, bloß der Beginn der
Untersuchung der Kegelschnitte durch Apollonios. Darüber hinaus findet er fast alle wichtigen Eigenschaften
dieser Kurven, kennt bereits den zweiten Ast der Hyperbel (den „Gegenschnitt"), erforscht Durchmesser,
Brennpunkte und Tangenten und weiß über den Schnitt
mehrerer Kurven, über ihre Ähnlichkeit usf., genau
Bescheid. Ja, er nimmt sogar gewisse Erkenntnisse der
projektiven oder „neuen" Geometrie vorweg, die eines
der reifsten Geistesprodukte des neunzehnten Jahrhunderts ist.

Bei solcher Leistungsfülle kann es uns nicht in Erstaunen setzen, daß er auch die Asymptoten der Hyperbel
kennt und ihre Eigenschaften erörtert. Bekanntlich sind
Asymptoten gerade Linien, die sich einer andern Linie
stets zunehmend nähern, ohne sie aber je zu berühren
oder zu schneiden.

Wir müssen nun, abgesehen von der speziellen Leistung des Apollonios, auf die wir, dem Charakter unsrer Epochengeschichte entsprechend, nicht näher eingehen können, erörtern, warum die Behandlung der Kegelschnittskurven an und für sich für die Mathematik von einer so weitreichenden Bedeutung ist, daß sie überhaupt als Epoche bezeichnet werden kann. Dazu aber müssen wir über Kurven im allgemeinen und über den Kegel im besonderen sprechen.

Dem oberflächlichen und über tiefere Zusammenhänge nicht aufgeklärten Betrachter wird es wohl einleuchten, daß man sich eingehend mit einer Kurve wie dem Kreis befaßt. Er ist schließlich gleichsam das Ideal der Regelmäßigkeit und ist außerdem in hundert Spielarten tief in der Natur verwurzelt. Insbesondere für Forscher, die überzeugt waren, daß sowohl alle Himmelskörper Kugelgestalt hätten und sich zudem noch in Kreisbahnen bewegten. Aber auch Technik und Architektur stießen bei jeder Gelegenheit auf Kreisformen. Achsen, Räder, Schiffsmasten, Säulen, Sitzanordnungen von Theatern[1]), um nur allereinfachste Tatsachen anzuführen. Dazu kam noch der Zirkel als solcher. Viel von dem, was praktisch ausgeführt werden sollte, wurde vorher gezeichnet. Und für die Zeichnung benutzte man Lineal und Zirkel, so daß durch diese Art des Konstruierens allein schon fast überall die Kreisform offen oder verdeckt auftreten mußte. Und es kann an dieser Stelle die Frage nicht unterdrückt werden, ob nicht noch heute sowohl die Konstruktionszeichnung als die spätere Ausführung durch kreisende Werkzeugmaschinen die Formgebung in der Technik wesentlich beeinflußt und viele, darüber hinausreichende Formen unterdrückt oder übersehen läßt, die sowohl praktischer als wirksamer wären.

---

[1]) Man befaßte sich im Altertum sehr eingehend mit diesem Problem, analysierte es geometrisch und entdeckte angeblich dabei die Gleichheit sämtlicher über einer Sehne stehenden Peripheriewinkel, woraus folgt, daß alle in einem kreisförmigen Theater Sitzenden die Bühne unter gleichgeöffnetem Sehwinkel erblicken.

Das also ist klar. Warum aber setzte ein so heißes Bemühen ein, auch andre Kurven zu erforschen? War dies etwa nichts andres als geometrische Expansionslust hellenischer Mathematiker? Oder gibt es da tiefere Zusammenhänge? Wir antworten sofort, daß es mehrere derartige Zusammenhänge gibt, von denen wir einige schon aufgezeigt haben. In einer eigentümlich konvergenten Entwicklung trafen gerade bei Apollonios zwei rein mathematische Überlegungsreihen in der Lehre von den Kegelschnitten zusammen. Nämlich das Problem der Auflösung quadratischer Gleichungen, wie es sich seit Pythagoras als „geometrische Algebra" durch die Methode der Flächenanlegung entwickelt hatte, und die Gruppe der drei „klassischen Probleme", die zu ihrer Auflösung höhere als quadratische Gleichungen erforderlich machten, die man wieder seit der platonischen Schule durch den Schnitt mehrerer Kegelschnitte gewann und die in letzter Linie die Entdeckung der Kegelschnittskurven veranlaßt hatten. Dazu war aber noch die Lehre von den stetigen Proportionen und von den geometrischen Örtern getreten, in welch letzterer unausgesprochen eine vorläufig noch statische Auffassung des Funktionsbegriffes lag. Denn eine Kurve, die diesen oder jenen algebraischen Bedingungen entspricht, und umgekehrt wieder eine algebraische Bedingung, der jederzeit dieser oder jener geometrische Ort entsprechen muß, ist im Wesen nichts anders als eine Funktion und ihre Bildkurve, insbesondere dann, wenn man nur eine Größe als veränderlich ansieht und eine andre von ihr abhängen läßt.

Um nicht falsche Vorstellungen zu erwecken, sei betont, daß es noch einiger grundlegender Riesenschritte bedurfte, um das Bewußtsein dieser tiefen Zusammenhänge ins volle Licht der Klarheit zu stellen. Es ist aber unleugbar, daß das Werk des Apollonios all diese Dinge im Keim bereits enthielt und daß es tatsächlich eine Verbindung, Zuordnung oder Koordinierung zwischen Algebra und Geometrie durchführte, die sich allerdings deshalb nicht voll äußern konnte, weil die hellenische Algebra ebenfalls in Geometrie gehüllt war. Dadurch aber ergab sich der eigentümliche Zustand, daß zwischen der Algebra geometrischer Prägung und der eigentlichen Geometrie noch eine weitere Schicht rein geometrischer Beziehungen sich herausstellte, die oft zu überraschenden Entdeckungen führte. Es ist nämlich ein großer Unterschied zwischen der geometrischen Analysis der Gegenwart und der der Griechen. Wir Heutigen — das werden wir noch ausführlich erörtern — stellen in unsrer algebraischen Buchstabendarstellung symbolisch eine Funktion auf und gewinnen in der scheinbar weltenweit hiervon verschiedenen Form geometrischer Abbildung dazu das koordinerte Gebilde. Apollonios dagegen, um konkret zu sprechen, zeichnete eine Ellipse und ververschmolz mit dieser Ellipse die algebraisch-geometrische Zeichnung der betreffenden Anlegungsaufgabe, wobei die erste Zeichnung Geometrie, die zweite aber Algebra bedeutete. Dadurch hatte er allerdings nicht die Vorteile des algebraischen Algorithmus, der algebraischen Denkmaschine, konnte aber anderseits das Geometrische des einen Gebildes mit dem Geometrischen des andern Gebildes zwanglos verbinden und dadurch neue Zusammenhänge gewinnen.

Nun ist diese Tatsache aber für die Kegelschnitte an und für sich nicht charakteristisch. Denn die gleiche Methode wäre, allerdings mit schwer überwindlichen Komplikationen, auch für höhere Kurven denkmöglich.

Worin also liegt das Hauptmoment, das gerade den Kegelschnitten ihren epochalen und bevorzugten Platz unter allen möglichen Kurven einräumt? Gut, wir wissen, daß sie gleichsam den ganzen Bereich der zweitgradigen Gleichungen abbildmäßig erschöpfen. Das hat Apollonios schon in seinen Definitionen dieser Kurven festgestellt. Wir fügen auch bei, daß sie viel später in ihrer kosmischen Bedeutung als Bahnen von Planeten und Kometen, als Rotationsform von Himmelskörpern und als Bahn des

Wurfes schwerer Körper erkannt wurden. Das aber ist noch nicht alles. Die bisher noch unausgesprochene Hauptwichtigkeit der Kegelschnittskurven liegt tief im Sinnesapparat des Menschen selbst begründet. Die Erfahrungsmöglichkeit des Menschen ist vor allem durch sein Auge beeinflußt. Er ist ein Augengeschöpf kat' exochen. Und die Lichtstrahlen, die in das Auge eindringen oder nach der andern Richtung als Sehstrahlen das Auge verlassen, um die Welt des Auges zu konstituieren, also all das zu apperzipieren, was wir sehen, bilden nach den Gesetzen der Brechung und Strahlenvereinigung in einer bikonvexen Linse einen Kegel. Jedes Abbild der für uns nur durch diesen Strahlenkegel vermittelten optischen Wirklichkeit stellt sich für uns als ein Kegelschnitt dar, aller Perspektive und Projektion muß die Beziehung von Kegel und Schnittebene unentrinnbar zugrunde liegen. Und es ist keine Übertreibung, wenn unsre ganze sichtbare Welt als „Kegelschnittswelt" bezeichnet wurde.

Die Ansätze solcher Erkenntnis, die uns erst im neunzehnten Jahrhundert durch die „neue" oder „projektive" Geometrie bis zu den letzten Konsequenzen vermittelt wurde, finden sich schon bei Apollonios von Pergä, indem er bereits mit Strahlenbüscheln operiert und ihren Zusammenhang mit den Kegelschnitten erörtert.

Es ist also durchaus unangebracht, die Kegelschnittslehre des Apollonios als „Spezialuntersuchung", die gleichsam nur nebensächliche Bedeutung oder artistischen Reiz hätte, abzutun. Gewiß, sie ist eine artistische, geradezu eine Virtuosenleistung. Dieses Werk ist auch die erste und bis zu ihrer Zeit umfassendste Spezialuntersuchung der Mathematik, soweit wir unterrichtet sind. Aber ihr Gegenstand ist darüber hinaus, wie wir darzulegen versuchten, von geradezu ungeheurer und einschneidender Wichtigkeit. Dies alles ganz abgesehen von den Folgen, die sich für die Entwicklung der Mathematik aus den methodischen Entdeckungen und Ahnungen des Apollonios ganz allgemein ergaben.

Noch ein sehr wichtiger Punkt darf nicht unberührt gelassen werden. Er betrifft die Erforschung der Asymptoten. Wie bekannt, sind Asymptoten in der Kegelschnittslehre die geraden Linien, die sich unter gewissen Bedingungen den beiden Ästen der Hyperbel bis in die Unendlichkeit zunehmend nähern, ohne sie jedoch irgend einmal als Tangente zu berühren oder sie als Schnittlinie zu schneiden. Die bloße Existenz solcher Linien, ob sie nun erst durch Apollonios entdeckt wurden oder ob sie schon vor ihm bekannt waren, brachte neuerlich von zwei Seiten her das ganze Gebäude euklidischer Geisteskultur ins Schwanken. Erstens war damit der im Hellenentum so streng verpönte und stets zurückgeschobene Begriff des Unendlichen wieder auf die Tagesordnung gekommen. Gut, man konnte auch hier beschönigend von „beliebiger" Annäherung sprechen. Wo aber nahm diese beliebige Annäherung schließlich ihr Ende? Und es wurde dem Geometer erst so recht bewußt, daß die Parabel und die Hyperbel offene Kurven waren, die sich irgendwohin ins Grenzenlose verloren, von denen man also wohl an jeder beliebigen Stelle das Gesetz ihrer Gestalt, jedoch niemals die Gestalt selbst kannte. Es tauchte aber noch ein zweites gefährliches Bedenken auf. Und dieses Bedenken betraf das Postulat der Parallelen. Es hatte sich nämlich plötzlich zwischen die Linien, die einander schnitten und solche, die voneinander stets gleichen Abstand hielten, einander also nicht schnitten, eine dritte beunruhigende Gattung von Linien eingeschoben, die einander weder schnitten noch aber auch voneinander stets den gleichen Abstand hielten. In der euklidischen Fassung des Parallelenpostulats war das Charakteristikum für einen in Sicherheit zu erwartenden Schnitt zweier Linien ihre gegenseitige Annäherung, der gleichbleibende Abstand dagegen war die Bedingung des Nichtschneidens oder des Parallelismus. Durch die Asymptoten stellte es sich aber plötzlich heraus, daß auch bei Annäherung durchaus nicht unter allen Umständen irgendwann ein Schnitt-

94

punkt erfolgen mußte. Gut, man konnte einwenden, es handle sich bei Euklid um zwei Gerade, bei den Asymptoten dagegen um eine Kurve und um eine Gerade, die also recht wohl anderen Gesetzen folgen konnten als zwei Gerade. Aber es war trotzdem durch die Asymptoten eine schwere Beunruhigung eingetreten, die überhaupt durch weitere Jahrtausende gerade das Parallelenpostulat stets wieder zur Diskussion stellen sollte. Denn dieses Postulat — und hier liegt wieder ein sehr verborgener Zusammenhang — widerspricht irgendwie, ohne daß man sich gewöhnlich darüber Rechenschaft ablegt, dem Augenschein. Die Welt des Auges, die Kegelwelt, wie wir sie früher nannten, kennt keine Parallelen. Niemand, der durch Augen die Welt erfaßt, hat, so sonderbar das klingen mag, Parallelen in „Wirklichkeit" gesehen. Parallele Gerade sind eine Forderung, eine Fiktion, aber keine optisch wahrnehmbare Tatsache. Gewiß, sie können real existieren, können durch Abstandsmessung geprüft und bestätigt werden, etwa, wie es möglich ist, ein Eisenbahngeleise bis in unendliche Fernen zu legen, wenn man unendliche Räume und Zeiten zur Verfügung hätte. Aber sie liegen außerhalb jeder Wahrnehmungsgrenze.

Apollonios von Pergä, der „große Geometer", der Virtuose unter den althellenischen Meistern der Mathematik, mit dem das eigentliche Heldenzeitalter antiker Mathematik seinen Abschluß findet, hat also, jenseits dieser Virtuosität, mehr als nur ein grundlegendes Problem der Mathematik zur Diskussion gestellt. Und wenn er auch in gewissem Sinn innerhalb der griechischen Geometrie einen Schlußstein setzte, so wurde, wie die Zukunft der Entwicklung zeigte, dieser vermeintliche Schlußstein recht eigentlich wieder der Grundstein für späteren Höherbau.

Fünftes Kapitel

DIOPHANTOS

Mathematik als Schrift

Wenn unsere Untersuchung auch durchaus nicht eine
lückenlose Kontinuität der Entwicklung geben will,
sondern gerade das Gegenteil einer solchen Darstellung
anstrebt, indem sie nur die Epochen der Mathematik
aufzeigt, so bleibt darüber hinaus gleichwohl die allgemein kulturhistorische Tatsache zu erörtern, warum
manchmal erst nach einem leeren Zwischenraum von
Jahrhunderten der weitere Aufstieg einer Wissenschaft
stattfindet oder stattfinden kann.
Dabei ist es für die Zeitgenossen selbst oft unmöglich,
diese Leere zu empfinden oder wahrzunehmen. Denn
das durch die großen Entdecker zur Diskussion gestellte
Problemmaterial wird aufgearbeitet, erweitert, verallgemeinert und gesichtet. Und es kann sehr wohl geschehen, daß noch bestehende Lücken ausgefüllt werden
und Entdeckungen zu dieser Ausfüllung erforderlich sind,
die rein qualitativ hinter den epochemachenden Entdeckungen der klassischen Zeit nicht zurückstehen,
sondern nur relativ zu der wissenschaftlichen Gesamtlage
nicht epochal wirken. Hierbei handelt es sich eben um
das Problem des Epigonentums überhaupt. Epigone zu
sein ist nicht bloß eine mindere Fähigkeit, sondern in
vielen Fällen bloß das Unglück, später das Licht der
Welt erblickt zu haben. Die Tatsache, daß innerhalb
eines Kulturkreises, der, durch tausend Komponenten
bedingt, nicht über sich selbst hinaus kann, nichts mehr
zu leisten ist, dürfte sich in vielen Fällen nicht als
Schuld und Unfähigkeit, sondern als Schicksal des
einzelnen herausstellen lassen.
Doch über derart verwickelte und undurchsichtige
Fragen, die außerdem noch eine geschichtsmorphologische

Untersuchung voraussetzten, ob es wirklich so etwas gibt, wie Jugend, Vollreife und Vergreisung einer Kultur, kann man kaum Allgemeingültiges aussagen, wenn man die Tatsachen der Geschichte nicht vergewaltigen will. Wozu noch die weitere Frage gehört, ob diese Entwicklungsstufen an bestimmte Völker oder an Kulturkreise gebunden sind. Was aber sind Kulturkreise ohne die Basis konkreter Völker? Es ist, nicht bloß von Oswald Spengler, über derartige Problemgruppen viel diskutiert worden. Wir können uns in so umfangreiche Untersuchungen nicht verlieren, ohne unsre Hauptaufgabe zu gefährden. Wir können aber anderseits wieder, gerade an der historischen Stelle, an der wir eben nach Apollonios angelangt sind, über das auffallende Phänomen plötzlicher mathematischer Dekadenz nicht schweigend hinweggehen. Denn es unterliegt keinem Zweifel, daß eine eigentliche Epoche der Mathematik erst wieder bei Diophantos behauptet werden kann.

Wenn man scharf formulieren will, muß man feststellen, daß die Mathematik vom zweiten vorchristlichen bis ins dritte nachchristliche Jahrhundert hinein mit einer einzigen Ausnahme nichts andres als die Verwaltung des klassischen Erbes betreute. Und zwar waren es ausschließlich Griechen, die sich dieser Aufgabe unterzogen. Die römische Mathematik kam dagegen überhaupt nicht in Betracht. Das klassische Rom war ein Volk militanter Juristen, das in einer gewissen Geringschätzung der Gelehrsamkeit Sachverständige für nichtjuristische Gebiete sich auf Grund seiner Machtfülle aus aller Welt herbeiholte, wenn es solche für Zwecke der Technik und der Architektur oder für das Kriegswesen brauchte. Die große Zeit der römischen Weltherrschaft vom Ende der punischen Kriege bis zum Ende der eigentlichen Cäsarenperiode gehört daher zu den mathematisch sterilsten Zeiten des bisher überblickbaren Geschichtsverlaufes. Wir erwähnten eine einzige Ausnahme. Sie betraf die Entwicklung der Trigonometrie und wir werden darüber noch zu sprechen haben.

Wir besteigen also wieder einmal unsern Zauberteppich und knüpfen an Apollonios und an seine Durchforschung der Kegelschnittskurven an. Es war klar, daß die schon von Archimedes eingeleitete besonders ausgedehnte Beschäftigung mit den Kurven, die sich bei Apollonios fortsetzte, einen Ansporn zur weiteren Durchforschung des irgendwie gesetzmäßig Gekrümmten bildete. So entdeckte im zweiten vorchristlichen Jahrhundert der Geometriker Nikomedes die Konchoide oder Muschelkurve, deren mechanische Darstellung durch eine Art von Konchoidenzirkel von Nikomedes gleichfalls angegeben wurde. Da es sich dabei, analytisch gesprochen, um eine höhere Kurve, also um eine den zweiten Grad übersteigende Kurve handelte, deren Gleichung wir heute als $(x^2 + y^2)(x - a)^2 = b^2 x^2$ schreiben, konnte sie zur Lösung der Winkeltrisektion und des delischen Problems herangezogen werden. Dasselbe leistete die Cissoide oder Efeulinie des Diokles, deren Gleichung $(x^2 + y^2) \cdot x - a y^2 = 0$ lautet. Auch die Cissoide ist mechanisch durch ein Cissoidenzirkelgerät darstellbar. Wenn wir noch erwähnen, daß sich um diese Zeit auch der Geometriker Perseos mit den sogenannten spirischen, also den durch einen Kreiswulst gelegten Linien beschäftigte, dann haben wir die Fortschritte auf dem Gebiet der Kurvenlehre angedeutet, die über Archimedes und Apollonios hinaus erzielt wurden.

Als weitere bedeutende Gestalt der nachklassischen Mathematik wäre Heron von Alexandrien zu erwähnen. Heron war vorwiegend Praktiker, war Physiker und Feldmesser und hat die Maßgeometrie mächtig gefördert. Von ihm stammt die berühmte Flächenformel des Dreiecks, berechnet aus den drei Seitenlängen.

Die schon erwähnte Trigonometrie, die sich unter dem Einfluß bekanntgewordener babylonisch-chaldäischer Vorleistungen in Verbindung mit der Kugelgeometrie, der „Sphärik" entwickelte, hat in Hipparch, einem Nachfolger des Aristarchos von Samos, ihren ersten großen Vertreter. Er entdeckt unter anderem die stereographische Projektion, indem er die Himmelskugel von einem Pol aus auf ihre Äquatorebene abbildet, wobei sämtliche Winkel und Kreise erhalten bleiben. Die Sphärik wird weiter durch Menelaos von Alexandrien im ersten nachchristlichen Jahrhundert entwickelt, bis sie durch Klaudius Ptolemäus um 140 nach Christi Geburt ihren größten Vertreter findet. Es erscheint vielleicht als eine gewisse Ungerechtigkeit, wenn wir die ungeheure Vollendung, die die Kugelgeometrie und die Trigonometrie bei Ptolemäus erreichen, nicht als gesonderte Epoche der Mathematik ansetzen. Das Hauptwerk dieses großen Mathematikers und Astronomen, dessen Weltbild weitere anderthalb Jahrtausende beeinflußte, die „Megale syntaxis" (große Zusammenstellung) oder auf arabisch „das Almagest", stand in derart hohem Ansehen, daß die Auslieferung eines Exemplars dieses Werkes gelegentlich eines Friedensschlusses zwischen dem Kalifat und Byzanz einen Hauptpunkt des Friedensvertrages bildete. Wir selbst gebrauchen auch heute noch täglich Ausdrücke, die erstmalig von Ptolemäus geprägt wurden. Er nennt nämlich gelegentlich seiner Kreis- und Winkelteilung die Unterteile „partes minutae primae" und „partes minutae secundae"[1]. Daraus ist höchst inkonsequenterweise unsre Unterteilung in Minuten und Sekunden entstanden, die richtig höchstens „Primen" und „Sekunden" lauten sollte.

Wenn wir uns also trotz allem nicht entschließen konnten, die Trigonometrie als gesonderte Epoche anzusetzen, so ist unser Grund dafür der, daß die Trigonometrie ein abgegrenztes Teilgebiet der Maßgeometrie ist und daß sie daher im strengsten Sinne größtenteils nicht zur reinen, sondern zur angewandten Mathematik gehört. Ihre überragende praktische Bedeutung ist unbestreitbar und unbestritten, ebenso wie die Tatsache, daß ihre Voraussetzungen, soweit sie die goniometrischen Funktionen betreffen, gleich dem Pythagorassatz zu den ersten Fun-

---

[1] Also etwa „verminderte Teile erster und zweiter Art" oder „Verkleinerung erster und zweiter Art".

damenten der höheren Mathematik gehören. Sie wurde aber im Gegensatz zu den meisten andren Disziplinen der Mathematik nicht zu diesen, sondern zu rein praktischen Zwecken geschaffen und hat deshalb das mathematische Denken an und für sich nicht epochemachend beeinflußt. Sie ist vielmehr weiter ihren praktischen Weg oder den Weg als Hilfswissenschaft der Astronomie gegangen und schließlich verhältnismäßig bald zu einer nicht mehr zu überbietenden endgültigen Vollkommenheit ausgebildet worden.

Es war nicht verwunderlich, daß die zunehmend praktische Orientierung der nachklassischen Mathematik des Altertums das wirkliche Rechnen stets mehr und mehr in den Vordergrund schob. Die Diffamierung des Rechnens wurde langsam und unmerklich aufgehoben und schon Heron ergeht sich in einer derartigen Fülle von Berechnungen, daß sein Buch später zu Rechenbüchern und Aufgabensammlungen umgestaltet wurde. Noch deutlicher tritt die Notwendigkeit tatsächlicher Berechnung bei Ptolemäus zutage. Eine brauchbare Trigonometrie ohne umfassendste zahlenmäßige Behandlung ist undenkbar, und Ptolemäus hat deshalb auch ein großes grundlegendes Tafelwerk, seine „Sehnentafel" von $1/2^0$ zu $1/2^0$ bis 90^0 geschaffen, das den Zweck der heutigen logarithmisch-trigonometrischen Tafelwerke zu erfüllen hatte. Er kannte auch als Näherungswert für die Kreiszahl π die Darstellung $3 + \dfrac{8}{60} + \dfrac{30}{3600} = 3\dfrac{17}{120} = 3\cdot141666\ldots$, die vom richtigen Wert $3\cdot1415926\ldots$, wie ersichtlich, erst in der vierten Dezimalstelle abweicht und für nicht allzu anspruchsvolle praktische Zwecke auf jeden Fall genügt.

Diese einmal wieder aufgenommene Beschäftigung mit Arithmetik setzten die sogenannten „Neu-Pythagoreer" fort, die im zweiten nachchristlichen Jahrhundert in Nikomachos von Gerasa den später sogenannten „Elementarschreiber der Mathematik" hervorbrachten. Derselben Schule gehörte auch Theon von Smyrna (zweites

100

nachchristliches Jahrhundert) an, der ebenfalls die Arithmetik förderte und Formeln kannte, die zur Annahme nötigen, er sei bereits der Kettenbruchentwicklung zur Ausziehung von Wurzeln kundig gewesen. Wenn nun auch alle diese Anzeichen bereits den Anbruch einer neuen Epoche anzukündigen schienen, wollte es diesmal der Ablauf der Geschichte anders, als man es hätte voraussehen müssen. Gewiß, die Epoche trat in der Person des Diophantos ein. Aber ausschließlich in dieser einzigen Person, um dann wieder für viele Jahrhunderte, ja, für mehr als ein Jahrtausend gleichsam in die Versenkung der Weltbühne zu verschwinden.

Bevor wir uns jedoch an die eigentliche Leistung des Diophantos und an all das heranwagen können, was seinen Taten folgte und hätte folgen können, müssen wir uns in das Wesen der Arithmetik und Algebra vertiefen, womit primär die Zahlenschreibung zusammenhängt. Da die Ausdrucksform, in der uns die Zahl entgegentritt, das allererste ist, wollen wir auch damit beginnen. Und zwar werden wir bloß die griechische Zahlenschreibweise erörtern, da sämtliche andern alten Völker zum größten Teil noch schlechtere Systeme der Schreibung verwendeten als die Hellenen. Ein besseres hatte bis zu der uns eben interessierenden Zeit des Diophantos kein Volk des Altertums.

Es entwickelte sich also, etwa seit dem fünften vorchristlichen Jahrhundert, in Griechenland eine Zahlenschreibung, die die Buchstaben des Alphabets unter Hinzufügung einiger Hilfszeichen (die aus anderssprachigen Alphabeten entlehnt wurden) als Zahlzeichen verwendet. Und zwar wird 1 mit α', 2 mit β', 3 mit γ', 4 mit δ', 5 mit ε', 6 mit ζ' (dem semitischen Waw), 7 mit ζ', 8 mit η', 9 mit ϑ', 10 mit ι', 20 mit $\varkappa'$, 30 mit λ' usf. geschrieben. Wie ersichtlich wurde dem als Zahlzeichen verwendeten Buchstaben rechts oben zur Unterscheidung von gewöhnlichen Buchstaben ein Akzent angefügt. Mehrstellige Zahlen in unsrem Sinne wurden additiv gebildet, wobei die Größenfolge eingehalten und wie bei

101

unsrer Schreibung die jeweils kleineren Zahlen von links nach rechts angereiht wurden. Dabei ließ man die Akzente fort und setzte einen waagrechten Strich über die Zahl. Da also etwa 300 mit τ' bezeichnet wurde, mußte 345 als $\overline{\tau\mu\varepsilon}$ geschrieben werden. Eine Null war in einem derartig aufgebauten System entbehrlich, da den Zahlen mit Nullstellen ja eigene Buchstaben entsprachen. Für die Tausender verwendete man die Zahlen von 1 bis 9 und charakterisierte sie als Tausender durch einen Akzent links unten. Also $7000 = {\text{,}}\zeta$ oder $9000 = {\text{,}}\vartheta$. Myriaden oder Zehntausender konnte man auch noch darstellen, doch liegt es uns fern, uns in weitere Einzelheiten zu verlieren.

Wir wollen vielmehr aus dieser Art der Ziffernschreibung jetzt prinzipielle Schlußfolgerungen ziehen. Erstens war das griechische Ziffernsystem, trotz seiner unleugbaren Vorzüge gegenüber Systemen wie etwa dem römischen, einer gelenkigen Rechnungsmöglichkeit noch durchaus nicht voll gewachsen. Insbesondere Multiplikation und Division (vom Wurzelziehen ganz zu schweigen) waren in dieser Schreibart nur recht mühselig durchzuführen. Was aber viel schwerer wog, war der zweite Umstand, daß es einem Volk, das die konkreten Zahlen als Buchstaben schrieb, kaum einfallen konnte, allgemeine Zahlen mit Buchstaben zu bezeichnen. Dieser Umstand, besser dieser historische Zufall wurde für die ganze griechische Mathematik verhängnisvoll. Und es gibt kaum einen denkenden Menschen, der sich bei Betrachtung der Entwicklung griechischer Mathematik nicht die Frage vorgelegt hat, was aus dieser Geometrie hätte werden können, wenn sie von einer kongenialen Algebra unterstützt worden wäre.

Zu dieser letzten Andeutung aber müssen wir schärfer Stellung nehmen. Denn wir hatten schon mehr als einmal Gelegenheit, über hervorragende algebraische Leistungen der alten Griechen zu berichten. Was heißt also dieses Bedauern über eine mangelnde Algebra? Handelt es sich dabei bloß um Formsachen, um die Art des Ausdrucks, oder liegen dabei die Unterschiede doch tiefer? Sicherlich ist das zweite der Fall. Wir haben an keiner Stelle behauptet, daß die Griechen mit Buchstaben gerechnet hätten, sondern haben stets nur von ihrer „geometrischen Algebra" gesprochen. Wir nennen dabei auf unsrer Stufe alles das kurzweg Algebra, was das Rechnen mit allgemeinen Zahlen betrifft. Und es gibt, nach Nesselmann, dem wir uns anschließen, drei Stufen der Entwicklung dieser Algebra. Auf der ersten Stufe bedient sich die „Wortalgebra" bloß rein sprachlicher Ausdrucksformen. Solche Möglichkeiten waren den Griechen seit Pythagoras wohl bekannt. Es würde also auf dieser Stufe etwa all das, was wir Formeln nennen, durch Worte ausgedrückt werden müssen, etwa „der Flächeninhalt eines Dreiecks sei stets gleich der Grundlinie, vervielfacht mit der halben Höhe oder der halben Grundlinie mal der Höhe oder dem Produkt aus Grundlinie und Höhe dividiert durch 2". Oder „der Kreisumfang sei der Durchmesser, multipliziert mit einer Zahl, die zwischen $3\frac{10}{70}$ und $3\frac{10}{71}$ liege", usf. In dieser Art aber können auch Gleichungen erörtert und gelöst werden. Es sei etwa die Aufgabe gestellt, zu suchen, wie groß die Zahl sei, die man zu 15 hinzufügen müsse, um das Quadrat von 6 zu gewinnen. Wir schreiben dafür $15 + x = 36$ und sagen x sei $36 - 15$, somit 21. Wir haben absichtlich sehr primitive Beispiele gewählt, wissen aber aus unsren bisherigen Erörterungen, daß die Griechen nicht davor zurückscheuten, sehr verwickelte Gleichungssysteme, wie etwa das „Rinderproblem" des Archimedes, in Worten auszudrücken. Zur Unterstützung dieser sicherlich vorhandenen Wortalgebra diente nun die geometrische Konstruktion, die Anlegung, der Schnitt von Kurven u. dgl. Diese Methode hat einen, allerdings nur einen einzigen großen Vorteil. Es ist durch Geometrie nämlich ohne weiteres möglich, irrationale Gleichungslösungen als glatte, eindeutige Strecken zu erhalten, wozu man arithmetisch nicht imstande wäre. Dem steht jedoch, abgesehen von der an sich sehr großen und oft unüberwindlichen Schwierigkeit geometrischer Gleichungslösung, die eine ganz besondere intuitive Begabung voraussetzt, noch der zweite Nachteil entgegen, daß eine Erweiterung des Zahlensystems durch negative oder gar imaginäre Größen in dieser Art der Lösung niemals gefunden oder auch nur diskutiert werden konnte. Weiters, daß schon reine Gründe der Dimension es verbieten, die geometrische Algebra auf höhere als zweitgradige Gleichungen anzuwenden, wenn man nicht Schnitte von Kegelschnitten oder gar höhere Kurven, wie Konchoide und Cissoide, einführte. Aber auch da gab es bald eine Grenze, über die man schwer hinauskam.

Trotz alldem ist es, rein historisch-kritisch und rein äußerlich betrachtet, mehr als verwunderlich, daß die zweite Stufe der Algebra, die uns in ihren Anfängen schon in der „Hau-" oder „Haufenrechnung" der alten Ägypter vorliegt und die den Hellenen sicher bekannt war, nicht einmal auf alexandrinischem Boden eine Höherentwicklung veranlaßte. Besaßen doch die Ägypter schon zur Zeit des Ahmes eigene Hieroglyphen für die „Unbekannte", die gesuchte Größe, und für einige Operationssymbole, wie Addition und Subtraktion. Addition wurde nämlich als fortschreitende Füße in der Schreibrichtung, Subtraktion als derartige Füße in entgegengesetzter Richtung dargestellt.

Die Art nun, bei algebraischen Ansätzen, wie Formeln oder Gleichungen, den Satzbau, die Einkleidung in Sätze, zwar prinzipiell noch beizubehalten, gleichwohl aber eine Reihe häufig wiederkehrender Größen, Begriffe oder Operationsbefehle durch Abkürzungen zu ersetzen, heißt die synkopierte Algebra.

Nun sind wir so weit, uns mit der Neuerung des Diophantos, die im Altertum vereinzelt dasteht, näher befassen zu können. Sie ist das Schulbeispiel einer „synkopierten Algebra" und es zeigt sich auch innerhalb des Werkes Diophants ein Ringen um die neue Form,

104

was sich in einer gewissen Inkonsequenz seiner Schreibart äußert. Er ist sich, so sieht es wenigstens aus, kaum schon der vollen Tragweite seiner Neuerung bewußt und glaubt wahrscheinlich, durch seine Schreibweise bloß Arbeit zu ersparen und Übersichtlichkeit zu gewinnen. Daß er sich dabei, halb unbewußt, in den Besitz einer selbsttätigen „Denkmaschine" ungeheuerster Präzision und Leistungsfähigkeit gesetzt hat, dürfte er wohl dunkel gefühlt, nicht jedoch glasklar erkannt haben. Wir werden über diese sehr wichtigen Grundfragen der Algebra noch im Verlauf dieses Kapitels sprechen, nachdem wir uns die Neuerungen Diophants prüfend angesehen haben.

Das Hauptgebiet seiner Forschungen ist, wie es einem Algebraiker zukommt, die Untersuchung und Lösung von Gleichungen. Da aber in jeder Gleichung die zu suchende Größe (die wir heute mit x benennen), also die sogenannte „Unbekannte", die Hauptrolle spielt, sieht sich Diophant zuerst um eine abkürzende Bezeichnung für diese Unbekannte um. Er nennt die erste Potenz der Unbekannten schlechtweg „die Zahl" (Arithmos). Und er schreibt sie mit dem Schlußsigma, dem er einen Akzent rechts oben anfügt. Die Unbekannte erscheint also bei ihm als ç'. Will er die Mehrzahl andeuten, dann schreibt er $\widetilde{\varsigma\varsigma}$. Warum er gerade diesen Buchstaben wählte, darüber gehen die Meinungen auseinander. Die einen behaupten, er hätte ihn nehmen müssen, da alle andern Buchstaben des griechischen Alphabets bereits für Zahlenbezeichnungen vergeben waren. Die andern halten ihn für einen Zusammenzug von α und ϱ, also der beiden Anfangsbuchstaben des Wortes Arithmos. Sicherlich hat Diophant für die höheren Potenzen der Unbekannten keine Buchstaben mehr vorgefunden, die nicht auch als konkrete Zahlen in Verwendung standen. Er behilft sich also damit, daß er die Anfangsbuchstaben der Wortbezeichnung dieser Potenzen mit einem hochgestellten kleineren zweiten Buchstaben versieht, der in allen vorkommenden Fällen das $\bar{v}$ ist. Er schreibt also x^2 als $\delta^{\bar{v}}$ (Dynamis = Quadrat), x^3 als $\varkappa^{\bar{v}}$ (Kybos = Würfel), x^4 als $\delta\delta^{\bar{v}}$ (Dynamodynamis = Quadrat des Quadrats), x^5 als $\delta\varkappa^{\bar{v}}$ (Dynamokybos = Quadrat mal Würfel) und schließlich x^6 als $\varkappa\varkappa^{\bar{v}}$ (Kybokybos = Würfel mal Würfel). Weiter geht er nicht. Dagegen haben die Stammbrüche, in deren Nenner eine Potenz der Unbekannten steht, gleichfalls eigene Bezeichnungen, die sich an die obigen Zeichen anschließen. Es wird nämlich als Bezeichnung des Bruches (oder wie wir heute sagen würden, der negativen Potenz) dem kleinen $\bar{v}$ eine dem griechischen „Chi" (χ) ähnliche Ligatur hinzugefügt, so daß $\dfrac{1}{x^2}$ (Dynamoston) als $\delta^{\bar{v}\chi}$, $\dfrac{1}{x^3}$ (Kyboston) als $\varkappa^{\bar{v}\chi}$, $\dfrac{1}{x^4}$ (Dynamodynamoston) als $\delta\delta^{\bar{v}\chi}$ usf. geschrieben wird. Der reziproke Wert der ersten Potenz der Unbekannten, also $\dfrac{1}{x}$, heißt Arithmoston. Hinter diese Potenzen der Unbekannten bzw. hinter ihre reziproken Werte wird nun der Koeffizient geschrieben, so daß etwa $15\,x$ als $\widetilde{\varsigma\varsigma}\overline{\iota\varepsilon}$ dargestellt wird. Da aber in Gleichungen auch sogenannte Konstanten (unbenannte Zahlen) vorkommen, müssen sie, zur Vermeidung von Konfusionen, als solche gekennzeichnet werden, insbesondere, da ein Additionszeichen nicht existiert und sich jede Addition als bloße Aneinanderreihung ausdrückt. Dieses Unterscheidungszeichen ist das My mit hochgestelltem Omikron, also $\mu^{\bar{o}}$, was Monas oder „Einheit" bedeuten soll. Wäre also $23\,x^2 + 14$ darzustellen, so müßte man schreiben $\delta^{\bar{v}}\overline{\gamma\varkappa}\mu^{\bar{o}}\iota\delta$. Damit ist aber die Symbolik Diophants noch nicht erschöpft. Er kennt überdies ein Subtraktionszeichen in Form eines umgedrehten „Psi", also $\psdownarrow$, das angeblich eine Ligation (zusammenziehende Abkürzung) von „Leipsis" ist, was bei Diophant eben im Gegensatz zur Addition oder „Hyparxis" die Subtraktion bedeutet. Schließlich finden wir an manchen Stellen statt „ist gleich" (isoi eisin) einfach den Buchstaben „Jota" (ι). Diese Einschränkung „an manchen Stellen" ist äußerst wichtig. Wir werden dies gleich näher an wirklichen Beispielen

Diophantischer Schreibung verdeutlichen, deren Veröffentlichung von Nesselmann stammt. So wäre etwa eine Gleichung

$$\varsigma\varsigma^{oi} \; \check{\alpha}\varrho\alpha \; \bar{\iota} \; \mu^{\bar{o}}\bar{\lambda} \; \check{\iota}\sigma o\iota \; \varepsilon\check{\iota}\sigma\iota\nu \; \varsigma\varsigma^{o\tilde{\iota}\varsigma} \; \overline{\iota\alpha} \; \mu o\nu\acute{\alpha}\sigma\iota \; \overline{\iota\varepsilon}.$$

Diese Stelle heißt wörtlich: „10 Unbekannte nun plus 30 Einheiten sind gleich 11 Unbekannten plus 15 Einheiten", also in unsrer Schreibung $10\,x + 30 = 11\,x + 15$. Wir machen darauf aufmerksam, daß den „Unbekannten" oben kleine Endungen „oi" und „ois" angehängt sind, was dem Nominativ und Dativ Pluralis der männlichen Deklination entspricht. Es ist das etwa so, wie wenn wir „am 4ten Juli" schreiben. Weiters hat Diophant im vorliegenden Beispiel die „Monas" das erstemal im Nominativ abgekürzt, im Dativ dagegen voll ausgeschrieben. Schließlich finden wir das „Gleichheitszeichen" in diesem Falle nicht, sondern es steht „isoi eisin", also in Worten „sind gleich". Daraus ersehen wir ganz deutlich, daß Diophants Gedanken noch sehr stark in der alten Wortalgebra gefangen waren, während sich seine Symbolik für ihn vorerst als „Abkürzung" manifestierte, was ja auch außerhalb der Mathematik als „Abbreviatur" beim Schreiben von häufigen Wörtern oder bei Endungen vorkam. Eine zweite Originalstelle, ein Bruch zweier Mehrgliederausdrücke (Polynome), wird dadurch bewältigt, daß an Stelle unsres Bruchstriches das Wort „moriou" steht[1]), wobei alles, was rechts davon steht, den Nenner bedeutet. Der Ausdruck lautet $\delta^{\bar{v}}\bar{\zeta} \; \lambda\varepsilon\acute{\iota}\psi\varepsilon\iota \; \varsigma\bar{\zeta} \; \varkappa\bar{\delta} \; \mu o\varrho\acute{\iota}o\upsilon \; \delta^{\bar{v}}\bar{\alpha}\mu^{\bar{o}}\bar{\iota\beta} \; \lambda\varepsilon\acute{\iota}\psi\varepsilon\iota \; \varsigma\bar{\zeta}$, was in unsrer algebraischen Art als $\dfrac{7\,x^2 - 24\,x}{x^2 + 12 - 7\,x}$ geschrieben werden würde. Wieder fehlt hier die volle Konsequenz. Statt des sonstigen Minuszeichens $\hbar$ steht zweimal das volle Wort $\lambda\varepsilon\acute{\iota}\psi\varepsilon\iota$ und bei x^2 ist die Eins ausdrücklich als $\bar{\alpha}$ beigefügt. Wir wollen daher als Beispiel konsequenter diophantischer Schreibart, die sich aller, von

---

[1]) Anderweitig kommt bei Diophant auch „en morio" vor.

Diophant selbst gebrauchten „Abkürzungen" bediente, ein von uns konstruiertes Beispiel anfügen, nämlich die Schreibung der Gleichung $\dfrac{x^5 + 3x - 10}{5x - 2} = 25\,x^6 + 18$, die sonach lauten müßte: $\delta\varkappa^{\bar{v}}\varsigma'\overline{\gamma}\dot{\eta}\mu^{\bar{o}}\dot{\iota}\ \mu o\varrho\acute{\iota}o\nu\ \varsigma'\bar{\varepsilon}\dot{\eta}\dot{\mu}\mu^{\bar{o}}\bar{\beta}\ \iota$ $\varkappa\varkappa^{\bar{v}}\overline{\varkappa\varepsilon}\ \mu^{\bar{o}}\overline{\iota\eta}$. Hier fehlt, obgleich es sich um einen sehr komplizierten Ausdruck handelt, jedes Wort, mit Ausnahme des Bruchanzeigers „moriou", der sich etwa durch ein verkehrtes μ leicht hätte symbolisieren lassen können. Bei einiger Konsequenz läge also schon bei Diophant eine sehr hoch entwickelte algebraische Schreibweise vor, die unsrer an Einfachheit nur wenig nachsteht, wenn man von den konkreten Zahlen absieht, die natürlich noch kein Stellenwertsystem kennen.

Wir wollen aber weder philologische Tüftelei betreiben, noch dem großen Diophant Zensuren erteilen. Wir wollen nur einen ungeheuer wichtigen Tatbestand bis zum letzten Urgrund aufklären. Die Frage nämlich nach der Bedeutung der Algebra im allgemeinen und der algebraischen Schreibweise im besonderen. Denn es ist kein billiger Scherz, sondern eine geschichtliche Tatsache, daß die „geometrische Algebra" der alten Griechen später entziffert wurde als die Hieroglyphen, während Diophantos und die noch spröderen Araber schon zu Beginn der Neuzeit im wesentlichen volles Verständnis fanden.

Es ist also zuerst die Frage nach der Bedeutung der Algebra zu stellen, die die weitere Frage nach der Bedeutung der Arithmetik im mathematischen Denken voraussetzt, da sie aus ihr hervorgegangen ist. Philosophisch gesprochen, liegt dem Problem der Unterschied des Begrifflichen und des Anschauungsmäßigen zugrunde. Um die Ausdrucksweise Kants zu gebrauchen, ist der Verstand das Vermögen, Begriffe zu bilden, während die Anschauung uns die Anschauungen vermittelt. Der Verstand ist eine sogenannte diskursive Fähigkeit, was nichts anderes heißt, als daß er für die Gewinnung seiner Ergebnisse das Nacheinander braucht, während die Anschauung gleichsam zeitlos ist und auf einen Blick gewonnen wird. Darüber hinaus ist das eigentliche Gebiet des Verstandes das Zergliedernde, Teilende, während die Anschauung ein synthetisches, verbindendes Vermögen ist. Wir haben bei Gelegenheit der Paradoxien Zenons schon über ähnliche Dinge gesprochen. Eine wirkliche Kontinuität oder Stetigkeit ist nur durch die Anschauung zu verwirklichen. Eine Linie, eine Fläche, ein Körper sind anschauungsmäßig stetige oder kontinuierliche Wesenheiten. Will ich diese Wesenheiten jedoch verstandesmäßig aufbauen, dann muß ich wohl zu Urelementen greifen, zu ersten Bausteinen, also zu Atomen. Atome sind aber irgendwie stets prinzipiell zählbare Mengen, wenn ich auch ihre unendliche Menge behaupte.

Wir können uns jedoch an dieser Stelle noch nicht tiefer in solche philosophische Erörterungen verlieren, da wir dadurch sozusagen einen Anachronismus der Darstellung begingen. Wir halten nämlich bei Diophant und nicht bei moderner Erkenntniskritik oder gar bei der Mengenlehre. Wir wollten lediglich feststellen, daß die Zahl und die Anzahl Ergebnisse der Verstandestätigkeit sind, und daß es auch eine Tätigkeit des Verstandes ist, die diese Zahlen in allerlei Arten miteinander verbindet. Die Tätigkeit der Anschauung betrifft dagegen die Gestalt und die Figur, also all das, was wir im eigentlichen Sinne als geometrisch bezeichnen. Nun ist es selbstverständlich, daß Verstand und Anschauung nirgends rein und ungemischt auftreten, da nach Kant ja Begriffe ohne Anschauung leer und Anschauungen ohne Begriffe blind sind. In dem an sich undenkbaren Begriff des Unendlichen steckt irgendwie eine wenn auch nebelhafte Anschauung und in der Anschauung eines Dreiecks das begriffliche Element einer gewissen Anzahl von Ecken und einer gewissen Verbindungsart dieser Ecken durch Linien.

Gleichwohl gibt es naturgemäß die verschiedensten Mischungsverhältnisse, in denen Begriffliches und Anschauliches in einem mathematischen Problem auftreten können. Und es ist gerade das Sonderbare, daß die scheinbare Erblindung von Anschauungen und die Leere von Begriffen dazu besonders geeignet sind, mathematische Kräfte in Bewegung zu setzen. Wir haben nämlich die Möglichkeit, geometrische Tatsachen zu bloßen Schemen verblassen zu lassen, während wir Zahlen so sehr symbolisieren können, daß nichts mehr von ihnen übrigbleibt als der allgemeinste Begriff einer Zahl überhaupt. Das aber ist das Wesen der Algebra. Es soll nicht mehr mit Zahlen, d. h. mit konkreten Zahlen operiert werden, sondern mit Zahlen überhaupt oder, wie man auch sagen könnte, mit Zahlenstellvertretern. Irgendeine Zahl soundso oder eine Quadratzahl soundso wird gesucht. Wir kennen sie noch nicht, sonst brauchten wir sie nicht zu suchen. Bevor wir sie aber finden, benennen wir sie bereits und rechnen mit ihr nach Regeln, mit denen man sonst nur mit wirklichen, konkreten Zahlen umgeht. Man addiert, subtrahiert, multipliziert, dividiert mit diesen noch unbekannten Zahlen, erhebt sie zum Quadrat, zur n-ten Potenz, zieht aus ihnen die Wurzel. Kurz, man operiert mit allgemeinen Zahlen, als ob sie konkrete Zahlen wären.

Das, was wir bisher erwähnten, könnte sich allerdings auch nur im Denkraum abspielen. Es ist eine begriffliche, logische Tätigkeit, aber sie muß noch nicht von einer eigenen Schrift, die bloß ihr allein dient, begleitet sein. So stand es auch mit den algebraischen Bemühungen der Griechen bis auf Diophant. Man „dachte" Algebra, man „sprach" Algebra, aber man „schrieb" nicht Algebra, oder schrieb sie nur in gewöhnlicher Umgangssprache. Und auch Diophant selbst begann erst in einem Zwischenstadium zwischen Abkürzung und selbständiger Symbolisierung die Algebra zu „schreiben", wie wir es schon gesehen haben. Wie also schreibt man Algebra und warum schreibt man Algebra? Wir antworten darauf, daß man Algebra durch Symbole und Befehle schreibt und daß man sie nicht nur aus gleichsam stenographischen, sondern aus viel tiefer liegenden Gründen in dieser Weise

110

schreibt. Gewiß, es ist nicht zu verachten, wenn wir etwa den Satz, daß das Quadrat eines Zweigliederausdrucks aus dem Quadrat des ersten, dem Quadrat des zweiten Gliedes und dem doppelten Produkt beider Glieder bestehe, einfach als $(a + b)^2 = a^2 + b^2 + 2\,ab$ schreiben können. Wir gewinnen dadurch Zeit, Überblick und Einblick in Strukturen. Wir können jetzt nach der gleichen Regel diesen einmal gewonnenen Ausdruck noch einmal zum Quadrat erheben, indem wir ihn etwa als $[(a^2 + b^2) + 2\,ab]^2$ anschreiben. Und dabei als Resultat vorerst $(a^2 + b^2)^2 + (2\,ab)^2 + 2 \cdot 2\,ab\,(a^2 + b^2)$ erhalten, was dann leicht $a^4 + 2a^2b^2 + b^4 + 4a^2b^2 + 4a^3b + 4ab^3$ oder schließlich nach Addition gleichbenannter Größen als Endergebnis $a^4 + b^4 + 6a^2b^2 + 4a^3b + 4ab^3$ liefert. Eine solche Rechnungsoperation, in Worten ausgedrückt, würde unsre Vorstellungskraft schon unerträglich belasten, während in der symbolischen Schreibweise nur einige Aufmerksamkeit und Sauberkeit der Schreibung notwendig ist, um nicht in Fehler zu verfallen. Aber es geschieht dabei noch viel mehr. Die Symbole (das sind die Bezeichnungen für die allgemeinen Zahlen, wie a oder b oder das ς' bei Diophant) und die Befehle oder Operatoren oder Operations- oder Verknüpfungssymbole ($+$, $-$, $=$ usw.) gewinnen gleichsam ein Eigenleben. Sie verbinden sich zum „Algorithmus", zur Denkmaschine und es ist nur mehr nötig, sie nach gewissen höchst einfachen Regeln zu gebrauchen. Der Leerlauf der isolierten Begriffe besorgt dann, ohne daß ein Fehler möglich ist, alles weitere und am Ende steht das Ergebnis. Doch auch so weit sind wir bei Diophantos noch durchaus nicht, obgleich er mit seinen von ihm selbst geschaffenen Mitteln so weit hätte vordringen können. Sein Hauptfortschritt ist der Beginn einer algebraischen Schreibweise, einer sogenannten „Notation" und noch nicht eines wirklichen Algorithmus. Natürlich ist die Notation die unerläßliche Voraussetzung des Algorithmus. Zu diesem Übergang war jedoch ein langer Weg notwendig, der sich hauptsächlich aus dem Bereiche konkreter

Zahlen entwickelte, wie wir im folgenden Kapitel sehen werden. Dieser Behauptung widerspricht es nicht, daß Diophant an einer Stelle eine unzweideutige allgemeine Regel zur Lösung von Gleichungen angibt. Er sagt nämlich: „Wenn man nun bei einer Aufgabe auf eine Gleichung kommt, die zwar aus den nämlichen allgemeinen Ausdrücken besteht, jedoch so, daß die Koeffizienten auf beiden Seiten ungleich sind, so muß man Gleichartiges von Gleichartigem abziehen, bis ein Glied einem Gliede gleich wird. Wenn aber auf einer oder auf beiden Seiten Abzugsgrößen vorkommen, dann muß man diese substraktiven Größen auf beiden Seiten hinzufügen, bis auf beiden Seiten nur Hinzuzufügendes entsteht. Dann muß man wieder Gleichartiges von Gleichartigem abziehen, bis ein Glied einem Gliede gleich wird. Wenn aber auf einer oder auf beiden Seiten Abzugsgrößen vorkommen, dann muß man diese subtraktiven Größen auf beiden Seiten hinzufügen, bis auf beiden Seiten nur Hinzuzufügendes entsteht. Dann muß man wieder Gleichartiges von Gleichartigem abziehen, bis auf jeder Seite nur ein Glied übrig bleibt." Cantor bemerkt zu dieser Stelle, daß sie die Zurückbringung einer Gleichung auf die Form $a x^m = b x^n$ betreffe, wobei m und n ganze, von einander verschiedene Zahlen bedeuten, deren eine auch Null sein kann. Diese Regel, sagt Cantor weiter, sei so unzweideutig, wie wir nur selten im Altertum Regeln ausgesprochen finden.

Wir berufen uns hier auf Cantor, um unsre Behauptung, Diophantos habe noch keinen wirklichen Algorithmus, keine umfassende Denkmaschine ausgebildet, zu stützen. Denn im übrigen fällt uns zwar an jeder Aufgabe, die Diophantos löst, eine geradezu unwahrscheinliche persönliche Virtuosität auf, die Aufgabe anzupacken und zu meistern, er behandelt aber gleichwohl jedes dieser Probleme für sich gesondert und bringt durchaus nicht alles Zusammengehörige in den großen Zusammenhang umfassender Regeln. Er hat also, wie Descartes einmal über die griechischen Mathematiker sagte, nicht nach

112

einer allgemeinen Methode Lehrsätze aufgestellt, sondern nur diejenigen aufgelesen, die ihm begegnet sind. Wir bemerken also noch einmal, daß für uns, rein entwicklungsgeschichtlich betrachtet, Diophantos, trotz all seiner nicht in Abrede gestellten persönlichen Genialität, bloß der Bahnbrecher der algebraischen Notation oder Schreibweise ist, wenn er auch die Gleichungen, insbesondere die unbestimmten, an zahlreichen Beispielen einer ganz neuartigen Behandlung zuführte. Diese neben seiner generellen Leistung als Notationserfinder einherlaufende Tätigkeit als Spezialforscher für Gleichungen wollen wir uns nun näher betrachten.

Vorerst aber noch eine weitere Feststellung: Es ging Diophantos durchaus nicht etwa darum, speziell für unbestimmte Gleichungen sämtliche Lösungen zu finden. Er begnügt sich vielmehr sehr oft damit, eine einzige Lösung anzugeben. Noch viel weniger hat er es angestrebt, etwa bloß ganzzahlige Lösungen zu suchen. Die Methode für diesen Zweck hat erst sein Übersetzer Bachet de Méziriac im 17. nachchristlichen Jahrhundert geschaffen. Das muß deshalb betont werden, weil heute im Schulunterricht und in der Wissenschaft die unbestimmten Gleichungen nur dann „diophantische Gleichungen" heißen, wenn sie ganzzahlige Lösungen ermöglichen, bzw. es wird die Lösung in ganzen Zahlen als diophantisch bezeichnet. Diophantos selbst verlangt, wie überall in seinem Werke, bloß positive und rationale Lösungen. Irrationale Größen erkennt er als Grieche nicht als Zahlen an und bezüglich der negativen Größen ist er sicherlich, wie das ganze übrige Altertum, garnicht auf den Gedanken gekommen, sie als Zahlen oder Gleichungslösungen zu betrachten, da sie geometrisch, wenigstens innerhalb der griechischen Geometrie, keinerlei Sinn haben. Wir wollen uns aber nicht mit diesen Andeutungen über Diophantos begnügen. Dadurch würden wir seine Spezialleistungen nicht im gehörigen Lichte sehen. Sie sind nämlich alles eher denn gering, sind in manchen Augenblicken sogar erstaunlich. Er hat insbesondere mit einer ungeheuren Schwierigkeit zu kämpfen, die sich sozusagen aus seinem „Rohmaterial" oder aus der Beschaffenheit seines Werkzeuges ergibt. Dadurch nämlich, daß er zur Bezeichnung seiner „Unbekannten" keine Buchstaben außer dem ς' vorfindet, die nicht konkrete Zahlen bedeuten, ist er gezwungen, stets nur mit einer einzigen Unbekannten zu arbeiten. Allerdings hätte er sich mit fremden Alphabeten behelfen können. Doch das widerstrebte dem Griechen sicherlich, da ja die alten Hellenen auch Fremdwörter stets vermieden.

Sein Hauptwerk heißt „Arithmetika" (also etwa „Arithmetisches" oder „arithmetische Untersuchungen") und besteht, außer allgemeinen Erörterungen über Zahlen, aus Beispielen, die Lösungen von Gleichungen beinhalten. So verlangt etwa die 39. Aufgabe des ersten Buches, daß, wenn zwei Zahlen gegeben sind, eine dritte gesucht werde, so daß dann die Summe je zweier Zahlen, mit der dritten multipliziert, drei Zahlen ergibt, die gleiche Differenzen haben. Also eine sicherlich sehr verwickelte Bedingung. Diophantos schließt in folgender Art: Die gegebenen Zahlen seien drei und fünf, die gesuchte ist x (bei Diophantos natürlich als ς' geschrieben). Man erhält sonach die drei Produkte $3 (x + 5)$, $5 (x + 3)$ und $x (5 + 3)$. Das Ergebnis der ersten Multiplikation $(3x + 15)$ kann nicht die größte der drei Zahlen sein, dagegen könnte $(5x + 15)$ die größte oder mittlere, $8x$ die größte, mittlere oder kleinste sein. Sei nun $(5x + 15)$ die größte, $8x$ die mittlere der drei Zahlen, dann muß, da die drei Zahlen gleiche Differenzen haben sollen, die Summe der größten und der kleinsten Zahl gleich sein der doppelten mittleren, da in unserer Sprache gesprochen, aus $a_1 - d = a_2$ und $a_2 - d = a_3$ folgt, daß $a_1 + a_3 = 2a_2$. Daher ist also $(5x + 15) + (3x + 15) =$ $= 2 \cdot 8x$ oder $8x + 30 = 16x$. Wäre aber $(5x + 15)$ die größte, $(3x + 15)$ die mittlere und $8x$ die kleinste Zahl, dann wäre nach der angeführten Regel $(5x + 15) +$ $+ 8x = 2 (3x + 15)$, somit $13x + 15 = 6x + 30$. Ist

114

schließlich $8x$ die größte, $(5x + 15)$ die mittlere und $(3x + 15)$ die kleinste Zahl, dann ist wohl $8x + (3x + 15) = 2(5x + 15)$ oder $11x + 15 = 10x + 30$. Löst man jetzt die drei Gleichungen, jede für sich, auf, dann erhält man für x die drei Werte $\frac{15}{4}$, $\frac{15}{7}$ und 15, die alle drei der aufgestellten Bedingung genügen. Aus diesem Beispiel ist klar zu sehen, daß Diophantos zwar im tiefsten Grunde mit drei Gleichungen, jedoch formal bloß mit einer einzigen Unbekannten arbeitet.

Um nun weiters zu zeigen, mit welcher Virtuosität Diophantos für seine Zeit sehr schwierige unbestimmte Gleichungen behandelt, geben wir, in der Darstellung Zeuthens, Gleichungen der Formen $y^2 = a^2x^2 + bx + c$ und $y^2 = ax^2 + bx + c^2$, die bei Diophantos häufig vorkommen. Diophantos löst nun die erste Form dadurch, daß er $y = ax + z$ setzt, während die zweite Form durch die Substitution $y = zx + c$ behandelt wird. Er gewinnt also im ersten Fall für $y^2 = a^2x^2 + bx + c$ durch die Substitution die Gleichung $(ax + z)^2 = a^2x^2 + bx + c$ oder $a^2x^2 + 2axz + z^2 = a^2x^2 + bx + c$ oder $2axz + z^2 = bx + c$ und x wird gemäß $2axz - bx = c - z^2$ und $x(2az - b) = c - z^2$ gleich $x = \frac{c - z^2}{2az - b}$. Nun kann man x durch z leicht und sicher rational ausdrücken. Und weiters y aus z und x. Nehmen wir an, die ursprüngliche Gleichung hätte gelautet $y^2 = 16x + 3x + 10$ und wir hätten für $y = ax + z$ nach obiger Regel $y = 4x + z$ substituiert. Dann hätten wir nach Einsetzen $(4x + z)^2 = 16x^2 + 3x + 10$, also $16x^2 + 8xz + z^2 = 16x^2 + 3x + 10$, somit $8xz + z^2 = 3x + 10$ und daraus ergäbe sich x als $x = \frac{10 - z^2}{8z - 3}$. Wenn wir jetzt ein z wählen, das die Lösung nicht negativ macht, also etwa $z = 2$, dann erhalten wir für x den Wert $\frac{10 - 4}{16 - 3}$ oder $x = \frac{6}{13}$. Das zugehörige y ergibt sich aber, da es ja $(4x + z)$ ist als $\left(\frac{24}{13} + 2\right)$ oder $\frac{24 + 26}{13} = \frac{50}{13}$.

Gehen wir zur ursprünglichen Gleichung zurück, dann muß $\left(\dfrac{50}{13}\right)^2$ gleich sein $16 \cdot \left(\dfrac{6}{13}\right)^2 + 3 \cdot \dfrac{6}{13} + 10$ also $\dfrac{2500}{169} = \dfrac{576}{169} + \dfrac{234}{169} + \dfrac{1690}{169}$, was offensichtlich stimmt. In analoger Art wird die zweite angeführte Substitution gehandhabt, um aus derartigen Gleichungen rationale Wurzeln oder Lösungen für beide Unbekannten zu gewinnen. Zeuthen bemerkt hiezu, daß noch heute mit denselben Substitutionen irrationale Differentiale rational gemacht werden. Selbstverständlich sieht die tatsächliche Behandlung derartiger Aufgaben bei Diophantos viel verwickelter aus, da er nur mit einer Unbekannten operiert und daher fortwährend Zwischengleichungen einschalten muß. Dabei verwirrt es den Leser, daß die Unbekannte in mehreren verschiedenen Gleichungen, obwohl sie Verschiedenes bedeutet, mit demselben Buchstaben ς' geschrieben wird (bzw. mit $\delta^{\bar{v}}$, falls es sich um ein Quadrat handelt). Um so bewunderungswürdiger aber die Sicherheit der Handhabung. Wir haben ja auch an unserem ersten Beispiel gesehen, daß ein solches Vorgehen möglich ist. Denn dabei hat das x in jeder der drei Gleichungen etwas anderes bedeutet. Natürlich ist dasselbe Vorgehen in einer und derselben unbestimmten Gleichung noch komplizierter zu handhaben und zu begreifen.

Um die Gewandtheit Diophants, seine „Wendungen", wie sie oft genannt werden, zu demonstrieren, sei noch eine unbestimmte Gleichung erwähnt. Zwei Zahlen, die wir für uns y und z nennen, ergeben die Summe 20. Dabei soll jede dieser beiden Zahlen, um ein und dieselbe Quadratzahl vermehrt, wieder eine Quadratzahl liefern. Also, modern geschrieben: $y + z = 20$, $y + x^2 = u^2$, $z + x^2 = v^2$. Das wären drei Gleichungen mit vier Unbekannten. Wie hilft sich nun unser Meister aus der Verlegenheit? Wieder durch kühne „Substitutionen", wie wir gleich sehen werden. Er quadriert nämlich $(u + \varsigma)$ und $(v + \varsigma)$ und erhält $u^2 + 2u\varsigma + \varsigma$ und $v^2 + 2v\varsigma + \varsigma^2$.

Das aber, so denkt er, könnte recht wohl an Stelle der obigen zweiten und dritten Gleichung gesetzt werden. Es wäre dann $(u^2 + 2u\varsigma) + \varsigma^2 = u^2$ und $(v^2 + 2v\varsigma) + \varsigma^2 = v^2$. Es steht also jetzt $(u^2 + 2u\varsigma)$ für y und $(v^2 + 2v\varsigma)$ für z. Da aber $y + z = 20$, so wäre $u^2 + 2u\varsigma + v^2 + 2v\varsigma = 20$. Um nun aus dieser Gleichung für ς einen positiven Wert zu erhalten, muß $u^2 + v^2$ kleiner sein als zwanzig. Also, wie er annimmt, 4 und 9. Dadurch wird $4\varsigma + 6\varsigma = 20 - 13 = 7$ und ς schließlich $\frac{7}{10}$. Daraus folgt $y = \frac{68}{10}$ und $z = \frac{132}{10}$, wodurch alle Bedingungen des Gleichungssystems erfüllt sind. Denn $\frac{68}{10} + \left(\frac{7}{10}\right)^2 = \frac{729}{100}$, somit die rationale, gebrochene Quadratzahl $\left(\frac{27}{10}\right)^2$ und $\frac{132}{10} + \left(\frac{7}{10}\right)^2 = \frac{1369}{100}$, somit $\left(\frac{37}{10}\right)^2$. Diese Lösungen sind, wie bei Diophantos an allen Stellen, natürlich nur spezielle und sind durch frühzeitiges Einsetzen konkreter Werte, unter Ausschluß negativer Möglichkeiten für den Wert von ς, gewonnen. Wir Heutigen würden ruhig für u und v auch Zahlen substituieren, die der Bedingung $u^2 + v^2 < 20$ (die, nebenbei bemerkt, etwas gewaltsam ist) nicht genügen. Bei $u = 3$ und $v = 4$ ergäbe sich etwa für ς der Wert $-\frac{5}{14}$, für y der Wert $\frac{96}{14}$ und für z der Wert $\frac{184}{14}$. Daraus folgt, daß $u^2 = \left(\frac{37}{14}\right)^2$ und $v^2 = \left(\frac{51}{14}\right)^2$, also ebenfalls eine Erfüllung des Gleichungssystems.

Schließlich sei noch das einzige Beispiel einer kubischen Gleichung erwähnt, das sich bei Diophantos findet. In unsrer Schreibweise würde die Gleichung $(x - 1)^3 = (x + 1)^2 + 2$ lauten. Berechnet ergäbe sich $x^3 - 3x^2 + 3x - 1 = x^2 + 2x + 1 + 2$ oder, nach der Gewohnheit Diophants umgeformt, $x^3 + x = 4x^2 + 4$. Er setzt die Gleichungen schließlich stets so an, daß lauter positive Werte vorkommen. Dadurch aber kann er im vorliegenden Fall weiter umformen $x(x^2 + 1) = 4(x^2 + 1)$ und

erhält durch Division $x = 4$. Von den beiden anderen
Wurzeln, die jede kubische Gleichung haben muß und die
in unsrem Fall imaginär wären, ist naturgemäß keine Rede.
Es war jedoch nicht bloß die, fast möchte man sagen,
abenteuerliche Geschicklichkeit Diophants, Gleichungen
zu behandeln, die seine spätere Wirkung erklärt. Gelegentlich seiner Einkleidungen der Gleichungen stößt er
darüber hinaus oft auf zahlentheoretische Beziehungen.
So findet er, daß in jedem rechtwinkligen Dreieck das
Quadrat der Hypotenuse auch dann noch ein Quadrat
bleibt, wenn man das doppelte Produkt der Katheten
dem Quadrat hinzufügt oder davon abzieht. Es ist also
$a^2 + b^2 \pm 2ab$ stets ein Quadrat, was uns algebraisch
natürlich vollständig klar ist, da es nichts anderes bedeutet als die Ausrechnung der Quadrierung des Binoms
$(a + b)$ oder $(a - b)$. Allerdings erscheint es hier in
anderem Zusammenhang als neue Beziehung zwischen
den Seiten rechtwinkliger Dreiecke. Weiters entdeckt er,
daß sich die Zahl 65 auf zwei Arten in die Summe von
Quadraten zerlegen lasse, nämlich $(16 + 49)$ und $(64 + 1)$,
da 65 aus der Multiplikation von 5 und 13 entstanden sei,
die wieder selbst die Summe je zweier Quadrate seien,
nämlich $(4 + 1)$ und $(9 + 4)$. Es ist also, so übersetzen
wir diese Erkenntnis in unsre Algebra, stets $(a^2 + b^2) \cdot$
$\cdot (c^2 + d^2) = (ac - bd)^2 + (ad + bc)^2$ oder gleich $(ac +$
$+ bd)^2 + (ad - bc)^2$. Schließlich erkennt Diophantos,
daß jedes Quadrat auf beliebig viele Arten als Summe
zweier Quadrate aufgefaßt werden könne. Wenn nämlich a^2 die zu zerlegende Quadratzahl sei, dann könne
man x^2 als den einen, $(mx - a)^2$ dagegen als den andern
Teil denken, wobei m ganz beliebig gewählt werden darf.
Dann ist $a^2 = x^2 + m^2x^2 - 2amx + a^2$, woraus $x^2 (m^2 +$
$+ 1) = 2amx$ und $x (m^2 + 1) = 2am$ und schließlich
$x = \dfrac{2am}{m + 1}$ folgt. Die zweite Quadratzahl $mx - a$ er-
gibt sich hierdurch als $m \left(\dfrac{2am}{m^2 + 1} \right) - a$ oder $a \left(\dfrac{m^3 - 1}{m^2 + 1} \right)$.
Dadurch aber ist wieder, da ja $a^2 = x^2 + (mx - a)^2$, dieses

118

ursprüngliche Quadrat a^2 jetzt $a^2 = \left(\dfrac{2m}{m^2+1} \cdot a\right)^2 +$ $+ \left(\dfrac{m^2-1}{m^2+1} \cdot a\right)^2$, wobei m willkürlich angenommen werden kann. Hätten wir also etwa $(15)^2 = 225$ zu zerlegen und wählen wir als $m = 3$, so erhalten wir $a^2 = 225 = (9)^2 +$ $+ (12)^2 = 81 + 144 = 225$. Wählen wir aber $m = 5$, so ergibt sich $a^2 = 225 = \left(\dfrac{75}{13}\right)^2 + \left(\dfrac{180}{13}\right)^2 = \dfrac{38.025}{169} = 225$.

Diese zahlentheoretischen Erkenntnisse haben viel später auf die Zahlentheoretiker des 17. nachchristlichen Jahrhunderts, insbesondere auf Fermat, als mächtige Anregung eingewirkt.

Wir wollen aber, so interessant es wäre, den Leser nicht mehr mit den speziellen Leistungen des Diophantos belasten. Wir mußten sie konkret zeigen. Denn durch bloße Zensuren läßt sich die geniale Kunstfertigkeit dieses einzigen wirklichen Algebraikers des hellenischen Kulturkreises nicht zwingend darstellen. Daß er der einzige Algebraiker des Altertums blieb, ist durch seine geschichtliche Position innerhalb einer im Zerfall begriffenen Kultur zu erklären. Er fand keine Nachfolger, weil die Schaffenskraft der Hellenen gleichsam erschöpft war. Und vielleicht noch mehr deshalb, weil sein Werk die bisherigen Bahnen griechischer Mathematik verlassen hatte.

Auf jeden Fall bildet er ein Unikum in der Geschichte unsrer Wissenschaft. Gleichwohl aber für sich eine Epoche. Denn er hat als erster die symbolische Schreibweise angewandt, zum mindesten die Schranken der Wortalgebra und der geometrischen Algebra niedergerissen.

Sechstes Kapitel

ALCHWARIZMI

Mathematik als Denkmaschine

Unser Zauberteppich hat uns jetzt in Gefilde zu tragen, aus denen er stammt. Wir befinden uns plötzlich mitten in der Welt der Tausend-und-eine-Nacht-Märchen, in der Stadt der großen Kalifen Almansur, Harun al Raschid und Almamun. Die Stadt heißt Bagdad und die traumschnell aufblühende Kultur, die sie umschließt, ist jetzt, an der Wende des achten und neunten nachchristlichen Jahrhunderts, kaum mehr als ein Säkulum alt. Denn erst nach den Stürmen der Völkerwanderung hat die Bindekraft des Islams aus bisher schweifenden, unbeachteten Nomaden, die irgendwo in der Wüste in Sternennächten einander Märchen erzählt hatten, ein mächtiges und geachtetes Kulturvolk geschmiedet.

Im Abendland ist alles verändert: Merowinger, Karolinger, Pippin, Karl der Große. Die Pforten der letzten, halbleeren und vom Geist längst verlassenen Philosophenschulen sind schon im sechsten Jahrhundert nach Christi Geburt endgültig geschlossen worden, und die alexandrinischen Bibliotheken sind ausgeplündert und niedergebrannt. Entartetes Hellenentum lebt noch, so starr wie Goldmosaik, in einem Reich, das voll ist von Tücke, Grausamkeit, Wollust und Halbbildung: in Byzanz.

Noch vor diesem Untergang der klassischen Kultur, erhoben sich zwei Mathematiker zu höherem geometrischen Flug. Aber auch sie waren nicht epochal, sondern vorwiegend sammelnd und rückschauend, obgleich beiden ein geniales Format nicht abgesprochen werden soll. Es waren Pappos und Proklos Diadochos. Eine Geschichte der Mathematik muß sich mit beiden befassen, da sie durchaus nicht eigener Gestaltung entbehrten. Die Geschichte würde auch den Arithmetiker Theon von Alexandrien und seine unglückliche Tochter Hypatia erwähnen, die als einzige Frau seit den Anfängen unsrer Wissenschaft in der Geschichte der Mathematik einen Platz verdient. Kaiser Julian der Abtrünnige hatte den Philosophenschulen Schutz gegen das von allen Seiten vordringende Christentum gewährt und die gebildeteren Stände waren noch durchaus nicht bekehrt. Auch Jahrzehnte nach dem Tode Julians nicht. Hypatia war Heidin, stand aber wegen ihres hohen wissenschaftlichen Ranges gleichwohl in großem Ansehen beim Bischof Synesios von Ptolemais. Auch der kaiserliche Präfekt Orestes von Alexandria war ihr wohlgesinnt. Nun begab es sich, daß eben dieser Präfekt hierarchische Ansprüche des Bischofs Cyrillos zurückwies. Man verdächtigte Hypatia der Einflußnahme auf den Präfekten. Und eine Pöbelmenge riß sie in Stücke. Es war derselbe Großstadtmob Alexandriens, der etwa 20 Jahre früher, unter dem Deckmantel religiöser Gesinnung, nach dem Befehl des Theodosius, alle Tempel der Heiden zu zerstören, in blindem Plünderungstrieb den Serapistempel, die letzte Zufluchtsstätte der alexandrinischen Bibliothek, eingeäschert und bis zu den Grundmauern niedergerissen hatte.

Wie ein Symbol wirkt der Tod der Hypatia und diese Selbstzertrümmerung der Reste einer Zeit ungeheuerster Geistesgröße. An eben dieser Stelle des geistigen Kosmos aber setzt das unvergängliche Verdienst der Araber ein. Unser Zauberteppich trägt uns zurück, wir sind wieder am Hof der Kalifen, an dem nicht bloß Scheherezaden in Gunst standen. Die arabische Kultur war eine durchaus männliche Kultur und daher der Mathematik besonders zugewandt. Mit wahrem Feuereifer, mit dem Fanatismus des eben erst arrivierten Volkes, wird das Erbe von Hellas in Form von Manuskripten gesammelt. Aber nicht nur hellenische Papyri haben hohen Wert in Bagdad. Auch die neupersischen Pehwelitexte und die Sanskrittexte beginnen die Bibliotheken zu füllen, und ein Heer von Übersetzern müht sich damit ab, Euklid, Archimedes, Menelaos, Pappos und insbesondere die „Syntaxis" des Ptolemäos ins Arabische zu übertragen, die von da an durch Jahrhunderte nur mehr „das Almagest" genannt wird. Der Lehrgang in den Schulen — denn Mathematik wird Allgemeingut — beginnt mit Euklid und endet mit dem Almagest. Dabei aber spiegelt sich die Wissenschaft als solche in der Seele eines anders gearteten Volkes, in einer mathematisch und logisch sehr begabten Psyche, deren Hauptmerkmal jedoch die von Oswald Spengler so genannte „magische" Richtung war.

121

Hatte man sich im Griechentum, Harmonie suchend, im äußeren Anschauungsraum getummelt, so erstrebt die magische Seele gleichsam die Strukturierung des Denkraumes. Etwas unglaublich Kühles, dabei jedoch Glitzerndes legt sich über diese Welt. Alle Bilder und Begriffe, alle Architektonik und Formulierung wird scharf, wie eine mit kleinster Blende aufgenommene und hart kopierte Photographie. Und es ist kein Gegensatz zu dieser Geisteshaltung, wenn das Gemüt nebenher in üppigen Märchen Zuflucht sucht. Denn auch durch Aladins Wunderlampe gelangen wir schließlich in Gärten, in denen geschliffene Edelsteine an den Bäumen hängen. Plastik und Malerei aber fehlen in dieser Kultur. Das irrational Lebendige ist verbannt. Zumindest aus dem Anschauungsraum vertrieben und in seinen Resten ins Innerste, in die Bereiche der Phantasie und des Zaubers zurückgedrängt.

Wir haben das Wort „Zauber" ausgesprochen. Die Bedeutung des Magischen liegt nämlich nicht bloß in der rationalen Geschlossenheit des Weltbildes, besser des Weltdenkens, sondern hat dazu noch einen polaren dunklen Begleiter. Wo sich nämlich die Anschauung aufzulösen beginnt, dort steht hinter der Form das Chaos. Wo sich dagegen die ratio, die bewußte Tätigkeit in den Schatten verliert, dort lauert der Wahnsinn, das Schauderhafte, der Zauber. Derselbe Zauber, der wieder nichts anderes ist, als die halbvergebliche Mühe, das Reich des Verstandes, über seine Grenzen hinaus, ins Unerforschte vorzutreiben.

Die Mathematik aber bot seit jeher diesem kabbalistisch-magischen Bemühen allerlei Vorschub. Jeder, der sich tiefer in sie versenkt, wird durch ihre eigentümliche Erkenntnishilfe überrascht und erschreckt zu gleicher Zeit. Denn nur Mathematik ist die „vera cabbala", wie sie Leibniz ein Jahrtausend später genannt hat. Ihre Ergebnisse springen oft unvermutet aus dem Innersten des Menschen hervor, so daß schon der große Platon diesen Vorgang nicht anders deuten konnte, denn als

122

„Anamnesis", als Rückerinnerung. So daß der Unterricht in Mathematik nichts bedeutete als Wiedererweckung eines gleichsam angeborenen Gedankengutes. Aber nicht bloß dieses Emporschießen von Zusammenhängen bei längerer passiver Betrachtung, das jeder Geometer kennt, dieser Zustand, bei dem ganze Figurengruppen sich gleichsam zu bewegen, zu schichten, zu ordnen beginnen, um schließlich Ungeahntes zu offenbaren, ist ein Zauber. Ebenso kabbalistisch ist die Führung, die das Werkzeug der Arithmetik und Algebra plötzlich an sich reißt, wodurch es sich als richtigen Zauberlehrling erweist. Und diese Führung durch das Werkzeug selbst leitet uns oft über Abgründe, in die niemals ein Gedanke dringt und deren Boden auch ein Gedanke niemals erblicken kann. Die höchste aller kabbalistischen Künste aber ist der durch richtige Notation entstandene Algorithmus, ist die Denkmaschine der Arithmetik und Algebra mit all ihrem Symbolzauber.

Woher das Wort Algorithmus stammte, wußte man bis ins neunzehnte Jahrhundert hinein nicht, obgleich es seit Leibniz in allgemeiner Verwendung stand. Man dachte an eine Verstümmelung des Ausdruckes Logarithmus, sicherlich aber an einen Zusammenhang mit „Arithmos" (Zahl). Erst die Orientalisten klärten das Rätsel, beseitigten auch den Irrglauben, daß Algoritmi ein indischer, sagenhafter, zauberkundiger König gewesen sei. Er war vielmehr ein höchst lebendiger Mensch, ein großer Mathematiker der Kalifenzeit, lebte um 800 nach Christi Geburt und hieß Muhammed ibn Musa Alchwarizmi. Dieser Beiname Alchwarizmi bedeutet aber bloß, daß er aus der ostpersischen Provinz Khorassan (später Khanat Chiwa) stammte. Muhammed Alchwarizmi verfaßte nun zwischen 800 und 825 zwei mathematische Werke, deren eines ein Rechenbuch ist und in der lateinischen Übersetzung mit den Worten „Algoritmi dicit" („also sagt Alchwarizmi") beginnt. Das zweite Werk aber ist eine geniale Algebra mit dem Titel „Aldschebr Walmukabala", was etwa „Einrichtung-Gegenüberstellung" heißt und bedeutet, daß eine Gleichung „eingerichtet" ist, wenn sie nur mehr positive Glieder enthält. „Gegenüberstellung" aber ist das Weglassen oder Subtrahieren gleicher Größen auf beiden Seiten der Gleichung. Nun hat sich, nach Günther, das Wort Algebrista in Spanien unter maurischem Einfluß bis auf Cervantes erhalten, da der „Spiegelritter", den Don Quixote vom Pferde geworfen hat, einem Algebrista (einem Einrichter) zum Einrenken der Glieder übergeben wird.

Und es ist der wunderlichste Zufall der Wissenschaftsgeschichte, daß unser Alchwarizmi zu verschiedenen Zeitpunkten gleich zweimal kategorial verewigt wurde. Der Titel seines Werkes lieferte die Gattungsbezeichnung für die Buchstabenrechnung und für alle sich daran schließenden Formenlehren; wobei Alchwarizmi selbst, wie wir sehen werden, von einer Algebra dritter Stufe, also von der Buchstabenrechnung, keine Ahnung hatte. Er steht vielmehr durchwegs auf der ersten, wortalgebraischen Stufe. Sein verballhornter Beiname aber wurde zur Gattungsbezeichnung für einen der tiefsten und umfassendsten Begriffe, die die Mathematik kennt, zum „Algorithmus", was ungefähr dasselbe wäre, als ob spätere Jahrtausende irgendeine mathematische Kategorie nach Gauß „Braunschweiger" nennen würden.

Um diese Bezeichnung und den ganzen Inhalt des Begriffes Algorithmus (früher sagte man auch Algorismus) voll würdigen zu können, müssen wir zuerst einmal sehen, wo das Wort zum erstenmal auftritt, und müssen dann sofort als echte Besucher Bagdads den Zauberteppich besteigen, der uns diesmal nicht aus dem Märchenbereich von Tausend-und-einer-Nacht hinausführen wird. Wir verrieten schon, wo das Wort zum erstenmal vorkommt. Nämlich als Anfang eines Rechenbuches. Was nun enthält dieses Rechenbuch? Etwas für uns vollkommen Entzaubertes, Selbstverständliches: die sogenannten Species, die Rechnungsoperationen, die jedes Kind in der Volksschule lernt. Dazu noch zwei, inzwischen aus der Übung

124

gekommene Operationen des Verdoppelns und des Halbierens, deren Ursprung sich vielleicht rein sprachlich aus den Formen des Duals (der Zweizahl) herleitet, den es als Ergänzung der Einzahl (Singularis) und Mehrzahl (Pluralis) sowohl im Sanskrit als etwa im Altgriechischen gab. Gut, uns sind diese Rechnungsarten selbstverständlich, aber dies nur aus einem Grund, der gerade ihren Zauber ausmacht. Sie beruhen nämlich, und dies der Kernpunkt, auf dem durchsichtigsten und vollkommensten System, das in der Geschichte des Geistes bisher geschaffen wurde: auf dem Stellenwertsystem oder Positionssystem der Ziffernschreibung. Die Tatsache, daß man mit zehn Begriffssymbolen, die von jeder Sprache unabhängig sind, alle Zahlen vom denkbar kleinsten Systembruch bis zu der sich im Nebel des Unendlichgroßen verlierenden astronomischen und überastronomischen Zahl mühelos und irrtumsfrei, eindeutig und allgemeinverständlich anschreiben kann, hat im geistigen Kosmos nicht ihresgleichen. Von allen Wissenschaften besitzt nur noch höchstens die Chemie ein annähernd so ehernes und scharfes Werkzeug in ihrer Symbolik der Elemente, dessen Gültigkeit und Vollständigkeit jedoch jederzeit von einer Erkenntnisrevolution zertrümmert werden kann, was bei der Ziffernschrift unmöglich ist. Damit ist aber die Zauberkraft des Stellenwertsystems, das natürlich nicht einmal gerade ein dekadisches sein müßte, noch durchaus nicht erschöpft. Es gebiert gleichsam fortzeugend Gutes. Und es ermöglicht etwa zum erstenmal eine im wahrsten Sinne kinderleichte Handhabung auch sehr verwickelter Rechnungsoperationen und eine Fülle von im System selbst begründeten Proben und Kontrollen. Damit wird es zur ersten wirklichen Denkmaschine, deren Bedienung, wie gesagt, jeder Elementarschüler kennt, deren tiefere Struktur und deren Zahnräderwerk aber durchaus nicht so einfach ist, wie es sich der Laie vorzustellen versucht ist. Ein solcher „Durchschauer" müßte zuerst einmal bei Gauß in die Lehre gehen und etwas von „Rest-Modul-Systemen" oder Primzahlforschungen in sich aufnehmen. Doch das nur nebenbei.

Unserem Alchwarizmi also fiel die historische Aufgabe zu, das indische dekadische Stellenwertsystem in einem Rechenbuch zusammenzufassen, worauf er oder ein Übersetzer seinen Herkunftsnamen „Algoritmi" an die Spitze stellte.

Wir wollen aber jetzt dieses erste an uns herantretende Beispiel eines Algorithmus, und zwar den vollkommensten aller Algorithmen, ein wenig näher prüfen, um uns ein richtiges Bild über das Geleistete und über den Anteil der einzelnen Kulturen an dieser Epoche zu bilden.

Seit den bahnbrechenden und verdienstvollen Forschungen des englischen Kolonialbeamten Colebrooke, der 1816 zum erstenmal die indische Mathematik ins richtige Licht stellte und auf dessen Arbeiten dann die weitere Forschung nicht nur des Abendlandes, sondern auch der autochthonen Forscher Indiens selbst weiterbaute, weiß man, daß die alten Inder in mehr als einer Art zur Entwicklung der Mathematik beigetragen haben. Ihre mit ausschweifender, zügelloser Phantastik gemischte mathematische Begabung befähigte sie zu großen Entdeckungen, deren größte eben das Stellenwertsystem ist. Gewiß, sie hatten auch bedeutende Algebraiker wie Aryabhatta (476 nach Christi Geburt), Brahmagupta (7. Jahrhundert nach Christi Geburt) und Bhaskara (12. Jahrhundert nach Christi Geburt). Sie entdeckten selbständig die ganzzahlige Lösung unbestimmter Gleichungen und drangen bis zur Algebra dritter Stufe, also bis zur reinen Symbolschreibung, vor. Ihr Werk aber blieb mit Ausnahme der Zahlenschreibung abseits von der allgemeinen Entwicklung und hat daher in unsrem Sinne nicht den Charakter des Epochenhaften, sondern eher des Episodischen. Daran änderte es auch nichts, daß Bhaskara den Grenzwert von $\frac{a}{0}$ richtig einschätzt und sagt: „Je mehr der Divisor verkleinert wird, um desto mehr wird der Quotient vergrößert. Wird der

Divisor aufs äußerste verkleinert, so vergrößert sich der Quotient aufs Äußerste. Aber solange noch angegeben werden kann, er sei so und so groß, ist er noch nicht aufs äußerste vergrößert; denn man kann alsdann eine noch größere Zahl angeben. Der Quotient ist also[1]) von unbestimmbarer Größe und wird mit Recht unendlich genannt."

Wenn solche reife Erkenntnisse des Infinitesimalen aus dem Zauberland des Meditierens, aus indischen Schulen damals schon ins Abendland gelangt und in die geeigneten Hände gekommen wären, hätte sich wahrscheinlich die Weltgeschichte anders entwickelt. Aber es begab sich eben anders. Und das Abendland erfuhr auch bis zum 19. Jahrhundert nichts davon, daß Brahmagupta mehrere Unbekannte durch Farbenbezeichnungen unterschied, wie denn die indische Algebra überhaupt in ihrer Einkleidung sehr poetisch war. So sagt Bhaskara in seinem, „Lilavati" überschriebenen Kapitel über die Rechenkunst: „Schönes Mädchen mit den glitzernden Augen, sage mir, so du die richtige Kunst der Umkehrung verstehst, welches ist die Zahl, die mit 3 vervielfacht, sodann um $\frac{3}{4}$ des Produktes vermehrt, durch 7 geteilt, um ein Drittel des Quotienten vermindert, mit sich selbst vervielfacht, um 52 vermindert, durch Ausziehung der Quadratwurzel, Addition von 8 und Division durch 10 die Zahl 2 hervorbringt." Falls diese Lilavati ein wirkliches schönes Mädchen und nicht bloß, wie einige Historiker annehmen, die allegorische Darstellung der herrlichen Rechenkunst selbst war, dann dürften sich, auch wenn sie die „Methode der Umkehrung" verstand, ihre glitzernden Augen ein wenig getrübt haben, bevor sie wußte, daß der Gang der Rechnung $(2 \cdot 10 - 8)^2 + 52 =$ $= 196$; $\sqrt{196} = 14$ und $\left(14 \cdot 1\frac{1}{2} \cdot 7 \cdot \frac{4}{7}\right) : 3 = 28$ lautete, da alle in Worten angegebenen Rechnungsoperationen gerade umgekehrt angesetzt werden mußten. Denn

---

[1]) Wenn der Divisor allerkleinst, also 0 ist,

$28 \cdot 3 = 84$. Dazu $\frac{3}{4}$ von 84, also 63, ergibt 147. Diese 147 durch 7 sind 21, davon $\frac{1}{3}$ ab macht 14, das, mit sich selbst vervielfacht, 196 ergibt. Subtraktion von 52 vermindert 196 auf 144, dessen Quadratwurzel 12 ist. Wenn man hierzu 8 addiert, also 20 erhält, und dies durch 10 dividiert, resultiert tatsächlich 2, wie es verlangt war. Noch poetischer erscheint uns die Aufgabe: „Von einem Schwarm Bienen läßt $\frac{1}{5}$ sich auf einer Kadambablüte, $\frac{1}{3}$ auf der Silindhablume nieder. Der dreifache Unterschied der beiden Zahlen flog nach den Blüten einer Kutuja, eine Biene blieb übrig, die in der Luft hin und her schwebte, gleichzeitig angezogen durch den lieblichen Duft einer Jasmine und eines Pandamus. Sage mir, reizendes Weib, die Anzahl der Bienen". Es handelt sich dabei nicht um einen großen Bienenschwarm. Wenn wir ihn x nennen, so ist $x = \frac{x}{5} + \frac{x}{3} + \left(\frac{x}{3} - \frac{x}{5} \right) 3 + 1$ oder $3x + 5x + 6x + 15 = 15x$ oder $x = 15$.

Doch diese Beispiele nur nebenbei. Wir müssen jetzt zum Algorithmus des indischen Positionssystems zurückkehren. Daß es eine indische Entdeckung ist, unterliegt heute keinem Zweifel mehr, wenn auch die Zeit der Entstehung des Systems nicht genau bekannt ist. Vor der Zeit des Alchwarizmi aber war es sicherlich schon hoch ausgebildet. Nun beschränkt sich aber, wie schon gesagt, die Bedeutung des Stellenwertsystems durchaus nicht darauf, eine bequeme Zahlenschreibung zu ermöglichen. Das spezifisch „Algorithmische" daran ist seine Fähigkeit, die Rechnungsoperationen, gleichsam zwangsläufig, in einer bis dahin unerreichten Einfachheit zuzulassen; was sich wieder insbesondere bei der Multiplikation und bei der Division geltend macht. Wir können uns hier nicht ins theoretische Detail verlieren. Wir merken bloß an, daß das Stellenwertsystem eigentlich nichts anderes ist als eine fallende Potenzreihe der Form $a_0 g^n +$

$+ a_1 g^{n-1} + \ldots + a_{n-2} g^2 + a_{n-1} g^1 + a_n g^0$, wobei a_0 bis a_n die Koeffizienten und g^0 bis g^n die Potenzen der Grundzahl g sind. Also beim Zehnersystem $g^0 = 10^0 = 1$ bis $g^n = 10^n$. Nun werden bloß die Koeffizienten nach dem Grundsatz der Größenfolge geschrieben und die „Stelle" zeigt an, mit welcher Potenz der Grundzahl der Koeffizient zu multiplizieren ist. In der Zahl 3457 ist die 3 tausendmal so groß als in der Zahl 72.553. Daher kann man für alle Fälle mit 10 Zeichen auskommen, wozu allerdings auch die sogenannte Null gehört, deren Erfindung am spätesten erfolgte und die im Indischen „das Leere" (sunga) heißt. Erst diese Null schließt das System, indem sie das Fehlen von Grundzahlenpotenzen, bzw. das Vorhandensein von Nullkoeffizienten anzeigt. Gerade die Null aber ist eine echt indische Entdeckung, ebenso wie die Benennung der Stufenzahlen (10, 100, 1000 usw.) bis 10^{20} mit eigenen Wörtern. Die Null nun wurde, wahrscheinlich in Ägypten, von den Arabern als „as sifr" bezeichnet, was eine Übersetzung für das indische „das Leere" ist. Aus diesem Wort aber entsprangen wieder die Bezeichnungen chiffre und Ziffer, und Zero für die Null.

Wir sprachen von der algorithmischen Eignung der neuen Positionsarithmetik. Gewiß, auch die Griechen multiplizierten und dividierten. Ebenso die Römer. Sie mußten aber, etwa bei der Multiplikation, die Teilprodukte nach dem distributiven Gesetz wirklich bilden und diese Teilprodukte dann addieren, als ob es sich um Polynome (Mehrgliederausdrücke) gehandelt hätte. Die Zahlen 320 und 47 wurden multipliziert als $(300 \times 40) + (20 \times 40) + (300 \times 7) + (20 \times 7) = 12\,000 + 800 + 2100 + 140 = 15.040$. Wir haben absichtlich ein simples Beispiel gewählt, das durch die Null am Schluß von 320 noch vereinfacht wird, da dies zwei Teilprodukte erspart. Man stelle sich aber etwa diese Art Multiplikation von 932.581 und 764.822 vor, oder gar noch eine Verbindung mit Brüchen, die ja bloß in der Form gemeiner Brüche existierten. Es wird dadurch verständlich, daß später gesagt wurde, eine etwas größere Multiplikation (von der Divison ganz zu schweigen), die heute jeder Volksschüler bewältigt, sei damals eine Aufgabe für erstrangige Mathematiker und Rechenvirtuosen gewesen.

Die Inder dagegen erkannten bald nach der vollständigen Ausbildung des Stellenwertsystems die eben in diesem System liegenden algorithmischen Vorzüge und Möglichkeiten. Als Beispiel dafür, wie sie die Rechen-

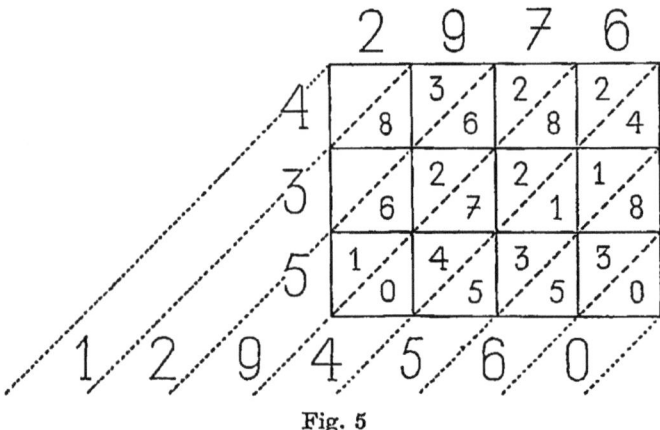

Fig. 5

operationen anfaßten, geben wir eine ihrer Multiplikationsmethoden, die den Namen „die Blitzartige" führte. Man schrieb die zu multiplizierenden Zahlen an den Rand eines Quadrates oder Rechtecks, je nachdem, ob die zu multiplizierenden Zahlen gleiche oder ungleiche Stellenanzahl hatten. Wir wählen das Rechteck als den allgemeineren Fall und zwar die Multiplikation von 2976 mit 435. Man bildet nun ohne Rücksicht auf Stellenwert die Teilprodukte 4 × 2, 4 × 9, 4 × 7 und 4 × 6 und schreibt sie in die erste Kolonne waagrecht an, allerdings stets so, daß die Einer jeweils in das durch die gestrichelten Diagonalen entstandene untere, die

Zehner in das jeweils obere Dreieck zu stehen kommen. Höhere Stellenwerte als Zehner können nicht entstehen, da das denkbar höchste derartige Teilprodukt 9 × 9, somit 81 wäre. Es handelt sich, wie man sieht, dabei um das „kleine Einmaleins". Nun wird die zweite waagrechte Kolonne mit den Produkten 3 × 2, 3 × 9, 3 × 7 und 3 × 6 gefüllt und so fort bis zur vollständigen Füllung des Rechtecks, die bei uns durch 5 × 2, 5 × 9, 5 × 7 und 5 × 6 entsteht. Damit ist alles geleistet. Denn es bleibt nur mehr die Addition sämtlicher, jeweils zwischen zwei durchlaufenden punktierten Linien stehenden Zahlen übrig, die von rechts nach links vorzunehmen ist. Also zuerst 0, dann 5 + 3 + 8, dann 5 + 3 + 1 + + 1 + 4, dann 0 + 4 + 7 + 2 + 8 + 2 und so fort bis 8 + 3 und 0, wobei natürlich überschießende Zehner vorzutragen sind, wie wir das ja auch beim Addieren machen. Das Ergebnis schreibt man an den unteren Rand des Rechtecks.

Uns erscheint diese „Blitzartige" lange nicht so zauberhaft wie den Alten, die bisher mit distributiven Teilprodukten rechnen mußten. Es sind hier allerdings auch distributive Teilprodukte vorhanden, aber sie verschwinden durch die Stellenwertschreibung vollständig aus dem Bewußtsein des Rechners. Er hat nichts anderes zu tun, als seine Aufmerksamkeit sklavisch auf die Quadrate und Diagonalen zu richten und dabei Operationen des „kleinen Einmaleins" auszuführen. Alles übrige besorgt selbständig und selbsttätig der „Algorithmus", die Denkmaschine, deren Zahnräderwerk sich unter dem Positionssystem verbirgt: auch gelegentlich der Schlußaddition, wo der Rechner nur sagt „5 + 3 + 8 = 16, bleibt 1" und die 6 hinschreibt. Ob diese Eins ein Zehner, Hunderter, Tausender usf. ist, wird nicht gefragt, nicht einmal gedacht. Sie wird der nächsthöheren Kolonne als Summand hinzugefügt und damit Schluß. Ständen dort bloß Nullen, dann wird das, was geblieben ist, einfach hingeschrieben. Aber noch mehr. Nicht einmal der Begriff der nächst „höheren" Kolonne wird mehr ausgesprochen oder gedacht. Diese Kolonne steht um eine Stelle weiter links und es ist von rechts nach links vorzurücken. Das ist die ganze Regel. Mit allem anderen mögen sich die Zahlentheoretiker beschäftigen, wenn es ihnen Spaß macht. So steht es auch heute noch mit den vier Spezies oder einfachen Grundrechnungsarten. Jeder fast hat sie als Kind erlernt und handhabt sie perfekt, manchmal sogar virtuos. Aber wohl kaum jeder Tausendste versteht wirklich, was er da macht. Die von Leibniz erfundenen Rechenmaschinen sind ja auch nichts anderes als die mechanische Ersetzung des schriftlichen Algorithmus. Und vorgreifend sei bemerkt, daß dieser spezielle Algorithmus der Stellenwertrechnung vier Stufen hat. Erstens die Rechnung nach der Methode im Kopfe, die allerdings nur auserwählten Menschen mit großer Vorstellungskraft gelingt. Zweitens die schriftliche Rechnung. Drittens die Rechenmaschine mit Handbetrieb, wobei gewisse Teiloperationen mit Kurbel oder Weiterrücken eines sogenannten Lineals ausgeführt werden. Und viertens endlich die automatische Rechenmaschine, wobei etwa bei der „Mercedes-Euklid"-Maschine bloß noch die Art der Operation und die Zahlen (Multiplikand und Multiplikator usw.) eingestellt werden und die Maschine dann, elektrisch angetrieben, den Algorithmus abschnurrt. Diese Automatik in irgendeiner Form ist der Sinn und letzte Zweck eines Algorithmus überhaupt. Und es ist die höhere oder geringere Tauglichkeit jedes Algorithmus danach zu beurteilen, wie weit er einer Automatik nahekommt. Dabei ist nicht bloß an die Denkökonomie gedacht. Sie spielt auch eine Rolle, jedoch nicht stets die erste. Wichtiger ist es noch, daß der Algorithmus bei zunehmender Komplizierung der Probleme als selbständiges Ordnungs- und Übersichtsprinzip auftritt und daß er, wie schon erwähnt, Abgründe überbrücken kann, in die das Denkvermögen des Menschen einfach nicht mehr hinunterreicht. Wir werden dies später beim Imaginären und bei der Infinitesimalrechnung in der Leibnizschen Schreibweise am Werke sehen.

132

Unser Zauberteppich beginnt aber alle Grenzen zu überfliegen, wahrscheinlich, weil er in seinem Heimatland sich seiner Zauberfunktion erst so recht bewußt geworden ist. Deshalb wollen wir ihn für einige Zeit verlassen, uns in die Werkstätte Alchwarizmis begeben und zusehen, ob er, jenseits des Rechenunterrichtes im Stellenwertsystem, auch noch andere Disziplinen der Mathematik gepflegt hat. Wir sprachen schon davon, daß sich die Araber mit Algebra befaßten und daß das Wort Algebra geradezu vom Titel eines Werkes des Alchwarizmi stammt. Daher wollen wir jetzt in diesem Werk blättern und zusehen, in welcher Art Alchwarizmi Gleichungen behandelte. Aus dem vorzüglichen Werk Tropfkes entnehmen wir eine dieser Aufgaben, und zwar die Lösung der gemischtquadratischen Gleichung $x^2 + 21 = 10 \times$. Alchwarizmi sagte (wobei er x^2 und x mit den später als „census" und „radix" übersetzten Worten bezeichnet): $x^2 + 21 = 10x$ bedeutet, daß, wenn du 21 zu dem Quadrat einer Zahl addierst, die Summe gleich dem Zehnfachen dieser Zahl ist. Die Regel hierfür verlangt, daß du die x halbierst, das ist 5. Diese multipliziere mit sich selbst, das ist 25. Hiervon subtrahiere jene 21, die du mit dem Quadrat zusammen nanntest; da bleibt 4. Hieraus ziehe die Wurzel, das ist 2 und subtrahiere diese 2 von der Hälfte der x, also von 5. Es wird nun 3 bleiben. Dies ist die Wurzel des Quadrates, die du haben wolltest; das Quadrat ist 9. Wenn du willst, addiere auch die 2 zur Hälfte der Wurzeln, das ist 7. Das ist x und das Quadrat x^2 ist 49. Wenn eine Aufgabe dich auf diese Normalform bringt, so prüfe die Richtigkeit der durch Addition erhaltenen Lösung. Stimmt sie nicht, so ist jeder Zweifel bei der Subtraktion ausgeschlossen. Und nur bei dieser einzigen der drei Normalformen, in denen es sich um Halbierung der x handelt, darf die Lösung mit Addieren und Subtrahieren vor sich gehen. Beachte ferner, daß, wenn du x bei diesem Fall halbierst und quadrierst, und es nun eintritt, daß dieses Resultat weniger als das konstante Glied, das mit x^2 zu vereinigen war, beträgt, dann eine Lösung unmöglich ist. Wenn es dem konstanten Glied gleich ist, dann ist x gleich der Hälfte der x ohne Vermehrung oder Verminderung."

Wir haben diese Textstelle wörtlich angeführt, nicht bloß, um eine Probe aus der „Aldschebr Walmukabala" zu geben, sondern um aus ihr die ganze Art und Haltung der arabischen Algebra abzuleiten. Zuerst sehen wir, daß, rein formal, die Tätigkeit der Araber gegen Diophantos ein ausgesprochener Rückschritt ist. Die Ansätze der Symbolschreibung in der synkopierten Algebra Diophants sind wieder einer reinen, ausschließlichen Wortalgebra gewichen. Allerdings ist inhaltlich trotzdem ein Fortschritt in der Richtung eines Algorithmus aufzuweisen. Denn die Lösungsmethode des Alchwarizmi, die unsrer Formel $\frac{a}{2} \pm \sqrt{\left(\frac{a}{2}\right)^2 - c}$ entspricht, ist Original und Eigentum des Arabers[1]. Er hat ihr auch, nach griechischem Vorbild, geometrische Beweise hinzugefügt. Doch das hat seine rein algebraischen Vorstöße nur wieder zurückgeschlagen. Denn dadurch war er nicht imstande, die zweite negative Lösung anzuerkennen, die in unserm Falle dann eintreten müßte, wenn $\sqrt{\left(\frac{a}{2}\right)^2 - c}$ größer wäre als $\frac{a}{2}$. Es gibt also auch bei Alchwarizmi zwei Lösungen der gemischtquadratischen Gleichung nur dann, wenn beide Lösungen positiv ausfallen, wie im obigen konkreten Beispiel. Dabei zieht er außerdem die Lösung $\frac{a}{2} - \sqrt{\left(\frac{a}{2}\right)^2 - c}$ der Lösung $\frac{a}{2} + \sqrt{\left(\frac{a}{2}\right)^2 - c}$ vor, da sie ihm irgendwie naturgemäßer erscheint. Er hat auf keinen Fall die bei den Indern entdeckten negativen Lösungen als Lösungen betrachtet. Für unmöglich erklärt er die imaginäre Lösung, falls c größer wäre als $\left(\frac{a}{2}\right)^2$. Dieses

----

[1] $\frac{a}{2}$ ist hier positiv, da $10\,x$ in der vorgelegten Gleichung rechts vom Gleichheitszeichen steht, im Gleichungspolynom also eigentlich negativ wäre.

134

Wort „impossibilis" (unmöglich) begleitet die imaginären Zahlen mehr als ein weiteres Jahrtausend bis zu Descartes, der es durch das weniger absprechende Wort „imaginär" ersetzt. Auf weitere Einzelheiten der arabischen Mathematik einzugehen, liegt für uns kein Anlaß vor, obgleich sie sicherlich sehr interessant sind. Worin also, so fragen wir uns, besteht die Epoche, die durch die Araber heraufgeführt wurde? Ist sie eine Epoche der Forschung, des Unterrichtes oder gar nur eine Übersetzer- und Sammlertätigkeit, die dadurch angeregt wurde, daß die Kalifen zufällig nestorianische Christen als Leibärzte verwendeten und diese Ärzte hellenische Bildung besaßen und mitbrachten? Oder ist durch all die Jahrhunderte bis zu den maurischen Hochschulen von Sevilla, Toledo und Granada durch Ost- und Westaraber doch etwas Bleibendes geschaffen worden, das über die Verwaltung des indischen und griechischen Erbes hinausreicht?

Diese Fragen sind nicht leicht zu beantworten. Um so schwerer, als in der Wissenschaftsgeschichte oft auch die Verwendung und Anpassung überkommenen Wissens in seiner späteren Auswirkung epochale Bedeutung gewinnen kann. Vielleicht ist mancher Ruhm unverdient und die bloße Verewigung von Namen und Ausdrücken ist irreführend. Aber die Tatsache allein, daß wir bis vor kurzem unser Ziffernsystem das „arabische" nannten, daß Algebra und Algorithmus, Alhidade, Zenit, Nadir, Almukantarat, Ziffer, Zero aus unserm Sprachschatz nicht wegzudenken sind, daß unser Himmel voll von arabisch benannten Sternen steht, wie Alkor, Mizar, Beteigeuze, Rigel, Algol, Aldebaran, Fomalhaut, Toliman, Kochab, Ras-Alhague, Zuben el schemali, um nur einige zu nennen, dürfte doch mehr bedeuten, als eine unrechtmäßig usurpierte Autorschaft oder eine bloße Vermittlertätigkeit.

Es ist nicht zu leugnen, daß die Araber gleichsam im Materialen, rein Inhaltlichen unsrer Wissenschaft vergleichsweise wenig Neues hinzugefügt haben. Sie bereicherten etwa die Geometrie gegenüber den Griechen wesentlicher nur in der Trigonometrie und Astronomie. Dagegen haben sie in formaler Beziehung die Denkmaschine, die in der Arithmetik und Algebra liegt, ziemlich klar erkannt und wenn auch nicht erfunden, so doch zum großen Teil aus den Schranken geometrischer Bevormundung und Übergewichtigkeit erlöst. Entsprechend ihrer kühleren, rationaleren Veranlagung, der gleichsam das Kristallinische näher lag als das Lebendig-Organische, haben sie der Verstandesseite des Erkenntnisapparates gegenüber der Anschauung zu ihrem Recht verholfen. Sie waren begabte, tüchtige und interessierte Mathematiker. Gemäß islamitischer Ausbreitungs- und Bekehrungstendenz entwickelten sie ein umfassendes Schulwesen, das durch ihre Handelstätigkeit noch an Bedeutung gewann. Sie brachen aber zudem noch ihrer Kultur überallhin durch Feuer und Schwert Bahn und versäumten es nicht, den blutigen Eroberungszügen die Mathematik nachfolgen zu lassen. Aber auch sie waren trotz aller praktischen und expansiven Veranlagung keine Ingenieure, das heißt, sie berannten nicht mit dem Werkzeug der Mathematik die Natur, um sie dann, nachdem sie ihr die Geheimnisse entrissen hatten, durch Maschinen in ihren Dienst zu zwingen. Ihrer magischen Veranlagung gemäß, mündete vielmehr ihre Mathematik in Rätsel, kabbalistischen Zauber und astrologisch orientierte Astronomie. Wieder einmal, wie bei den Pythagoreern, wurde die Zahl, ihre Beziehung zur Welt und die Beziehungen der Zahlen untereinander zum Geheimnis und zur Enthüllung. Die Kabbala gewann den magischen Klang, den wir ihr heute noch beilegen. Und in den erleuchtetsten Köpfen der Araber dürfte schon ziemlich klar aufgedämmert sein, daß noch magischer als die Zahl selbst die Denkmaschine des Algorithmus war. Um Mathematik zu lehren und Mathematik zu verbreiten, sind Regeln erforderlich. Regeln aber führen zur Verallgemeinerung. Und Verallgemeinerung setzt

136

eine genaue Kenntnis von Zusammenhängen voraus. Diese Stufenfolge aber führt zwangsläufig dazu, daß die Mathematik an irgendeiner Stelle zum Zauberlehrling wird. Das Werkzeug selbst beginnt plötzlich für uns zu denken und reißt uns in Gebiete vor, die wir bisher nicht einmal ahnten. Und Mathematik wird so recht ein „Sesam, öffne dich".

Wieder hat uns der Zauberteppich, diesmal bloß unsere Gedanken, in die Zeit vorangetragen. Denn es mußte sich noch viel Äußeres und Inneres, viel Zufälliges und Notwendiges, viel rein Persönliches und Strukturelles ereignen, bis mit der Geburt einer neuen Mathematik sich auch die äußere Umwelt veränderte. Denn gerade um die Zeit, als ein andrer heißer Glaube seine streitbaren Heere in die Welt hinaussandte, zur Zeit, als die Kreuzfahrer, im wilden Überschwang eines werdenden Kulturbewußtseins, siegend oder verschmachtend in arabischen Wüsten kämpften, begannen sich gotische Türme zum Himmel zu recken, verschwammen halbdunkle gotische Gewölbe in der sicheren Vorahnung und Vorschau eines Rinascimento, das, ungleich der eigentlichen Renaissance, die Wiedergeburt des Geistes als ganzen betraf. Wie alle großen Kulturen der kaukasischen Völker war diese Kulturwerdung eine peninsulare. Nach den Halbinseln Kleinasien, Griechenland und Rom trat die „Halbinsel Europa" ihre Sendung an.

Alles lag bereit, alle Keime waren noch voll Leben, wenn auch die Pflanzer dieser Keime gestorben und verdorben waren oder eben ihren letzten Kampf ausfochten. Alles lag bereit. Der gotisch-faustische Geist konnte sein Werk beginnen. Denn ein Völkermorgen dämmerte und die frische, unverbrauchte Kraft vieler Nationen dürstete spannkräftig nach einer Betätigung, deren ideelle Vorwegnahme die Kreuzzüge und gotischen Dome waren. Von der Hand des Magiers Klingsor hatte der Gralsritter die Wunde empfangen, die nie sich schließen wollte. Der magische Geist begann den faustischen mit der Wunde ewiger Aufwärtssehnsucht zu erfüllen.

Siebentes Kapitel

LEONARDO VON PISA

Mathematik als Anbruch

Zwischen weltbewegenden Plänen, zwischen Schlachten und Kreuzzügen, zwischen Bann und Ächtung, hält der tragischeste aller Staufenkaiser, Friedrich II., Hof zu Palermo. Es geht festlich zu, es wird getuschelt, geraunt, als ob ein großes Ereignis bevorstände. Ist es ein großes Ereignis? Man weiß es nicht. Weiß nur, daß der Kaiser es dafür hält. Denn der Wettkampf, der sich abspielen soll, ist nicht etwa ein Sängerkrieg, ist keine ritterliche Übung, kein Erzählen von Heldensagen oder Heldentaten, sondern der Kampf geht — bis zur Auflösung kubischer Gleichungen. Magister Johannes von Palermo wird einem vornehmen Fremden die Aufgaben stellen und der Fremde wird sie wahrscheinlich bis zum Grunde durchleuchten. Denn der Fremde heißt Leonardo von Pisa und ist der größte Algorithmiker der bekannten Welt. Obgleich sein Hauptwerk die Flagge des Feindes führt: denn es hat den Titel „Buch des Abacus" (liber abaci).

Kein Zweifel, wir leben auch auf sizilianischem Boden noch im Märchen. Diese Kaiserlaune führt zurück zu den Hofgesprächen der Tyrannen von Syrakus, zurück zu den Ptolemäern, erinnert an den indischen König, der dem Erfinder des Schachspieles die berühmte Aufgabe mit den Weizenkörnern stellte, gemahnt an die Sitten am Hof der großen Abassiden Almansur, Harun al Raschid und Almamum. Wir ahnen also, woher Friedrich II. die Anregung für seine etwas außergewöhnliche Handlungsweise empfing. Wer aber ist Leonardo von Pisa? Was ist inzwischen auf abendländischem Boden für die Mathematik geschehen? Denn, daß viele Jahrhunderte so ganz ohne Mathematik ausgekommen sein sollten, ist zumindest unwahrscheinlich.

Bevor wir uns also dem Inhalt des Wettkampfes von Palermo zuwenden, obliegt es uns, die äußerlichen Stationen des Weges zu verfolgen, der zum Wiedererwachen der eigentlichen Mathematik führte. Wir haben schon manches angedeutet. Wir wollen es jetzt näher ausführen, obgleich wir damit irgendwie unsere Aufgabe überschreiten. Denn es handelt sich dabei gleichsam um das Gegenteil einer Epoche, handelt sich um den tiefsten Niedergang, den die Mathematik seit Pythagoras erlebte.

Daß die alten Römer als Mathematiker selbständig so gut wie nichts leisteten, haben wir dadurch gekennzeichnet, daß wir sie mit vollständigem Stillschweigen übergingen. Es waren aber gerade die Römer, deren machtpolitisches Erbe die europäischen Völker antraten. Und sie hinterließen, wie Zeuthen bemerkt, ihren Erben weniger als die alten Ägypter den Hellenen. Eine Mathematik des Boëtius, eines christlichen vornehmen Römers, der 480—524 nach Christi Geburt lebte und aus politischen Gründen durch Kaiser Theodosius hingerichtet wurde, war das Um und Auf des frühen Mittelalters. Sie ist eine Bearbeitung des Nikomachos (zweites nachchristliches Jahrhundert) und konnte die Mathematik durchaus nicht fördern, insbesondere, da man sehr vieles überdies vollkommen mißverstand. So etwa hielt man die figurierten Zahlen (Dreiecks-, Pyramidenzahlen usw.), die im Grunde nichts als Folgen oder Reihen waren, für Flächen- und Rauminhalte der betreffenden Figuren und Körper. Was man über Boëtius hinaus empfangen hatte, waren praktische Rechenbehelfe römischer Agrimensoren (Feldmesser), die zudem noch zum Teil falsch abgeschrieben waren und eine Befruchtung der Wissenschaft durchaus nicht ermöglichten. Das große Erbe des alten Griechentums aber lag an zwei politisch und räumlich voneinander getrennten Stellen, die es in sehr verschiedener Weise verwalteten: in Byzanz und in Bagdad.

Während die Byzantiner fast alle mathematischen Bücher der alten Griechen besaßen und aufbewahrten, fiel es ihnen nur sehr bedingt ein, diese Werke wirklich zu studieren, geschweige denn, auf ihnen weiterzubauen. Sie ließen die Schätze liegen, das Verständnis für Mathematik nahm von Jahrhundert zu Jahrhundert mehr ab und ihre Mathematiker verloren sich in Spielereien, wenn sie nicht sogar unbegreiflichen Rückschritt predigten; wie etwa die Behauptung, daß die Kreiszahl π unterhalb von 3 liege.

Ganz anders die Araber. Wir wissen von ihnen bereits, daß sie mit dem Hunger eines jungen Volkes das griechische Wissen suchten, es in mancher Art erleichterten und mit indischer Weisheit verbanden. Epochale Fortschritte machten arabische Gelehrte späterer Zeit. So erweiterte im zehnten nachchristlichen Jahrhundert der Arithmetiker Alkarchi die diophantische Notation und wagte den umstürzlerischen Schritt, auch irrationale Größen als Zahlen aufzufassen. In derselben, wir möchten fast sagen, modernen Linie bewegt sich im zwölften Jahrhundert Alchaijami weiter. Ihm wird zum ersten Male die Trennung der arithmetischen und der geometrischen Auffassung von Gleichungen ganz klar bewußt. Er durchschaut es auch, daß aus Dimensionsgründen die direkte geometrische Darstellung des Irrationalen bis zur dritten Potenz möglich ist, während höhere Irrationalitäten nur durch zusammengesetzte Verhältnisse ausdrückbar sind. Im gleichen Jahrhundert aber wirkt in „Westarabien", d. h. auf spanischem Boden, in Sevilla der große Dschabir ibn Aflah, genannt Geber, der die sphärische Trigonometrie mächtig fördert und hierbei einen kongenialen Geist in Abul Wafa findet, der in seinen trigonometrischen Tafeln (Tangententafeln) weit über Ptolemäus hinausgeht, indem er wirkliche Winkelfunktionen von 10 zu 10 Minuten mit einem Fehler von weniger als $\frac{1}{60^5}$ schafft. Bei dieser Sachlage war es nur eine Frage des Interesses und nicht der Möglichkeit, die Mathematik auf abendländischem Boden wieder zum Leben zu erwecken. Denn ihre bisherigen Leistungen lagen, wie schon ausgeführt, in Byzanz gleichsam als

Mumien und bei den Arabern als fortgebildete Wissenschaft bereit. Wenn aber auch der große Scotus Erigena nach einer tieferen Beschäftigung mit Mathematik rief, so tönten solche Worte gleichsam noch an die Ohren von Kindern. Und insbesondere das zauberhaft Magische, das über der Mathematik der Araber lag, mag eine nähere Erforschung der mathematischen Geheimnisse ebensosehr gefördert als auch gehemmt haben.

Schließlich gab die äußere Berührung der Völker den Ausschlag. Die Araber, Mauren, oder wie man sie immer nennen will, waren in Spanien, Sizilien und an anderen Stellen in das Abendland rein physisch eingedrungen. Ihre hohen Schulen pflegten die Mathematik in Toledo, Sevilla, Cordoba. Und zwei Gegenbewegungen des Abendlandes brachten neuerliche Berührung und Durchdringung. Nämlich der Orienthandel der drei mächtigen italienischen Republiken Venedig, Genua und Pisa und die Kreuzzüge.

An diesem historischen Schnittpunkt ereignete es sich, daß der Pisaner Leonardo, genannt Sohn des Bonacci (des „Gutchens"), oder zusammengezogen Leonardo Fibonacci, durch den Beruf des Vaters, der eine Art Konsularbeamter war, viel in der Mittelmeerwelt herumkam und schon als Jüngling ein Schüler der Araber wurde. Als er zudem noch, gleich einem Pythagoras, durch Reisen, die ihn nach Ägypten, Sizilien, Syrien, Griechenland und in die Provence führten, seinen Gesichtskreis mächtig erweitert hatte, war er befähigt, gleichsam das Sinnbild des Wiedererwachens der Mathematik in der abendländischen Kultur zu werden. Dies ganz unabhängig davon, ob er selbst schon zu epochaler Weiterbildung der Mathematik vordrang.

Bevor wir jedoch diese Frage erörtern, obliegt es uns, den Kampf der Abazisten und Algorithmiker zu erwähnen, der die Beschäftigung mit Mathematik auf unserem Kulturboden einleitete. Es handelte sich bei diesem Kampf oder Meinungsstreit um zwei Systeme des Rechnens, um das Rechnen „auf den Linien" und

„auf der Feder", wie man später sagte. In den Extrem-fällen ist der Abakus, die „Linie" oder das Rechenbrett, das sich auch bei uns noch in der „Rechenmaschine" erhalten hat, mit der die Kinder ihren ersten Unterricht erhalten, indem sie Kügelchen auf Drähten verschieben — im Extremfall also ist der Abakus eine Tafel, auf der die Kolumnen für die Zehnerpotenzen durch Linien ab-geteilt sind. Eine Null wird hierbei nicht verwendet, sondern die Kolumne leer gelassen, wenn sie, wie etwa bei 750 und 3009 an einer oder mehreren Stellen nicht besetzt ist. Gerechnet aber wird mit Marken. Ursprüng-lich wurden so viele Marken in die betreffende Kolumne gelegt, als der Koeffizient der Zehnerpotenz ausmachte. Also in obigen Fällen 7 für die Hunderter, 5 für die Zehner und keine für die Einer, oder bei 3009 wieder 3 für die Tausender und 9 für die Einer bei Leerbleiben der Zehner- und der Hunderterkolumne. Da diese primi-tivste Art des Abakusrechnens, insbesondere bei der Addition vieler Zahlen, sehr unübersichtlich wurde, be-gann man als Vereinfachung wertverschiedene Marken einzuführen, die mit einer der Zahlen von 1 bis 9 be-schriftet waren. Dadurch näherte sich der Abakus schon ein wenig dem Algorithmus, was auf der dritten Stufe, in der man Ziffern in die Kolumnen schrieb, also die Marken ganz abschaffte, noch deutlicher wurde. Wir wollen uns aber auch hier nicht in Einzelheiten verlieren, sondern feststellen, daß beide Schulen, die Abazisten und die Algorithmiker, gute Köpfe zu ihren Vertretern zählten. Ein großer Abazist etwa war Gerbert, der spätere Papst Sylvester II.

Gesiegt haben die Algorithmiker. Der Widerstreit der beiden „Parteien" (wie man fast sagen könnte), die jede für sich neben der Hauptdoktrin noch ein weiteres „Parteiprogramm" hatten, das sich auf Wurzelziehen und anderes erstreckte, brachte sehr viel Rechnerisches zur Diskussion und bereitete eine formale Gelenkigkeit der abendländischen Mathematiker vor, die nicht mehr verschwand. Eine der Haltung des Griechentums ähn-

142

liche Verachtung des Arithmetischen gab es im Mittelalter von vornherein nicht, da gleich zu Anbeginn des Forschens nach spätarabischem Muster Arithmetik und Geometrie gleichberechtigt auftraten. Diese Behauptung wird dadurch nicht widerlegt, daß der Arithmetik sogar eine gewisse logische Priorität zuerkannt wurde.

Wir warfen nun oben die Frage auf, ob Leonardo von Pisa den großen bahnbrechenden Mathematikern zuzuzählen ist. Hat er neue Kategorien des mathematischen Denkens und Forschens entdeckt? Diese Frage müssen wir verneinen. Er war aber gleichwohl persönlich ein außerordentlich begabter, vielleicht sogar ein großer Mathematiker, in dessen Werk an einzelnen Stellen neue Erkenntnis aufblitzt, so etwa, wenn er die negative Lösung einer Gleichung als Lösung gelten läßt und dazu bemerkt, die Lösung wäre als „Vermögen" betrachtet sinnlos, als Ausdruck von „Schulden" hätte sie jedoch einen guten Sinn. Wir sind auch erstaunt, zu hören, daß bei jenem „Wettkampf" in Palermo der Magister Johannes ihm die kubische Gleichung $x^3 + 2x^2 + 10x = 20$ vorgelegt haben soll, deren Lösung Leonardo näherungsweise als $x = 1^0\ 22'\ 7''\ 42'''\ 33^{IV}\ 4^V\ 40^{VI}$ angibt, allerdings ohne zu verraten, wie er zu diesem Werte kam. Dabei bedeuten 1^0 die Eins als Ganze, $22'$ den Bruch $\frac{22}{60}$, $7''$ den Bruch $\frac{7}{3600}$ usf. in Sexagesimalbrüchen. Die neuesten und genauesten Nachprüfungen dieser Lösung haben ergeben, daß der Näherungswert des Leonardo nur um $\frac{1}{31.104,000.000}$ größer ist als der nach heutigen Methoden gewonnene. Daß Leonardo weiters gelegentlich der Behandlung seiner „Kaninchenaufgabe" die erste rekurrente Reihe in der Geschichte der Mathematik bildet, soll auch nur angedeutet werden. Es wird dabei nämlich gefragt, wieviel Paare von Kaninchen im Laufe eines Jahres unter der Voraussetzung entstehen, daß jedes Paar allmonatlich ein neues Paar zeugt, das selbst vom zweiten Monat an zeugungsfähig wird. Todesfälle sollen sich nicht ereignen. Es ist also am Schluß des ersten Monats das erste und das von ihm erzeugte Paar vorhanden, am Schluß des zweiten Monats ist ein drittes Paar hinzugekommen. Am Ende des dritten Monats aber sind außer den bereits erwähnten Kaninchen noch zwei weitere Paare vorhanden, da jetzt auch das zweite Paar bereits zeugungsfähig ist usf. Daraus ergibt sich für ein Jahr die Folge 1, 2, 3, 5, 8, 13, 21, 34, 55, 89, 144, 233, 377, bei der jede folgende Zahl nach dem Gesetz $a_{r+1} = a_r + a_{r-1}$ gebildet wird. Also wäre etwa das Glied 5 als a_{3+1} zu bilden aus der Summe von a_3 und a_2, also aus $3 + 2$. Oder 21 als siebentes Glied aus $13 + 8$ usw.

Wenn nun auch Leonardo von Pisa neben diesen angeführten Aufgaben noch weit verwickeltere löste, wenn er sich auch als Meister der bestimmten und unbestimmten Gleichungen, des einfachen und doppelten falschen Ansatzes, der Ausziehung von Wurzeln und zahlreicher anderer arithmetischer und geometrischer Kenntnisse bewies, so ist es doch in erster Linie seine historische Stellung, die uns bewegt, ihn als Epoche zu betrachten. Er ist gleichsam der erste vollwertige Mathematiker der neueren Zeit, ist das erste Beispiel einer Widerspiegelung des vor ihm Geleisteten in der anders strukturierten Seele des spätmittelalterlichen Abendlandes. Er ist repräsentativ für alle diese Völker, wenn er sich auch in seinem Werke an die „lateinischen Völker" wendet und ihnen die verschüttete Kunst der Mathematik wiederbringen will.

Achtes Kapitel

NICOLE VON ORESME

Mathematik und Natur

Bevor wir weiterschreiten, ist eine grundlegende Bemerkung notwendig, die für das ganze Mittelalter und für den Beginn der Neuzeit gilt. Der Niederschlag der

Tatsache, von der wir sprechen wollen, findet sich fast in allen Geschichtswerken der Mathematik, und auch eine Epochengeschichte kann nicht stillschweigend über das Neue hinweggehen, das konstellationsmäßig in die abendländische Welt gekommen ist.

Wir haben gesehen, daß die hellenische Mathematik, gleich ihrer Schutzgöttin Pallas Athene, voll gewappnet aus dem Haupte des Zeus sprang und sich weiterhin, als eine gehütete Kunst, fast vollständig rein hielt. Dadurch wurde sie stark und groß, dadurch aber verlor sie den Zusammenhang mit dem Leben, erstarrte und ging unter. Dadurch aber auch ward sie völlig individualistisch und ihr Wesen knüpfte sich eindeutig an die Namen der Bahnbrecher, die ihr priesterlich dienten.

Wir werden auch in der Neuzeit ähnliche Erscheinungen, gleichsam ein klassisches Zeitalter der Mathematik, beobachten können. Es bleiben aber doch wesentliche Unterschiede zwischen einer Entwicklung, die aus dem Nichts eine Wissenschaft aufbaut, und einer Weiterentwicklung, die auf einem schon einmal aufgetürmten Kosmos fußt und diesen nur einer vollständig andersgearteten Seele anpaßt.

Es ist natürlich zuzugeben, daß sich rein gestaltmäßig viel von dem wiederholte, was sich bereits auf dem Boden des klassischen Altertums abgespielt hatte. Es wiederholte sich aber zum Teil unter dem direkten Einfluß dieser vorhergegangenen Entwicklung. Und dann war es auch von vornherein anders bedingt. Vier große Kulturkreise, Italiener, Deutsche, Franzosen, Engländer, arbeiteten unter sehr verschiedenen inneren und äußeren Antrieben und Bedingungen an der Neugestaltung unserer Wissenschaft, und über allem stand verbindend zuerst der Einfluß der römischen Kirche, dann aber trennend die Antithese zwischen katholischem und protestantischem Denken, wenn man vorläufig vom Einfluß der Philosophie noch absieht, der sich später mächtig geltend machte. Dazu aber kam außerdem noch ein sehr intensives Schulwesen, das von der religiösen und sozialen Struktur beeinflußt war.

Wir wollen mit all dem andeuten, daß wir unsere weitere Darstellung zunehmend mehr auf die Epochen als auf deren Baumeister abstellen müssen. Denn es waren oft nicht die größten Mathematiker, die das Neue brachten. Insbesondere nicht in der „Vorbereitungszeit", die etwa bis zum Auftreten des Descartes währte. Diese Verwahrung muß eingelegt werden, damit im Leser kein schiefes Bild der Entwicklung entsteht. Und es muß verhütet werden, daß man sich wundert, Namen besten Klanges, wie etwa die eines Regiomontanus oder Peuerbach, nur nebenbei erwähnt zu finden, während weit weniger universelle Mathematiker zu Sinnbildern von Epochen gestempelt werden. Sie sind aber, bis auf Descartes, weniger als Repräsentanten, denn als Beispiele und Streiflichter aufzufassen. Denn von unserem momentanen Standort bis zu Cartesius arbeiteten gleichsam nicht Einzelne, sondern es schuf eine ganze Zeit. Und die Mathematik entwuchs einer Reihe von Triebkräften, die bei den wichtigsten Völkern mit verschiedenem Anteil mitwirkten.

Es ist also schon hier am Platze, die Kräfte zu untersuchen, die als Paten die neue Zeit begleiteten und antrieben. Auf italienischem Boden war es, wie wir schon bei Leonardo von Pisa sahen, das Handelswesen, das in doppelter Weise auf die Mathematik wirkte. Es war ja nicht nur durch seine rein äußerliche Beweglichkeit, durch den Reiseverkehr und durch die Völkerberührung ein Anlaß und eine Unterstützung für mathematische Bemühungen gewesen; sondern es stellte darüber hinaus in seiner eigensten Sphäre Problem über Problem. Buchführung, Münzumrechnung, Zinsenrechnung, Geographie und Astronomie waren ohne arithmetische Kenntnisse kaum zu bewältigen, insbesondere dann nicht, wenn man guten Rechnern, wie den Arabern, gegenüberstand und die Probleme an sich selbst stets verwickelter wurden. Der äußerlichsten Triebkraft des Handels aber stellte sich bald als zweite die innerlichste tiefster Philosophie an die Seite, die nicht zuletzt aus religiösen Gedankenkreisen gespeist wurde. Durch die Gründung der Universitäten von Oxford, Paris und Bologna, die zur Zeit Leonardos von Pisa schon in hohem Ansehen standen, war eine neue Geisteskultur erwacht, die später von den Humanisten, halb herabsetzend, die Scholastik genannt wurde. Wir werden aber gleich zeigen, daß eben aus diesen philosophischen Bereichen vielleicht die entscheidendsten Einflüsse für den Weiterbau der Mathematik entspringen. Und es wird sich herausstellen, daß die Naturwissenschaft, die sich über kurz oder lang geradezu als Antipodin der Scholastik fühlte, ihre mächtigste Waffe halb unbewußt durch die Scholastik empfing. Es handelt sich dabei um die ganze Problemgruppe, die wir schon bei Archimedes angetroffen haben. Um die Begriffe der Stetigkeit, der Unendlichkeit und um einen neuen Begriff, der erst auf „faustischem" Boden wuchs, um den Begriff der Funktion.

Wir kehren also in die Zeit des Leonardo von Pisa, in den Beginn des dreizehnten nachchristlichen Jahrhunderts zurück. Noch zu Lebzeiten erwuchs dem Pisaner in Jordanus Nemorarius, einem Deutschen, ein mächtiger Nebenbuhler. Jordanus war Dominikaner. Auf Einzelheiten seines umfassenden mathematischen Werkes, das nach allen Seiten großen Einfluß übte, wollen wir nicht eingehen. Wir wollen bloß einige Einleitungssätze seiner Schrift über die Dreiecke (de triangulis) unter die Lupe nehmen, die uns in verblüffender Art zeigen, wie weit sich schon der „faustische" Geist von seinen arabischen und griechischen Vorbildern entfernt und selbständig gemacht hatte. Wir lesen dort Definitionen, von denen wir glauben würden, sie stammten aus dem neunzehnten Jahrhundert und seien Untersuchungen von Dedekind oder Bolzano. So definiert Jordanus folgendermaßen: „Stetigkeit ist Nichtunterscheidbarkeit von Grenzstellen, verbunden mit der Möglichkeit, abzugrenzen." „Der Punkt ist die Festlegung der einfachen Stetigkeit." „Ein Winkel entsteht durch das Zusammentreffen zweier stetiger Gebilde an einem Endpunkt ihrer Stetigkeit."

Was man auch immer einwenden mag, sind derartige Definitionen zu Beginn des dreizehnten Jahrhunderts einigermaßen verblüffend, da sie zeigen, wie sehr sich schon der infinitesimale Gedanke mit all seinen Gegengesetzlichkeiten und Schwierigkeiten bei den Scholastikern vorbereitete. Und ein solcher war Jordanus. Er soll ja an der Pariser Universität gelehrt haben.

Unsere Verwunderung wird nicht geringer, wenn wir einem Franziskaner lauschen, der nur wenige Jahrzehnte später in England (in Oxford) wirkte. Wir meinen damit Thomas de Bradwardina (Bredwardin), dessen Name gewöhnlich Bradwardinus lautet und der in der Reihe der mächtigsten Doktoren als „Doctor profundus" erscheint. Wir erinnern uns bei diesen großen Doktoren fast an die sieben Weisen Griechenlands. Und wollen daher einige anführen, die mehr oder weniger zu unserer Erörterung in Beziehung stehen. So hieß Roger Baco „Doctor mirabilis", Thomas von Aquino „Doctor angelicus oder universalis", Duns Scotus „Doctor subtilis", Raimundus Lullus „Doctor illuminatus", Wilhelm von Occam „Doctor invincibilis oder singularis".

Unser „tiefgründiger" Doktor Bradwardinus also, der als Erzbischof von Canterbury im Jahre 1349 an der Pest starb, verfaßte unter anderem ein Werk über die Stetigkeit, einen „tractatus de continuo", in dem zahlreiche Sätze stehen, von denen man glauben könnte, sie seien der allermodernsten Mengenlehre entnommen. So scheidet er das Stetige in das beharrend Stetige (continuum permanens), das sich etwa in Linien, Flächen und Körpern manifestiert, während das fortschreitend Stetige (continuum successivum) durch Zeit oder Bewegung verwirklicht wird. Wir finden weiters Sätze wie: „Indivisibile est, quod nunquam dividi potest. Punctus est indivisibile situatum." Also etwa: „Das Unteilbare ist das, was niemals geteilt werden kann. Der Punkt ist das lagemäßig fixierte Unteilbare." Weiters: „Das Unteilbare der Zeit aber ist der Augenblick." „Die Bewegung ist das aufeinanderfolgende Stetige, das in der Zeit gemessen wird." Nun untersucht der „Doctor profundus" das Problem des Anfangs und des Aufhörens. Dadurch kommt er naturnotwendig zu Unendlichkeitsüberlegungen, die in einer unglaubwürdig scharfsinnigen Antithese ihre Krönung finden. Er unterscheidet nämlich zwischen kathetischer und synkathetischer Unendlichkeit. Kathetisch oder einfach unendlich ist eine Größe, die kein Ende hat. Synkathetisch dagegen ist das Unendliche dann, wenn es zu jedem Endlichen stets ein größeres Endliches gibt, ohne daß dieses Wachsen je aufhört. In der neuesten Zeit hat man für diesen Unterschied die Ausdrücke „transfinit" und „infinit" geprägt, insbesondere in der Mengenlehre, in der die Mächtigkeiten unendlicher Mengen kurz transfinite Kardinalzahlen heißen. Nun erklärt Bradwardinus weiter, daß das Stetige sich nicht aus einer endlichen Anzahl von unteilbaren Größen, ebensowenig aber aus einer unendlichen Anzahl von Unteilbarem zusammensetzen könne. Es enthalte bloß unendlich viele Unteilbare in sich. Jedes Stetige sei zusammengesetzt aus einer unendlichen Anzahl von stetigen Elementen derselben Art und habe unendlich viele arteigene Atome. Also bestehe etwa eine Strecke aus unendlich vielen Strecken, eine Fläche aus unendlich vielen Flächen, ein Körper aus unendlich vielen Körpern. In der gleichen unteilbaren Lage aber könnten nicht mehrere Unteilbare ihren Ort besitzen (Punkte in Punkten), was nichts anderes bedeutet als eine mathematisch-philosophische Formulierung des Gesetzes der Undurchdringlichkeit.

Jeder Mathematiker wird zugeben müssen, daß diese Erörterungen, die an Zeno und Aristoteles erinnern, vielleicht sogar an diese hellenischen Philosophen anknüpfen, durchaus nicht scholastischer Unfug sind, wie es denkfaule Empiristen stets gerne wahrhaben wollen. Denn selbst ein praktischer Ingenieur kommt manchmal über eine genaue Festlegung infinitesimaler Paradoxien und Gültigkeiten nicht hinweg, wenn er nicht Gefahr laufen will, daß ihm irgendwo einmal eine Hängebrücke aus Nichtbeachtung „scholastischer Tüfteleien" einstürzt.

149

Es ist überhaupt ein tragisches Gesetz der Wissenschaftsgeschichte, daß man „die Spione gern benutzt, sie jedoch verachtet". Wozu dieser ewige Rivalitätsstreit um den Vorrang des Deduktiven und des Induktiven? Gerade die folgende Zeit wird uns zeigen, daß beide Zonen erst zusammen die ungeheure Fortschrittskurve ermöglichten, auf der sich der „faustische" Geist der europäischen Völker in den nächsten Jahrhunderten aufwärtsbewegte, bis er der Welt tatsächlich in bisher noch nie geahntem Ausmaß auch rein äußerlich sein Antlitz aufprägen konnte.

Wir haben also zu zeigen versucht, daß Handel und Philosophie die neuabendländische Mathematik vorwärtstrieben. Aus der Seele der christlichen Völker aber stieg noch ein uraltes, vielleicht aus Indien überkommenes Erbe mächtig empor. Es war die tiefe Sehnsucht, die Natur zu erkennen, gepaart mit dem vielleicht erst jetzt entstandenen trotzigen Willen, diese Natur zu meistern und zu bezwingen.

Es ist allbekannt, daß Aristoteles, als „der Philosoph" schlechtweg, das Denken aller dieser Jahrhunderte, von denen wir sprechen, nicht bloß beeinflußte, sondern gleichsam überschattete. Dieser Einfluß des Stagiriten blieb jedoch nicht allein auf Logik und Philosophie beschränkt. Er griff auch auf viele andere Gebiete über, nicht zuletzt auf das Gebiet der Naturwissenschaften. Nun deuteten wir schon an, daß in der damaligen Welt leidenschaftliche Sehnsucht nach vertiefter Naturerkenntnis erwacht war, die auch durch die folgenden Jahrhunderte nicht mehr versiegen sollte. Es war also nur natürlich, daß man zur Befriedigung dieser Sehnsucht dort Aufklärung suchte, wo man größte und endgültigste Autorität vermutete. Und dies war eben bei Aristoteles der Fall. Wir können nur andeuten, daß hierbei der Formbegriff, die „forma", eine ungeheure Rolle spielte, daß eine lebhafte Diskussion über das Wesen dieses Begriffes zwischen Franziskanern und Dominikanern ausbrach, deren größte Exponenten wieder Duns Scotus

150

und Thomas von Aquino waren. Aus all diesen tiefgründigen Untersuchungen löste sich zum Schluß eine Bedeutung der „forma" für die Naturbetrachtung ab, die wir etwa als „meßbare Naturerscheinung" übersetzen könnten. Wie aber sollte man nun den Grad, die „intensio" dieser Formen darstellen? Darauf gab ein neuer Lehrgegenstand der Universitäten Antwort, der von den „Längen und Breiten der Formen" handelt und den wir zu Ende des vierzehnten nachchristlichen Jahrhunderts bereits in den Vorlesungsverzeichnissen der Universitäten von Köln und Wien als Pflichtgegenstand zur Erlangung des Baccalaureats finden.

Wieder würde es uns viel zu weit führen, zu prüfen, ob damit bloß das Anknüpfen an eine ältere Tradition oder schon eine Auswirkung der Lehren des Nicole von Oresme gegeben ist. Dessen Lebenszeit währte etwa von 1323 bis 1382 und er war zuerst Schüler, dann Lehrer, schließlich Vorsteher am Collège de Navarre in Paris. Gestorben ist er als Bischof von Lisieux. Sein Werk aber führte den Titel „Tractatus de latitudinibus formarum" (Traktat über die „Breite" der „Formen") und erregt unser Interesse im allerhöchsten Maß. Ganz abgesehen davon, daß dieses Interesse auch bei den Zeitgenossen bestand, unter denen das Werk zuerst handschriftlich und nach Erfindung der Buchdruckerkunst in vier rasch aufeinanderfolgenden Ausgaben verbreitet wurde. Es handelt sich bei diesen „Breiten" nämlich um nichts weniger als um die ersten allgemeinen Koordinaten.

Gehen wir wieder zu unseren „Formen" zurück. Eine solche Form wäre etwa die Wärme, und die Veränderung dieser Form erfolgt in der Zeit. Wie soll nun die Art dieser Veränderung, der „Grad der Breite", wie Oresme es nennt, dargestellt und näher untersucht werden? Was für ein allgemeines Bild liefert schließlich diese weiterschreitende Veränderung? Uns Heutigen erscheint die Beantwortung dieser Frage einfach und selbstverständlich, da wir, etwa wie bei einer Fieberkurve, die Zeiteinheiten auf eine horizontale Linie in gleichen Abständen auftragen würden, während wir die zur jeweiligen Zeiteinheit gehörigen Temperaturen als zu dieser horizontalen Linie senkrechte Größen darstellen müßten. Wir würden aber nun weiters annehmen, daß sich der Ablauf der ganzen Erscheinung womöglich „stetig" vollzieht und würden als Ausdruck dieser Fiktion die Endpunkte der „Ordinaten", also die Temperaturhöhen, miteinander durch eine Kurve verbinden.

In diesem Vorgehen liegt zweierlei. Vor allem eine graphische Darstellung des Verlaufes einer größenmäßig faßbaren Erscheinung. Weiters aber auch die Feststellung einer Abhängigkeit, eines Zusammenhanges zwischen Zeit und gemessener Größe. Wenn sich drittens noch etwa herausstellt, daß zwischen Messungszeit und Meßresultat nicht bloß der formale Zusammenhang besteht, daß eben diese und jene Temperatur zu dieser und jener Zeiteinheit gehört, sondern wenn erforscht werden kann, daß die Bewegung der Temperatur gesetzmäßig von der Messungszeit abhängt, indem etwa deutliche Tageskurven des Fiebers oder ein Verlauf über die ganze Krankheit hinweg zu konstatieren sind, dann liegt bereits das vor, was wir im eigentlichsten Sinne als Funktion bezeichnen. Eine unabhängig oder willkürlich gewählte Größe, wie etwa die Zeit, steht in einem Zusammenhang mit einer zweiten, von ihr durchaus und eindeutig abhängigen Größe, der Temperatur. Dadurch aber wird die „Kurve" weit mehr als eine graphische Verlaufsdarstellung, sie wird geradezu zum Ausdruck eines Gesetzes. Und es bleibt, mathematisch gesprochen, nur mehr ein Schritt, dieses Gesetz wirklich zu fassen. Indem man nämlich den Verlauf der Kurve durch einen rechnerischen Ausdruck fixiert und bannt.

Wir wollen nun untersuchen, wie weit Nicole von Oresme in diese Gedankengänge vordrang, da es ja eine auch heute noch verbreitete Mär ist, daß Descartes gleichsam aus dem Nichts den Koordinatenbegriff geschaffen hätte. Die historische Forschung des neunzehnten Jahrhunderts hat diese Mär widerlegt, ohne daß dadurch das Verdienst des Cartesius wesentlich geschmälert wurde.

Nicole von Oresme also hat in dem bereits erwähnten Traktat auseinandergesetzt, „daß das Ausmaß der Erscheinungen (latitudines formarum) vielfachem Wechsel unterworfen sei und daß solche Vielfältigkeit nur schwer unterschieden werden könne, wenn ihre Betrachtung nicht auf die Betrachtung von geometrischen Figuren zurückgeführt werde." Diese Ankündigung Oresmes ist im Zusammenhang mit unseren obigen Ausführungen geradezu verblüffend. Enthält sie doch nicht weniger als das Versprechen einer graphischen Darstellung der meßbaren Naturerscheinungen. Nun kann man die beiden Umstände, die unsere Erscheinung erzeugen, teils als „Länge" (longitudo), teils als „Breite" (latitudo) ansehen. Die Länge ist eine horizontale Linie, die unsrer Abszisse entspricht, während die Breite die jeweilige Ordinate ist. Der Unterschied aufeinanderfolgender Ordinaten heißt „Grad der Breite".

Daß Oresme sehr tief in seinen Gegenstand eingedrungen ist, ersieht man aus der weiteren Einteilung seiner Erkenntnisse. Es gibt bei ihm eine „Breitelosigkeit" und eine „bestimmte Breite", je nachdem an der betreffenden Stelle die Ordinate Null ist oder einen bestimmten Wert hat. Es gibt weiters eine ganze Terminologie für die Arten der Veränderung, für die Einförmigkeit der Erscheinung, für das Gleichbleiben oder die Veränderung der Veränderlichkeit. Sein „excessus graduum" ist bereits ein Veränderlichkeitsmaß. Ändert sich der „excessus", dann liegen die Ordinaten-Endpunkte nicht mehr auf einer Geraden, sondern auf einer Kurve. Für eine solche Veränderung der Veränderlichkeit gibt Oresme sogar ein Zahlenbeispiel, in dem sich die „Breiten" ändern, wie 0, 1, 2, 4, 7, 11, 16 usf. Dabei ist allerdings die Null nicht zutreffend.

Wenn wir noch beifügen, daß Oresme unter „Figura" das Resultat versteht, das sich ergibt, wenn man die Länge (den Abszissenabschnitt), die beiden Endordinaten des Bereiches und das zwischen ihnen liegende Stück der Kurve zu einem Gebilde vereinigt, haben wir einen guten Begriff von diesen Anfängen einer echten Koordinatengeometrie.

Oresme ist aber, wenigstens als Ahnender, noch tiefer in die Geheimnisse gedrungen, die sich durch die neue Methode plötzlich zu erschließen begannen. Wäre nämlich etwa die „Figur" ein über der „Länge" stehender Halbkreis, dann fällt es auf, daß die „Breiten" an den Punkten, wo der Halbkreis anzusteigen beginnt, bzw. zur „Länge" (Abszissenachse) zurückkehrt, sehr rasch wachsen bzw. absinken. Dieses Wachstum oder, wie man sagen könnte, der Rhythmus, das Tempo des Wachstums, verzögert sich stets mehr und mehr, bis es in der Nähe des Maximums der „Breite", also in der Umgebung des Kurvenscheitels, fast verschwindet.

In diesem ahnenden Erkennen Oresmes tauchten erstmalig das „Tangentenproblem" und der „Differentialquotient" auf. Das heißt, auf unsrer vorläufigen Stufe erläutert, eine Betrachtungsweise, die den Verlauf einer Erscheinung als Kurve darstellt und sich diese Kurve gleichsam als von verschieden geneigten Tangenten umhüllt vorstellt, so daß jeder Kurvenpunkt durch die Neigung der durch ihn laufenden Kurventangente charakterisiert ist.

Wie gesagt, blieb es noch durch Jahrhunderte bei dieser vorläufigen Ahnung. Und auch die vollendet vorliegende Koordinatengeometrie des Descartes mußte sich erst mit ganz anderen Elementen verbinden, um wirklich zur Infinitesimalgeometrie zu werden. Wir haben also bei Oresme eher die philosophische als die mathematische Seite des Problems zu prüfen. Zuvor aber noch eine kleine Einschaltung. Es fällt uns auf, daß die Fachausdrücke „Länge" und „Breite" genau so gebraucht werden wie in der Geographie oder Astronomie, in denen man den Ort eines Erdoberflächenpunktes (etwa einer Stadt) oder eines Sternes durch „Länge" und „Breite" festlegt. Oresme hat seine „longitudines" und „latitudines" sicherlich aus solchen Bereichen entlehnt, denn es sind bereits aus dem zehnten nachchristlichen Jahrhundert Darstellungen von Gestirnsbahnen nachweisbar, bei denen man die Hohlkugel des Himmels zuerst auf eine Ebene projizierte und in diese Ebene dann die (scheinbare) Sternbahn nach Länge und Breite eintrug. Diese Zwischenbemerkung aber führt uns sofort auf unsere Kernfrage zurück. Und erlaubt uns, das eigentliche Verdienst Oresmes zu würdigen. Denn es ist ein sehr großer Unterschied, ob man eine Bahn als Kurve darstellt oder den Verlauf von Intensitätsschwankungen innerhalb der Zeit. Wenn man nämlich die zweite, höchst abstrakte Überlegung noch verallgemeinert, dann gelangt man zwangsläufig zum Begriff der Funktion. Alles, was irgendwie eine Größe oder einen Grad hat, kann jetzt als zeitliche oder als räumliche Verteilung in der Form von „Breiten" aufgetragen werden. Jeder Veränderung entspricht plötzlich eine „Figura", eine von der Kurve und ihren Koordinaten begrenzte Fläche, und — eine weitere Verallgemeinerung — jeder solchen „Figura" entspricht umgekehrt wieder eine Veränderung.

Mit dieser „latitudo formarum" ist etwas umwälzend Neues in die abendländische Kultur eingedrungen, ein ganz neuer Zahlbegriff, wie Oswald Spengler sagt, der die Funktion als „faustische Zahl" bezeichnet. Wir können diese verblüffende Formulierung an dieser Stelle noch nicht überprüfen, werden jedoch bald sehen, daß eben die Funktion eine Überbrückung der eleatischen und der heraklitischen Weltansicht in sich schließt. Der Begriff der Funktion ist — man verzeihe den Ausdruck — ein Umschalter, der es an jeder Stelle gestattet, Sein in Werden und Werden in Sein zu verwandeln. Er ist eine ebensowohl statische als dynamische Erkenntnishilfe, die sich, wie nichts andres vorher, als Werkzeug zur Erforschung der Natur und ihrer Gesetzmäßigkeiten eignet. Aber zur vollen Durchdringung dieser Zusammenhänge sollte es noch Jahrhunderte währen, wenn sich auch das werdende Werkzeug in der Hand eines Mathematikers befunden hatte, der, gleich Oresme, bereits gebrochene Potenzexponenten gebrauchte und deren Bedeutung durchschaute. Nun kam dieses geistige Vordringen, zu dem die germanischen Völker die mystischen Schauer des Unendlichen und die romanischen die strenge Formphantasie der analytischen Darstellung beitrugen, auch im nächsten, dem fünfzehnten Jahrhundert noch nicht zum Stillstand. Würdig schließt sich den großen Ordensmännern der Kardinal Nicolaus von Cusa an, der, zu Cues am Ufer der Mosel als Sohn eines armen Fischers geboren, den Namen Crypffs oder Krebs führte und eine der bedeutendsten geistigen Erscheinungen seiner Zeit wurde. Der Tatmensch Cusanus, der Jurist, Theologe, Gesandter in Byzanz, Staatsmann, Feldherr, Delegierter auf dem Konzil von Basel und noch manches andre war, beschäftigte sich mit Mathematik wohl nur nebenbei, obgleich er dort, wo er hingriff, sofort Großes leistete. Uns erscheinen jedoch seine streng mathematischen Schriften weniger epochal als seine Einblicke in die Schwierigkeiten und Offenbarungen des Unendlichkeitsbegriffes. In zwei sehr merkwürdigen und undurchsichtigen, sicherlich jedoch tiefenschwangeren Schriften, der „Docta ignorantia" und dem „De Beryllo", setzt er seine mathematisch-philosophischen Gedanken auseinander. „Docta ignorantia", die „gelehrte Unwissenheit", ist ein Symboltitel, der des Cusaners Grundansicht spiegelt, daß die Vereinigung der Gegensätze Grundlage der Erkenntnis sei. Später nennt er diese Erkenntnismethode auch die „Kunst der Coincidenzen", die darin besteht, in scheinbar Gegensätzlichem einen gemeinsamen Oberbegriff zu finden. So koinzidieren etwa das Kleinste mit dem Größten, weil bei beiden eine weitere Fortsetzung in der von jedem eingeschlagenen Richtung unmöglich sei. So koinzidiere auch eine unendliche Gerade mit dem Dreieck und dem Kreis. Denn ein Dreieck, das eine unendliche Seite besitze, müsse auch zwei andere unendliche Seiten haben, da diese zusammen ja größer sein müßten als

156

die erste Seite. Nun sei das Unendliche schon ein Grenze und Größeres gebe es nicht. Folglich müßten in einem Dreieck mit einer unendlichen Seite alle drei Seiten in eine einzige unendliche Gerade fallen oder mit ihr koinzidieren. Dasselbe gelte für einen Kreis, der größer und größer werde, um schließlich als unendlicher Kreis keine Krümmung mehr zu besitzen. Auch er müsse mit der Geraden koinzidieren.

Der „Beryll" als Titel der zweiten Schrift ist ebenfalls sinnbildhaft gemeint. Von „Beryll" in diesem Sinne stammt unser Wort Brille, da es sich dabei um einen konkav oder konvex geschliffenen Stein handelt, der das bessere Sehen ermöglichen soll. Wenn wir nun, meint Cusanus, einen geistigen Beryll hätten, der zugleich Größtes und Kleinstes offenbaren könnte, so würde man den geheimnisvollen Ursprung aller Dinge erkennen. In diesem Werke befaßt sich Cusanus vorwiegend mit dem Stetigen und dem Kleinsten, und zwar in einer Art, die uns im Wesen schon von Bradwardinus her geläufig ist.

So interessant es nun auch wäre, näher in all diese ungeheuer wichtigen und ebenso subtilen Fragen einzugehen, wollen wir nur noch kurz bemerken, daß Cusanus, wahrscheinlich als erster in der Geschichte der Mathematik, den Kreis deutlich und ungeschminkt als „Unendlichvieleck"[1] bezeichnet.

Gewiß sind mit solchen Feststellungen sofort wieder alle Schwierigkeiten in die Welt gesetzt, die schon die alten Griechen seit Eudoxos zum „beliebig" Großen oder Kleinen und zum Exhaustionsbeweis drängten. Gleichwohl ergibt jedoch auch der polare Gegensatz und seine Überbrückung durch die Koinzidenz wieder ganz neue Gesichtspunkte. Und wir können uns nicht enthalten, beizufügen, daß gerade die neueste Geometrie mit ihren unendlich fernen Punkten, Geraden u. dgl. sich kaum wesentlich von der Auffassung des Cusaners

---

[1] „Quanto autem polygonia aequalium laterum plurium fuerit angulorum, tanto similior circulo; circulus enim si ad polygonias attendas est infinitorum angulorum."

unterscheidet, geschweige denn ihr widerspricht. Und wir arbeiten auch heute seelenruhig mit unendlich großen Kreisen, deren Krümmung Null ist, und mit Unendlich-vielecken, die Kreise sind. Ob wir diesen Vorgang mit Vaihinger eine Fiktion oder mit Cusanus eine Koinzidenz nennen, ist dabei ziemlich gleichgültig. Und es ist auch gleichgültig, daß man bei jeder solchen Gelegenheit sofort von der Unklarheit und Verschwommenheit des „Grenzüberganges" spricht. Gleichgültig nämlich in einem höheren Sinne. Denn wenn die einen behaupten, daß sich das Vieleck höchster Seitenanzahl noch stets als gebrochene Linie darstellen, also sich im eigensten Wesen von der ungebrochenen, an jeder Stelle krummen Linie des Kreises unterscheiden muß, dann können die andern wieder antworten, daß im Unendlichen vielleicht andre Gesetze gelten als im Endlichen. Und daß irgend-einmal die Polygonseite ausdehnungsmäßig mit einem Kreisumfangspunkt zusammenfallen muß.

Bei all diesen Betrachtungen wird man den Unter-schied des aktual und des potentiell Unendlichen nicht umgehen können. Und wird auf die Begriffe des Stetigen, des Diskreten und an die Antinomie zwischen Teilbarkeit und Atom stoßen. Schließlich wird man wohl mit Kant zugeben, daß unser Verstand gleichsam für die eine An-sicht zu lang, für die andre zu kurz sei. Das ist aber, so wichtig es sein mag, nicht das Wichtigste. Wichtiger ist anscheinend, soweit es die Geschichte unsrer Wissenschaft beweist, daß das Heraklit-Wort vom Widerstreit als Vater des Allgeschehens und das Cusanus-Wort von der Frucht-barkeit der Überbrückung der Gegensätze sehr viel für sich hat.

Und wir können abschließend behaupten, daß die Ver-bindung dieser beiden in sich gegengesetzlichen Begriffe der Funktion, die Sein und Werden vereint, und der Koinzidenz, die wieder imstande ist, das Endliche zum Unendlichen und das Unendliche zum Endlichen zu machen, der Sprengstoff war, der eruptiv unser ganzes äußeres und inneres Weltbild umgestaltete. Diese beiden rein abendländisch-faustischen, und zwar speziell germanischen und französischen Errungenschaften verschwisterten sich aber noch einmal, um voll zur Entfaltung gelangen zu können, mit der magischen und kabbalistischen Kategorie des Algorithmischen, die allerdings in letzter Linie ein indisches Denkergebnis war. Das nächste Kapitel wird uns zeigen, wie sich dieser letzte Ansturm vollzog, um plötzlich den Weg zum vorläufigen Gipfel des Erreichbaren freizumachen.

Neuntes Kapitel
VIETA
Mathematik als Symbolik

Wenn die Mathematik des Hellenentums gleichsam aus innerer Problematik bis dahin vordrang, wo es für sie keine Möglichkeit weiteren Aufstiegs mehr gab, so wurde die neuzeitliche Mathematik bei ihrer Entfaltung sehr wesentlich von außen her angeregt. Es soll damit nicht gesagt sein, daß es unter den neuabendländischen Mathematikern keine Grübler und Problematiker gab. Die ganze neue Welt hatte vielmehr eine andere Zielsetzung als die bloße Vollendung einer Wissenschaft in sich selbst. Deshalb wurde die Mathematik ununterbrochen zu „Taten" aufgerufen und die größten Entdeckungen erfolgten unter dem Antrieb von außen hereingetragener Aufgaben, die weitaus „wirklicher" waren als etwa die drei klassischen Probleme der Würfelverdoppelung, Winkeldreiteilung und Kreisquadratur.
Es ereignete sich aber auch in diesen Jahrhunderten, die zwischen Cusanus und Descartes lagen, also vom fünfzehnten bis zum Beginn des siebzehnten Jahrhunderts, mehr als genug an umwälzender Wirklichkeit.
Wir wollen aus der Fülle dieser Ereignisse zuerst das für uns allerwichtigste herausgreifen. Im Jahre 1453 war durch die Eroberung Konstantinopels der letzte Sitz

der antiken Tradition fortgefallen und die byzantinischen Gelehrten waren nach Westen gezogen, nicht ohne eine Unmenge verstandenen und unverstandenen klassischen Wissens mit sich zu nehmen und ins Abendland zu importieren. Die großen Bewegungen des Humanismus und der Renaissance erhielten dadurch ein ungeheures neues Arbeitsmaterial, und speziell auf mathematischem Gebiet gelangte man in den Besitz vieler mathematischer Werke des Altertums, die man bisher nur aus arabischen Übersetzungen oder überhaupt noch nicht kennengelernt hatte. Es war aber auch wieder nicht allein dieser äußere Umstand, sondern die ganze Geisteshaltung der Renaissance und der ihr folgenden Zeit, was sich gleichsam als „Rezeption", als Übernahme und Einschmelzung der antiken Mathematik, auswirkte. Wie diese Rezeption, die bis heute andauert, vor sich gegangen ist, wollen wir an späterer Stelle untersuchen.

Nun kommen rein äußerlich für einen Aufstieg und eine Ausbreitung der Mathematik noch zwei andere Ereignisse in Betracht, die alle schon vorhandenen Bewegungen mächtig beschleunigten: die Erfindung der Buchdruckerkunst und die Aufschließung der Erde durch die Entdeckungsfahrten des Kolumbus und seiner Nachfolger. Während der Buchdruck durch die im Jahre 1494 erfolgte Veröffentlichung des Werkes von Luca Pacioulo die Mathematik, insbesondere die Arithmetik der folgenden Zeit, tiefgehend anregte, stellten die neue Gestalt der Erde, die werdende Geographie eines viel größeren Bereiches, die Schiffahrtskunde und die damit verbundene Astronomie zunehmend neue Aufgaben, von denen viele durchaus mathematischer Natur waren. Dies verstärkte sich natürlich noch bedeutend, als dem Entdeckertum auf der Erde das Konquistadorentum des Himmelsraumes folgte und Kopernikus und Galilei das neue heliozentrische Weltbild schufen, das nunmehr an Stelle des bisher geltenden ptolemäischen Weltbildes trat. Wir bemerken dazu, daß diese Neuerung sich nicht auf ein Umdenken astronomischer Kategorien beschränkte, sondern darüber hinaus die Physik und Mathematik in neue dynamische Bahnen lenkte, die rein mathematische Behandlung nicht bloß zuließen, sondern geradezu forderten. Wir müssen hier neuerlich feststellen, daß wir all das Wertvolle und Große, das in dieser Zeit auf unserem Gebiete geleistet wurde, nicht untersuchen können und auch nicht untersuchen wollen, da es sich dabei nur sehr bedingt um epochale Fortschritte handelte. Wenn solche vorhanden waren, dann waren sie wieder nicht an einzelne Männer geknüpft, sondern vollzogen sich zwangsläufig als allgemeine Entwicklung der Wissenschaft.

Es war vor allem eine ausgebreitete Beschäftigung mit Arithmetik und Algebra, die diesen Zeitabschnitt charakterisiert. Das zu praktischen und theoretischen Zwecken verwendete Rechnen zwang zu stets ausgeprägterer Beschäftigung mit dem Algorithmischen, also Denkmaschinellen, und es ist nicht übertrieben, wenn wir erklären, daß in diesen Jahrhunderten fast alle Symbole und Befehlszeichen entstanden, mit denen wir heute rechnen. Wenigstens alle primitiveren.

Bevor wir uns aber dieser Ausbildung der Arithmetik zuwenden, merken wir noch kurz an, daß zwei größte Künstler der Renaissance die ersten vorahnenden Grundlagen eines Zweiges der Geometrie schufen, der erst am Ende des achtzehnten Jahrhunderts wieder aufgegriffen und zur Vollendung gebracht wurde. Es waren dies Leonardo da Vinci und Albrecht Dürer, die als Augenmenschen, Ingenieure und Architekten die ersten umfassenden Untersuchungen über geometrische Perspektive und darstellende Geometrie durchführten. Dies aber nur nebenbei.

Die Arithmetiker, die wir ankündigten, waren der Deutsche Michael Stifel, der Franzose Chuquet und das merkwürdige italienische Quadrifolium Ferro, Cardano, Tartaglia und Ferrari. Eigentliche Rechenkünstler und Pädagogen dagegen waren der sprichwörtlich gewordene Adam Riese und Rudolff.

Wenn auch Stifel und Chuquet auf große selbständige Leistungen blicken konnten, wenn auch beide in der Gegenüberstellung einer arithmetischen und geometrischen Reihe gleichsam den ersten Ton in der Tonleiter der Logarithmenforschung anschlugen, so gelang den Italienern ungleich Bedeutsameres. Sie waren es nämlich, die den ersten entscheidenden Schritt über die antike Mathematik hinaus tun konnten, indem ihnen die Lösung der Gleichung dritten Grades durch Wurzelausdrücke gelang.

Wenn wir „ihnen" sagen, so hat diese Ausdrucksweise sehr tiefliegende Gründe. Die eigentliche Entdeckung soll nämlich der uns ansonst unbekannte Ferro gemacht haben. Alles weitere ist von einem Prioritätsstreit umnebelt, wie er in der Geschichte der Wissenschaft kaum je wieder vorgekommen ist. Die Einzelphasen gleichen Novellen von Boccaccio oder den Memoiren irgendeines Rokoko-Abenteurers. Es wimmelt dabei nur so von Schmähschriften, Flugblättern, Beschimpfungen, Amtsverlusten, Verträgen, Stichproben, Herausforderungen. Die Wahrheit darüber war niemals ganz genau zu ermitteln, doch ist die neueste Forschung geneigt, trotz all seiner Eidbrüche, dem Cardano ein großes, dem immerhin genialen Tartaglia das kleinere Verdienst zuzubilligen. Und so wird auch die Schlußformel der Auflösung kubischer Gleichungen heute allgemein als Cardanosche oder Cardanische Formel bezeichnet, was allerdings historisch wieder nicht genau stimmt, auch wenn man vom Prioritätsstreit und der aus ihm sich ergebenden schwankenden Tatsachenlage ganz absieht. Denn diese Schlußformel, so zwangsläufig sie sich aus den Cardanoschen Lösungen ergibt, stammt von einem späteren ausgezeichneten Arithmetiker, von Bombelli. Nun war die Auflösung der kubischen und die kurz darauf erfolgte Auflösung der biquadratischen Gleichung, also der Gleichung, in der die Unbekannte in vierter Potenz als höchste Potenz auftritt, nicht nur an und für sich eine Entdeckung, sondern es wurden gelegentlich dieser Lösungen

162

Wege beschritten, deren spätere Verallgemeinerung und Durchdringung all das ermöglichen, was die moderne Algebra und dazu noch die moderne Theorie der Integrale leistet. Es handelt sich dabei um die sogenannte Substitution, um die Ersetzung algebraischer Ausdrücke durch andere einfachere oder kompliziertere. Jeder, der nur ein wenig in der Algebra bewandert ist, weiß, daß man etwa die ansonst unzugängliche Gleichung sechsten Grades $x^6 + 5x^3 - 14 = 0$ dadurch lösen kann, daß man x^3 durch die neue Unbekannte u ersetzt, das u für x^3 „substituiert" und nun die Gleichung $u^2 + 5u - 14 = 0$ behandelt, deren Lösung bekanntlich gleich ist $-\dfrac{5}{2} \pm$

$\pm \sqrt{\dfrac{25}{4} + 14}$, die somit die Lösungen $u_1 = 2$ und $u_2 = -7$ liefert. Man hat also die sechstgradige auf eine gemischtquadratische Gleichung zurückgeführt, zurückgeschraubt, man hat sie „reduziert". Nun kehrt man zu den rein kubischen Gleichungen $u_1 = x_1^3$ und $u_2 = x_2^3$ zurück und findet die x-Werte als $\sqrt[3]{u_1}$ bzw. $\sqrt[3]{u_2}$, also $\sqrt[3]{2}$ und $\sqrt[3]{-7}$, was allerdings noch weitere Überlegungen erfordert.

Solche Kunstgriffe waren schon im Altertum, etwa dem Diophantos, wohlbekannt. Die Zeit Cardanos hat also die Substitutionen durchaus nicht erfunden. Wir wollen aber die Gelegenheit gleichwohl nicht versäumen, an der sogenannten Cardanischen Lösung ein ganzes Netz von Substitutionen aufzuzeigen, weil wir an diese Rechnungshilfe einige allgemeine Bemerkungen anschließen werden. Wir beschränken uns dabei auf gemischt-kubische Gleichungen und bringen alle Überlegungen in moderner Schreibweise, die zur Zeit Cardanos noch durchaus nicht bestand. Es wurde damals noch vorwiegend „Wortalgebra" mit schwachen synkopierten Einschlägen getrieben. Wir stellen also in unsrer gegenwärtigen Sprache fest, daß sich jede gemischt-kubische Gleichung auf die Form $x^3 + ax^2 + bx + c = 0$ muß bringen lassen können, wobei a, b, c irgendwelche konkrete oder allgemeine Zahlen, also Konstanten bzw. Koeffizienten sind. Diese Form hatte, wie erwähnt, bisher allen Lösungsversuchen getrotzt, was hauptsächlich durch das quadratische Glied der Unbekannten, also durch $a x^2$ verschuldet war, wie sich bald herausstellte. Um dieses nun zu beseitigen, substituierte Cardano (wie wir ohne Rücksicht auf die Prioritätslage weiterhin sagen werden) für x den Wert $y - \frac{a}{3}$. Dadurch ergibt sich $y^3 - 3y^2\frac{a}{3} + 3y\frac{a^2}{9} - \frac{a^3}{27} + a y^2 - \frac{2a^2 y}{3} + \frac{a^3}{9} + yb - \frac{ab}{3} + c = 0$ und nach Ausrechnung $y^3 + \left(b - \frac{a^2}{3}\right)y + \left(\frac{2a^3}{27} - \frac{ab}{3} + c\right) = 0$, also eine Gleichung, die nur mehr die dritte und die erste Potenz der Unbekannten enthält. Sie hat somit, allgemein gesprochen, die Form $x_1^3 + px_1 + q = 0$, wobei sich p und q lediglich aus den Konstanten a, b und c zusammensetzen. Es wird gleichsam p für $\left(b - \frac{a^3}{3}\right)$ und q für $\left(\frac{2a^3}{27} - \frac{ab}{3} + c\right)$ substituiert. Nun vollzieht Cardano zur Behandlung dieser vom quadratischen Gliede befreiten Gleichung eine neuerliche, anscheinend sinnlose und komplizierende Substitution, indem er für die Unbekannte x_1 zwei Hilfsunbekannte u und v einführt. Es wird also, wegen $u + v = x_1$, aus der Gleichung $x_1^3 + px_1 + q = 0$ die neue Gleichung $u^3 + 3u^2v + 3uv^2 + v^3 + pu + pv + q = 0$ oder geordnet $u^3 + v^3 + q + (u + v) \cdot (3uv + p) = 0$. Da man ohne weiteres annehmen darf, daß $(3uv + p)$ den Wert Null ergibt, wird dann sofort $u^3 + v^3 + q$ auch Null. Wir besitzen also jetzt zwei Gleichungen mit zwei Unbekannten. Wenn nun, wie erwähnt, $(3uv + p) = 0$ sein soll, dann ist $3uv = -p$ oder $v = -\frac{p}{3u}$. In die zweite Gleichung $u^3 + v^3 + q = 0$ eingesetzt, ergibt sich aber $u^3 - \frac{p^3}{27u^3} + q = 0$ oder mit $27u^3$ multipliziert und durch 27 dividiert die Form $u^6 + u^3q - \frac{p^3}{27} = 0$. Wir stehen also

164

jetzt vor einer Gleichung 6. Grades, die sich auf eine
gemischtquadratische Gleichung zurückführen läßt, da
sie die Unbekannte bloß in der $2n$-ten und n-ten Potenz
enthält. Wir müßten jetzt eigentlich neuerlich substituieren und für u^3 etwa r setzen. Wir machen dies
jedoch diesmal nur in Gedanken und berechnen direkt

u^3 als $-\dfrac{q}{2} \pm \sqrt{\left(\dfrac{a}{2}\right)^2 + \left(\dfrac{p}{3}\right)^3}$, worauf sich wieder v^3 als

$v^3 = -q - u^3$, also als $v^3 = -q + \dfrac{q}{2} \mp \sqrt{\left(\dfrac{q}{2}\right)^2 + \left(\dfrac{p}{3}\right)^3}$,

schließlich als $-\dfrac{q}{2} \mp \sqrt{\left(\dfrac{q}{2}\right)^2 + \left(\dfrac{p}{3}\right)^3}$ ergibt. Nun haben
wir nichts weiter zu tun, als den Weg zurückzuschreiten, den
wir bisher gegangen sind. Wir hatten ja postuliert, daß $x_1 =$

$= u + v$ sei, folglich ist $x_1 = \sqrt[3]{-\dfrac{q}{2} \pm \sqrt{\left(\dfrac{a}{2}\right)^2 + \left(\dfrac{p}{3}\right)^3}} +$

$+ \sqrt[3]{-\dfrac{q}{2} \mp \sqrt{\left(\dfrac{q}{2}\right)^2 + \left(\dfrac{p}{3}\right)^3}}$. Wir müssen allerdings hinzufügen, daß weder bei Cardano noch bei Bombelli die
Vorzeichen in unserer Art auftreten, was insbesondere
für die Vorzeichen vor den Quadratwurzeln gilt, die
selbst Bombelli noch im ersten Ausdruck nur als $+$ und
im zweiten Kubikwurzelausdruck nur als $-$ ansetzte.
Dieses sogenannte „Wurzelpolynom" für x_1 muß nun
noch weiter rückübertragen werden, da ja noch die
Substitutionen für p und q und endlich die Beziehung

$x = x_1 - \dfrac{a}{3}$ berücksichtigt werden müssen. Wir bemerken weiters, daß schon Cardano und seine unmittelbaren Nachfolger sich mit dem Imaginärwerden des
Wurzelpolynoms befaßten und zur Vermeidung dieser
„Unmöglichkeit" allerlei neue Substitutionen ersannen.
Außerdem stieß ebenfalls schon Cardano auf die bisher
gar nicht in Betracht gezogene Tatsache, daß eine und
dieselbe Gleichung drei Lösungen ergeben konnte. Er
wußte auch, daß seine Substitutionen nicht stets zum Ziele
führten und daß es auch „irreduzible" Fälle geben konnte.

Prinzipiell aber war nunmehr die Gleichung kubischen Grades erstmalig durch rein algebraische Umformungen als durch Wurzelziehen lösbar erkannt, und es änderte daran nichts, daß man, insbesondere seit Girard und der Einbürgerung der Logarithmen, die trigonometrischen Lösungen dieses Gleichungstyps, die irgendwie auf die Winkeldreiteilung zurückgingen, aus Berechnungsgründen bevorzugte.

Was aber über diese Sonderfragen hinaus alle tiefer denkenden Mathematiker seit dieser Zeit zunehmend bewegte, war das Problem der Substitution an und für sich. Wie, wann und warum kann man algebraische Ausdrücke kurzweg durch einfachere oder kompliziertere andre algebraische Ausdrücke ersetzen? Was bleibt hierbei gleich, was ändert sich durch dieses Vorgehen? Daß dabei eine Gestaltfrage und eine Ähnlichkeitsfrage vorlag, wurde bald klar. Den vollen Begriff der Formbeharrung, der Invarianz, zu fassen, war auf jener Stufe noch nicht möglich, da sich der Begriff der Transformation, der Umformung erst aus der Koordinatengeometrie und der Unendlichkeitsanalysis in leuchtender Klarheit heraushob. Doch davon werden wir erst bei der Besprechung der Algebra im neunzehnten Jahrhundert zu handeln haben. Vorläufig muß es uns genügen, daß wir am Beispiel der kubischen Gleichung das Problem in seiner vollen Schwere und Bedeutung kennengelernt haben. Wieder hatte der Menschengeist ein neues Zaubermittel in die Hand bekommen und ruhte nicht eher, bis er es zu weit höherer Wirkung entfaltete.

Diesen großen Schritt vorwärts aber machte der geniale Arithmetiker und Algebraiker Vieta, den wir nur deshalb bloß als Algebraiker bezeichnen, weil das Schwergewicht seiner epochalen Leistung auf diesem Gebiete lag. Er war nämlich überhaupt ein großer Mathematiker, auch Geometriker. Merkwürdigerweise war er kein Fachmathematiker im eigentlichen Sinn, sondern Jurist und Advokat, betätigte sich in allerlei Staatsanstellungen und entzifferte unter anderem einen

Geheimcode der Spanier, der 500 Zeichen enthielt. Dadurch wurde es den Franzosen möglich, sämtliche Chiffredepeschen der mit ihnen im Krieg befindlichen Spanier mühelos zu lesen. Vieta war ursprünglich Hugenotte gewesen, soll aber seinen Glauben mehrmals gewechselt haben, was nicht hinderte, daß er stets ein Schützling Rohans blieb. Er brachte es zum Geheimrat beim französischen König, hinterließ 20.000 Thaler, ließ alle Bücher auf eigene Kosten drucken, verschenkte sie nach allen Seiten an Freunde und Widersacher und war auch ansonsten sehr sanften Gemütes. So verköstigte er einen wissenschaftlichen Gegner durch viele Monate in seinem Hause und bezahlte ihm sogar die Heimreise.

Die Menschheit verdankt ihm aber, über all diese persönlich sympathischen Züge hinaus, etwas ganz Einzigartiges. Er nämlich und nur er war es, der die Algebra auf die dritte, rein symbolische Stufe emporhob. In seiner „Einführung in die analytische Kunst" (In artem analyticam isagoge) vom Jahre 1591 spricht er vorerst das Homogeneitätsprinzip klar und deutlich aus, das zwar von den hellenischen Mathematikern der klassischen Zeit stets unausgesprochen eingehalten, bei Heron und Diophantos jedoch nicht allgemein mehr gehandhabt wurde. Es lautet kurz dahin, daß nur Größen gleicher Art streng vergleichbar seien, daß es also etwa unzulässig wäre, Strecken, Flächen und Körper miteinander in Beziehung zu setzen. Dieses Prinzip nun führt Vieta für seine Buchstabenrechnung konsequent durch. Wie gesagt, hat er als erster die Worteinhüllung der Algebra fallen gelassen und verwendet die großen lateinischen Buchstaben zur Rechnung. Die Vokale sind dabei Symbole für die unbekannten, die Konsonanten Symbole der bekannten Größen. Das Wort „Größen" ist zu beachten. Ganz eindeutig ist nämlich auch bei Vieta die Algebra noch nicht in den Bereich der Zahlen hinübergeschoben. Seinen Buchstaben haftet irgendwie der Begriff von „Größen" im anschaulich geometrischen Sinn an. Und er rechnet dabei „per species seu rerum formas", also

167

etwa „mit versinnbildlichenden Zeichen von Raum-
gebilden". Diese Auffassung behält er bei, obgleich er
sich durch den geometrischen Dimensionsbegriff nicht
für gebunden erachtet und ruhig bis zur neunten Potenz
in seinen Rechnungen fortschreitet. Es ist schwer zu
entscheiden, was sich ein mathematischer Kopf vom
Range Vietas bei dieser offensichtlichen Inkongruenz
dachte. Ahnte er irgendwo eine mehrdimensionale Geometrie? Oder genügte ihm das Homogeneitätsprinzip, das
ihm auch bei höheren als der dritten Dimension die Beziehungen ungleichartiger Größengattungen aufeinander
verbot? Oder hielt er die höheren Dimensionen der Buch-
stabengrößen gar nicht für höhere Raumdimensionen, da
sie ja, wie wir bei Cardano gesehen haben, im Weg von
Substitutionen auf die naturgegebenen drei Dimensionen
reduzierbar waren? Diese Frage wird schwer zu entscheiden sein, ebenso schwer wie die Frage, ob sich ein
heutiger Geometer irgendeine höhere Geometrie als die
dreidimensionale als tatsächlich existent vorstellen will.
In der Geschichte der Mathematik schob man bisher stets
den ganzen Gedankeninhalt oder Anschauungsinhalt
mathematischer Formen mehr oder weniger bewußt von
der arithmetischen Seite zur geometrischen Seite hinüber
und umgekehrt. Für die Hellenen und alle ihre Schüler
ist reine Algebra ein wesenloses Schattenreich, für
heutige Mathematiker dagegen wird die Geometrie zu
einem der zahllosen Anwendungsgebiete einer weit über-
geordneten Wissenschaft, der „Gruppen", „Ähnlich-
keiten", „Formen", „Mannigfaltigkeiten" und „Struktur-
invarianzen".
Doch wir wollen nicht vorgreifen. Vieta hat auf jeden
Fall die Arithmetik oder das konkrete Rechnen als
Zahlenrechnen oder „logistica numerosa" streng von der
Buchstabenrechnung, der „logistica speciosa", getrennt,
obgleich er, rein algorithmisch, das Maschinelle des
Zahlenrechnens, wo es anging, auf das Buchstaben-
rechnen übertrug. Die deutsche Erfindung des Plus- und
Minuszeichens zeigt sich bei ihm bereits überall, während

die anderen Verknüpfungssymbole der heutigen Schreibweise noch fehlen oder durch andere als die heutigen
Zeichen ausgedrückt werden. Den Bruchstrich verwendet Vieta bereits in unserem Sinn, ebenso hat er
eigene Wurzelzeichen. Auch sind ihm geschweifte und
eckige Klammern zur Zusammenfassung mehrgliedriger
Ausdrücke nicht unbekannt.

Wir können also ruhig behaupten, daß Vieta als Erster
ganze mathematische Komplexe im strengsten Sinne des
Wortes auf „Formeln" brachte und durch Operationssymbole verknüpfte. Es blieben gewiß noch kleine
Schlacken, wie durch Worte erfolgende Potenzbezeich-
nungen, am neuen Guß haften. Dieser neue Guß schimmert aber unter den Schlacken so eindeutig und unver-
kennbar hervor, daß die „Stenographie der Mathematik"
oder besser das „Esperanto der Mathematik", also die
reine Begriffs- und Symbolschrift auch allgemeiner Ent-
wicklungen, sich im Laufe von weniger als 150 Jahren
nach Vieta fast genau zur heutigen Schreibweise ausgebildet hatte. Unsre moderne Schreibung algebraischer
Größen in kleiner Kursivschrift des lateinischen Alphabets ist eine Einführung des Oxforder Professors Thomas
Harriot (1560—1621), der sie in seiner „Artis analyticae
praxis", in seiner',,Praxis der analytischen Kunst", wahrscheinlich unter dem Einfluß Lord Napiers, von dem wir
bald hören werden, propagierte.

Nun wäre, von unserem Standpunkt aus, noch über
Vieta zu erwähnen, daß das Wort „Koeffizient" aus
seinem Sprachschatze stammt, das in einer geometrischen
Aufgabe in der Form „longitudo coefficiens", also etwa
als „mitwirkende Länge oder Strecke" auftritt. Koeffizient bedeutet sonach bei Vieta eine Strecke, die bei
der Größenerzeugung mitwirkt. Nehmen wir etwa den
Fall, es würde an ein Quadrat der Seite $(A + B)$ noch
ein Rechteck angelegt werden, dessen eine Seite ebenfalls $(A + B)$ ist, während die andere D beträgt, dann
ist die Fläche des neuen Gebildes wohl $(A + B)^2 +$
$+ D(A + B)$. Es ist also hier D der „Koeffizient" der

Strecke $(A + B)$. Dabei stellt sich Vieta gemäß seinem „Homogeneitätsprinzip" vor, daß das Quadrat $(A + B)^2$ erst dann addierbar wird, wenn $(A + B)$ durch den Koeffizienten D auch in die Dimension einer Fläche erhoben wird. Ansonst würde ja eine Fläche zu einer Linie addiert werden, was unstatthaft ist. Über die sonstigen sehr hohen mathematischen Qualitäten Vietas wollen wir in unserem Zusammenhang nicht sprechen. Wir wollen auch nur kurz erwähnen, daß eine ganze Schule von Arithmetikern und Algebraikern am Werk war, die „Ars magna" (große Kunst), wie sie schon Cardano genannt hatte, weiterzubilden. Seit Raimundus Lullus (Ramon Lull, 13. Jahrhundert nach Christi Geburt) war überhaupt das Ideal einer Universalwissenschaft, einer Methode, die das Denken gleichsam mechanisieren sollte, nicht mehr aus dem Blickfeld gekommen. Diese halb mystische Bemühung, die sich in Bezeichnungen wie „Artium ars" (Kunst der Künste) für die Algebra niederschlägt, hat natürlich auch auf deutschem und österreichischem Boden durch Männer wie Regiomontanus und Peuerbach und überhaupt durch die Schule der „Cossisten" Förderung erfahren. Cossist ist gleichbedeutend mit Algebraiker. Das Wort stammt von Causa oder Cosa, was soviel wie „Ding" heißen soll. Dieser Ausdruck „Ding" für die unbekannte Größe dürfte aber wieder auf die indischen Algebraiker zurückgehen, die die Unbekannte auch einfach „das Ding" nannten.

Zehntes Kapitel

JOST BÜRGI

Mathematik als Tabelle

Doch unser Zauberteppich reißt uns in verwirrender Art vorwärts und rückwärts. Deshalb müssen wir unsre Darstellung wieder dadurch in disziplinierte Bahnen lenken, daß wir ein neues Problem, das geradezu eine

170

unabsehbare Epoche bedeutete, in den Vordergrund schieben. Wir wollen uns noch aus einem zweiten Grund näher mit dieser Frage befassen, da gerade bei ihr eine halb unbewußte Falschmeldung der Wissenschaft am Werk ist, zumindest jedoch eine Flüchtigkeit, von der selbst ansonst subtile Mathematikbücher nicht frei sind. Wir meinen die Logarithmen, das konzentrierte Grauen so manches Mathematikschülers.

Es wäre sehr natürlich gewesen, wenn man die Logarithmen gleichsam systematisch entdeckt hätte. Man hätte sich auf Grund der eingehenden Analyse aller Rechenoperationen sagen müssen, daß noch weitere Grundoperationen möglich seien. Wie zur verbindenden (thetischen) Operation der Addition die Subtraktion ein auflösendes, rückgängig machendes (lytisches) Gegenspiel ist, so findet man die genaue Entsprechung bei der Multiplikation und Division. Ja, diese Zweiheit geht noch weiter, denn Potenzerhebung und Wurzelausziehen zeigen wieder dieselbe bilaterale Struktur. Nun wäre aber noch eine weitere Frage möglich. Es könnte nämlich bei einer Potenz die Basis bekannt und der Exponent unbekannt sein, also die Form a^x vorliegen, wobei a irgendeine Größe konkreter Art, etwa 10 oder 500 oder 7324 oder irgendeine Zahl bedeutet. Ist nun $a^x = b$, wobei auch b bekannt ist, dann muß man zugeben, daß es sich hierbei um eine aufbauende oder thetische Operation, nämlich um eine Spielart der Potenzierung handelt, bei der diesmal nicht die Basis a, sondern der Exponent x unbekannt ist. Diese zweifache Möglichkeit bei der Potenzierung ergibt sich aus der Nichtgeltung des kommutativen oder Vertauschbarkeitsprinzips bei der Potenzerhebung. Bei Addition und Multiplikation ist es infolge der Kommutativität gleichgültig, ob man $x + a = b$ oder $a + x = b$ ansetzt. Ebenso ist bei der Multiplikation $a \cdot x = b$ und $x \cdot a = b$ gleichwertig. Nicht aber bei der Potenzierung, bei der $x^a = b$ etwas weltweit andres aussagt als $a^x = b$. Das erste heißt heute Potenzierung, das zweite Exponentialfunktion. Die Umkehrung von $x^a = b$ ist die lytische Operation des Wurzelziehens, also $x = \sqrt[a]{b}$. Was aber ist die Umkehrung von $a^x = b$? Falls ich etwa $a = \sqrt[x]{b}$ setze, komme ich um keinen Schritt weiter. Denn jetzt erhebt sich erst recht die Frage, wie man x berechnen soll. Wir werden darauf bald zurückkommen. Wir brechen aber bei dieser letzten Fragestellung hier vorläufig ab, da die historische Entwicklung tatsächlich einen ganz anderen Verlauf nahm, bis man endlich das Problem in voller Allgemeinheit durchschaute. Und gerade diese etwas bizarre Annäherung an das eigentliche Zentrum ist entdeckungsgeschichtlich äußerst reizvoll. Denn die Wirklichkeit, auch in der Mathematik, wählt oft den Weg des Kolumbus. Er hat bei seiner Ausfahrt nicht gesagt: „Ich will jetzt Amerika entdecken." Er hat nicht einmal an einen noch unbekannten Weltteil gedacht, sondern wollte den Weg nach Ostindien abkürzen. Fast genau so vollzog sich die Erfindung der Logarithmen.

Die ersten Spuren des Geheimnisses gehen bis auf Archimedes zurück und stammen aus dem Vergleich von arithmetischen und geometrischen Reihen. Deutlicher wird der Zusammenhang bereits bei Michael Stifel und bei Chuquet, der überhaupt, ebenso wie Stifel, ein genialer Mathematiker war. Wie gesagt, handelt es sich um den Vergleich einer arithmetischen und einer geometrischen Reihe, die bei Stifel in der „Arithmetica integra" schon in folgender Form auftritt:

...	−5	−4	−3	−2	−1	0	1	2	3	4	5	6	7	8	9	...
...	$\frac{1}{32}$	$\frac{1}{16}$	$\frac{1}{8}$	$\frac{1}{4}$	$\frac{1}{2}$	1	2	4	8	16	32	64	128	256	512	...

Stifel bemerkt dazu: „Man könnte ein ganz neues Buch über die wunderbaren Eigenschaften dieser Zahlen schreiben, aber ich muß mich an dieser Stelle bescheiden und mit geschlossenen Augen daran vorübergehen." An anderer Stelle allerdings öffnet er die Augen ein wenig, denn er bemerkt: „Addition in der arithmetischen Reihe

172

entspricht der Multiplikation in der geometrischen, ebenso Subtraktion in jener der Division in dieser. Die einfache Multiplikation in den arithmetischen Reihen wird zur Multiplikation in sich (Potenzierung) bei der geometrischen Reihe. Die Division in der arithmetischen Reihe ist dem Wurzelausziehen in der geometrischen Reihe zugeordnet wie etwa die Halbierung dem Quadratwurzelausziehen."

Damit war eigentlich schon im Jahre 1544 das logarithmische Prinzip voll und deutlich ausgesprochen, die Möglichkeit nämlich, die Stufe der ersten sechs Rechenoperationen nach Bedarf um je eine Stufe herabzusetzen. Um deutlicher zu sein, wollen wir die zweite Behauptung Michael Stifels an der von ihm selbst aufgestellten Reihe exemplifizieren. Hätte man etwa die Multiplikation $8 \cdot 64$ auszuführen, dann braucht man bloß die darüberstehenden beiden Zahlen der arithmetischen Reihe, also 3 und 6 zu addieren und erhält 9. Unter dieser Neun aber steht jetzt in der geometrischen Reihe das Multiplikationsergebnis 512. Natürlich darf man auch mehr als zwei Faktoren nehmen, etwa $\frac{1}{16}$, $\frac{1}{2}$, 2 und 256. Addition ihrer Entsprechungen in der arithmetischen Reihe ergibt $(-4) + (-1) + 1 + 8 = 4$, worauf sofort 16 als Ergebnis abgelesen werden kann, da es unterhalb der Vier steht. Zum Zweck der Division muß subtrahiert werden. So ist etwa $256 : 32$ äquivalent mit $8 - 5 = 3$ und als Quotient ergibt sich unterhalb der Drei die Zahl 8. Die Potenzierung, die man ja auch als wiederholte Multiplikation „in sich" auffassen kann, wie Stifel sagt, erfolgt bei unseren Reihen durch Aufaddition der arithmetischen Reihenglieder „in sich" oder, was dasselbe ist, durch Multiplikation. So ist etwa 8^3 zu finden durch $3 + 3 + 3 = 9$, unter welcher Zahl 512 steht, oder noch einfacher durch $3 \cdot 3$, was dasselbe liefert. Wurzelausziehen wird durch Division geleistet. Die vierte Wurzel aus 256 wird gewonnen, indem man ansetzt $8 : 4 = 2$ und damit als Wurzelwert 4 erhält.

An und für sich ist diese Zauberei nicht mystisch, wenn man unsere Reihen algebraisch anschreibt.

$$\ldots -5\ -4\ -3\ -2\ -1\ 0\ 1\ 2\ 3\ 4\ 5\ 6\ 7\ 8\ 9 \ldots$$

$$\ldots q^{-5}\ q^{-4}\ q^{-3}\ q^{-2}\ q^{-1}\ q^{0}\ q^{1}\ q^{2}\ q^{3}\ q^{4}\ q^{5}\ q^{6}\ q^{7}\ q^{8}\ q^{9} \ldots$$

Man sieht sofort, daß die „arithmetische Reihe" nichts andres ist als die „Folge" der Potenzexponenten und daß man beim konkreten Rechnen nichts andres vorgenommen hat als die Ausführung der Rechnungsoperationen mit Potenzgrößen. Denn $q^5 \cdot q^{-2} = q^{5-2} = q^3$ oder $q^3 q^4 = q^{3+4} = q^7$ und $q^8 : q^2 = q^{8-2} = q^6$ und $(q^3)^2 = q^{3 \cdot 2} = q^6$ und schließlich $\sqrt[4]{q^8} = (q^8)^{\frac{1}{4}} = q^{8:4} = q^2$ usf. Daher nennt man auch heute die Tatsache, daß $a^m \cdot a^n \cdot a^r \ldots = a^{m+n+r+\cdots}$ schlechtweg die „logarithmische Eigenschaft", da sich aus dieser ersten Eigenschaft alle weiteren ableiten lassen. Zu dieser Verallgemeinerung allerdings stieg man, hauptsächlich wegen der noch nicht vollkommen ausgebildeten algebraischen Schreibweise, nicht sofort auf. Doch wurden die Erkenntnisse Michael Stifels von den späteren Algebraikern, insbesondere von Simon Jacob, übernommen und gelangten dadurch zur Kenntnis des Jost Bürgi, der ein ebenso genialer Mathematiker wie ein gehemmter und verschrullter Kopf war. Aber fast gleichzeitig entstand der gleiche Gedanke im Gehirn eines Schotten, des Gutsherrn von Merchiston, Lord John Napier oder latinisiert Neperus (Neper). Dadurch ist die Entdeckung der Logarithmen ein Schulbeispiel der Duplizität von Neuerungen, was Späteren hätte zu denken geben müssen, die in ähnlichen Fällen oft ohne Prüfung des Sachverhalts einen Prioritätsstreit entfesselten, der sowohl den Streitenden als der Wissenschaft schadete. Nebenbei bemerkt, entstand über die Priorität der Erfindung der Logarithmen keinerlei Streit. Nur die Nachwelt, bis in die modernsten Lehrbücher hinein, hat sowohl das Wesen dieser Entdeckungen als auch den Anteil, den Napier und Bürgi daran hatten, vollkommen verwirrt und entstellt.

174

Beginnen wir also systematisch bei der allgemeinen Problemlage der Zeit um die Wende des sechzehnten und siebzehnten nachchristlichen Jahrhunderts. Wir haben schon einmal bemerkt, daß speziell die germanischen Völker das rein Rechnungsmäßige an der Mathematik förderten und ausbildeten. Nun wurden aber trotz Durchsetzung des algorithmischen Zahlenrechnens, trotz sehr vertiefter Einsichten in das Wesen dieser Rechnungen und Rechnungsarten, die Berechnungen, die man brauchte, stets unübersichtlicher und verwickelter. Wir erinnern nur an Ludolf van Ceulen, dem es bekanntlich im Jahre 1596 gelang, weit über Archimedes hinauszugehen und die Zahl π aus dem 1.073,741.284-Eck auf 35 Dezimalen mit $\pi = 3.14159265358979323846264338327950288\ldots$ zu berechnen. Astronomie, Astrologie und Trigonometrie sowie eine erweiterte Handelsbuchhaltung und Staatsverrechnung trugen das ihrige zum Bedürfnis nach Rechenerleichterung und nach größerer Genauigkeit des Rechnens bei. Und dazu hatten, wie wir schon wissen, sowohl Stifel als Jacob als auch noch andere geradezu mit dem Finger auf die Fundgrube hingewiesen, die zu all diesen Zwecken unter der arithmetischen und der geometrischen Reihe verborgen lag. Dies alles wurde noch verstärkt durch das allmähliche Eindringen der Dezimalbruchschreibung in die Rechentechnik und durch das Vorhandensein von Tabellenwerken als Hilfsmittel für Multiplikation und Division. Aus diesen und nur aus diesen Gründen machten sich, als die Zeit reif geworden war, Bürgi und Napier an die Arbeit. Wir wissen heute, besser, wir sollten wissen, daß Bürgi früher im Besitze des neuen Hilfsmittels war. Er ließ es aber, angeblich aus Zeitmangel, nicht an die Öffentlichkeit gelangen, so daß ihm der große Kepler vorwarf, er habe „das Kind seines Geistes im Stich gelassen, statt es für die Öffentlichkeit zu erziehen". Und zwar habe er so gehandelt, weil er ein „cunctator", also ein Zauderer, und ein „secretorum suorum custos" (ein Hüter seiner eigenen Geheimnisse, also ein Geheimniskrämer) gewesen sei.

Wie also kam Jost Bürgi in den Besitz seiner „Progress-Tabulen" (Reihen-Tafeln), die mit ihren roten und schwarzen Zahlen Ähnliches leisteten wie die heutigen Logarithmen? Nun, er betrachtete eben die beiden Reihen[1]) Michael Stifels und überlegte, was dieser gesagt hatte. Als guter Mathematiker erkannte er dabei zweierlei. Erstens, daß eine praktische Auswertung solcher Reihen nur möglich war, wenn man die Glieder möglichst enge aneinanderrücken konnte. Denn mit Reihen geometrischer Art, in denen 1, 2, 4, 8, 16 usw. vorkommen, werden die Lücken zwischen den Zahlen stets größer und man könnte nicht einmal die Multiplikation $25 \cdot 37$ durchführen, ganz zu schweigen von den Lücken, die zwischen höheren Gliedern auftreten, wie etwa schon zwischen 1024 und 2048 oder 2048 und 4096. Zweitens aber sah Bürgi, was auch seine Vorgänger schon gewußt hatten, daß sich die logarithmische Eigenschaft durchaus nicht bloß auf Potenzreihen der Basis 2, sondern auf Reihen mit irgendeinem beliebigen Quotienten q erstreckte, was auch wir, rein allgemein, schon erkannt haben. Es waren nur gewisse Bedingungen unerläßlich. So mußte die arithmetische Reihe mit 0 und die geometrische mit 1 beginnen, damit die logarithmische Eigenschaft erhalten blieb. Es mußte aber auch der Steigerungsschlüssel möglichst klein sein, damit die Reihenglieder möglichst dicht aufeinander folgten; was wieder deshalb notwendig war, damit man in jeder der beiden Reihen praktisch jede Zahl finden konnte. Um zu zeigen, wie das gemeint ist, haben wir als Beispiel eine Folge aufgestellt, in der jedes Glied $1^{1}/_{100}$mal so groß ist als das vorhergehende. Der Einfachheit halber haben wir dann noch die ganze Folge

---

[1]) In heutiger Sprache sind es keine „Reihen", sondern „Folgen". Wir sagen hier nur stets Reihen, weil man diese Serien damals und auch noch später so nannte. Charakteristisch ist sowohl für die Reihe als auch für die Folge das sogenannte „Bildungsgesetz", nach dem sie aufgebaut sind. Während aber in der Folge die Glieder unverbunden nebeneinander stehen, sind sie in der Reihe additiv verbunden.

mit einer Million multipliziert, um keine Dezimalstellen anschreiben zu müssen. Wir erhalten somit:

0	1	2	3
1,000.000	1,010.000	1,020.100	1 030.301
4	5	6	7
1,040.604	1,051.010	1,061.520	1,072.135

$$\begin{array}{ccc} 8 & 9 & \ldots \\ 1,082.857 & 1,093.685 & \ldots \end{array}$$

Jeder kann sich überzeugen, daß die logarithmische Eigenschaft dieser Folge gegeben ist, wenn man die Stellenwerte entsprechend berücksichtigt. Jost Bürgi nun ist bei seinen Progress-Tabulen in noch kleineren Schritten vorgegangen, die man fast als mikroskopisch bezeichnen könnte. Und zwar in doppelter Art. Er hat gleichzeitig die arithmetische Reihe mit 10 multipliziert und die geometrische per Glied um $1 + \frac{1}{10^4}$, also um $1 \frac{1}{10.000}$ vorwärtsschreiten lassen, wodurch er für 0 den Wert 100,000.000 und für 10 erst 100,010.000 erhält. Zahlen zwischen 1 und 10 müssen durch ein Berechnungsverfahren proportional eingeschaltet werden, wobei man angenähert annimmt, daß die Steigerung der geometrischen Reihe mit der Steigerung der arithmetischen Reihe innerhalb des Intervalls proportional verläuft. Nun nennt er die Glieder der arithmetischen Reihe die „roten Zahlen", weil sie in der Tafel rot gedruckt sind. Die übrigen Zahlen heißen die „schwarzen Zahlen". Heute nennen wir die roten Zahlen „Logarithmen", die schwarzen „Numeri" oder kurzweg „Zahlen".

Obgleich man mit Bürgis Progress-Tabulen in der Art der Logarithmenrechnung sehr gut rechnen kann, sind diese Tafeln in unserem Sinne noch nicht vollwertige Logarithmen, da Bürgi sich in keiner Art um die Basis des Systems kümmert, sondern manchmal aus rein äußerlichen Gründen Abrundungen vornimmt. Dazu muß noch bemerkt werden, daß man heute fast überall be-

hauptet, Napier sei der Entdecker der „natürlichen Logarithmen" mit der allbekannten Basis e gewesen, wobei
$e = 2\cdot718281828459\ldots$. Das ist absolut falsch, wie wir
gleich sehen werden. Wenn ein Mathematiker dieser
Basis als erster unbewußt nahekam, dann war es Jost
Bürgi, denn seine Basis, die er selbst, wie gesagt, nicht
kannte, hat den Wert $\left(1 + \frac{1}{10^4}\right)^{10} = 2\cdot7184593$, der vom
richtigen Wert für e, das gleich ist $\lim\limits_{n\to\infty}\left(1 + \frac{1}{n}\right)^n$, nicht
allzu weit absteht. Allerdings muß zu dieser Wertbestim-
mung Bürgis rote Zahlenreihe noch durch 100.000 dividiert werden.

Lord Napier ging noch mehr als Bürgi von den Bedürf-
nissen der Praxis aus. Wir können uns in die komplizierte Berechnungsart seiner „Mirifici Logarithmorum
canonis constructio", die 1619 in Edinburg erschien, nicht
vertiefen, sondern stellen nur fest, daß seine Tafel dieser
„wundertätigen Logarithmen" nicht die Logarithmen der
natürlichen Zahlenreihe, sondern der Sinuswerte gab,
also eine Vorläuferin unserer trigonometrisch-logarith-
mischen Tafeln war. Im übrigen operiert er, ähnlich wie
Bürgi, ebenfalls mit zwei Reihen, die allerdings hier
gegenläufig sind. Von einer Basis spricht er dabei nicht,
schon gar nicht von einem „natürlichen Logarithmus".
Seine Basis ergibt sich angenähert als $\frac{1}{e}\left(1 - \frac{1}{3}\,10^{-14}\right)$,
ist also ein wenig kleiner als der reziproke Wert des
natürlichen Logarithmus. Allerdings steht es fest, daß
die Neperschen Logarithmen als erste derartige (auch
für reine Zahlenrechnung brauchbare) Tafel im Druck
erschienen, daß Napier der Erfinder des Wortes Logarithmen ist, deren Entstehung er sich als synchrone Bewegung, als ein „Fließen" (fluxio) zweier Reihen, also
mechanisch-dynamisch vorstellte, worauf dann eine
punktweise Zuordnung der beiden Reihen erfolgen mußte,
um die bekannten Beziehungen herzustellen. In dieser
„fluxio", die von Clavius stammen kann, finden wir auf
jeden Fall einen Vorläufer der Newtonschen Unendlich-

178

keitsauffassung. Schließlich muß noch erwähnt werden, daß Napier bereits die 10 als Basis eines Logarithmensystems anregte, was der mit ihm befreundete Oxforder Professor Henry Briggs sofort aufgriff. Es ist allgemein bekannt, daß wir heute vorwiegend mit diesen Briggsschen Logarithmen rechnen, deren Basis, wie gesagt, die Grundzahl unseres Zahlensystems, also 10^1, ist. Durch diese Basisfestsetzung ergibt sich eine große Anzahl von Vorteilen, wie etwa die Trennung der Logarithmen in Kennziffer oder Charakteristik und Mantisse. Jeder Briggssche Logarithmus besteht demnach aus einer ganzen Zahl, die den Stellenwert des zugehörigen Numerus angibt, und aus einem angehängten Dezimalbruch, der „Mantisse"[1]), die den Zahlwert signalisiert. Der Logarithmus 3·84510 etwa ist der Logarithmus von 7000, dagegen ist 0·84510 der Logarithmus von 7, während 0·84510 — 3 den Logarithmus von 0·007 darstellt.

Mit diesen Entdeckungen zu Beginn des siebzehnten Jahrhunderts war die große Vervollkommnung des Rechnens, die Möglichkeit der Herabsetzung der Rechenstufen und noch mehr die Ermöglichung von Potenzierungen und Wurzelausziehungen geleistet, an die man bisher nicht hatte denken können. Wer hätte bisher etwa $7·534^{27·19843}$ oder $375·722^{\frac{1}{\pi}}$ berechnen können? Durch die Logarithmen wurden derartige auch für Gleichungslösungen notwendige Aufgaben vergleichsweise zur algorithmischen Spielerei. Wenn auch die Tafeln fortwährend Verbesserungen erfuhren, wenn auch die tiefsten Beziehungen zwischen der Exponentialfunktion $a^x = b$ und deren Umkehrung $x = {}^a\log b$, also x gleich $\log b$ auf der Basis a, erst durch den großen Leonhard Euler im achtzehnten Jahrhundert aufgeschlossen wurden, war das Wesentlichste doch gleich zu Beginn der Entdeckertätigkeit in Gang gebracht. Der Algorithmus, die Denkmaschine, war durch ein neues, unglaublich feines und durch-

---

[1]) So genannt seit Wallis, der unter Mantisse überhaupt einen Dezimalbruch versteht.

schlagskräftiges Hilfsmittel bereichert, das, einmal in der Form einer Tafel bereitgestellt, für alle Ewigkeiten das Zahlenreich in wirklich „wundertätiger" (mirifica) Art erschloß.

Noch ahnte man nicht, daß der neue Rechnungsmodus in seinen letzten Konstruktionsprinzipien als „logarithmus naturalis", als Zahl *e*, gleichsam die Achse der ganzen Infinitesimalmathematik werden sollte. Noch dachte niemand daran, daß die logarithmische Funktion eine Brücke werden sollte, über die der Weg zu scheinbar unauflösbaren Integrationen führte. Noch auch dachte man an eine Zukunft dieses magischen *e* für die Zinseszins- und Wahrscheinlichkeitsrechnung.

Man hatte viel geleistet. Man verfeinerte das Instrument, verbesserte die Tafeln, studierte die Möglichkeit der Interpolation (Einschiebung) von Zahlen, um die Tafeln vollkommen dicht und eng zu machen, und schritt vor allem mit dem neuen Werkzeug unter der Führung des Riesengeistes Kepler an die Bewältigung der Probleme, die die Astronomie und die Naturwissenschaft in nie endender Fülle stellten und die ein Maximum an Gewandtheit und Genauigkeit erheischten.

Zur gleichen Zeit aber glomm schon unter der Asche des eben verbrannten Freudenfeuers eine Unzahl neuer Funken, die, demnächst zum neuen Brand gefacht, als weithin leuchtendes Fanal den Anbruch der mächtigsten Epoche der Mathematik ankündigten. Denn es sollte auf neuabendländischem Boden eben das ganz große Heldenzeitalter der Mathematik beginnen.

Elftes Kapitel

DESCARTES

Mathematik als Methode

Bevor wir in dieses Heldenzeitalter eintreten, wollen wir es nicht versäumen, über den schon oft zitierten „faustischen Geist" des neuen Abendlandes zu sprechen.

180

Wie bekannt, wurde die Bedeutung, die wir hier meinen, wenn wir „faustisch" sagen, von Oswald Spengler geprägt, dem es infolge seiner großen mathematischen Einsicht gegeben war, die Mathematik gleichsam als Spitzensymbol der Struktur einzelner Kulturen aufzufassen. Wir sind im Laufe unsrer Betrachtungen zu ähnlichen Ergebnissen gekommen, haben gesehen, wie sich Mathematik ganz verschieden in verschiedenen Völkern oder Strukturen bzw. deren genialen Einzelexponenten spiegelt. Deshalb fühlen wir uns berechtigt, eine Variabilität des „Wissenschaftsideals der Mathematiker" anzunehmen, wie es Pierre Boutroux nennt. Damit soll allerdings keineswegs zum Ausdruck gebracht sein, daß wir auch in den Folgerungen die Aspekte vom „Untergang des Abendlandes" zur eigenen Ansicht machen. Doch ist hier nicht der Ort, diese Fragenkomplexe näher auseinanderzusetzen.

Wir kündigen nur an, daß wir bald sehen werden, aus welchen Triebkräften sich die Mathematik entwickelt und wie verschieden die Ergebnisse ausfallen können, ja ausfallen müssen, je nachdem hinter der Forschung ein ästhetischer, ein magisch-formender oder ein faustischdrängender Wille steht. Das Kulturwollen, wenn man es so nennen darf, die äußere Zielsetzung, spielt überhaupt bei allen Erfindungen und Entdeckungen eine große Rolle. Es ist das nicht anders als in der Chemie, der Technik, der Volkswirtschaft. Die alten Chinesen kannten seit Jahrtausenden das Schießpulver, wußten, daß es große Sprengkräfte enthalte — und wandten es ausschließlich für Feuerwerke an. War das bloß kindlich, war es ethisch oder war es geradezu unklug? Das ist furchtbar schwer zu entscheiden. Sicher ist nur, daß der Wehrgedanke nicht das Zentrum des chinesischen Empfindens beherrschte, sonst hätte ihnen das Mittel auffallen müssen, das sie in der Hand hatten, und das ihnen eine ganz andere „Geschichte" verschafft hätte.

Auch bei den alten Hellenen haben wir gezeigt, daß sie sich für ein geradezu ideologisches Wissenschaftsideal opferten und daß es ihnen wenig half, wenn ab und zu ein prometheischer Geist diese „strenge Observanz" der Geometrie durchbrechen wollte.

Ganz anders die faustischen Völker. Bei ihnen stand von Anbeginn nicht eine lichte Welt von freundlichen Musen über der Wissenschaftsgeschichte, von Musen, denen man nur richtig diente, wenn man ihr künstlerisch-harmonisches Reich auf Erden adäquat abbildete. Es war für die Hellenen kein Widerspruch, wurde von ihnen niemals als störend empfunden, daß ineinem süßen Hain, an Quellen, die die Phantasie mit Nymphen und Halb-göttern bevölkerte, im Sande die „Fährte des Menschen", die Geometrie, gezeichnet stand. Diese Geometrie der reinlichsten Proportionen gehörte genau so gut zur „Harmonie der Sphären" wie die Musik oder der körper-liche Genuß. Das Vordrängende, Versuchende, Ver-suchte war durch ein „Medén agán" (Nichts zuviel) abge-riegelt, und der Teufel der ersten Christen hieß in helle-nisch ablehnendem Sinn der Peirastes (Versucher).

Weltenweit anders der faustische Kosmos. In ihm liegt stets neben „Nostradamus altem Buch" in mystisch halberleuchteten gotischen Räumen ein Totenkopf und andrer Spuk. An der Schwelle nagen Mäuse am Penta-gramm, denn das geometrische Zeichen ist hier nicht die freundliche Fährte des Menschen, sondern ein kabba-listisches Symbol gegen das Vordringen des Teufels, der drohend, neckend und helfend zugleich schon vor der Tür lauert. In der Stube aber sinnt Doktor Faust mit seiner Doppelseele über die letzten Abgründe des Un-endlichen und über die Eroberung der diesseitigen Welt, und eine Disharmonie nach der andern schleudert ihn aus Himmelsregionen in Verzweiflung, die bis zur Selbst-vernichtung geht. Tiefstes Symbol des gotisch-faustischen Menschen, daß Conrad Ferdinand Meyer den großen Ulrich Hutten sagen läßt: „Das heißt: ich bin kein aus-geklügelt Buch, ich bin ein Mensch mit seinem Wider-spruch." Menschsein heißt in der faustischen Sprache eben soviel wie polar sein. Polar sein ist aber dasselbe

wie disharmonisch. Nicht im Sinne des statischen Zer-
rissenseins, sondern des dynamischen Hinaufgetrieben-
werdens durch polare Kräfte. Denn überall wohnen zwei
Seelen, ach, in der Brust dieser Menschen. Wobei das „ach"
nur ein letztes traurig-wissendes Aufbäumen des schwachen Menschleins gegen das erkannte, unentrinnbare
Schicksal ist.

In solcher Seele mußte sich die Mathematik anders
spiegeln als in der griechischen oder arabischen. Sie
mußte aber auch in anderer Form geboren werden, in
Kampf und Erregung. Und wir sehen, daß ein junger
Reiteroffizier, dessen Gemüt von tiefsten religiösen Dingen, von Zweifeln, Wahrheiten, Plänen, Erleuchtungen
voll ist, im Sattel, in Reitergefechten in den böhmischen
Gefilden sich weiter und weiter zur Klarheit durchficht,
bis er in der Ruhe ungarischer Winterlager ein Werk
schafft, das kaum seinesgleichen hat in der Wissenschaftsgeschichte. Boutroux sagt von dieser Entdeckung, sie
bestehe darin, „vorauszusehen und zu zeigen, wie die
systematische Anwendung der Koordinaten eine Methode
schuf von einer Gewalt und von einer Universalität, wie
sie bisher in der Mathematik noch nicht bekannt war.
Eine Methode, die alle bisherigen aufzuheben und zu
überwinden bestimmt war, die mit Hilfe des Funktionsbegriffes all die Wissenschaften revolutionieren und re-
generieren sollte, die zu den Begriffen Raum und Zeit
in Beziehung standen."

Wir wissen, was das heißt. Wissen, daß hier wieder die
„formae" des Nicole von Oresme auftauchen, sehen, daß
die Franzosen der Welt die Möglichkeit der Abbildung
dieser „formae", der Naturerscheinungen, geschenkt
haben, die mit Raum und Zeit in Beziehung standen. In
den Franzosen hatte sich eben faustischer Drang mit
antikem Formsinn verbunden. Denn nicht nur Descartes, von dem wir ja fortwährend sprechen, da er jener
junge adelige Reiteroffizier war, hatte die Koordinaten-
methode gefunden. Sein genialer Landsmann Fermat
ging bereits ähnliche Wege. Warum also wird stets nur

Descartes in den Vordergrund gestellt? Ist das eine historische Ungerechtigkeit? Jeder nur halbwegs mathematisch Gebildete weiß doch, daß noch heute über Fermat, den unheimlich mächtigen Zahlentheoretiker, dicke Bücher geschrieben werden, daß die Fermatschen Probleme heute noch ungelöste Preisaufgaben sind, für deren Lösung gewaltige Preise ausgesetzt wurden, die sich allerdings durch den Weltkrieg vollständig entwertet haben. Um diese historische Frage voll zu verstehen, müssen wir im folgenden das wesentlichste Verdienst des Descartes in aller Schärfe herausarbeiten. Müssen aber vorher noch auf eine andre Tatsache zurückgreifen, die wir als die „Rezeption der griechischen Geometrie" bezeichnen wollen: eine geistesgeschichtliche Erscheinung, die eigentlich auch heute noch nicht ganz abgeschlossen ist.

Die Geschichte der Rechtswissenschaften — dies zur näheren Erklärung unsres Ausdruckes — weiß zu berichten, daß während und nach der Renaissance plötzlich wie eine unhemmbare Flut das herrlich geschlossene System des altrömischen Rechts die bodenständigen Rechtseinrichtungen des Mittelalters überall in Europa zu überschwemmen begann. Man empfand dieses Erbe nicht so sehr als Recht der Vergangenheit, sondern geradezu als das Recht der Zukunft, wie etwa ein Mensch des sechzehnten Jahrhunderts seine eigene Technik gefühlt hätte, wenn ihm ein technisches Kompendium aus dem neunzehnten Jahrhundert durch Zauber vor die Augen gelegt worden wäre. Man weiß, daß diese „Rechts-Rezeption" das ganze bürgerliche Antlitz und auch die Politik des Abendlandes grundstürzend veränderte. Man weiß, daß auch hier die Entwicklung noch nicht am Ende angelangt ist, da sich speziell in unsern Tagen in mehr als einer Beziehung eine teils bewußte, teils unbewußte Abkehr vom römischen Recht zu zeigen beginnt, was vielleicht neben allem andern auch damit erklärt werden kann, daß wir selbst bereits die kulturgeschichtliche Reifestufe zu erreichen beginnen, auf der dieses römische

Recht geschaffen wurde. Doch auch darüber können wir uns leider an dieser Stelle nicht näher verbreitern.

Wir wollen also bloß feststellen, daß es auch eine Parallelerscheinung der „Rezeption der althellenischen Mathematik" gibt. Ihr interessantestes Bewegungsgesetz ist eine Art von Rück- oder Gegenläufigkeit, auf die meines Wissens bisher in der mathematikhistorischen Literatur noch nicht mit genügender Deutlichkeit hingewiesen wurde, obgleich gerade die Tatsache dieser Bewegung für das Werden der neuzeitlichen Mathematik und für ihren Charakter ungeheuer aufschlußreich ist, wie wir sofort zeigen werden.

Wir erinnern uns, daß, rein zeitlich betrachtet, zuerst Euklid wirkte, hierauf Archimedes, dann Apollonios und schließlich Diophantos. Wir erwähnten auch nebenbei, daß von diesen vier Geistesheroen auf allerlei Umwegen zuerst Diophantos in das Bewußtsein des Abendlandes eindrang. Bis er schließlich durch Meziriac übersetzt und kommentiert wurde und Fermat als Anregung für zahlreiche zahlentheoretische Untersuchungen diente. Rezipiert im vollsten Sinne des Wortes war also sonderbarerweise der letzte der großen Griechen zuerst. Ihm folgte, der zweitletzte, nämlich Apollonios, dessen Werk, wie wir bald sehen werden, zum Sprungbrett und zum Ausgangspunkt für die Koordinatengeometrie des Fermat und Descartes diente. Erst nach Apollonios wurde Archimedes durch die Entdeckung der Infinitesimalgeometrie voll verstanden, und den Abschluß der Rezeptionsreihe bildet Euklid, dessen endgültige geistige Verarbeitung erst unter unsern Augen erfolgt.

Um keine Mißverständnisse und keine billigen Widerlegungen unsrer Feststellung heraufzubeschwören, merken wir an, daß wir durchaus nicht behaupten wollen, Euklid oder Archimedes seien im späten Mittelalter und zu Beginn der Neuzeit nicht bekannt gewesen. Wir fassen den Begriff der „Rezeption" viel enger und zugleich tiefer auf. Uns gilt ein geistiger Kosmos erst dann als rezipiert, wenn er bis zur letzten Konsequenz strukturell aufgenommen oder wirklich äquivalent weiterverarbeitet wurde. In diesem Sinne sind unsre behaupteten Rezeptionen zugleich Ausweitungen des Rezipierten und sogar Emanzipationen von den Vorbildern.

Trotz aller Tiefensehnsucht liegt nämlich ein gewisser leichtsinniger und tollkühner Zug im „Faustischen", ohne den es nicht bestehen und wirken könnte. So war die erste Aufnahme der griechischen Mathematik, also ihre Bekanntwerdungsphase, nicht viel mehr als eine Reihe von Halb- und Mißverständnissen gewesen, sofern es sich nicht um ganz elementare Dinge drehte. Aber eben im Halbverstandenen lag ein mystischer Antrieb. Man wollte alles durchdringen, schoß oft weit über das Ziel und entdeckte dadurch Neues. Allerdings recht systemlos und sehr unbeschwert von logischen und philosophischen Skrupeln. Als man nun aber zu Beginn des siebzehnten nachchristlichen Jahrhunderts schon eine Fülle von Ergebnissen in der Hand hatte, die manchmal mächtig über die Resultate der Antike hinausragten, wollte man den strengen Geist der alten Hellenen teils ehrfürchtig als Kontrolle für das Erreichte heranziehen, teils wollte man in den althellenischen Forschungen Anfänge und Lücken aufspüren, an die man für weiteren Aufstieg anknüpfen, bzw. die man schließen konnte. Dabei geriet man durch das sich zunehmend vertiefende Verständnis der alten Schriften oft in großes Erstaunen und wurde geneigt, trotz aller eigenen Erfolge das Form- und Wissenschaftsideal der griechischen Werke als Vorbild anzuerkennen, denen man, wenn auch nicht inhaltlich, so doch strukturell und in der Geisteshaltung nachzueifern hätte. Auch dieser Prozeß dauert noch heute an. Denn all das, was sich um die Forderung äußerster „Strenge" gruppiert, ist nichts andres als ein griechisches, speziell an Euklid orientiertes Streben.

Nun wäre aber, trotz dieser unleugbaren sachlichen und formalen Wiederaufnahme griechischer Denkkategorien, der faustische Geist nicht das gewesen, was er ist, wenn sich nicht auch zum Teil eine sehr revolutionäre

Stimmung gegen diesen griechischen Zwang geregt hätte. Hellas mußte also sozusagen zugleich aufgenommen und zertrümmert werden. Und gerade hier liegt auch der tiefe Gegensatz zwischen Fermat und Descartes. Fermat steigt über spezielle Gleichungsprobleme zahlentheoretischer Färbung, die wir in unsrem Diophantos-Kapitel kennengelernt haben, zu einer selbständigen Begründung einer eigenen Zahlentheorie auf. Hier also revolutioniert er und wird, über Diophantos hinaus, zur Epoche. In der Geometrie aber fühlt er sich, trotz seiner Entdeckung wirklicher Koordinaten, bloß als Sachwalter des Griechentums und „rezipiert" im engeren Sinne des Wortes, indem er die Geometrie als die unverrückbare Achse der Mathematik anerkennt und daher nichts andres zu tun beabsichtigt, als Geometrie durch Arithmetik und Algebra zu unterstützen und zu bereichern.

Die Haltung des Descartes ist eine weit andere. Für ihn gehen nicht nur die Arithmetik und Algebra rein logisch der Geometrie voran, sondern sie sind ihr außerdem noch sachlich übergeordnet, indem sie die weit allgemeinere Größenlehre darstellen, die „unter anderem" auch auf die Geometrie angewendet werden kann. Dieses „unter anderem" ist der springende Punkt. Denn durch eine solche Auffassung ist der griechischen Wertung der Todesstoß versetzt. Die Geometrie ist als Königin der Mathematik endgültig gestürzt, und an die Stelle der geometrisierten tritt die algebraisierte Mathematik.

Da nun unsre letzte Behauptung sicherlich verblüffend wirkt und da es sich dabei auch um nicht ganz einfache Probleme handelt, müssen wir ein wenig bei der eigentlichsten Auffassung des Cartesius verweilen: dies um so mehr, als ja sein Werk merkwürdigerweise „Geometrie" heißt.

Wir wollen ihn also sofort selbst sprechen lassen und zitieren nach der neuesten Auflage der Schlesingerschen Übersetzung vom Jahre 1922. Descartes sagt zu Beginn des ersten Buches seiner „Geometrie" (1637):

„Alle Probleme der Geometrie können leicht auf einen solchen Ausdruck gebracht werden, daß es nachher nur der Kenntnis gewisser gerader Linien bedarf, um diese Probleme zu konstruieren. Und gleichwie sich die gesamte Arithmetik nur aus vier oder fünf Operationen zusammensetzt, nämlich aus den Operationen der Addition, der Subtraktion, der Multiplikation, der Division und des Ausziehens von Wurzeln, das ja auch als eine Art von Division angesehen werden kann: so hat man auch in der Geometrie, um die gesuchten Linien so umzuformen, daß sie auf Bekanntes führen, nichts andres zu tun, als andre Linien ihnen hinzuzufügen oder von ihnen abzuziehen; oder aber, wenn eine solche gegeben ist, die ich, um sie mit den Zahlen in nähere Beziehung zu bringen, die Einheit nennen werde und die gewöhnlich ganz nach Belieben angenommen werden kann, und man noch zwei andre hat, eine vierte Linie zu finden, die sich zu einer dieser beiden verhält wie die andre zur Einheit, was dasselbe ist wie die Multiplikation; oder aber eine vierte Linie zu finden, die sich zu einer der beiden verhält wie die Einheit zur anderen, was dasselbe ist wie die Division. Oder endlich eine oder zwei oder mehrere mittlere Proportionalen zu finden zwischen der Einheit und irgendwelchen andern Linien, was dasselbe ist wie das Ausziehen der Quadrat- oder Kubikwurzel usw. — Und ich werde mich nicht scheuen, diese der Arithmetik entnommenen Ausdrücke in die Geometrie einzuführen, um mich dadurch verständlicher zu machen..."

„Hierbei ist zu bemerken, daß ich unter a^2 oder b^3 oder dergleichen gewöhnlich nur einfache Linien verstehe, und daß ich nur, um mich der in der Algebra gebrauchten Bezeichnungen zu bedienen, dieselben als Quadrate, Kuben usw. benenne."

Wir wollen jetzt diese gleich am Beginn der Descartesschen „Geometrie" stehenden Sätze ein wenig näher prüfen. Ihr Inhalt ist revolutionärer, als es auf den ersten Blick scheint. Denn hier schon ist das wichtigste Koordinierungsprinzip ausgesprochen: das Prinzip der Zuordnung einer Länge zu jeder Zahl, gleichviel, wie diese Zahl entstanden ist. Die Quantität a ist als eine

Länge darstellbar, die Summe $(a + b)$ oder die Differenz $(a - b)$, gleichfalls aber auch das Produkt $a \cdot b \cdot c \cdot d \ldots$ oder der Quotient $a : b$. Damit aber noch nicht genug. Auch a^2 oder a^3 oder a^4 oder a^n kann als Länge betrachtet werden und die Wurzelwerte jedes Grades ebenso. Damit ist die Geometrie ihrer algebraischen Aufgabe enthoben. Der Dimensionsbegriff bzw. die Schranke, die die Dimension jeder geometrischen Algebra setzte, ist gefallen und das Prinzip der Homogeneität ist nur mehr fiktiv und formal aufrechterhalten. Jede Art von Größen ist auf dieselbe Dimension gebracht, denn wir arbeiten nur mehr mit Zahlenlinien. Wobei auch alle Potenzen der Unbekannten nichts als Längen oder, vorläufig noch unbestimmte, Punkte der Zahlenlinie bedeuten. Wir empfinden diese algebraische Großtat des Descartes nicht mehr als so erschütternd, weil uns seine „Methode" in Fleisch und Blut übergegangen ist. Aber es war eine vorerst algebraische Großtat, die die zweite Großtat der eigentlichen Koordinatengeometrie erst ermöglichte. Und wenn Zeuthen sagt, seit Descartes sei die Mathematik aus dem Stadium des Handwerksbetriebes in das Stadium der Großindustrie eingetreten, müssen wir diesem Bilde zustimmen. Dabei sprechen wir vorläufig nur von der „Geometrie" und nicht vom „Calcul des Monsieur Descartes". Wir werden auf diese zweite Schrift zurückkommen, in der alles Gesagte noch deutlicher wird.

Descartes selbst hat seine revolutionäre Tat sehr richtig erkannt. Er sagt, einige Seiten später: „... Dies scheinen die Alten nicht bemerkt zu haben, da sie sonst die Mühe gescheut hätten, darüber so viele dicke Bücher zu schreiben, in denen schon allein die Anordnung ihrer Lehrsätze erkennen läßt, daß sie nicht im Besitze der wahren Methode waren, die alle diese Lehrsätze liefert, sondern daß sie nur diejenigen, die ihnen begegnet sind, aufgelesen haben." Und an andrer Stelle: „Hier bitte ich auch, beiläufig bemerken zu wollen, daß die Bedenken der Alten gegen den Gebrauch von Bezeichnungen der Arithmetik in der Geometrie (das nur daraus entspringen

189

konnte, daß ihnen der Zusammenhang dieser beiden Disziplinen nicht hinreichend klar geworden war), eine gewisse Dunkelheit und Schwerfälligkeit des Ausdrucks verursachte..."

Die zweite Stelle bezieht sich auf Apollonios bzw. auf Pappos. Auf jeden Fall sind diese Urteile mehr als hart. Und sie schießen auch sicherlich zum Teil weit übers Ziel. Aber wir wollten ja an ihnen nur beweisen, wie sehr sich Descartes über die eigene Tat im klaren befand. Die Griechen, um es zu wiederholen, waren für Descartes nicht im Besitz der „richtigen Methode". Sie sahen nicht die Identität von Algebra und Geometrie. Sie bauten daher nicht synthetisch aus der Algebra gleichsam eine allgemeine Formenlehre, die man dann, unbeschwert von den rein realen und inhaltlichen Fragen der Dimension, des Raumes usw., so weit zur Höhe türmen konnte, als man nur immer wollte. Hat man aber einmal die Formen oder Quantitäten ganz allgemein durch die Zauberkräfte des Kombinatorischen und Algorithmischen aufgebaut, dann gibt es jederzeit eine Rückkehr zu den tief unter dieser allgemeinsten Algebra liegenden Disziplinen der Arithmetik und der Geometrie. Beide sinken zu Anwendungsgebieten zurück.

Wenn auch Descartes selbst diese Ansichten nicht so scharf formuliert hat, so können wir sie gleichwohl schon aus den Kommentaren seiner nächsten Nachfolger entnehmen. So schreibt etwa der Cartesianer Erasmus Bartholin im Vorwort zur „Geometrie"-Ausgabe im Jahre 1659: „Im Anfang war es nötig und nützlich, unsrer Fähigkeit des reinen Denkens Hilfen zu schaffen; deshalb nahmen die Geometer ihre Zuflucht zu den Figuren, die Arithmetiker zu den Zahlzeichen, andre zu andern Hilfsmitteln. Aber derartige Verfahren scheinen großer Geister, solcher, die nach dem Namen eines Gelehrten streben, nicht würdig zu sein. Solch großer Geist war Descartes."' Und in dem schon von uns erwähnten „Calcul" hat Descartes tatsächlich versucht, eine Algebra aufzustellen, die jeder konkreten Zahl oder jeder Figur ausweicht.

190

An dieser Stelle müssen wir beifügen, daß Descartes auch rein äußerlich fast genau dieselbe Schreibweise oder „Notation" anwendet, die sich bis heute erhalten hat. Das ist für seine Taten irgendwie ein Prüfstein. Denn wir werden bei Leibniz sehen, daß das Wissen um mathematische Beziehungen unter Umständen hinter die Wichtigkeit adäquatester Notation zurücktritt. Dies, weil die Mathematik irgendwo doch ein lullischer Gedankenzauber ist, und die Geister nur erscheinen, wenn man sie mit der richtigen Zauberformel beschwört.

Descartes hatte sich also nicht weniger zum Ziel seiner Methode gesetzt, als den vollständigen Neuaufbau der ganzen Mathematik aus einfachsten Voraussetzungen heraus, die zudem nicht wie bei Euklid geometrische, sondern algebraische Voraussetzungen waren. Die Geometrie mußte bei dieser Methode irgendwie und irgendwann als reife Frucht „herausfallen", wie man heute gerne sagt.

Wir betonen, daß diese Hoffnung, soweit sie universelle Vollständigkeit betraf, übertrieben war. Zum Großteil aber stimmte sie, und es ist uns heute selbstverständlich, jede algebraische Form als Kurve[1]) und jede Kurve wieder als algebraische Form deuten zu können. Allerdings ist der Beweis vollster Berechtigung dieser Identität erst seit neuester Zeit, insbesondere seit Hilbert, lückenlos begründet.

Wie will nun Descartes seine Mathematik, in der jede Zahl eine Linie ist, aufbauen? Darüber gibt er uns genaue Auskunft. Er sagt: „Soll nun irgendein Problem gelöst werden, so betrachtet man es zuvörderst als bereits vollendet und führt für alle Linien, die für die Konstruktion nötig erscheinen, sowohl für die unbekannten als auch für die andern, Bezeichnungen ein. Dann hat man, ohne zwischen bekannten und unbekannten Linien irgendeinen Unterschied zu machen, in der Reihenfolge, die die Art

[1]) Kurve ist hier im weitesten Sinne gemeint. Formen mit mehr als zwei Variablen sind selbstverständlich Flächen, Körper oder noch höhere Mannigfaltigkeiten.

der gegenseitigen Abhängigkeit dieser Linien am natürlichsten hervortreten läßt, die Schwierigkeiten der Aufgabe zu durchforschen, bis man ein Mittel gefunden, um eine und dieselbe Größe auf zwei verschiedene Arten darzustellen. Dies gibt dann eine Gleichung, weil die den beiden Darstellungsarten entsprechenden Ausdrücke einander gleich sind. Es sind dann so viele solcher Gleichungen aufzufinden, als unbekannte Linien vorhanden sind; wenn sich aber nicht so viele angeben lassen, obwohl man nichts, was in der Aufgabe enthalten ist, übergangen hat, so ist die Aufgabe nicht vollkommen bestimmt..."

Wichtig an dieser Stelle ist die unzweideutige Forderung, daß man ein Problem als vollendet voraussetzen solle und daß man die Abhängigkeiten zwischen den „Linien" so lange durchforschen müsse, bis man ein Mittel gefunden hat, eine oder mehrere Gleichungen zu bilden. Beide Forderungen sind Grundforderungen der analytischen Geometrie und der analytischen Methode überhaupt. Ohne schon gewisse Lehrsätze, Abhängigkeiten oder Beziehungen zu kennen, ist man außerstande, sie zu durchschauen und Gleichungen zu bilden. Dies ist gerade das Gegenteil des synthetischen Ideals, das von Descartes in der Algebra vertreten wird. Man muß nämlich beide Methoden handhaben. Und muß sich gleichsam vom Algorithmus synthetisch führen lassen, um eine möglichst lückenlose Formenwelt aufzubauen, die man dann wieder rückschreitend analytisch untersuchen kann. Setzen wir etwa alle möglichen Gleichungen der Form $a_1 x^3 + a_2 x^2 + a_3 x^1 + a_4 x^0 = y$ an und finden, daß sich daraus die Kurven „dritter Ordnung" ergeben, dann können wir die allgemeinen und gemeinsamen Eigenschaften dieser Kurven rein algebraisch entdecken, indem wir z. B. fragen, wieviel Schnittpunkte eine derartige Kurve mit einer Geraden der Form $a_1 x^1 + a_2 x^0 = y$ bildet. Denn das erfahren wir durch Betrachtung der beiden als Gleichungen mit zwei unbekannten Größen aufgefaßten Ausdrücke rein algorithmisch und alge-

braisch. Wollen wir aber umgekehrt die Gleichung einer
Kurve feststellen, von der wir etwa bloß die mechanische
Konstruktion kennen, dann müssen wir mit Hilfe von
allerlei Lehrsätzen, Proportionssätzen, des Pythagoras
usw., innerhalb der Kurve Beziehungen finden, denen
jeder einzelne Kurvenpunkt entspricht. Und zwar als
Gleichheit, als „Gleichung" zweier ansonst verschiedener
Ausdrücke.

Wir stellen dabei fest, daß das Wort „Koordinaten"
bei Descartes noch nicht gefallen ist. Es war vielmehr
erst eine in den neunziger Jahren des siebzehnten nachchristlichen Jahrhunderts von Leibniz geprägte Bezeichnung für das, was Descartes „Fundamentallinien" nennt.
Aber auch das rechtwinklige, heute sogenannte „Cartesische" Achsenkreuz gebraucht Descartes sehr selten. Er
arbeitet mit verschiedenen, für unsre Augen noch sehr
verkappten allgemeinen schiefwinkligen Koordinaten.
Gleichwohl ist bei ihm, wie gesagt, die Zuordnung oder
Koordinierung durchaus in unserm heutigen Sinn bereits
erfolgt. Dies ersieht man sofort aus dem zweiten Buch
seiner „Geometrie", in dem er die Kurven näher unter
die analytische Lupe nimmt und dabei sofort von einer
„unendlichen Reihe" von Kurven stets höherer Ord-
nungen spricht, wobei sich für ihn die Ordnung der Kurve
aus dem höchsten jeweils in ihrer Gleichung enthaltenen
Potenzexponenten herleitet. Denn, so sagt er, „... um
alle (Kurven), die in der Natur überhaupt vorkommen,
zusammenzufassen und sie der Reihe nach in gewisse
Gattungen sondern zu können, ist es am besten, wenn
man hervorhebt, daß zwischen allen Punkten der als
geometrisch zu bezeichnenden Linien, d. h. also der-
jenigen, die ein genaues und scharfes Maß zulassen, und
allen Punkten einer geraden Linie notwendig eine Beziehung bestehen muß, die vollständig durch eine und
nur durch eine Gleichung dargestellt werden kann, und
daß die krumme Linie der ersten und einfachsten Gattung
zuzuzählen ist, wenn diese Gleichung nur das Rechteck[1])

[1]) Das heißt das Produkt!

aus zwei unbestimmten Größen oder das Quadrat einer derselben enthält (zu dieser ersten Gattung gehört nur der Kreis, die Parabel, Hyperbel und Ellipse), daß sie aber der zweiten Gattung angehört, wenn die Gleichung in den beiden Unbestimmten (denn es bedarf deren zwei, um hier die Beziehung eines Punktes zu einem andern darzustellen) oder einer derselben bis zur dritten oder vierten Dimension ansteigt, der dritten, wenn die Gleichung die fünfte oder sechste Dimension enthält usw. bis ins Unendliche."

Diese fundamentale Stelle bedarf einiger ergänzender Bemerkungen. Wir haben schon erwähnt, daß Cartesius sich vollständig klar darüber war, die Reihe der zunehmend zusammengesetzten Kurven sei unendlich. „Zusammengesetzt" ist eine Kurve aber dann, wenn ihre mechanische Erzeugung stets mehr von der Erzeugung durch Lineal und Zirkel entfernt ist. Zur Verdeutlichung dieses Umstandes demonstriert Descartes eine Vorrichtung, die wir nachstehend abbilden.

Im Punkt Y befindet sich ein Drehpunkt, so daß der Schenkel YX im Sinne des Pfeiles aus der Lage YZ herausgedreht werden kann. An den Schenkeln nun gleitet eine beliebige Anzahl von Linealen, die in der Anfangslage derart übereinanderliegen, daß die Punkte B, C, D, E, F, G und H im Punkte A vereinigt waren. Drehen wir nun im Sinne des Pfeiles, dann verschieben sich die Lineale gegenseitig jeweils nach dem ihnen verbleibenden Freiheitsgrad, und die Punkte B, D, F und H beschreiben verschiedene Kurven, deren jede „um einen Grad zusammengesetzter ist als die vorhergehende". Der Punkt B beschriebe einen Kreis. Wir können auf die weiteren, aus dieser Auffassung sich ergebenden Probleme nicht im einzelnen eingehen, sondern wir stellen nur fest, daß Descartes sich die Kurven dynamisch oder phoronomisch entstanden denkt. Der heute in Vergessenheit geratene Ausdruck Phoronomie bedeutet soviel wie abstrakte Bewegungslehre. Descartes sagt auch an andrer Stelle, daß man die Kurven in die Geometrie einbeziehen müsse,

194

gleichviel, welchen Grades sie seien, „vorausgesetzt, daß man sie sich beschrieben denken kann durch eine stetige Bewegung oder durch mehrere aufeinanderfolgende solche Bewegungen, deren jede durch die vorhergegangene vollkommen bestimmt ist; denn auf diese Weise kann man stets eine scharfe Vorstellung von den Maßen einer solchen Linie erhalten." Er meint weiter, daß sich die alten

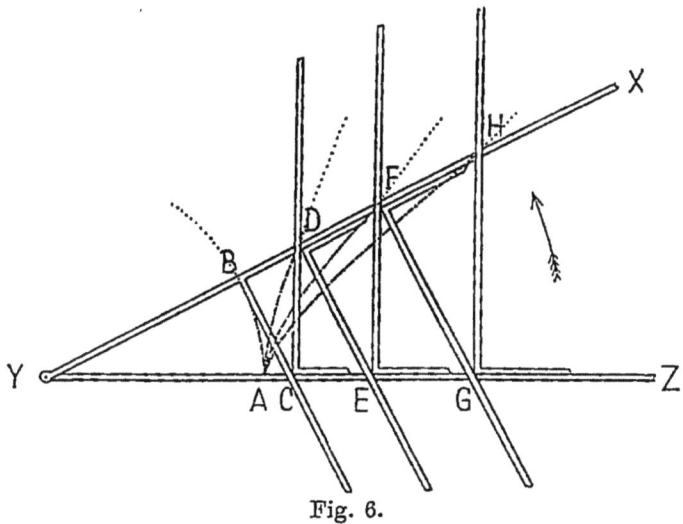

Fig. 6.

Griechen bloß durch einen historischen Zufall von der Betrachtung höherer Kurven hätten abschrecken lassen, da sie zuerst die Spirale und die Quadratrix phoronomisch erzeugten und untersuchten. Diese Kurven aber könnten nur „durch zwei voneinander verschiedene Bewegungen, die in keiner genau meßbaren Beziehung zueinander stehen, beschrieben werden." Sie sind, in heutiger Sprache ausgedrückt, durch algebraische Funktionen nicht darstellbar, sind also transzendent. Nun habe man dasselbe von allen den Grad der Kegelschnitte übersteigenden Kurven geglaubt, obgleich es unwahr sei, und habe deshalb die Forschung nicht weitergetrieben.

Nun wäre zu der oben zitierten Stelle noch beizufügen, daß Descartes den dritten und vierten, den fünften und sechsten Grad von Kurven usw. deshalb in eine Gattung zusammenfaßt, weil er imstande ist, durch geeignete Umformungen jeweils den vierten in den dritten, den sechsten in den fünften Grad usw. zu reduzieren. Wir Heutigen haben diese Cartesische Gattungsbezeichnung im allgemeinen nicht übernommen und sprechen, wie schon angedeutet, von Graden, die wir nach der jeweils höchsten Potenz der betreffenden Kurvengleichung bezeichnen.

Descartes sagt nun weiters an andrer Stelle, er wähle eine gerade Linie, „um auf ihre Punkte die Punkte einer krummen Linie beziehen zu können". Ferner wähle er einen Punkt auf dieser Linie, von dem aus als Ausgangspunkt die Rechnung zu beginnen ist. „Ich sage", fährt er fort, „daß ich diese beiden wähle, weil es freisteht, sie ganz nach Belieben anzunehmen; denn wenn man auch durch eine geeignete Wahl bewirken kann, daß die Gleichung kürzer und einfacher werde, so ist doch leicht zu beweisen, daß sich immer dieselbe Gattung für die Linie ergibt, wie man auch die Wahl getroffen haben möge."

Wir haben Descartes so oft und so ausführlich selbst sprechen lassen, damit sich jeder einen Begriff davon machen kann, wie genau er selbst das Wesen seiner Methode durchschaute. Man liest nämlich oft Dinge, die diese Tatbestände entweder ins Positive oder Negative verfälschen. Entweder wird nämlich dem Descartes zugeschrieben, er habe sich nirgends angelehnt, sei aus dem Nichts zu seinen Ideen gekommen, oder es wird behauptet, er habe die analytische Geometrie in unserem Sinne bloß geahnt. Von beiden kann nach seinen eigenen Worten keine Rede sein. Er kennt seine Vorgänger bis zu Apollonios zurück sehr genau, weiß aber ebenso genau, daß er im Zusammenhang mit seiner Philosophie etwas Neues schafft. Er packt auch am Schlusse seiner „Geometrie" die Analysis rein algorithmisch an und baut zur

Unterstützung der Analyse rein synthetisch eine Theorie der Gleichungen auf, die an und für sich sehenswert ist. Dabei ist er sich schon vollkommen klar über die Tatsache, daß der Grad der Gleichung die Anzahl der Lösungen bedingt[1]), die allerdings auch negativ oder „falsch", wie Descartes dies noch nennt, sein können. Im Vorübergehen führt er die Ausdrücke „reell" und „imaginär" ein und entdeckt das Gesetz des Vorzeichenwechsels. Am Schlusse seiner „Geometrie" bemerkt er, er habe nicht die Absicht, ein dickes Buch zu schreiben, sondern sei im Gegenteil bestrebt gewesen, mit wenigen Worten vieles zu sagen. Man könne, meint er ungefähr, auch alle höheren Probleme der Geometrie nach seiner Methode lösen, wie es ja überhaupt in der Mathematik nicht schwer ist, wenn man erst die zwei oder drei ersten Glieder einer Kette kennt, auch alle übrigen zu finden. „Und ich hoffe", schließt er, „daß unsre Enkel mir nicht nur für die Dinge Dank wissen werden, die ich hier auseinandergesetzt habe, sondern auch für diejenigen, die ich absichtlich übergangen habe, um ihnen das Vergnügen zu überlassen, sie zu erfinden."

Dieser letzte Satz hat kaum ein Gegenstück in der Geschichte der Wissenschaften. Denn er ist sicherlich objektiv und subjektiv ehrlich. Descartes war ein souveräner Geist wie wenige, ein Grandseigneur des obersten Wissensreiches. Man fühlt in seinen Werken fast die Unlust eines alten Aristokraten, zuviel zu sprechen. Er weiß die Dinge, ist sich selbst darüber im Klaren und damit genug. Was geht sein Denken andre an? Dieses Denken, das nach seinem Leitsatz „cogito, ergo sum" gleichsam der Wirklichkeitsbeweis für das Weltall ist. Aber er ist auch Offizier, kennt schwere Pflichten. Noblesse oblige. Er muß sprechen. Und so sagt er das Wichtigste, das Einzigartige, das Unwiederholbare. Aber nur ein einziges Mal, soweit es Mathematik betrifft. Denn die „Geometrie" ist ja nur ein Anhang einer viel umfassenderen Offen-

---

[1]) Der sogenannte „Fundamentalsatz der Algebra", der erstmalig von Girard im Jahre 1629 behauptet wurde.

barung, des „Discours sur la méthode". Er interessiert sich nicht für Entdeckungen oder Resultate, sondern für die Ausbildung der Werkzeuge. Und er schreibt gleich nach Veröffentlichung der „Geometrie" an Mersenne: „Erwarten Sie in bezug auf Geometrie nichts mehr von mir. Denn Sie wissen, daß ich mich schon lange sträube, mich damit zu befassen." Er hat andre Pläne. „Wer auch immer meine Gedanken aufmerksam prüfen wird", sagt er in den „Regulae" IV., „der wird bemerken, daß ich eine Wissenschaft im Auge habe, ganz verschieden von der Mathematik. Eher könnte die Mathematik ihre Hülle sein als ein Teil von ihr." Dieses letzte Geständnis ist sehr aufschlußreich. Denn damit ist all das bestätigt, was wir bei Descartes als eigentlichste Epoche fühlen, wenn wir ihn dem begrenzt Fachlichen ein wenig entrücken und ihn in eine höhere Sphäre emporheben: Descartes ist der erste seiner Tat voll bewußte Begründer einer Universalmathematik, die man auch als „instrumentale Mathematik" bezeichnen könnte. Mathematik ist ein Zielweg, eine Methode, eine Umhüllung, ein Instrument. Und diese Maschine muß ausgebaut, verfeinert, poliert, subtilisiert werden, um gleichsam jeder Tourenzahl gewachsen zu sein.

Algorithmus und Schreibweise, Untersuchung der allgemeinsten Form, Verschwisterung von Arithmetik und Geometrie, das sind die Forderungen, die für Descartes den Beginn bedeuten, um weiterschreiten zu können. Die Achse aber, um die sich die Maschine dreht, ist die Koordinatenachse. Denn sie ermöglicht es, durch „punktweise Beziehung" das Gerade krumm und das Krumme gerade zu machen. Obwohl nun, wie Descartes meint, die Beziehung zwischen krumm und gerade nie ganz aufklärbar sein wird, hat man doch jetzt eine Maschine in der Hand, dem Problem dieser Beziehungen beizukommen. Denn das Gerade wieder liefert die Einheit, wird die Brücke zur Maßzahl und damit zur Zahl an und für sich. Von jetzt an spiegeln sich zwei weltenweit getrennte Sphären ineinander, leihen einander ihre spezifischen Kräfte und

Möglichkeiten. Es sind die Sphären des „Denkens" und des „Ausgedehnten", um mit dem Philosophen Descartes zu sprechen. Es sind Begriff und Anschauung, würden wir heute sagen. Und so wird die übergeordnete algebraische Form einmal zur Zahl und das andremal zur Figur. Und es kann ein stets wiederholtes, unterbrochenes, wieder aufgenommenes Überspringen stattfinden vom Algorithmus zur Kurve und von der Kurve zum Algorithmus. Damit aber wird jede „forma", auch jede Naturerscheinung beschreibbar und rechnerisch faßbar, sofern sie einen Verlauf hat. Und aus der Dynamik kann in die Statik und aus der Ruhe in die Bewegung zurückgegangen werden.

An einer Stelle aber zeigt sich bei Descartes schon wieder ein neuer Keim werdender Welten, den er anscheinend als solchen fühlt. Denn er sagt: „Ich glaube daher alles vorgebracht zu haben, was für die Elemente der krummen Linie vonnöten ist, wenn ich noch allgemein die Methode entwickle, in einem beliebigen Punkt einer Kurve eine gerade Linie zu ziehen, die die Kurve unter rechtem Winkel schneidet. Und ich wage es auszusprechen, daß dies nicht nur das allgemeinste und nützlichste Problem sei, das ich weiß, sondern auch das in der Geometrie zu wissen ich mir je gewünscht habe." Damit ist das Problem der Tangenten, Normalen, Subtangenten und Subnormalen in vollster Allgemeinheit aufgerollt, und zwar die analytisch-geometrische Durchdringung dieses Problems. Descartes weiß, daß es sich dabei um keine müßige Spielerei handelt. Denn sein durchdringender Blick muß erkannt haben, daß Tangenten und Normalen gleichsam die Gesetzgeber der Kurven sind. Darum will er auch die Gleichung finden, die die Normale in jedem beliebigen Punkt der Kurve haben muß. Denn damit hat er die Tangente in jedem Punkt und den Neigungswinkel dieser Tangente zu den Koordinaten oder Fundamentallinien. Wieder eine Maschine: es ist jetzt nur mehr nötig, die eine Variable der Tangentengleichung willkürlich zu wählen, um zu wissen, welche Neigung die

Tangente im zugeordneten Punkt zur horizontalen Achse hat. So weit aber treibt, wenigstens ausdrücklich, Descartes seine Forschungen noch nicht. Er schafft bloß die Voraussetzungen zu derartigen Überlegungen und bemüht sich dabei, auch rein algorithmisch, alle Schwierigkeiten aus dem Weg zu räumen.

Zum Abschluß wollen wir noch die neue Methode Descartes' von früheren Koordinatendarstellungen abgrenzen. Descartes hat den letzten Schritt auf dem Weg dieser speziellen Entwicklung getan. Er wählt willkürlich seine Fundamentallinien, seine Achsen, bestimmt willkürlich den Koordinatenursprung und bezieht nur punktweise das zu analysierende Gebilde auf diese Koordinatenachsen. Diese Koordinatenachsen sind jedoch nichts andres mehr als unausgesprochene Zahlenlinien, die jede Zahl darstellen dürfen, denn die Zahlen sind nun stets Linien, gleichgültig, aus welcher Rechnungsart die Zahlen entstanden sind. Summen, Differenzen, Potenzen, Wurzeln, all das sind Längen und nichts als Längen. Dadurch aber wird jede beliebige algebraische Gleichung mit zwei Unbekannten ein Beziehungssystem von Längen, kann also innerhalb dieser gewählten Linienkoordinaten jederzeit äquivalent und eineindeutig abgebildet werden. Jede Figur oder Kurve aber, so verwickelt sie ihrer Entstehung nach auch sei, so sehr sie sich, rein phoronomisch betrachtet, aus einer Vielfalt von Bewegungen zusammensetzt, kann wieder umgekehrt in eine Gleichung gegossen werden, die das Gesetz der Kurve restlos in sich enthält. Da aber nun Zahl und Form gleichsam auf einen Generalnenner, die Länge, gebracht sind, darf in jedem der beiden an sich weltenweit verschiedenen Reiche ein Weiterbau, eine Zusammensetzung oder Zergliederung nach den eigentümlichen Gesetzen des betreffenden Reiches stattfinden. Mit den Gleichungen darf man nach Methoden der Arithmetik und Algebra rechnen wie mit Gleichungen, die nichts anderes bedeuten als eben Zahlenausdrücke. Mit den Figuren aber darf man konstruktiv nach Regeln der Geometrie umgehen, wie man

will. Stets und an jeder Stelle jedoch muß sich trotz
voneinander unabhängiger Behandlung der beiden
Reiche in irgendeinem beliebigen Stadium wieder Übereinstimmung ergeben, wenn nur die Verschwisterung
der Kurve und der Gleichung ursprünglich richtig und
vollständig erfolgt ist. Es ist also jetzt ein janusköpfiger
Algorithmus entstanden, eine Doppelmaschine mit
zwangsläufiger Aneinanderkoppelung. Und diese Großtat
des Descartes beherrscht als „analytische Geometrie",
wie wir alle wissen, das mathematische Denken bis zum
heutigen Tag. Aber noch mehr: Dieser Doppelalgorith-
mus wurde das Werkzeug, mit dem die abendländische
Menschheit durch dessen Anwendung auf Physik, Mechanik und Technik das Antlitz des Planeten Erde verändert hat.

Zwölftes Kapitel

GOTTFRIED WILHELM LEIBNIZ
Mathematik als Kosmos

Wenn wir für dieses Kapitel den Raum eines Buches
zur Verfügung hätten, würden wir ihn, ohne zu ermüden,
ausfüllen können. Denn der geradezu rasende Vorwärtssturm, der in der Mathematik im siebzehnten Jahrhundert
trotz umwälzendster politischer Ereignisse vordrängte,
hat kaum seinesgleichen in der Wissenschaftsgeschichte.
Wenn wir politische Ereignisse hervorheben, denken wir
nicht allein an den dreißigjährigen Krieg. Denn auch
die Raubkriege Ludwigs des Vierzehnten und der riesige
Kampf, den England und Holland um die Seeherrschaft
auf allen Meeren ausfochten, erfüllten dieses Jahrhundert
und zogen Hauptakteure des mathematischen Geschehens,
wie etwa einen Jan de Witt, in persönlichste Mitleiden-
schaft. Oder einen Hudde, der seine patriotischen Pflichten als Bürgermeister von Amsterdam für wichtiger hielt
als sein algebraisches Genie und daher freiwillig aus dem
Reigen der großen Mathematiker schied. Vor solchen

Entscheidungen aber standen auch Leibniz und Newton, und die Türkeneinfälle zu Ende des Jahrhunderts machten es überhaupt fraglich, ob die Flut aus dem Osten nicht das ganze eben zur Dachgleiche gedeihende Gebäude abendländischer Mathematik wieder fortspülen und für Jahrhunderte verschlammen würde.

Gleichwohl — und das könnte als „heroisches Gesetz" bezeichnet werden — stimmt der Satz: „inter arma silent Musae" nur sehr bedingt. Daß die Musen im Waffenlärm schweigen, gilt nicht einmal für die Lyrik, nicht einmal für die Schilderung von Idyllen. Am allerwenigsten gilt dieser Satz, soweit uns bisher die Wissenschaftsgeschichte unterrichtet, von geistigen Bereichen, die von wirklichen Männern verwaltet werden. Und dazu gehören wohl in erster Linie die mathematischen Wissenschaften. Kulturgeschichtlich könnte man fast leichter den Satz beweisen, daß die Resonanz großen geschichtlichen Geschehens sich in die Seelen der geistigen Schöpfer fortpflanzt und dort befeuernd mitschwingt. Und wie die echtesten Frauen in Zeiten der größten Not sich nicht aus ihrer naturgegebenen Berufung zurückziehen und der Menschheit freudig neue Menschen schenken wollen, damit das Allgeschehen nicht ende, so werden eben in solchen Zeiten die Männer für Familie und Volk, jeder auf seinem Platze, die letzten, untersten Kräfte anspannen, um zur siegreichen Behauptung ihrer eigensten Welt beizutragen.

Daß wir solche Gedanken gerade im Zusammenhang mit Leibniz aussprechen, hat seine triftigen Gründe. Denn mit ihm trat wieder einmal ein Mann auf den Plan, der bewußt ausgezogen war, seinem zertretenen Volk zu neuem Aufstieg zu verhelfen. Und wieder zeigt es sich an Leibniz, wie am Beginne unserer Wissenschaft bei Pythagoras, daß brennendstes Nationalgefühl zugleich umfassendste und allgemeinste Weltgeltung in sich schließen kann, ja, in sich schließen muß; da ja nur ein Mensch, der schrankenlos dem Gesetze seiner Persönlichkeit folgt, der alle Kräfte seines Wesens konzentriert, jenen Geist ausstrahlen kann, der, wie Goethe von Schiller sagt, früher oder später den Widerstand der dumpfen Welt bezwingt.

Doch wir wollen nicht vorgreifen, da bei Leibniz, mehr als bei irgendeinem anderen Mathematiker, die allgemeine Problemlage Voraussetzung für ein auch nur angenähertes Verständnis seiner Leistung und Bedeutung ist. Dies um so mehr, als, von Leibnizens Zeitgenossen beginnend, zwei folgende Jahrhunderte aus allerlei sehr durchsichtigen Motiven bestrebt waren, seine Gestalt und seine Leistung zu verdunkeln. Doch auch darüber können wir uns hier nicht ausführlich verbreiten. Wir müssen uns vielmehr sehr stark beschränken und wollen vorerst die allgemeine geistige Situation des siebzehnten nachchristlichen Jahrhunderts auf mathematischem Gebiet dadurch verdeutlichen, daß wir daran erinnern, wie radikal der große Descartes die „dicken Bücher" der alten griechischen Geometer ironisierte und den Alten vorwarf, sie hätten ihre Ergebnisse nicht systematisch errungen, sondern gleichsam bloß unterwegs aufgelesen. Weniger als ein Menschenalter später hören wir von Leibniz, er habe gezeigt, wie beschränkt die Geometrie des Herrn Descartes sei, die wichtigsten Probleme hingen auch nicht von Gleichungen der Art ab wie die, auf die sich die ganze Geometrie des Herrn Descartes reduziere, und so fort. Schon die Ausdrucksweise „Herr Descartes" zeigt uns die Kürze des verflossenen Entwicklungszeitraumes. Leibniz polemisiert, obwohl Descartes schon tot ist, gleichsam mit einem noch Lebendigen. Und er stößt sogar schließlich so weit vor, daß er sagt: „Ich konnte mich des Lachens nicht enthalten, als ich sah, daß er (nämlich der Cartesianer Malebranche) die Algebra[1] für die größte und erhabenste aller Wissenschaften hält."

Wie weit Descartes und Leibniz mit ihren Urteilen übers Ziel schossen, soll hier nicht erörtert werden. Es wird sich von selbst durch unsre folgenden Betrach-

---

[1] Gemeint ist hier die Algebra des Endlichen.

tungen herausstellen. Wir wollten aber zeigen, wie diese
beiden Bahnbrecher subjektiv das Tempo der fortschreitenden Entwicklung empfanden. Und wir sehen, daß
wir es ohne alle Übertreibung als „rasendes Werden"
bezeichnen dürfen. Sonst wäre es vollends unverständ-
lich, daß der eine alle vorhergegangenen Leistungen be-
spöttelt und der andere kaum vierzig Jahre später über
diese geistige Revolution lacht.

Wir werden uns also bemühen müssen, sowohl das
Neue als auch das Verbindende dieses Entdeckungs-
zeitraumes, dieser wahrscheinlich fruchtbarsten aller bisherigen Epochen der Mathematik, genau zu verdeutlichen.
Dazu aber müssen wir sehr weit ausholen. Allerdings nur,
soweit unsere Erörterungen über Leibniz die Mathematik
des Unendlichen, die sogenannte Infinitesimalrechnung
betreffen. Sonst wäre es uns weder möglich, diese Rechnungsart selbst zu begreifen, noch könnten wir die weltbewegenden Folgen der Leibnizschen Taten in das richtige Licht stellen.

Wir wissen aus unserem Archimedes-Kapitel, daß die
Beschäftigung mit Unendlichkeitsproblemen auch auf
hellenischem Boden durchaus keine Seltenheit war und
daß sie durch Archimedes selbst einen geradezu staunens-
werten Aufschwung erlebte. Dieser Aufschwung führte
allerdings nicht zu einer allgemeinen Methode, sondern
blieb gleichsam in Einzelproblemen stecken und erweiterte sich nicht mehr wesentlich, wenn auch in nachchrist-
licher antiker Zeit Pappos in seinem fünften Buch bis
zu den isoperimetrischen Problemen vordrang, die in
gewisser Hinsicht unseren Aufgaben über maximale und
minimale Werte einer Funktion verwandt sind.

Wir sprachen bereits von der „Rezeption" der klassischen Mathematik des Altertums. Und behaupteten, sie
habe sich gleichsam in zeitlich umgekehrter Reihenfolge
vollzogen. Diese Behauptung stimmt, wenn man erst
Leibniz und Newton als Vollrezeptoren des Archimedes
oder als seine neuzeitlichen Entsprechungen ansieht.
Allerdings hatte diese Vollrezeption eine nicht unbe-

deutende Vorgeschichte, in die wir jetzt eingehen wollen. Wir werden dabei auch die Gründe erfahren, die es uns unmöglich machen, diese Vorläufer mit Archimedes auf eine Ebene zu stellen, da wir sie viel eher mit Demokrit oder äußerstenfalls mit den Vorläufern des Eudoxos, als kultursynchron im Sinne Spenglers, vergleichen dürfen.

Wir nennen an erster Stelle Galilei und seine Schüler. An zweiter Stelle Johannes Kepler, mit dem wir gleichwohl beginnen werden. Zuerst wollen wir darauf hinweisen, daß Astronomie und Physik sicherlich bei der Entdeckung der neueren Infinitesimalrechnung Pate standen. Allerdings nur bei einer ganz bestimmten Spielart dieses Kalküls, die man eher als die phoronomisch-dynamische Betrachtung der Unendlichkeitsprobleme bezeichnen könnte und die in Isaac Newton ihre weithin leuchtende Spitze fand. Es ist jene Seite des faustischen Geistes, der wir bereits bei Nicole von Oresme, Bradwardinus und Cusanus begegnet sind, jene Darstellung der „Formen" und jene Analyse der Bewegungen, die irgendwie stets an die Paradoxien der auch im neuen Abendland sehr wohlbekannten Philosophie Zenons stoßen mußte. Bei Kepler, diesem eigentümlichen, wandernden Genius, war es ein rein äußerlicher Anlaß, der hier, beinahe im wörtlichsten Sinne, dem Faß den Boden ausschlug. Es gab nämlich in Linz in Oberösterreich, wo Kepler damals eben weilte, im Jahre 1612 eine ganz ausnehmend gute Weinernte, die übrigens das ganze österreichische Donautal und dessen benachbarte Weingelände betraf. Als nun Kepler von dieser „Konjunktur", wie wir heute sagen würden, persönlich Nutzen zog und einige Fässer Weins erstand, die in Linz von donauaufwärts geschleppten Schiffen ausgeladen und geradezu verschleudert wurden, da war er sehr verwundert, als der Verkäufer zur Berechnung des Faßinhaltes einfach eine Meßrute in das Spundloch steckte und aus der Entfernung dieses Spundloches von der gegenüberliegenden Daubenwand den Inhalt des Fasses berechnete. Kepler wußte nämlich, daß man am Rheine entweder den Faßinhalt krugweise bestimmte, oder aber, wenn man schon Maßstäbe anwandte, zahlreiche Messungen durchführte, bis man daraus endlich den Faßinhalt ableitete. Er grübelte drei Tage über das Problem der Kubatur von Weinfässern, die er als Umdrehungskörper auffaßte, und löste die Aufgabe. Dabei soll — so geht eine Art von Legende — auch eine andere Erwägung maßgebend gewesen sein. Man wußte nämlich infolge der Überfülle des Weines kaum, wie man ihn unterbringen sollte. Und Kepler habe gehofft, eine Faßform ausfindig zu machen, die bei gleicher Oberfläche, also gleichem Materialverbrauch, größeren Kubikinhalt besitze als die tatsächlich verwendeten Fässer, was natürlich wirtschaftlich von großem Vorteil gewesen wäre, da ja sowohl das Faßholz als die Faßbinderarbeit sehr teuer waren und noch heute teuer sind. Er überzeugte sich jedoch, daß die „dolia Austriaca", also die österreichischen Fässer, eine fast maximal gute und zweckmäßige Form hatten, eine viel bessere jedenfalls als die rheinischen, was ihn zum Ausspruch veranlaßte: „Quis neget, naturam instinctu solo, sine etiam ratiocinatione docere geometriam?" Wer also könne leugnen, daß die menschliche Natur allein, auch ohne jede grüblerisch rationale Überlegung, die Grundwahrheiten der Geometrie lehre? So müßten wir frei diese merkwürdige Stelle übersetzen, der Kepler noch irgendwo hinzufügt, daß die Menschen dabei einzig und allein durch ihre Augen (Augenmaß) und durch die Schönheit des Gegenstandes angeleitet würden. Also Intuition und ästhetischer Proportionen- und Formensinn sind gleichsam Naturvoraussetzungen geometrischen Erfindergeistes. Doppelt merkwürdig dieser Ausspruch für einen Kepler, den die Nachwelt stets gerne hätte zum kühlen, trockenen Rechner und steinernen Rationalisten umbiegen wollen. Wir wollen es an dieser Stelle auch nicht unterlassen, zu bemerken, daß man Überraschungen auf Schritt und Tritt erlebt, wenn man sich aller mehr oder weniger

206

befugten Geschichtsvermittler entledigt und in geistesgeschichtlichen Dingen die Quellen selbst betrachtet. Es ist ja begreiflich, daß der Parteien Haß und Gunst die Charakterbilder verwirret und die Geschichte schwankend macht. Aber solch eine schwankende Geschichte kann schließlich ein ganzes Volk um seine Zukunftslinie bringen, insbesondere, wenn sie aus dem dämonischen Kepler einen trockenen Rationalisten und aus dem faustischen Tatmenschen Leibniz einen verschrullten Bücherwurm oder gar den Anführer der liberalistischen Aufklärung macht. Große Geister müssen stets komplexe Naturen sein, ja geradezu irrationale, da sie sonst die ebenfalls komplexe, irrationale Struktur der Welt nicht umfassen könnten. Daher findet man in ihren Werken leicht „Belegstellen" für allerlei Hypothesen. Gleichwohl gibt es für den historischen Psychologen auch eine andere, sozusagen ausgezeichnete oder bevorzugte Art von Belegstellen. Das sind Ausrufe, die mit einem Schlag blitzartig die dunklen Hintergründe der Weltansicht des Mannes enthüllen und an denen nicht weiter gedeutet werden kann, weil sie eben eindeutig sind. Ein verbohrter Intellektualist kann niemals, gleich Kepler, behaupten, die Natur selbst lehre uns eine Aufgabe der Maximumrechnung lösen. So etwas könnte höchstens als überintuitionistisch oder metalogisch schärfstens bekämpft werden.

Wir müssen aber auch hier unsere methodologische Polemik abbrechen, so interessant ihre Fortsetzung wäre. Wir stellen also fest, daß Kepler vom Problem der Weinfässer nicht mehr loskam und schließlich im Jahre 1615 in Linz sein epochales Werk „Nova Stereometria Doliorum Vinariorium, accesit Steriometriae Archimedae supplementum" drucken ließ, nachdem ein überweiser Verleger in Augsburg die Herausgabe des Werkes abgelehnt hatte, da ein solcher, sozusagen kompromittierender Gegenstand auch von einem hochberühmten Mann nicht zu wissenschaftlichem Rang erhoben werden könne. Diese „neue Stereometrie der Weinfässer", die zugleich, wie der Titel sagt, eine Ergänzung der archimedischen Stereometrie darstellen sollte, ist in der abgekürzten Bezeichnung „Doliometrie" oder „Fässermessung" trotz des Verlegerurteils in die klassische Ewigkeit eingegangen. Sie ist unter anderem auch in deutscher Übersetzung erst in jüngerer Zeit in „Ostwalds Klassikern" neu herausgegeben worden. Ihr Inhalt ist ein großartiger. Nicht weniger als 92 neue Kubaturen von Umdrehungskörpern leistet Kepler über Archimedes hinaus, denen er nach ihrer Gestalt die Namen der „apfelförmigen", „zitronenförmigen", „olivenförmigen" und so weiter gibt. Im weiteren Verlauf des Werkes befaßt er sich dann mit den Weinfässern und kommt durch die Natur seines Problems zwangsläufig zu Maximumaufgaben, wie wir schon andeuteten, wobei er sich bereits schärfer noch als Nicole von Oresme der Tatsache bewußt wird, daß die Veränderungen einer Funktion dicht beim Maximumswert zu verschwinden beginnen.

Nun dürfen wir leider auch hier nicht länger verweilen, sondern wir müssen uns einer andern markanten Gestalt dieser Zeit, dem Jesuiten Bonaventura Cavalieri zuwenden, der als Professor in Bologna seine berühmte „Geometria indivisibilibus continuorum nova quadam ratione promota" im Jahre 1635 veröffentlichte. Cavalieri war Schüler Galileis und seine „Geometrie der Indivisiblen" erregte großes Aufsehen. Allerdings behaupteten schon die Zeitgenossen, das Werk müßte mit dem Preis der Dunkelheit ausgezeichnet werden, wenn ein solcher zur Vergebung gelangte. Wir haben schon einmal die Mitwelt den Titel der „Dunkelheit" verleihen gesehen. Es ereignete sich dies bei Heraklit. Und es erfolgte merkwürdigerweise fast im gleichen Zusammenhang, nämlich gelegentlich der dynamischen Konstituierung des Stetigen oder des Kontinuums. Wir müssen allerdings auch heute, wo wir nach der Arbeit zweier Jahrhunderte tief in die Abgründe der Infinitesimalbetrachtung hineinschauen, sagen, daß Cavalieri tatsächlich kein Musterbeispiel von Klarheit war. Dies geht so weit, daß er seinen Hauptbegriff, seine „unteilbaren Elemente", oder wie man die „Indivisiblen" übersetzen soll, nirgends definiert und dadurch seinen ganzen, äußerst kühnen Aufbau gleichsam vollständig in Schwebe hält. Warum er dies tat, ist bis heute ein Geheimnis und es sind darüber allerlei Vermutungen aufgetaucht, um so berechtigtere, als Cavalieris Ergebnisse, im Gegensatz zu der von ihm erläuterten Methode, sehr richtige und eindeutige sind. Manche Geschichtsforscher glauben daher annehmen zu müssen, Cavalieri, der ja Ordensgeistlicher war, habe sich, insbesondere nach den Ereignissen um Galilei, gescheut, eine Theorie allzu deutlich preiszugeben, die vielleicht als revolutionär hätte angesehen werden können. Wir wollen uns aber nicht in so komplizierte spezialgeschichtliche Fragen einlassen, sondern berichten, daß im Gegenstande selbst für die damalige Zeit ungeheure Schwierigkeiten lagen. Und daß es weiters seit der Renaissance üblich geworden war, der Erfindungskraft mehr Wert zuzusprechen als der logischen Strenge. Dies stimmt auch genau mit all dem zusammen, was wir über die „Rezeption" der Griechen behaupteten. Der faustische Weg ähnelte viel eher dem prometheischen und dionysischen als dem euklidischen und apollinischen.

Cavalieri nun stellte sich alle geometrischen Gebilde als Gesamtheiten von Linien oder von Ebenen vor, je nachdem es sich um ebene oder räumliche Gebilde handelte. Diese „Summa omnium…" entsteht durch ein „Fließen", indem eine Parallellinie in die andere, eine Parallelebene in die andere übergeht. In einem späteren Werk vergleicht Cavalieri bildhaft die Flächen mit Geweben und die Körper mit Büchern. Auf jeden Fall aber fordert er im ersten Satz des siebenten Buches seiner Indivisibiliengeometrie, daß Gebilde der Ebene wie des Raumes nur dann inhaltlich gleich sind, wenn in gleicher Höhe die beiden geführten Schnitte gleiche Strecken bzw. gleiche Flächen ergeben. Das ist der berühmte grundlegende Satz von Cavalieri, den wir auf der Schule lernen und der aller Raummessung zugrunde liegt. Aber eigentlich auch aller Flächenmessung. Wir haben durch die Tatsache seines Jahrhunderte währenden Gebrauches fast vollkommen das Gefühl dafür verloren, daß es sich bei diesem Prinzip nicht bloß um eine rein infinitesimale Überlegung handelt, sondern daß diese Überlegung darüber hinaus auch nach allen Richtungen logisch bedroht und in sich paradox ist. Das sehen wir gleich an einem Angriff Guldins auf Cavalieri, jenes Guldin, nach dem die „Guldinsche Regel"[1]) benannt ist, obwohl sie durchaus nicht von ihm, sondern bereits im hellenischen Altertum entdeckt wurde. Guldin also hält Cavalieri vor, daß, wenn man in einem beliebigen Dreieck ABC die Höhe BD fälle, diese das Dreieck in zwei im allgemeinen höchst ungleiche rechtwinklige Dreiecke zerlege. Wenn man weiters Parallele zur Grundlinie ziehe und von den Schnittpunkten dieser Parallelen mit den Dreiecksseiten AB und BC Lote zur Grundlinie AC konstruiere, dann müßten diese Lote als Parallele zwischen Parallelen paarweise gleich sein. Dies könne man nun durch unendlich viele Parallelenziehungen unendlich oft wiederholen und finde hierdurch schließlich, daß sich das Dreieck ABD aus denselben Bestandteilen, aus ebendenselben Indivisibilien zusammensetze wie das ganz ungleich große Dreieck BCD, womit jeder Schluß von der Indivisibilienzusammensetzung auf die Endgröße der „Summa omnium linearum", also der Summe unendlich vieler Geraden (Strecken) in sich zusammenbreche. Cavalieri antwortet im Jahre 1647 in den „Exercitationes geometricae sex" auf diesen und auf andere Einwürfe und stellt bezüglich des von uns ausführlicher gebrachten Angriffs fest, daß er ausdrücklich gefordert habe, die Indivisibilien müßten sich paarweise in gleichem Abstand befinden, um Inhaltsgleichheit zu erzeugen. Gleichwohl ist diese Auseinandersetzung ein erschreckendes Fanal in der Nacht der Unendlichkeitsbetrachtungen.

---

[1]) „Der Rauminhalt eines Umdrehungskörpers ist gleich dem Produkt aus erzeugender Fläche und Weg des Schwerpunktes dieser Fläche."

Denn so richtig die Entgegnung Cavalieris ist, so unwiderleglich ist der Einwurf Guldins. Wir bewegen uns bei der Annahme aktualer Unendlichkeit sofort in lauter Gegengesetzlichkeiten (Antinomien), und auch die Mengenlehre, die zur Überbrückung solcher Antinomien geschaffen wurde, hat uns erst in jüngster Zeit durch die Forschungen Zermelos, Hausdorffs und anderer in noch ärgere Paradoxien gestürzt.

Wir sind aus Raumgründen und infolge des Wesens unserer Epochengeschichte leider nicht imstande, eine nur halbwegs vollständige Entwicklungsgeschichte der Infinitesimalmathematik zu geben. Wir müssen uns deshalb mit dem Hinweis begnügen, daß nach Kepler und Cavalieri das Problem durchaus nicht aus dem Gesichtsfeld der Mathematiker entschwand. Im Gegenteil: eine fast ununterbrochene Kette von Einzelleistungen schließt sich den von uns erwähnten Anfängen an, und die Namen Fermat, Pascal, James Gregory, Wallis stehen mit diesen Problemgruppen im Zusammenhang, wobei besonders hervorzuheben ist, daß dem Engländer Wallis der Ruhm gebührt, das Problem des „Grenzüberganges", d. h. also das Problem des Überganges vom Endlichen zum Unendlichen und umgekehrt, in voller Breite durchschaut und aufgerollt zu haben.

Wir müssen aber anderseits — und dies ist einer der Hauptgründe, warum wir auf diese Einzelleistungen nicht näher eingehen —, wir müssen also feststellen, daß es sich dabei meistens tatsächlich bloß um Einzelleistungen handelte, die außerdem nur die eine Seite der Unendlichkeitsrechnung, nämlich die Integralrechnung, also die Aufgaben der Quadraturen, Kubaturen und Rektifikationen von Kurven betrafen. Es heißt also auch nicht mehr, wenn gesagt wird, daß sowohl Newton als Leibniz eigentlich die Unendlichkeitsrechnung nicht zu entdecken gehabt hätten, denn sie sei bereits vorgelegen. Gewiß, der Gedanke der Integration lag vor. Das ist um so weniger zweifelhaft, als er ja schon bei Archimedes vorlag. Es ist aber doch etwas mehr als ein oberflächlicher Unterschied, wenn man bis auf Newton und Leibniz ganze Bände brauchte, um einige wenige bestimmte Fälle von Integrationen zu berechnen, oder wenn man in wenigen Worten eine vollständig allgemeine Methode aufstellt, die es uns gestattet, jedes beliebige derartige Problem in Angriff zu nehmen. Wir stehen eben wieder vor einem Wesensunterschied, der etwa dem Unterschied zwischen den „Koordinaten" des Apollonios und des Descartes entspricht.

Wir haben einige Male „Newton und Leibniz" gesagt, als ob es sich um eine gemeinsame Entdeckung handelte. Mit diesem „und" aber berühren wir einen der verwickeltsten Prioritätsprozesse, die die Wissenschaftsgeschichte aufzuweisen hat. Noch in jüngster Zeit fanden sich ansonst ernst zu nehmende Mathematikhistoriker wie Eneström, die an eine Entscheidung des Prioritätsstreites nicht glauben und das üble Licht, das zwei Jahrhunderte über Leibniz lag, gerne weiterbestehen ließen. Wir werden also in diesem Kapitel doppelt vorsichtig und genau zu Werke gehen müssen, um das wirklich Wesentliche herauszustellen und auch das eigentlich Widersinnige des Prioritätsstreites zu beleuchten. Dazu aber genügt nicht allein die objektive Problemlage, sondern wir müssen die persönlichsten Komponenten Leibnizens zu durchdringen versuchen.

Leibniz wurde im Jahre 1646, also zwei Jahre vor dem Westfälischen Frieden, der dem Dreißigjährigen Krieg ein Ende setzte, zu Leipzig als Sohn eines angesehenen Universitätsprofessors geboren. Schon in frühester Jugend zeigte er unwahrscheinliche geistige Fähigkeiten, die allerdings in seiner Vaterstadt nicht anerkannt wurden, weshalb er in Nürnberg, das ihn freundlich aufnahm, zum Doktor der Rechte promovierte. Dort auch lernte er den Staatsmann Baron Boineburg kennen, was für ihn schicksalhaft wurde. Er trat zuerst in dessen persönliche Dienste, dann in den Dienst des Kurfürsten von Mainz, des Landesherrn Boineburgs, und ging in kurmainzischer diplomatischer Mission im März 1672 nach Paris. Dort geriet er rasch in den Brennpunkt des geistigen Lebens, wurde mit dem Physiker und Mathematiker Huygens, den Schriften Pascals und Descartes' bekannt und lernte auch gelegentlich einer Reise nach England berühmte englische Mathematiker kennen. So sehr nun auch diese äußeren Umstände auf sein geistiges Schaffen einwirkten, ist es nach unserer Ansicht doch viel mehr seine innere Strukturierung gewesen, die das Wunder seiner Entdeckungen veranlaßte. Die Zeit war reif geworden, den letzten algorithmischen Ansturm zu wagen, insbesondere für einen Leibniz, der schon als Jüngling von einer „allgemeinen Charakteristik", von einem Logikkalkül geträumt hatte, welcher uns als allgemeine Denkmaschine in den Stand setzen sollte, auf alle Fragen eine gleichsam automatisch erzeugte Antwort zu erhalten. Eine „Cabbala vera", eine „lullische Kunst" sollte uns führen, eine „ars inveniendi" und „ars combinatoria". Also eine spezifische Entdeckungskunst und eine Kombinationskunst. Wir sehen hier zum ersten Male das algorithmische Ideal in vollster Allgemeinheit und vollster Bewußtheit aufgerichtat. Und dazu mit einer zähen Planmäßigkeit, die sich in kurzer Zeit in mehr als einer Tat bewies.

Also noch einmal und so deutlich als möglich: Der kaum der Kindheit entwachsene Leibniz ging durchaus nicht darauf aus, ein Mathematiker zu werden. Er war vielmehr von universellstem Wissensdurst verzehrt und von einem auch rein äußerlichen Tatendrang, der ihm in die politischen Geschicke Polens einzugreifen gebot und ihm den Mut gab, zugunsten der deutschen Sicherheit dem Sonnenkönig Ludwig XIV. eine Expedition nach Ägypten vorzuschlagen. Leibniz war zu dieser Zeit fast ausschließlich Philosoph und Jurist, vielleicht noch Historiker, Chemiker, Physiker und Theologe. Die ungeheure Vielfalt des Wissens, die Durchdringung gewordener Wissenschaft aber genügte ihm nicht. Er wollte mehr, viel mehr. Und wie Goethes Faust des „Nostradamus altes Buch" aufschlägt, wie er seine Wißbegier mit Zauberei verschwistert, suchte der junge Leibniz, der faustischeste aller Geister, nach der wahren Kabbala. Geschult und erfahren durch antike und scholastische Literatur, beschwor er den Geist des Raimundus Lullus herauf, bei dem er eine deutliche Andeutung des einzuschlagenden Weges gefunden zu haben glaubte. Es mußte — das war Leibnizens Überzeugung — möglich sein, in umfassendster Art durch Kombination aller einfachen Dinge die zusammengesetzteren zu gewinnen, wobei man noch den Vorteil hatte, daß einem auf diesem synthetischen, zusammenfügenden Entdeckungswege nichts entschlüpfen konnte.

Es ist klar, daß Leibniz, auch bevor er nach Paris kam, elementare Kenntnisse der Mathematik besaß. Aber, auch das ist bezeugt, tatsächlich nur höchst elementare. Daher ist es mehr als verständlich, daß ihn in Paris ein geistiger Rausch überkam, als er sah, wie viel an bereits Geschaffenem seinem Vorhaben willig entgegenströmte. Die tiefere Mathematik, insbesondere die Cartesische Algebra, die Logarithmen, die Analytik, die Bemühungen um Reihenentwicklungen, Cavalieris Indivisibilien, die Imaginärzahlen, all das mußte ihm wie Offenbarungen erscheinen. Und er berichtet selbst über die Entdeckungs-Schauer, die ihn überliefen, als er fand, daß $\sqrt{1 + \sqrt{-3}} + \sqrt{1 - \sqrt{-3}} = \sqrt{6}$ sei. Gut, er erzählt uns die Anekdote, wie er dieses Resultat Huygens zeigte und dieser darüber sehr erstaunt war, in klaren, schlichten Worten. Aber hinter diesen Worten fühlt man die Erregung zittern, die ein solches Ergebnis in Leibniz aufwühlen mußte. Denn hier lag eine ungeheure Bestätigung seines eigentlichsten Lebenszieles vor seinen Augen. Der Algorithmus, die Denkmaschine hatte es zustande gebracht, daß die Summe zweier Wurzeln aus „komplexen Zahlen", wie wir heute sagen, also die Summe zweier durchaus unverständlicher und unvorstellbarer Ausdrücke, ein zwar noch irrationales, gleichwohl jedoch unleugbar greifbares Resultat lieferte.

214

Wie gesagt, dürfen wir bei Einzelheiten leider nicht verweilen. Wir wollen nur anmerken, daß Leibniz in dreifacher Art den Algorithmus als solchen ausbaute. Zuerst durch die Erfindung der Rechenmaschine, deren Konstruktion in den wesentlichsten Einzelheiten auch noch den heutigen Maschinen zugrunde liegt. Er war allerdings nicht der erste Ideenbringer auf diesem Gebiet, sondern setzte zum Teil die Gedanken Pascals fort. Jedoch war seine Maschine sicherlich weit vollkommener als die funktionsunfähige Konstruktion Pascals. Wir sehen hier vom praktischen Nutzen der Rechenmaschine ganz ab. Wir betonen nur, daß sie gleichsam das Stahl und Zahnrad gewordene Sinnbild Leibnizscher Algorithmussehnsucht war. Auch bei der Maschine leistete ja eine verborgen bleibende kombinatorische Kunst die Rechnung, schnurrten Räder ab, die man ein für alle Male konstruiert hatte. Zwischen Frage und Lösung lag der selbsttätige Mechanismus, lag die Brücke des Algorithmus. Dieser erste große Triumph, der sichtbar bestätigte, was Leibniz anstrebte, befeuerte ihn zu neuen Taten. Er versuchte sich in einem zweiten, weit verwickelteren Mechanismus, der es endlich ermöglichen sollte, das arithmetische Gegenstück zu den Exhaustionsversuchen der Alten zu bilden. Dieses Anpürschen an die irrationalen und transzendenten Zahlen, denen man ja schon durch Dezimalbruchentwicklungen hatte zu Leibe rücken wollen, konnte nur durch Reihen erfolgen. Und es liegt daher ganz auf der Linie Leibnizscher Gedankengänge, wenn er den Algorithmus der Reihen ausbildete, wo er auf derartige Probleme stieß. Und es ist bekannt, obgleich auch hierin andere Prioritätsansprüche erhoben wurden, daß Leibniz während seines Pariser Aufenthaltes die auch heute noch nach ihm benannte unendliche Reihe entdeckte. Diese sogenannte „Leibniz-Reihe", die aus einer Reihenentwicklung der Arcustangensfunktion sich herleitet, gibt bei $x = 1$ für $\frac{\pi}{4}$ den Wert $\frac{\pi}{4} = 1 - \frac{1}{3} + \frac{1}{5} - \frac{1}{7} + \ldots$ Allerdings eignet sich diese

Reihe nicht besonders zur tatsächlichen Berechnung von π, was nichts daran ändert, daß sie tiefe theoretische Einblicke in den Bau dieser Funktionen vermittelt.

Wir haben schon einige Male das Wort „Funktion" ausgesprochen. Dieser Begriff nun war die dritte Aufgabe, auf die sich die algorithmische Bemühung Leibnizens in seiner Pariser Zeit in vollster Allgemeinheit richtete. Der verdienstvolle Leibniz-Forscher Dietrich Mahnke sagt in seiner Arbeit „Zur Keimesgeschichte der Leibnizschen Differentialrechnung", daß Leibniz schon im Jahre 1673 so weit gelangt war, daß er in seiner großen Abhandlung: „Methodus tangentium inversa seu de functionibus" die Gleichwertigkeit der inversen Tangentenprobleme mit Quadraturen und Rektifikationen erkannte und sie gemeinsam, als infinitesimale Summationen, den gewöhnlichen Tangentenproblemen gegenüberstellte, die mit infinitesimalen Differenzenbildungen gleichbedeutend sind; hier führte er auch schon den Ausdruck „functionem faciens" oder verkürzt „functio" für gesetzmäßig veränderliche Größen ein, z. B. für Tangenten, Normalen, Subtangenten und andere Strecken, die an einer Kurve eine „Funktion" oder „Verrichtung" ausüben. Z. B. sie berühren, auf ihr senkrecht stehen usw., und nun, während sie mit der Kurve fortschreiten, in variabler Größenrelation zur Abszisse oder Ordinate der Kurve stehen... So weit Mahnke. Wir wollen nun in möglichst gemeinverständlicher Art diese aufschlußreiche Stelle erörtern.

Leibniz hat also bereits 1673 gewußt, daß sich der Unendlichkeitskalkül aus zwei voneinander getrennten Problemgruppen zusammensetzen müsse. Aus der „umgekehrten" und der „gewöhnlichen" Tangentenaufgabe. Die inverse Tangentenaufgabe sei gleichwertig mit Quadraturen und Rektifikationen, die normale mit Differenzenbildungen unendlich kleiner Größen. Was heißt das? Um diese Frage zu beantworten, müssen wir an die Entdeckung, besser die Erfindung der Koordinaten erinnern. Innerhalb eines solchen Bezugssystems drückt

216

sich die Kurve durch eine Gleichung aus, und es kann nun in zweierlei Art gefragt werden, wenn man, wie es Roberval schon tat, sich die Kurve aus der Tangente entstanden denkt. Man kann nämlich einmal fragen, welchem durchgängigen Richtungsgesetz eine Tangente entsprechen muß, damit sie an jeder Stelle, gleichsam in jedem Punkt der Kurve, also bei jedem willkürlichen Wert der Abszisse, bei jedem x, aus einer Formel eruierbar ist, die allgemein für jeden Punkt der Kurve gilt. Das ist das normale Tangentenproblem, das, wie Leibniz sagt, arithmetisch auf Bildung infinitesimaler Differenzen hinausläuft, da wir ja, um die Formel zu gewinnen, einen Punkt der Kurve mit dem vorhergehenden oder nachfolgenden Punkt differentiell vergleichen müssen. Setzen wir weiters, und das ist unerläßliche Vorbedingung, den stetigen und gesetzmäßigen Verlauf der Kurve voraus, dann muß der Vergleich benachbarter Punkte das Gesetz der Richtungsänderung als das Gesetz der an der Kurve gleichsam abrollenden Tangente offenbaren. Wenn wir weiters, und das ist jetzt das „inverse" oder umgekehrte Tangentenproblem, uns vorstellen, wir wüßten bereits diese Formel, nach der die jeweilige Tangente bzw. deren Neigungsänderung gewonnen werden kann, dann wird es uns durch ein geeignetes Rechnungsverfahren möglich sein, aus der Tangentenformel wieder die uns noch unbekannte Kurvengleichung zu gewinnen, die wir heute als primitive oder Stammfunktion bezeichnen. Daß diese Rechnungsoperation allerdings gleichwertig ist mit Quadratur und Kurvenlängenmessung oder Rektifikation der Kurve, war ein Genieblitz Leibnizens, der aus der Problemstellung allein noch nicht hervorgeht.

Nun hat aber Leibniz trotz dieser deutlichen Erkenntnisse noch mehrere Jahre gebraucht, um die Idee in die Tat umzusetzen. Die Tat hieß aber auch hier wieder nichts andres als Erfindung oder Aufstellung eines geeigneten Algorithmus oder zumindest einer entsprechenden Notation. Dabei erhielt er noch eine Erleuchtung durch eine weitere Entdeckung. Er war nämlich infolge seiner mathematischen Fähigkeiten von den Freunden des bereits verstorbenen Pascal gebeten worden, den Nachlaß dieses Genies zu sichten und herauszugeben. Hierbei fiel ihm eine Zeichnung in die Hand, die das Verhalten der Sinusfunktion im ersten Quadranten darstellte. Diese Zeichnung verallgemeinerte sich aber im entdeckungsbereiten Geist Leibnizens zur Erkenntnis des sogenannten „charakteristischen Dreiecks", dessen Abbildung wir in der Figur wiedergeben.

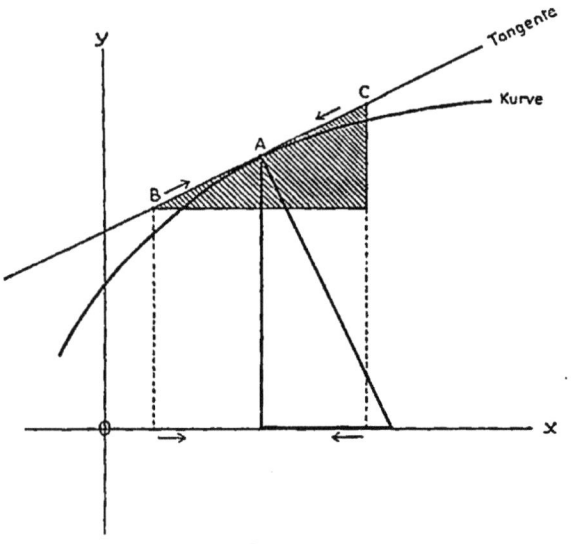

Fig. 7

Der Gedankengang Leibnizens ist hierbei folgender: Eine Tangente, die im Punkt A die Kurve berührt, steht in den Punkten B und C naturgemäß schon ein beträchtliches Stück von der Kurve ab. Wenn wir nun B und C als Endpunkte der Hypotenuse eines rechtwinkligen Dreiecks betrachten, dessen Katheten zu den Koordinatenachsen parallel sind, dann ist dieses Dreieck einem andren Dreieck ähnlich, das aus der Tangentennormale,

218

einem Stück der Abszissenachse und einer Parallelen zur Ordinatenachse gebildet wird. In unserer Fig. 7 ist dieses zweite Dreieck, dessen Scheitel im Punkt A liegt, durch dickere Linien hervorgehoben. Also, kurz gesagt, das schraffierte Dreieck ist ähnlich dem dickgeränderten Dreieck. Nun stellen wir uns weiter vor, daß sich die Punkte B und C in der Richtung der Pfeile stets mehr auf A zu bewegten. Dadurch wird das geschraffte Dreieck kleiner und kleiner werden, ohne jedoch seine Gestalt zu ändern. Das heißt, es wird stets dem dickgeränderten Dreieck ähnlich bleiben. Diese Schrumpfung aber hat keine Grenzen. Man kann sie durch Zusammenrücken von B und C so weit treiben, als man will, und es ist der Augenblick nicht anzugeben, wann es dadurch den Blicken gleichsam entschwindet, daß B, A und C in einen einzigen Punkt zusammenfallen. Hat jetzt, so fragt sich Leibniz, das geschraffte Dreieck zu existieren aufgehört? Man kann diese Frage mit Ja beantworten, da ein Dreieck begrifflich nicht mehr bestehen kann, wenn die Eckpunkte übereinanderliegen, also keine Möglichkeit mehr besteht, die Dreieckseiten zu ziehen. Man kann sich aber wieder nicht recht vorstellen, daß dieses Verschwinden mit einem Schlag eintritt, da ja Stetigkeit (Kontinuierlichkeit) der Linie vorausgesetzt ist. Wäre es da, von einem andern Gesichtswinkel aus, nicht logischer, anzunehmen, daß das Dreieck zwar unseren Blicken irgendwann entschwunden ist, daß seine Eigenschaften aber erhalten geblieben sind? Wir wissen ja seit den alten Griechen, speziell seit Euklid, daß Proportionen mit der absoluten Größe nichts zu tun haben. Nun hat aber das geschraffte Dreieck stets die Proportionen des dickgeränderten gehabt, so weit wir es auch schrumpfen ließen, da es mit ihm ähnlich war. Wir dürfen also — und dies die Krönung der Leibnizschen Erkenntnis — annehmen, daß zwar das geschraffte Dreieck verschwunden ist, seine Proportionen jedoch im dickgeränderten „charakteristischen" Dreieck weiter, riesengroß und meßbar, vor unseren Augen stehen

.

bleiben. Man kann also jetzt das Gesetz der Tangente für
jeden Punkt durch ein Seitenverhältnis des charakteristischen Dreiecks oder, was dasselbe ist, durch eine
Winkelfunktion des Neigungswinkels der Tangente ausdrücken. Wie aber findet man diese Funktion allgemein,
wie vor allem bringt man diese Funktion mit der Kurvengleichung in Beziehung? Leibniz, das wissen wir schon,
beschreitet hierzu den Weg der Differenzenrechnung, die
er durch Grenzübergang zur Differentialrechnung aus-
bildet. Und zwar genügt als Fundament der ganzen
Differentialrechnung eine einzige Formel, die als so-

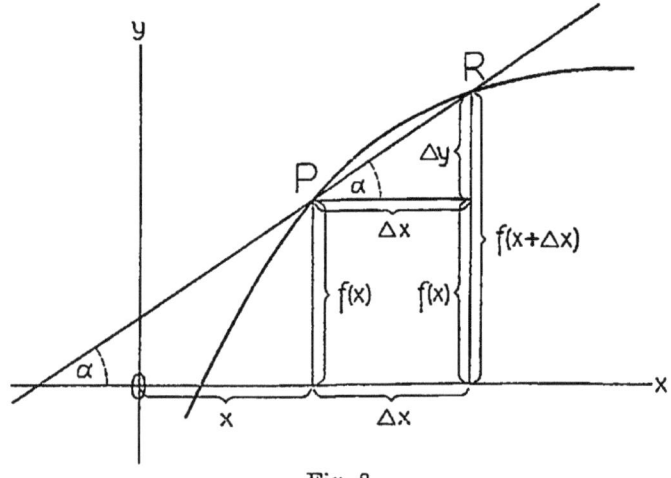

Fig. 8

genannte „Leibniz-Formel" in die Wissenschaftsgeschichte
eingegangen ist. Wenn wir uns nämlich vorstellen, daß
das x, also der Abszissenwert, gewachsen ist, dann wird
auch das y, also die Ordinate, irgendwie gewachsen sein,
falls es sich um eine steigende Kurve handelt. Bei einer
fallenden müßte die Überlegung ein wenig anders vorgenommen werden, es würde sich aber im Wesen an der
Untersuchung nichts ändern. Also wir stellten fest, daß,

220

wenn wir das x um eine noch vorläufig endliche Zuwachsgröße $\varDelta x$ vermehren, auch das y um eine Größe $\varDelta y$ gewachsen ist. Hierzu zeichnen wir uns wieder eine Figur, die mit dem charakteristischen Dreieck eng verwandt ist. Wir ersehen aus ihr, daß wir hier bei endlichem Zuwachs bloß den Neigungswinkel der durch P und R gezogenen Sekante als Winkel α gewinnen können, wenn wir etwa die Tangensfunktion aus dem Verhältnis von $\varDelta y$ zu $\varDelta x$ bilden. Nun ist aber $\varDelta y$ nichts andres als der Funktionswert von $(x + \varDelta x)$, vermindert um den Funktionswert von x, da ja die Funktion $y = f(x)$ sich nach Zuwachs $(x + \varDelta x)$ in $y + \varDelta y = f(x + \varDelta x)$ verändert. Wir dürfen also sagen, der Tangens des Winkels α oder, was dasselbe ist, $\dfrac{\varDelta y}{\varDelta x}$ sei gleich $\dfrac{f(x + \varDelta x) - f(x)}{\varDelta x}$ oder: die Differenz aus der um den Zuwachs vermehrten Funktion und der gegebenen Funktion, dividiert durch den Zuwachs von x, kennzeichne die trigonometrische Tangente des Neigungswinkels der Sekante, die durch P und R geht. Da wir aber nicht die Sekante, sondern die Tangente im Punkte P kennenlernen wollen, müssen wir einen unendlich kleinen Zuwachs dx annehmen. Wir suchen also jetzt nicht mehr den Winkel α, sondern den Winkel α', den wir aber, genau wie bei den endlichen Differenzen, gewinnen können. Denn auch in diesem Falle kann der Winkel nichts andres sein als der durch die Tangensfunktion ausgedrückte Neigungswinkel der Tangente mit der als durchwegs positiv betrachteten Abszissenachse. Der Tangens von α' aber ist $\dfrac{dy}{dx}$, und dy ergibt sich, rein algorithmisch, aus den beiden Gleichungen $y = f(x)$ und $y + dy = f(x + dx)$ mit $f(x) + dy = f(x + dx)$, also als $dy = f(x + dx) - f(x)$ und $\dfrac{dy}{dx} = \operatorname{tg} \alpha' = \dfrac{f(x + dx) - f(x)}{dx}$.

Wir haben ein wenig vorgegriffen, da Leibniz selbst in seiner Bezeichnungsweise nicht sofort so schrieb, wie wir es taten. Aber im Wesen haben wir den Tatbestand der ersten Entdeckung richtig wiedergegeben, wenn wir uns auch einer etwas späteren Schreibweise bedienten. Wie gesagt, war mit dieser Leibniz-Formel der Algorithmus der „gewöhnlichen" Tangentenaufgabe geschaffen, und es waren bloß mehr die Einzelregeln zu gewinnen, diese Formel richtig zu handhaben. Wir werden dies an einem einfachen Beispiel erläutern. Gegeben wäre etwa die Parabel $y = x^2 - 7$ und gesucht das Gesetz der Tangente oder der „Differentialquotient" dieser Parabel für jeden Punkt. Nach der Leibniz-Formel ist

$$\frac{dy}{dx} = \frac{[(x+dx)^2 - 7] - [x^2 - 7]}{dx} =$$

$$= \frac{[x^2 + 2x\,dx + (dx)^2 - 7] - [x^2 - 7]}{dx}$$

und nach Klammerauflösung

$$\frac{dy}{dx} = \frac{x^2 + 2x\,dx + (dx)^2 - 7 - x^2 + 7}{dx} = \frac{2x\,dx + (dx)^2}{dx}.$$

Nun muß der sogenannte Grenzübergang erfolgen, d. h. die Überlegung, welche der unendlichkleinen Größen für die Rechnung von Belang sind. Denn den obigen Ausdruck hätten wir ebensogut auch als Differenzenquotienten bei endlichen Zuwächsen erhalten, und wir gewännen dabei als $\frac{\Delta y}{\Delta x}$ schließlich $(2x + \Delta x)$ als Tangenswert der Sekanten. Wir können jetzt diesen Grenzübergang in zweierlei Art bewerkstelligen. Entweder rechnen wir überhaupt zuerst mit dem Differenzenquotienten und erklären dann, daß $(2x + \Delta x)$ bei einem Schwinden des Δx zu dx, also zu einem unendlich kleinen Zuwachs, einfach zu $2x$ wird, da Addition einer unendlich kleinen Größe eine endliche Größe unverändert läßt. Somit ist $\frac{dy}{dx} = 2x$. Oder aber wir rechnen von Anfang an mit Differentialen und erklären in der Formel $\frac{2x\,dx + (dx)^2}{dx}$ das $(dx)^2$ als „Kleinheit zweiter Ordnung", die sich zu dx so verhält wie dx zu x. Wir dürfen also diese „Kleinheit zweiter Ordnung" einfach weglassen und gewinnen aus $\frac{2x\,dx + (dx)^2}{dx}$ jetzt $\frac{2x\,dx}{dx} = 2x$, also wieder dieselben

222

$2x$ als Differentialquotienten von $y = x^2 - 7$. Leibniz hat diese Kleinheit höherer Ordnung einmal dadurch plastisch zu machen versucht, daß er sagte, das Firmament verhielte sich zur Erde wie die Erde zu einem Staubkorn und die Erde wieder verhielte sich zum Staubkorn wie das Staubkorn zu einem magnetischen Teilchen, das durch Glas dringt. (Wir würden heute das „magnetische Teilchen", das Leibniz prophetisch erwähnt, als Elektron bezeichnen. Das aber nur nebenbei.) Leibniz meint, daß das Firmament etwa das x sei. Das dx wäre dann die Erde, das $(dx)^2$ das Staubkorn und das $(dx)^3$ das „magnetische Teilchen". Sicherlich genügt es, wenn man neben dem Firmament (Weltall) noch das Nichts Erde berücksichtigt. Das Staubkorn oder gar das „magnetische Teilchen" zu berücksichtigen, wäre um so sinnloser, als wir ja schon die Erde, also das dx, relativ zum Weltall als unendlich klein annehmen.

Wir müssen aber jetzt die Erörterung des speziellen Algorithmus abbrechen. Wir stellen also nur fest, daß Leibniz nicht bloß in kurzer Zeit die Differentiation der einfacheren Funktionen und ihrer Verknüpfung beherrschte, sondern sogar noch in Paris bereits höhere Differentialquotienten, also Differentialquotienten von Differentialquotienten, berechnete, die physikalisch sehr aufschlußreich sind, da der erste Differentialquotient die Geschwindigkeit und der zweite die Geschwindigkeitsveränderung oder Beschleunigung ausdrückt. Die höheren Differentialquotienten sind aber auch als Kriterium für Maxima und Minima, nämlich für die Frage, ob der berechnete Wert ein Maximum oder Minimum darstellt, unentbehrlich.

Für die Entdeckungsgeschichte ist es ein Glück, daß Leibniz die Gewohnheit besaß, wichtige Stationen seiner Forschungen zu notieren und diese Notizblätter mit genauem Datum zu versehen. Daher wissen wir, daß er noch in Paris am 29. Oktober 1675 zu vollster und allgemeinster Bewußtheit über seinen Kalkül gelangt war. Er schrieb nämlich unter diesem Datum: „Es wird nützlich sein, statt der Gesamtheiten des Cavalieri, also statt ‚Summe aller y' von nun an $\int y\,dy$ zu schreiben. Hier zeigt sich endlich die neue Gattung des Calcüls, die neue Rechenoperation, die der Addition und Multiplikation entspricht. Ist dagegen $\int y\,dy = \frac{y^2}{2}$ gegeben, so bietet sich sogleich das zweite auflösende Calcül, das aus $d\left(\frac{y^2}{2}\right)$ wieder y macht. Wie nämlich das Zeichen $\int$ die Dimension vermehrt, so vermindert sie das d. Das Zeichen $\int$ aber bedeutet eine Summe, d eine Differenz."

Mit dieser Erkenntnis war der Algorithmus der Infinitesimalanalysis aufgestellt, der sich bald die Welt erobern sollte und der auch bis heute im Besitz der Weltherrschaft geblieben ist. Auf welchem Gebiet Leibniz am genialsten war, ist sehr schwer zu entscheiden. Daß er aber ein Spezialgenie der richtigen und adäquaten Schreibweise, der mathematischen Notation war, unterliegt nicht dem allergeringsten Zweifel. Über der Einführung von neuen Begriffen und neuen Zeichen liegt ein tiefes, wahrscheinlich unergründliches Geheimnis. Nur wenige dieser Begriffe oder Zeichen sind so „richtig", so überdeckend, daß sie in allgemeinen Gebrauch kommen. Wenn sie aber einmal im Gebrauch sind, dann beweisen sie ein Beharrungsvermögen, als ob es sich um naturgewordene Gegenstände und nicht um bloße Konventionen handelte. Ein kleiner Teil des Geheimnisses ist vielleicht durchschaubar, soweit es sich um neue „Zeichen" handelt. Sie müssen sich nämlich irgendwie in die Tradition einfügen, müssen gleichsam gestaltlich und rein ästhetisch in den mathematischen Kosmos passen. Man kann einem lebendig gewordenen Organismus, wie es dieser „mathematische Gegenstand" ist, nicht einfach willkürlich irgendwelche künstlichen Organe aufpfropfen oder gar verlangen, daß irgendein „Befehl" bloß durch ein Pünktchen erschöpfend gegeben sei, wenn man zur Ausführung schwierige und noch ungewohnte Operationen durchführen muß. Ein Befehl wie x^3 ist sehr

224

durchsichtig. Er erinnert sofort an $3x$ und zeigt durch die Hochstellung der Drei an, daß gleichsam etwas „Höheres" gemeint ist als $3x$ oder $x + x + x$. Es ist eben $x \cdot x \cdot x$ damit gemeint. Wie nun sollte sich ein Mensch des siebzehnten Jahrhunderts vorstellen, daß Newtons $\dot{x}$ eine so komplizierte Angelegenheit, wie die Bildung des Differentialquotienten, bedeute? Und gar erst $\ddot{x}$ das Integral über x. Selbst in den heutigen Tages mit allem Raffinement gedruckten Büchern, in denen Newtons Schreibweise als historisches Kuriosum dargestellt ist, läßt der Punkt oberhalb des x oft aus, erscheint dem nicht vollständig Eingeweihten wie eine Druck-Unregelmäßigkeit, ein Papierfehler u. dgl. Aber es ist da noch viel mehr zu bemängeln. Die Struktur der Rechnung tritt bei Newton überhaupt nicht hervor, es entsteht nicht der geringste Einblick in das Zahnräderwerk des Algorithmus. Bei Leibniz dagegen überall.

Es sei uns deshalb gestattet, diese Notation in einer etwas vereinfachenden und vom strengen Standpunkte anfechtbaren Art zu beleuchten. Was wir dabei sündigen, werden wir später sofort wieder korrigieren. Aber — und dieses „Aber" ist sehr entscheidend — wir behaupten, daß eben die populäre Vorstellung des Unendlichkleinen jener Anschauungsrest ist, der das rein Begriffliche, an sich jedoch Undurchschaubare des Algorithmus, zu sehr leichter Verständlichkeit hebt. Wir sprechen also nicht mehr bloß vom Verhältnis der unendlichkleinen Größen, sondern vergrößern sie durch ein Zaubermikroskop einzeln und benennen sie „Differentiale". Für uns ist dx eine Länge, dy ebenfalls eine solche, und das Integralzeichen, das nichts andres ist als ein in die Länge gezogenes, zusammengedrücktes S (Summe), deutet an, daß es sich bei der Integration um eine stetige, ineinanderfließende, infinitesimale Summe handelt. Hierdurch erhalten wir sofort einen klaren Überblick über den Mechanismus des Kalküls. Hätten wir etwa die Gleichung $f'(x) = \frac{dy}{dx}$ gegeben, bei der wir noch gar nicht wissen müssen, daß sie den Differentialquotienten oder die „Derivierte" der Funktion bedeutet, dann können wir, rein nach den Regeln der Gleichungen, auch schreiben $f'(x)\,dx = dy$ oder $dy = f'(x)\,dx$. Nun wissen wir weiter, daß eine Gleichung sich nicht ändert, wenn wir auf beiden Seiten dieselbe Operation vornehmen. Fordern wir also kühn, daß wir, Cavalieris Spuren folgend, auf beiden Seiten die „Summa omnium linearum" bilden wollen. Da Leibniz es für „nützlich" hält, werden wir nicht: „Omnia $dy =$ Omnia $f'(x)\,dx$" schreiben, sondern einfach $\int dy = \int f'(x)\,dx$. Die Summe aller dy ist aber nichts andres als die Summe aller Zuwächse von 0 bis x, also die Ordinate des Endpunktes des vorgelegten „Bereiches". Daher ist $\int dy = y = \int f'(x)\,dx$. Nun ist aber weiters $y = f(x)$ oder die ursprüngliche Funktion. Daher ist $y = \int f'(x)\,dx$: oder, das Integral über dem Differentialquotienten ist gleich der Stammfunktion, aus der dieser Differentialquotient gewonnen ist. Dabei spielt das dx, das das Integral gleichsam abschließt, eine merkwürdige Rolle. Denn es ist nichts als der distributiv zuzuteilende Faktor, der aus jedem Wert des Differentialquotienten, also aus jedem $y' = f'(x)$, erst das die Fläche zusammensetzende Rechteck macht. Das dx ist also gleichsam die Schrittgröße oder der Abstand zwischen den Ordinaten. Wir haben bisher absichtlich verschwiegen, daß der Differentialquotient selbst ja nichts andres ist als das Verhältnis der unendlichkleinen Katheten des zusammengeschrumpften „schraffierten" Dreiecks unsrer oben geschilderten Figur 7. Die Hypotenuse dieses Infinitesimaldreiecks ist jenes Stück, in dem die Kurve und die Tangente ein und dasselbe werden. Also das Geradbiegungs- oder Rektifikationsstück der Kurve. Wir wollen es mit ds bezeichnen und können nach dem Pythagoras-Satz behaupten, daß $(ds)^2 = (dx)^2 + (dy)^2$. Da nun $ds = \sqrt{(dx)^2 + (dy)^2}$, so ist die Summe aller ds wieder $\int ds$ und ist gleichbedeutend mit der Kurvenlänge. Daher ist weiters wegen $ds = \sqrt{(dx)^2 + (dy)^2}$ die Kurvenlänge $s = \int \sqrt{(dx)^2 + (dy)^2}$, woran sich allerdings allerlei weitere Erwägungen schließen müssen.

So also sieht der Zusammenhang des Kalküls der Differential- und der Integralrechnung aus, wenn man vom Differentialquotienten ausgeht. Wenn man dagegen, wie es Leibniz in seiner weltbewegenden Notiz getan hat, vom Integral ausgeht, und $\int y\,dy = \dfrac{y^2}{2}$ als gegeben betrachtet, dann findet man, daß $d\left(\dfrac{y^2}{2}\right)$, d. h. der Differentialquotient des Integralresultats, wieder zu y, also zu dem zurückführt, was unter dem Integral steht.

Wir haben nicht die Aufgabe und nicht den Willen, ein Lehrbuch der Infinitesimalrechnung zu geben. Wir wollten nur darstellen, wie einfach und zwanglos sich die Notation Leibnizens in die schon vorhandenen Algorithmen einbauen ließ und wie durchsichtig sie dabei war. Das „Differential" konnte nirgends entschlüpfen. Es stand, mikroskopisch vergrößert, fortwährend in der Rechnung und blieb dabei unter Kontrolle. Und es ist Leibniz kaum je passiert, falsch zu rechnen, was sich bei höheren Differentialquotienten, die Newton $\ddot{x}$, $\bar{x}$ usw. schrieb, eben bei Newton selbst häufig ereignete, da er die Maschine trotz all seiner persönlichen Virtuosität nicht mehr meistern konnte. Newtons Unendlichkeitsrechnung verhält sich zu der Leibnizens wie die Wortalgebra zur algorithmisch geschriebenen Algebra! Das kann durch die Jahrhunderte nicht oft genug wiederholt werden, um den tiefsten Sinn oder Unsinn des Prioritätskampfes zwischen Leibniz und Newton deutlich hervortreten zu lassen. Ganz abgesehen davon, daß außer diesem Unterschied noch andere wesentliche Verschiedenheiten zwischen der Newtonschen und Leibnizschen Auffassung bestanden.

Wir wollen an dieser Stelle, bevor wir den eigentlichen Überblick über den mathematischen Kosmos Leibnizens zu gewinnen trachten, rein historisch berichten, daß Leibniz im Jahre 1684 in der durch ihn gegründeten Zeitschrift „Acta Eruditorum" den Kalkül der Differentialrechnung in seiner Anwendung auf Maxima und Minima veröffentlichte. In dieser Arbeit wird auch der Doppelpunkt endgültig als Divisionszeichen eingeführt. Leibniz hatte sich erst neun Jahre nach der Entdeckung seiner Methode zur Veröffentlichung entschlossen, da sein Freund, der etwas abenteuerlich-genialische Walter Ehrenfried Graf von Tschirnhaus, bereits begann, Leibnizens ihm anvertraute Entdeckungen als eigene Erkenntnisse zu publizieren, wobei er sich allerdings gewöhnlich verrannte. Tschirnhaus war kein gewöhnlicher Mensch. Er war, wie gesagt, nur ein etwas stürmischer und diffuser Charakter. Es gelang ihm auch eine der besten Lösungsmethoden der kubischen Gleichungen. Doch dies nur nebenbei.

Nun war durch die Veröffentlichung der Leibniz-Methode das Geheimnis der Unendlichkeitsanalysis ein für allemal aufgedeckt. Geniale Mitarbeiter, wie Johann und Jakob Bernoulli, Varignon, der Graf von Hospital und andre, eigneten sich den Kalkül an und bauten ihn in wenigen Jahren so weit aus, daß wir heute noch über diese Genieleistungen von einem Erstaunen ins andre geraten. Alle Wege bis zur infinitesimalen Variationsrechnung, einem der höchsten Zweige der Unendlichkeitsanalysis, wurden beschritten, obwohl die Grundlagen kaum noch festgefügt waren. Und wir begreifen kaum, wie die Bernoullis imstande waren, die kompliziertesten Integrale auszuwerten. Die Variationsrechnung — dies nur nebenbei — stellt als Problem, die Maximal- und Minimaleigenschaften nicht von einzelnen Kurvenpunkten, sondern von Funktionen an und für sich zu ergründen. So ist die sogenannte „Brachistochrone" ein derartiges Problem. Man solle, so verlangt die von Johann Bernoulli den Mathematikern vorgelegte Frage, die Kurve finden, auf der sich ein nur der Schwere unterworfener Massenpunkt in einer senkrechten

Ebene von einem höheren Punkt dieser Ebene zu einem tieferen, nicht lotrecht unter ihm befindlichen, in der kürzesten Zeit bewegt. Bei der Lösung, die durch Leibniz, De l'Hospital, Newton und die beiden Bernoullis gemeistert wurde, stellte es sich übereinstimmend heraus, daß diese Kurve eine Radlinie oder Zykloide sei. Und Jakob Bernoulli entdeckte hierbei noch das grundlegende Gesetz, daß diese „Brachistochrone" nur dann als Ganze der gestellten Bedingung entsprechen könne, wenn die Bedingung auf jedes infinitesimale Stück der Kurve zuträfe. Also müsse auch jedes „Kurvenelement" vom Punkte in kürzester Zeit durchlaufen werden.

Es war nicht zu verwundern, daß sich sofort heftige Gegner der neuen Methode zum Wort meldeten, obwohl der Kalkül Leibnizens mehr als einmal, nicht zuletzt bei der „Florentiner Aufgabe", seine Richtigkeit augenfällig bestätigt hatte. Der Galileischüler Viviani hatte nämlich Leibniz herausgefordert, eine Aufgabe zu leisten, die er selbst nach archimedischen Prinzipien behandelt hatte. Leibniz gelangte durch seinen neuen Kalkül sofort zur gleichen Lösung und Jakob Bernoulli bewies zudem noch, daß unendlich viele Lösungen möglich wären. Die Aufgabe betraf den Schnitt einer Kuppel durch einen Zylinder, wobei vier Fenster in der Kuppel entstanden. Dabei sollte die Fläche der übrigbleibenden Kuppel rational quadrierbar bleiben. Bei den oben erwähnten Angriffen, die auch durch solche Taten, wie sie die Lösung der Florentiner Aufgabe war, nicht zum Schweigen gebracht wurden, spielte viel absichtliches und unabsichtliches Mißverständnis eine Rolle, das dann noch durch den Prioritätsstreit mit Newton zur Überlebensgröße hinaufgetrieben wurde. Leibniz war in den Augen der Zeitgenossen fast ein Schwindler, ein geistiger Dieb und Charlatan. Einer jener Goldmacher, Hofintriganten und Abenteurer, wie man sie etwa in Hofrat Becher erlebt hatte. Weil es in der Barockzeit einige solcher Figuren gab, nutzten dem großen Genius Leibniz alle Titel, Auszeichnungen und Ehrungen nichts. Man sagte „Unendlichkeitsparadoxien" und meinte die nationale Gegensätzlichkeit Deutschland-England oder die Parteifehde zwischen Whigs und Tories. Wobei anerkannt werden muß, daß die Romanen unbedingt zu Leibniz standen und ihm früher sein Recht verschafften als die eigenen Landsleute. Nur der Tod hatte Leibniz gehindert, den Rest seines Lebens als Emigrant in Wien oder noch wahrscheinlicher in Paris zu beschließen, ein Plan, der die schlagendste Antwort auf das Verhalten der einzelnen Nationen gewesen wäre, wenn er hätte ausgeführt werden können.

Wie mehrfach erwähnt, ist es nicht unsere Aufgabe, die Prinzipien der Infinitesimalrechnung erschöpfend auseinanderzusetzen. Wir mußten aber anderseits beispielsweise einige grundlegende Prinzipien dieser Rechnung demonstrieren, da wir sonst das Verdienst Leibnizens gerade auf diesem Gebiet nicht hätten ins rechte Licht stellen können. Wir fügen an Einzelheiten noch bei, daß Leibniz zwar das Operationssymbol des Integrierens einführte, daß der Name „Integral" jedoch von Jakob Bernoulli stammt. Die beiden mathematischen Großmächte Leibniz und Bernoulli einigten sich nämlich dahin, daß in Hinkunft das Zeichen Leibnizens, dagegen der durch Bernoulli geprägte Ausdruck Integral in der Mathematik angewendet werden solle. Ein Vertrag, der tatsächlich bis heute für die ganze Welt rechtswirksam geblieben ist.

Bevor wir weitere Verdienste Leibnizens um die Entwicklung der Mathematik erwähnen, die eigentlich erst das zum vollen Wirken brachten, was wir unter „Mathematik als Kosmos" verstehen, müssen wir einem Irrglauben entgegentreten, der auch heute noch sehr verbreitet ist: daß nämlich Leibniz gleichsam in philosophischer Naivität oder auf Grund seiner berühmten Monadenlehre, die übrigens auch sehr gerne verdreht oder mißverstanden wird, frisch und fröhlich mit „Differentialen" darauf losgewirtschaftet habe, die etwa die Rolle mathematischer Atome spielten. Daß er also in gröbste Fehler und Gegengesetzlichkeiten des Unendlichkeitsbegriffes ahnungslos hineingeschlittert sei, die nicht einmal den Angriffen Zenons aus Elea standgehalten hätten.

Wir behaupten nicht, sondern wir treten den Beweis an, daß das Gegenteil der Fall war. Gewiß, Leibniz hat, um seine allzuneuen Begriffe (auch für philosophisch minderbegabte Mathematiker) zu popularisieren, manchmal sehr beiläufig gesprochen. Diese Sprache war jedoch keine wissenschaftliche Erörterung, sondern eine pädagogisch-wissenschaftspolitische Angelegenheit. Als ihn der schon erwähnte Physiker und Mathematiker Varignon, der als erster den Satz des Kräfteparallelogramms allgemein formuliert hatte, in freundschaftlicher Weise auf die Bedenken und Angriffe aufmerksam machte, die sich bezüglich einiger Äußerungen Leibnizens in Frankreich erhoben, erwidert Leibniz unter dem Datum des 2. Februar 1702 folgende unmißverständlichen Worte: „Ich bin Ihnen, mein Herr, und den Gelehrten Ihres Landes sehr verbunden, daß Sie mir die Ehre erweisen, Betrachtungen über einen Brief anzustellen, den ich gelegentlich von Einwänden, die im ‚Journal de Trevoux‘ gegen den Differential- und Summenkalkül erhoben wurden, an einen Freund gerichtet hatte. Ich erinnere mich nicht mehr genau der Ausdrücke, die ich gebraucht haben mag, meine Absicht war jedoch, zu zeigen, daß man die mathematische Analysis von metaphysischen Streitigkeiten nicht abhängig zu machen braucht, also nicht zu behaupten braucht, daß es in der Natur Linien gibt, die, relativ zu unseren gewöhnlichen, in aller Strenge unendlich klein sind, noch auch solche, die unendlichmal größer als die gewöhnlichen sind. Um daher diese subtilen Streitfragen zu vermeiden, begnügte ich mich, da ich meine Erwägungen allgemein verständlich machen wollte, das Unendliche durch das Unvergleichbare zu erklären, d. h. Größen anzunehmen, die unvergleichlich größer oder kleiner als die unsrigen sind. Auf diese Weise nämlich erhält man viele Grade unvergleichlicher Größen, sofern ein unvergleichlich viel kleineres Element, wenn es sich um die Feststellung eines unvergleichlich viel größeren handelt, bei der Rechnung außer acht bleiben kann. So ist etwa ein Teilchen der magnetischen Materie, die das Glas durchdringt, einem Sandkorn, dieses wiederum der Erdkugel, die Erdkugel schließlich dem Firmament nicht vergleichbar. Daher habe ich früher in den ‚Acta Eruditorum' einige Hilfssätze mit den Unvergleichbaren aufgestellt, die man sowohl auf das Unendliche im strengen Sinne, wie auch auf Größen anwenden kann, die, am anderen gemessen, nur nicht in Betracht kommen.

Hierbei ist jedoch zu berücksichtigen — fährt Leibniz in diesem Briefe weiter fort —, daß die unvergleichlich kleinen Größen, selbst in ihrem populären Sinne genommen, keineswegs konstant und bestimmt sind, da sie vielmehr, weil man sie so klein annehmen kann, als man nur will, in geometrischen Erwägungen dieselbe Rolle wie die Unendlichkleinen im strengen Sinne spielen. Will nämlich ein Gegner unsren Sätzen die Richtigkeit absprechen, so zeigt unser Kalkül, daß der Irrtum geringer ist als irgendeine angebbare Größe, da es in unsrer Macht steht, das Unvergleichbarkleine — das man ja immer so klein, als man nur will, annehmen kann — zu diesem Zwecke hinlänglich zu verringern. Dies dürfte es wohl sein, was Sie mit dem Unerschöpflichen meinen, und zweifellos liegt darin der strenge Beweis unsrer Infinitesimalrechnung. Ihr Vorzug liegt darin, daß sie unmittelbar und augenscheinlich und in einer Art, die den eigentlichen Quell der Entdeckung freilegt, dasjenige gibt, was die Alten, so z. B. Archimedes, auf Umwegen vermittels des indirekten Beweises erreichten. Sie konnten indes mangels eines solchen Kalküls in verwickelten Fällen nicht zur richtigen Lösung gelangen, wenngleich die Grundlagen der Entdeckung ihnen bekannt war. Man kann somit die unendlichen und unendlichkleinen Linien — auch wenn man sie nicht in metaphysischer Strenge und als reelle Dinge zugibt — doch unbedenklich als ideale Begriffe brauchen, durch welche die Rechnung abgekürzt wird, ähnlich den sogenannten imaginären Wurzeln in der gewöhnlichen Analysis, wie z. B. $\sqrt{-2}$.

232

Mag man diese auch als imaginär bezeichnen, so sind sie dennoch nützlich und bisweilen sogar unentbehrlich, um auf analytische Weise reelle Größen auszudrücken. So ist es z. B. unmöglich, ohne ihre Hilfe den analytischen Ausdruck einer Geraden zu geben, die einen gegebenen Winkel in drei gleiche Teile teilt. Ebenso könnte man unsren Kalkül der transzendenten Kurven nicht aufstellen, ohne von Differenzen zu sprechen, die im Begriffe sind, zu verschwinden, wobei man ein für allemal den Begriff des Unvergleichbarkleinen einführen kann, statt stets von Größen zu reden, die unbegrenzter Verminderung fähig sind. In derselben Weise denkt man sich mehr als drei Dimensionen und selbst Potenzen, deren Exponenten nicht gewöhnliche Zahlen sind: alles, um damit Begriffe zu bezeichnen und aufzustellen, die zur Abkürzung der Rechnung dienen, und die in Realitäten ihre Grundlage haben.

Man darf jedoch nicht glauben — fährt Leibniz fort —, daß durch diese Erklärung die Wissenschaft des Unendlichen herabgewürdigt und auf Fiktionen zurückgeführt wird, denn es bleibt — um mich schulmäßig auszudrücken — immer ein synkategorematisch Unendliches[1]) bestehen; so bleibt es z. B. immer richtig, daß 2 gleich ist $\frac{1}{1} + \frac{1}{2} +$

$+ \frac{1}{4} + \frac{1}{8} + \frac{1}{16} + \frac{1}{32} + \dots$, d. h. gleich einer unendlichen Reihe, die alle Brüche in sich begreift, deren Zähler 1 sind und deren Nenner in geometrischer Progression fortschreiten. Trotzdem kommen in dieser Reihe immer nur gewöhnliche Zahlen zur Anwendung und es tritt niemals ein unendlich kleiner Bruch, dessen Nenner eine unendliche Zahl wäre, auf..."

Wir haben einen so überwiegenden Teil dieses Briefes zitiert[2]), weil er nicht bloß zu unsrer Frage sehr klar Stellung nimmt, sondern darüber hinaus die ganze philo-

---

[1]) D. i. dasselbe wie das „Potentiell-Unendliche", das durch unbegrenztes Fortschreiten entsteht.

[2]) Nach der bei Felix Meiner erschienenen Sammelausgabe Artur Buchenaus und Ernst Cassirers.

sophisch-mathematische Grundansicht Leibnizens deutlich charakterisiert. Nach solchen Worten kann nur mehr böser Wille eine Naivität oder philosophische Leichtfertigkeit Leibnizens behaupten.

Natürlich ließen sich ähnliche „Belegstellen" ins Ungemessene vermehren. Wir greifen aber gleichwohl nur noch eine mindestens ebenso deutliche Ablehnung des aktual, also abgeschlossen Unendlichen durch Leibniz heraus. Sie wurde durch Gerhardt als Anhang zur Leibnizschen Schrift über die Geschichte und den Ursprung des Differentialkalküls veröffentlicht und lautet: „Das Unendlichkleine oder Unendlichgroße kann man immer als das beliebig Kleine oder beliebig Große ansehen, so daß der Ausdruck stets nur einen bestimmten Inbegriff oder eine Gesamtgattung, nicht aber ein einzelnes ,letztes' Glied innerhalb dieser Gattung bezeichnet."

Nun zur Frage des Integrierens, von dem wir bisher kaum gesprochen haben. Wir deuteten bloß an, daß es diese zweite Kunst der Unendlichkeitsrechnung eigentlich nicht zu erfinden gab, da sie schon in irgendeiner Form von den alten Hellenen geübt wurde. Allerdings, wie stets wieder betont werden muß, bloß in Einzelfällen. Eine allgemeine Methode der Summation unendlich kleiner Teile oder beliebig kleiner Größen oder Indivisibilien oder Differentialen, oder wie man sagen will, gab es nicht, noch weniger einen Algorithmus dieser Rechnungsart. Desto heißer war daher das Bemühen, diesen Algorithmus zu finden. Leider — und davon mußten sich die ersten Bahnbrecher bald überzeugen — stößt die Aufstellung eines solchen Algorithmus auf kaum überbrückbare Schwierigkeiten. Die lytische oder auflösende Operation der Subtraktion ist eindeutig, die der Division erfordert bereits ein gewisses Maß von Probieren, noch mehr die lytische Operation des Wurzelziehens, die für höhere Wurzelexponenten als 3 überhaupt nur durch allerlei sehr komplizierte Kunstgriffe geleistet werden kann. Beim Logarithmieren, das die Lysis der Exponentialfunktion a^x

ist, empfinden wir die auch dort vorliegenden sehr großen Schwierigkeiten nicht, da uns die Logarithmen tabelliert zur Verfügung stehen. Aber auf der nächsten Stufe beginnt ein wahres Kreuz, die nächsthöhere lytische Operation wäre nämlich die Differentialrechnung, die an und für sich zwar kompliziert ausfallen kann, wenn es sich um verwickeltere Funktionen handelt, jedoch keine eigentlichen prinzipiellen Hindernisse bietet. Das wäre ja sehr angenehm. Um so mehr, als auch alle thetischen Operationen (Addition, Multiplikation, Potenzierung, Exponentialfunktion) leicht zu behandelnde „Denkmaschinen" sind. Um so enttäuschter war man, als man entdeckte, daß die Integration, die ihrem Wesen nach ja thetisch ist, diese Eigenschaft aufbauender Operationen durchaus nicht teilt, vielmehr, rein algorithmisch betrachtet, sich als Lysis darstellt, und zwar als Lysis besonderer Undurchsichtigkeit. Lautet doch die Frage oder die Bedingung für die Auflösbarkeit oder Auswertbarkeit eines Integrals dahin, man solle finden, von welcher ursprünglichen Funktion die unter dem Integral stehende Funktion der Differentialquotient sei. Grob ausgedrückt, ist das eine Frage, wie etwa die Zumutung, man solle angeben, wovon 729 der Quotient oder $(x^2 + 3x + 19)$ das Produkt sei. Manchmal hat man Anhaltspunkte, diese Frage zu beantworten, manchmal wieder nicht. Manchmal muß man Kunstgriffe anwenden und allerlei Umwege einschlagen. Auf keinen Fall aber darf man die Integration rein algorithmisch als stets verwendbare Maschine ansehen. Nun ist es einleuchtend, daß es trotzdem Wege gibt, das Problem irgendwie einzuengen. So etwa weiß man von vornherein, daß $\int x^m \, dx$, abgesehen von der willkürlich jedem Integral anzufügenden Integrationskonstanten, stets die Funktion $\frac{1}{m+1} x^{m+1}$ als Stammfunktion oder Auflösung haben muß. Da aber weiters $\int (x^n + x^m + x^r + \ldots) \, dx$ gleich ist $\int x^n \, dx + \int x^m \, dx + \int x^r \, dx + \ldots$, so ist es klar, daß ein auch kompliziertes Integral stets dann leicht ausgewertet werden kann, wenn es gelingt, den unter dem Integral stehenden Ausdruck in eine Potenzreihe zu verwandeln. Zumindest erhält man bei einer derartigen Potenzreihe, selbst wenn sie unendlich ist, unter der Voraussetzung ihrer Konvergenz, eine beliebige Näherungslösung. Koeffizienten der Variablen x spielen dabei keine Rolle, da sie als Konstante stets vor das Integral gesetzt werden dürfen. Etwa wäre $\int (a\,x^n + b\,x^m + c\,x^r + \dots) \, dx = a \int x^n \, dx +$

$+ b \int x^m \, dx + c \int x^r \, dx \dots$

Es stellte sich aber, schon seit Michael Stifel, heraus, daß bei allen Reihenentwicklungen die Kombinatorik eine ungeheure Rolle spielt, da etwa die Reihenentwicklung der Potenz eines Binoms ja nichts andres ist als eine vielfache Multiplikation und hierbei die einzelnen Summanden der Potenzen in kombinatorischer Art miteinander multipliziert werden müssen.

Auf jeden Fall war es, im Hinblick auf all diese Zusammenhänge, eine bahnbrechende Tat Sir Isaac Newtons, als er 1776 erkannte, daß es eine Binomial-Reihenentwicklung für alle Arten von Exponenten gab, daß also jeder Ausdruck der Form $(a + b)^n$ in eine Reihe entwickelt werden konnte. Im Hinblick auf die epochale Wichtigkeit dieser Entdeckung wollen wir kurz andeuten, wie sich die Binomialentwicklung auf gebrochene Exponenten, also auf Wurzeln, auswirkt[1]). Hätten wir etwa ein Binom $(a + b)^\varrho$, wobei ϱ einen echten Bruch bedeutet, dann können wir dieses Binom weiter umformen. Wir nehmen an, daß a größer sei als b, was wir dürfen, da wir im umgekehrten Fall eben b herausheben würden. Wir dividieren also durch das größere Glied des Binoms, bei uns durch a, und erhalten $\left[a\left(1 + \dfrac{b}{a}\right) \right]^\varrho$ oder $a^\varrho \left(1 + \dfrac{b}{a}\right)^\varrho$.

Dieses $\dfrac{b}{a}$, das jetzt ebenfalls ein echter Bruch ist, da ja

---

[1]) Für ganze Exponenten verweisen wir auf des Verfassers „Vom Einmaleins zum Integral", Seite 310 ff.

$a > b$, nennen wir der Einfachheit halber x und kümmern uns weiter nicht um a^ϱ. Wenigstens vorläufig. Wir stehen also jetzt vor der Aufgabe, das Binom $(1 + x)^\varrho$ in eine Reihe zu entwickeln. Da Newton selbst über seine Methoden gewöhnlich Dunkelheit ließ und hauptsächlich die Ergebnisse oder die Schlußformeln bekanntgab, schreiben wir alles Weitere in moderner Form. Wenn nun, so folgern wir weiter, der binomische Satz auch auf negative oder Bruchpotenzen ausgedehnt werden kann, dann muß in unserm Falle $(1 + x)^\varrho$ gleich sein $\sum_0 \binom{\varrho}{k} x^k$, wobei wir die Obergrenze der Summe vorläufig vorsichtshalber offen lassen. Damit aber unser Beginnen noch durchsichtiger wird, ersetzen wir jetzt ϱ, das ja einen echten Bruch bedeuten soll, einfach durch den Bruch $\frac{1}{n}$. Wir haben also, da k von 0, 1, 2, 3 bis zu irgendeiner noch unbestimmten natürlichen Zahl wandern soll, nur festzustellen, wie die Koeffizienten dieser x^0, x^1, x^2, x^3 usw. aussehen. Dabei ergibt sich allerdings die Schwierigkeit, daß wir Binomialkoeffizienten der Form $\binom{\frac{1}{n}}{0}$, $\binom{\frac{1}{n}}{1}$, $\binom{\frac{1}{n}}{2}$, $\binom{\frac{1}{n}}{3}$ usw. zu bilden haben, die an sich sinnlos sind. Denn das tiefste Wesen der Kombinatorik ist die Ganzzahligkeit und $\binom{\varrho}{k}$ ist das Kombinationssymbol oder der Kombinationsoperator, bei dem ϱ die Anzahl der zu kombinierenden Elemente und k die Größe der Kombinationsklasse bedeutet. So wäre etwa $\binom{5}{3}$ die Anzahl der aus fünf Elementen gebildeten Ternen oder Dreiergruppen und ergäbe $\frac{5 \cdot 4 \cdot 3}{1 \cdot 2 \cdot 3} = 10$ Kombinationen. Es gilt sonach hier wieder, den Algorithmus einfach zu erweitern und auf an und für sich unvorstellbare Operationen auszudehnen. Diese Arbeit kann vielleicht in der Form von Kunstgriffen erfolgen, die uns über das zweifelhafte Gebiet in einwandfreier Art hinübertragen. Wir werden es also mit Newton versuchen, diese Schwierigkeit zu überbrücken.

Gehen wir schrittweise vor. Wir wissen, daß $\binom{\varrho}{0}$ konventionell denselben Wert wie $\binom{\varrho}{\varrho}$, also 1 hat. $\binom{\varrho}{1}$ aber ist einfach ϱ. Wir haben somit schon zwei Binomialkoeffizienten gewonnen und schreiben, da $x^0 = 1$ und $x^1 = x$, sofort an: $(1+x)^{\frac{1}{n}} = \sum_0 ' \binom{\frac{1}{n}}{k} x^k = 1 \cdot x^0 + \frac{1}{n} x +$

$+ \sum_2 ' \binom{\frac{1}{n}}{k} x^k$. Nun müssen wir allgemein finden, wie sich $\binom{\frac{1}{n}}{k}$ darstellen läßt. Hierzu verwenden wir die Formel, daß $\binom{\varrho}{k} = \frac{\varrho (\varrho - 1)(\varrho - 2) \ldots (\varrho - k + 1)}{k!}$. Es ist also

$$\binom{\frac{1}{n}}{k} = \frac{\frac{1}{n}\left(\frac{1}{n} - 1\right)\left(\frac{1}{n} - 2\right) \ldots \left(\frac{1}{n} - k + 1\right)}{k!}$$ oder nach Multiplikation jedes im Zähler stehenden Gliedes mit n:

$$\binom{\frac{1}{n}}{k} = \frac{1(1 - n)(1 - 2n) \ldots [1 - (k - 1)n]}{n^k \cdot k!}.$$

Schon aus dieser Formel erkennen wir, daß wir nach voller Ausrechnung eine unendliche Reihe erhalten werden, denn die Faktoren im Zähler 1, $(1 - n)$, $(1 - 2n)$, $(1 - 3n)$ werden ihrem absoluten Wert nach stets wachsen und nicht, wie beim binomischen Satz ganzzahliger Exponenten, endlich verschwinden, wenn $(\varrho - k + 1)$ die Null ergibt. Die n sind nämlich ganze Zahlen. Wir sehen diese Entwicklung noch deutlicher, wenn wir weiter umformen und die Glieder des Zählers dadurch positiv machen, daß wir $(-1)^{k-1}$ herausheben, was nichts andres bedeutet, als daß wir jeden Faktor des Zählers mit (-1) multiplizieren. Wir erhalten:

$$\binom{\frac{1}{n}}{k} = \frac{(n - 1)(2n - 1) \ldots [(k - 1)n - 1]}{n^k \cdot k!} (-1)^{k-1}, \text{ wobei}$$

238

$\lfloor(k-1)\,n-1\rfloor$ niemals Null werden kann, sondern im Gegenteil stets größer werden muß, da ja das k gleichsam die Nummer des letzten behandelten Reihengliedes ist, also die natürlicheZahl, die die Anzahl der entwickelten Reihenglieder angibt. Man kann noch weiter umformen, etwa

$$\binom{\frac{1}{n}}{k} = \frac{n-1}{1\,n} \cdot \frac{2\,n-1}{2\,n} \cdot \frac{3\,n-1}{3\,n} \cdots \frac{(k-1)\,n-1}{(k-1)\,n} \cdot \frac{(-1)^{k-1}}{n\,.\,k}$$

und erhält als Schlußformel für die Binomialreihe bei gebrochenen Exponenten, wobei x kleiner sein muß als 1[1]), den Ausdruck

$$(1+x)^{\frac{1}{n}} = 1 + \frac{1}{n}\,x + \frac{1}{n}\sum_{2}^{\infty}\left[\left(1-\frac{1}{n}\right)\left(1-\frac{1}{2\,n}\right)\cdots\right.$$
$$\left.\cdots\left(1-\frac{1}{(k-1)\,n}\right)\cdot\frac{(-1)^{k-1}}{k}\right]x^{k}.$$

Das sieht nun schrecklich kompliziert aus, erfordert aber zur praktischen Handhabung nicht mehr als scharfe Aufmerksamkeit. So wäre etwa $(1+x)^{\frac{1}{2}} =$

$$= \sqrt{(1+x)} = 1 + \frac{1}{2}\,x - \frac{1}{8}\,x^2 + \frac{1}{16}\,x^3 - \frac{5}{128}\,x^4 + \ldots \text{ und}$$

$$(1+x)^{\frac{1}{3}} = \sqrt[3]{(1+x)} = 1 + \frac{1}{3}\,x - \frac{1}{9}\,x^2 + \frac{5}{81}\,x^3 - \ldots$$

Wie man sieht, sind die Reihen alternierend, d. h. sie wechseln, vom zweiten Glied an, in Plus- und Minusgliedern, ab.

Leibniz nun bildete den binomischen Lehrsatz im Wege der Kombinatorik noch weiter und gelangte zum polynomischen Lehrsatz, der eine Potenzierung von Mehrgliederausdrücken gestattet, deren Gliederanzahl 2 übersteigt. Doch darauf können wir nicht näher eingehen. Wir wollten bloß zeigen, wie sich alle Gebiete der Mathematik in der Hand der Heroen des siebzehnten Jahrhunderts zum Kosmos zu schließen und zugleich zum Kosmos auszudehnen beginnen. Die analytische Geometrie ergab die Verschwisterung von Geometrie und Algebra. Aus ihr wuchs das Tangentenproblem und da-

---

[1]) Da die Reihe sonst nicht gegen 0 strebt!

mit die Differential- und Integralrechnung mit dem Begriff der Funktion und all den anderen Zweigen, die mit der Unendlichkeitsanalysis in Verbindung standen, wie etwa die Bestimmung der Maxima und Minima, der Flächeninhalte, Volumen, Kurvenlängen und der Kurven mit bestimmten Maximal- und Minimaleigenschaften. Auf Umwegen trat aber wieder das Integral durch die Reihenentwicklungen, speziell durch die binomische Reihe, mit der Kombinatorik in Verbindung, eine Beziehung, die sich stets enger gestalten sollte und sogleich auch auf höhere Differentialquotienten übergriff. Zur selben Zeit legte das Genie Leibnizens durch eine gelegentliche Andeutung in einem Brief an Marquis de l'Hospital den Grundsockel zu einer ungeheuren Entdeckung, der Determinanten, die als rein kombinatorische Denkkategorie später zu einem der mächtigsten Instrumente der Mathematik ausgebildet werden sollten. Wir merken hier nur an, daß Leibniz ihr erster Entdecker war, da wir sie in andrem Zusammenhange genau durchleuchten werden. Damit aber noch nicht genug. Der eben erst entdeckte Logarithmus brach an unerwartetster Stelle in die Unendlichkeitsanalysis ein und konstituierte sich, wie schon erwähnt, zur Achse der höheren Mathematik. Man stieß nämlich durch die einfache Integrationsformel $\int x^m \, dx = \dfrac{1}{m+1} x^{m+1}$ sehr rasch auf eine rätselhafte Lücke. Während der Algorithmus für jedes positive, negative oder gebrochene n einen genauen und selbst für irrationale n einen Näherungswert lieferte, da etwa $\int x^3 \, dx = \dfrac{1}{4} x^4$, $\int x^{\frac{1}{2}} \, dx = \dfrac{1}{1+\frac{1}{2}} x^{\frac{1}{2}+1} = \dfrac{2}{3} x^{\frac{3}{2}}$,

$\int x^{-4} \, dx = -\dfrac{1}{5} x^{-5} = -\dfrac{1}{5\,x^5}$ usw., ergab sich für $\int x^{-1} \, dx$ oder, was dasselbe ist, für $\int \dfrac{1}{x} \, dx$ der vollständig unmögliche

Wert $\int \dfrac{1}{x} \, dx = \int x^{-1} \, dx = \dfrac{1}{-1+1} x^{-1+1} = \dfrac{1}{0} x^0 = \dfrac{1}{0} \cdot 1$, also unendlich. Das konnte nicht stimmen. Hier versagte plötzlich der Algorithmus. Um so sicherer war man seiner Sache, als man ja die Integralfläche der Funktion $\frac{1}{x}$ vor sich sehen konnte, wenn man sie zeichnete. Es war die Fläche einer Hyperbel. Und man erkannte bald, daß es nicht nur eine Hyperbel war, sondern daß die Stammfunktion zu dieser Funktion die Funktion (Kurve) des natürlichen Logarithmus bildete, so daß man jetzt $\int x^{-1}\, dx$ als gleich mit $^e\log x$ setzen durfte. Der Differentialquotient von $^e\log x$ war damit als x^{-1} oder $\frac{1}{x}$ entlarvt. Wieder eine geradezu ungeheuer wichtige Entdeckung und ein neuer Zusammenhang zwischen entferntesten Weltteilen des mathematischen Kosmos.

Diese wenigen Beispiele sollen nur die Bewegung andeuten, die in und um Leibniz kreiste und die in wenigen Jahrzehnten all das begründete, was seither das ganze Leben der abendländisch-faustischen Welt umgestaltet hat. Wir können uns von der geistigen Trunkenheit dieser Zeit keinen Begriff machen. In den lockeren Gesellschaftszirkeln des Spätbarock und Rokoko wurde die Mathematik zum Tagesgespräch, und nicht nur der edle Graf von Hospital beschäftigte sich mit Unendlichkeitsanalysis. Hospital wurde vielleicht ihr stärkster Propagator, da sein ebenso durchsichtiges wie umfassendes Lehrbuch fast ein Jahrhundert die Grundlage des Studiums dieser Rechnungsart bildete. Aber überall sprach man von der Lösung des Problems der Kettenlinie, einer Leibnizschen Tat, die endlich die Formel für eine freihängende Kette, bzw. für die durch eine solche Kette erzeugte Kurve zutage förderte. Oder von der Brachistochrone, der Florentiner Aufgabe, die wir schon erwähnt haben, oder von der Traktrixkurve, die dadurch entsteht, daß man etwa eine Uhr mit Kette auf den Tisch legt und nun das Ende der ausgespannten Kette einer Geraden entlang führt. Der Mittelpunkt der Uhr wird sich dieser „Leitgeraden" stets mehr nähern, ohne sie zu erreichen.

Diese ebenfalls durch Leibniz analysierte „Traktrix" werden wir später bei den nichteuklidischen Geometrien des Gauß-Bolyai-Lobatschewskischen Typus wiederfinden. Wir können nur andeuten. Können auch nur flüchtig erwähnen, daß Leibniz bereits die „Geometrie der Lage" durchschaute und in leuchtend klaren Worten von der Maßgeometrie abgrenzte, können nur noch einmal betonen, daß er in allem, was Schreibweise (Notation) betraf, vorbildlich wirkte. So hat er als erster das Wesen der Indices durchschaut, von denen er stets wiederholte, sie seien durchaus nicht als Zahlen aufzufassen. Ein Gedanke, der für die Kombinatorik und damit für die Determinanten bahnbrechend geworden ist, was wir später ausführen werden.

Überhaupt wird Leibnizens Schatten über der Entwicklung der folgenden Jahrhunderte liegen, und wir wissen heute noch nicht ganz genau, ob in seinem bisher noch leider zum großen Teil unveröffentlichten Nachlaß nicht irgendwelche Dinge verhüllt oder unverhüllt enthalten sind, die erst einer ferneren Zukunft die Wege weisen werden. Aber auch darüber, daß wir heute mitten in einem wogenden Chaos von erst halb entwickelten mathematischen Entdeckungen stehen, werden wir später sprechen.

Jetzt, zum Schluß dieses Kapitels, nur noch ein kleines Streiflicht auf den unseligen Prioritätsstreit zwischen Newton und Leibniz, der der Wissenschaft nur geschadet hat, indem er Leibniz unnötig Kraft kostete und den etwas schrulligen Newton aus Zorn so weit trieb, die Unendlichkeitsanalysis überhaupt zu verdammen.

Es ist, so wissen wir heute, unleugbar, daß Newton und Leibniz, unabhängig voneinander, denselben mathematischen Tatbestand entdeckten und ihn richtig handhabten. Newton faßt die Angelegenheit rein phoronomisch und dynamisch auf und verwendete seine Rechnungsart für die Physik. Er nannte sie Fluxionen und Fluenten und notierte die Fluxion durch $\dot{x}$ und die Fluente durch $\acute{x}$. Weiters steht es fest, daß Newton,

242

rein zeitlich, früher um die Infinitesimalrechnung Bescheid wußte als Leibniz, und zwar wahrscheinlich bereits im Jahre 1665. Leibniz dagegen kam auf ganz anderen Wegen, logisch und kombinatorisch und aus der Untersuchung endlicher Differenzen, zu seinem Kalkül. Er erstrebte auch nicht bloß eine persönliche Beherrschung des mathematischen Tatbestandes, sondern eine durchsichtige Algorithmisierung, also einen wirklichen Kalkül. Dieser wurde durch ihn im Wesen am 28. Oktober 1675 entdeckt und 1684 veröffentlicht, zu welcher Zeit Newton mit seiner Entdeckung noch nicht in die Öffentlichkeit getreten war.

Mehr wollen wir über den Streit nicht sagen. Denn die Tatsache, daß heute die ganze Welt, einschließlich der Angelsachsen, nur und ohne Ausnahme die Schreibweise Leibnizens verwendet, hat, rein objektiv, den Kampf entschieden. Es handelte sich eben bei dieser Entdeckung gar nicht um den Gegenstand selbst. Dieser Gegenstand war zum großen Teil bekannt, als die beiden Rivalen auf den Plan traten. Es handelte sich aber sehr wesentlich oder fast einzig und allein darum, aus dem Problem und seinen Teillösungen einen auch für Durchschnittsmenschen erlernbaren und durchsichtigen Algorithmus zu schaffen, der außerdem noch in sich jede weitere Entwicklungsmöglichkeit enthielt. Diese Großtat hat von den beiden Heroen des siebzehnten Jahrhunderts auf diesem Gebiet nur Leibniz vollbracht, während der große Newton, neben seinen physikalischen Ewigkeitsleistungen, als Mathematiker eher in der Behandlung der Reihen, des Wahrscheinlichkeitskalküls und in anderen Belangen epochebildend auftrat.

Wir können die Gesamterscheinung Leibnizens in ihrer erschütternden Größe überhaupt nicht fassen. Er war Bahnbrecher als Jurist, Theologe, Historiker, Erfinder, Physiker, Naturforscher, Geologe, Chemiker, Politiker, Sprachforscher und „daneben" als Mathematiker. Vom Philosophen Leibniz, vom Lyriker Leibniz sprechen wir nicht, da es allzu bekannt ist, daß er „in erster Linie"

Philosoph war. Was also war er wirklich in erster Linie? Jede Geschichte fast jeder Spezialwissenschaft behauptet, man erkenne erst langsam, daß er eben auf diesem Spezialgebiet am bedeutendsten war.

Wir wollen hier durchaus nicht entscheiden. Sondern nur feststellen, daß eine solche Einschätzung die Vermutung nahelegt, in seiner Person habe sich der faustische Geist zu einem Universalgenie in des Wortes strengster Bedeutung verdichtet, wie es die Welt weder vorher noch nachher sah. Nur aus diesem vereinigten Wissen aber konnte die Konstituierung der Mathematik als Kosmos hervorgehen. Keine Fachbrille trübte seinen Weitblick. Und hinter all seinem Genie stand ein ungeheurer, restloser Patriotismus, tiefste deutsche Gesinnung und dazu ein unerschütterlicher Glaube an Gott; und ein Optimismus, der sich aus den Tiefen der Verwüstungen des Dreißigjährigen Krieges erhob und seinen Träger zum Freund und Berater Prinz Eugens, Peters des Großen, Ludwigs des Vierzehnten, der preußischen Könige und Königinnen, der deutschen Kaiser Leopold I. und Karl VI. und nicht zuletzt der Welfenherzoge machte.

Leibniz hat nicht nur persönlich auf mathematischem Gebiet einen zerschmetternden Sieg für den deutschen Namen erfochten. Er hat darüber hinaus die Mathematik auf deutschem Boden heimisch gemacht, vielleicht deshalb, weil er die tiefsten Abgründe der faustischen Seele erschloß.

Es liegt uns ferne, die Taten irgendeiner anderen der abendländisch-faustischen Nationen auf mathematischem Gebiet zu verkleinern. Wir werden sie bald in allem Glanze sehen. Wir wollen aber trotzdem nicht unterlassen, festzustellen, daß seit Leibniz das deutsche Volk den anderen mathematischen Großmächten zumindest ebenbürtig blieb, wenn es sie nicht durch Wichtigkeit und Ewigkeitswert der Leistungen manchmal sogar übertraf. Auf jeden Fall bleibt Deutschland der Ruhm, nach Leibniz noch Riesengestalten wie Euler, Riemann, Weierstraß, Graßmann, vor allem aber den „princeps Mathe-

maticorum", den Fürsten aller Mathematiker, Carl
Friedrich Gauß, hervorgebracht zu haben, der in seiner
universalen mathematischen Größe nur mit Archimedes
verglichen werden kann.

Dreizehntes Kapitel
JEAN VICTOR PONCELET
Mathematik als Zauberspiegel

Jedem, der sich nur ein wenig tiefer mit Leibniz und
mit Newton beschäftigt, wird es bald klar, daß auch
hochgespannte Erwartungen über die Leistungen dieser
beiden Geistesriesen durch die geschichtlichen Tatsachen noch übertroffen werden. Deshalb ist auch alles,
was wir sagen konnten und im Rahmen unserer Arbeit
sagen durften, wirklich nicht mehr als eine schwache
Andeutung.

Wir treten aber nach Leibniz einem noch viel schwieri-
geren wissenschaftsgeschichtlichen Tatbestand gegenüber, dem wir einige Worte widmen müssen. Wir
Heutigen sind nämlich — diese höchst banale Feststellung
muß gemacht werden — wenig mehr als zweihundert
Jahre von den Ereignissen entfernt, die wir eben schil-
derten. Wenn wir nun auch behaupteten, die Mathematik
sei seit Descartes aus dem Stadium des Handwerks in das
Stadium der Großindustrie eingetreten, wenn auch weiters die ganze Weltkonstellation gleichsam wie ein ver-
vielfachendes Zahnräderwerk wirkte, das alle Ansätze
zu dieser wissenschaftlichen Industrialisierung noch zunehmend multiplizierte und potenzierte, so sind wir alle
anderseits wieder doch nicht zu Übermenschen heran-
gewachsen, die sozusagen unvergleichbar in der Geistesgeschichte daständen. Und wir wissen durchaus nicht, ob
nicht eines schönen Tages ein großer Teil des industriell
erzeugten mathematischen Gedankengutes als Mode-
artikel einer überholten Zeit beiseite geschoben werden

wird. Kurz, wir haben weder die historische Distanz zurück in diese zwei Jahrhunderte, noch weniger aber eine prophetisch extrapolationistische Gabe für die Zukunft.

Da wir uns aber — so fühlen wenigstens die reifsten und phantasievollsten Mathematiker der Gegenwart — heute in einer noch durchaus nicht abgeschlossenen Phase der mathematischen Entwicklung befinden, ist jede Schilderung der auf Leibniz folgenden Epochen desto mehr ein ungefähres Stimmungsbild, als es noch nicht einmal feststeht, ob das Erbe Leibnizens bereits in seinen letzten Folgerungen ausgewertet ist. In manchen Einzelheiten ist dieses klassische Erbgut sicher zum Allgemeinbesitz geworden. Ebenso sicher ist es aber als Ganzes, als Plan und als Kosmos noch nicht bis zur letzten möglichen Weiterung vorgetrieben.

Unserem Unternehmen steht jedoch noch eine zweite, viel wesentlichere Schwierigkeit entgegen. Wir durften es ohne weiteres wagen, Schritt für Schritt, unsere Leser an Hand der Entwicklung bis ins Zentrum der Infinitesimalrechnung zu führen. Und wir mußten geradezu darlegen, wie sich die Anzahl der Grundrechnungsoperationen von der Addition zur Multiplikation, von dieser zur Potenzierung und zur Exponentialfunktion und schließlich zur Integration vorarbeitete. Auch das Gegenspiel auf der lytischen Seite, die Subtraktion, Division, Radizierung, Logarithmierung und Differentiierung blieb uns nicht fremd. Ebensowenig unterließen wir es, die Erweiterungen des Zahlenbereiches, von den natürlichen Zahlen beginnend, zu den gebrochenen, den irrationalen, den negativen und schließlich den imaginären Zahlen anzudeuten. Unendlichkeitsprobleme sind uns mehr oder weniger vertraut geworden, Paradoxien wurden uns selbstverständliche Begleiterscheinungen des Unendlichkeitskalküls. Wir verstehen auf unserer Stufe das Wesen des Algorithmus, des Systems. Wir sind nicht mehr erstaunt, wenn wir in den Reihen gleichsam einen neuen Zahlbegriff auftauchen sehen, ebenso in den Funktionen;

246

wenn wir auch wieder wissen, daß die Reihen ursprünglich der Versuch von Näherungslösungen waren und die Funktionen eine formulierte Beschreibung gesetzmäßiger Zusammenhänge darstellten. Die weitere und verfeinerte algorithmische Ausbildung und Behandlung aber verschob bald wieder diese ursprünglich außerordentlich klaren und verhältnismäßig leichtverständlichen Begriffe. Denn plötzlich drehte man aus rechnerischen Notwendigkeiten alles um und ging vom Gegebenen zurück zu einer möglichen Entstehung, wobei man irgendwelche zufällig gegebenen Größen zu Prozessen umdeutete, die ihnen ganz fremd waren. Anstatt nämlich etwa den Wurzelwert aus der Binomialreihe als Resultat zu gewinnen, faßt man plötzlich irgendeine Irrationalzahl als Reihe auf und behandelt sie als Reihe weiter. Oder man nimmt eine empirisch gegebene Folge von Zahlen, von Messungsresultaten, und unterstellt diesen, Zahlen, daß sie Ordinatenwerte, also Funktionswerte seien, worauf man versucht, sie durch ein Gesetz zu verbinden. Dadurch nun wird der Begriff der Funktion ungeheuer erweitert. Denn jetzt ist jede konkrete, allgemeine oder als Verbindung von verschiedensten Operationen gewonnene Zahl möglicherweise eine Funktion und man darf jede mathematische Gegebenheit welcher Art immer eine Funktion nennen.

Dieser Fortschritt und diese zunehmende Komplikation der mathematischen Begriffsbildung wirkt auf den Durchschnittsgebildeten, der der Mathematik nähertreten will, ungemein verwirrend und abschreckend, und es gibt heute weniger als je einen „Königsweg" im Sinne des Königs Ptolemäus Philadelphus, der den Zugang zum gefährlichen Labyrinth der modernen Mathematik erleichtern könnte.

Solche Verwahrungen mußten schon an dieser Stelle eingelegt werden, um für den Leser unsere letzten Kapitel nicht zur Enttäuschung zu gestalten. Wir werden uns alle Mühe geben, wenigstens einen Zipfel der Geheimnisse zu erhaschen, können aber, aus dem Wesen der Sache, in die näheren Einzelheiten der modernsten Mathematik nur höchst allgemein eingehen, indem wir an schon Bekanntes anknüpfen und Einfacheres für Komplizierteres pädagogisch „substituieren". Am wenigsten gilt dieser Vorbehalt für die Geometrie, am meisten für die weitere Ausbildung der „höheren Mathematik" im landläufigen Sinne oder der Unendlichkeitsanalysis.

Nun zeigte es sich aber auf allen Gebieten der Anwendung, daß gerade die eingehendere Durchdringung der Differential- und der Integralrechnung dem Menschen eine Waffe in die Hand gegeben hatte, wie sie noch keine frühere Zeit besaß. Das stetige Reich der Wirklichkeit, das „Kontinuum" des Seins, das funktional strukturierte Werden, kurz alle „figurae" und „formae" konnten mit dieser Waffe angegriffen werden. Das ganze achtzehnte Jahrhundert stand im Zeichen dieses rationalistischen Rauschzustandes, der den Menschen endgültig mit Traumsicherheit zur äußeren und inneren Weltbeherrschung emporzuführen schien. Und die „Göttin der Vernunft" lächelte verführerisch und lockte zu stets neuem Vorwärtsdrang.

In einem im einzelnen nicht wiederzugebenden Aufstieg von Detailepoche zu Detailepoche arbeiteten mathematische Genien obersten Ranges wie die Bernoullis, die schließlich eine ganze Mathematikerdynastie bildeten, wie Leonhard Euler, Lagrange, Legendre, D'Alembert, um nur einige allererste Namen zu nennen. Und am Ende des achtzehnten Jahrhunderts konstituierte sich eine Schule um den genialen Kombinatoriker Hindenburg, die, vom Mittelpunkt des polynomischen Lehrsatzes aus, die ganze Mathematik auf rein kombinatorische Grundlage stellen wollte. Kurz, die seit Descartes eingeleitete und durch Leibniz bahnbrechend begründete Vorherrschaft der Algebra und des Algorithmus schien, ohne sichtbaren Endpunkt, die Aufstiegsrampe für alle Zukunft zu werden. Wobei wir, auch hier wieder nur andeutungsweise, erwähnen, daß Gabriel Cramer, unabhängig von Leibniz, zum zweiten Male die Lehre von den Determinanten im

Jahre 1750 begründete. Eine Angelegenheit, die, wie wir später sehen werden, geradezu einen Gipfelpunkt von Algebraisierung und Algorithmisierung bildet.

So konnte also der große Laplace im Jahre 1799 in seiner berühmten „Exposition du système du monde", also in seinem „Weltsystem", über die Mathematik schreiben: „Die algebraische Analysis läßt uns bald den Hauptgegenstand unserer Forschungen vergessen, um uns auf abstrakte Kombinationen hinzuweisen, und erst am Ende führt sie uns wieder zu diesen zurück. Aber wenn man sich der Methode der Analysis überläßt, gelangt man dank der Allgemeinheit dieser Methode und dadurch, daß sie den unschätzbaren Vorteil gewährt, Schlußfolgerungen in mechanische Operationen umwandeln zu können, zu Resultaten, die der geometrischen Synthese oft unzugänglich sind. Die Fruchtbarkeit der algebraischen Analysis ist so groß, daß man Spezialtatsachen nur in ihre universelle Sprache zu übersetzen braucht, um aus ihrer bloßen Ausdrucksform eine Fülle von neuen und unerwarteten Tatsachen hervorwachsen zu sehen. Keine andere Sprache ist einer derartigen Eleganz fähig, wie sie sich hier darstellt, wenn eine lange Reihe von Ausdrücken entwickelt wird, die alle miteinander verkettet sind und alle aus einer und derselben Grundidee hervorquellen. Die Mathematiker des Jahrhunderts sind auch von ihrer Überlegenheit überzeugt und deshalb eifrig bemüht, die Herrschaft der analytischen Methode auszudehnen und beengende Schranken abzubrechen."

So weit Laplace, den wir nach Boutroux zitierten. Wir sehen, daß er noch ganz im algorithmisch rationalistischen Rausch des achtzehnten Jahrhundert lebt und die letzten Schranken beseitigen will, die einer vollständigen „Verstandlichung", also einer Algebraisierung der Mathematik im Wege sind. Natürlich heißt „Analysis" oder „analytische Methode" in diesem Zusammenhang bei Laplace nur Algebra und nichts als Algebra.

Wir stellen also noch einmal fest, daß das achtzehnte Jahrhundert als Vordergrund seines Interesses fast ausschließlich die algebraisierte, algorithmisierte Unendlichkeitsanalysis ansah und sich etwa an der zunehmenden Bewältigung schwieriger Integrationen oder am Ausbau der infinitesimalen Variationsrechnung erfreute. Gleichwohl hat der Schöpfer dieser ganzen Bewegung, Leibniz selbst, in seiner „Ars inveniendi" (Erfindungskunst) schon bemerkt: „Oft können die Geometer mit wenigen Worten etwas beweisen, was auf dem Wege der Rechnung zu beweisen sehr langwierig wäre... der Weg der Algebra führt stets zum Ziel, aber er ist nicht immer der beste." Und wir haben schon angedeutet, daß derselbe Leibniz in seiner Idee von einer „Geometrie der Lage" der Geometrie selbständige und zukunftsträchtige Bereiche anwies, die der Algebra nicht ohne weiteres zugänglich waren.

Daß sich der Bearbeiter des Pascalschen Nachlasses mit solchen Gedankengängen tragen mußte, ist nicht sehr verwunderlich. Auch ein Geringerer als Leibniz hätte über Ansätze bei Pascal erstaunen müssen, die in eine bisher noch unbeschrittene Richtung wiesen. Gleichwohl aber war der Lärm um die Infinitesimalrechnung und die mit ihr verbundene Koordinatengeometrie so groß, daß alle diese Ansätze und Andeutungen bis zum Ende des achtzehnten Jahrhunderts ungehört verhallten.

Es ist völkerpsychologisch höchst interessant, daß auch diese Epoche der Geometrie, in die wir nun eintreten werden, ausschließlich in französischen Gehirnen endgültige Gestalt gewann. Um dies aber im einzelnen nachzuweisen, wollen wir wieder unseren Zauberteppich besteigen, der uns diesmal in die Zeit vor Leibniz nach Lyon zurücktragen soll. Dort lebte in der ersten Hälfte des siebzehnten Jahrhunderts ein junger Architekt, namens Girard Desargues, der sich, wie manche Mahematiker hohen Ranges, durch ein sonderbares, schrullenhaftes Wesen auszeichnete. Er verfaßte ein sehr tiefes Werk mit dem ungefähren Titel: „Entwurf

250

über die Ereignisse, die sich begeben, wenn ein Kegel mit einer Ebene zusammentrifft".[1]) Da er aber, wie erwähnt, sehr verschrullt war, so fand er es für angemessen, dieses Werk auf lose Blätter mit mikroskopisch kleinen Lettern drucken zu lassen. Damit aber noch nicht genug. Er verbarg seine Entdeckungen außerdem unter eine äußerst schwulstige Sprache, indem er alle geometrischen Begriffe mit botanischen Namen belegte und fortwährend von Blüten, Stämmen, Zweigen und dergleichen sprach.

Diese Blätter ließ er seinen Freunden zukommen und verteilte sie überdies an berühmte mathematische Gelehrte, die, wie nicht verwunderlich, mit dem an sich neuen Gegenstand, der noch dazu in eine so schwierige Form eingekleidet war, wenig anzufangen wußten. Wie in allen Wissenschaften, treiben sich ja auch in der Mathematik seit undenklichen Zeiten stets allerlei Querulanten und Scharlatane herum, und es ist oft ungeheuer schwer, eine Neuerung von einer Verschrobenheit oder Hochstapelei zu unterscheiden. Desargues hatte jedenfalls das Seine dazugetan, daß man ihn für einen solchen Glücksritter hielt, und nur ganz wenige besonders erleuchtete Köpfe, wie Fermat, Descartes und Pascal, arbeiteten sich durch das mathematisch-botanische „Gestrüpp" des Lyoners bis zur wahren Erkenntnis durch. Während aber die beiden ersten so sehr mit Koordinatenproblemen befaßt waren, daß sie trotz ihres Verständnisses nicht auf der Linie des Desargues weiterschritten, faßte der geniale Blaise Pascal bereits als Sechzehnjähriger den Plan, die Erkenntnisse des Desargues zur Grundlage eigenen Weiterbaues zu verwenden.

Bevor wir jedoch hierauf eingehen, ist es notwendig, die Haupttaten des Desargues zumindest anzudeuten. Daß ihn seine Architektentätigkeit mit Problemen der Perspektive in nähere Berührung brachte, ist verständlich. Diese ganze, bereits vor ihm von anderen zu praktischen Zwecken erörterte Wissenschaft der Perspektive

---

[1]) „Brouillon projet d'une atteint aux evenements des recontres d'un cone avec un plan" (1639).

mathematisierte sich jedoch im Hirn des Desargues und wurde dadurch zu echter Wissenschaft. Deshalb auch legte er sich zwei Grundfragen vor, die später im neunzehnten Jahrhundert erst zu zentraler Wichtigkeit gelangten. Er fragte nämlich nicht mehr im Sinn eines Apollonios von Pergä nach den Eigenschaften der einzelnen Kegelschnitte, sondern ließ die Schnittebene zur Kegelachse vom Senkrechtstehen bis zur Parallelität, sogar bis zur Koinzidenz in stetigem Übergang verschiedene Neigungswinkel annehmen und kam dadurch zur Überzeugung, daß eine ganze Reihe von Eigenschaften trotz der verschiedenen Neigung der Schnittebene erhalten bleibe, also bei sämtlichen Kegelschnitten gleich sein müsse. Die zweite Frage, die Desargues beschäftigte, war die Kluft, die man bisher zwischen Parallelen und zwischen einander schneidenden Geraden stets anzunehmen sich bemüßigt gefühlt hatte. Er fand bald, daß die gemeinsamen Eigenschaften von parallelen und schneidenden Geraden zahlreicher seien als die Verschiedenheiten. Ja, daß man geradezu perspektivisch oft gezwungen war, Parallele und Schneidende zu identifizieren; was nebenbei jedem plausibel wird, der sich vergegenwärtigt, daß sich Parallelen perspektivisch sofort zu Schneidenden umwandeln, wenn man gewisse Standpunkte der Betrachtung einnimmt. Dadurch aber ergibt sich wieder eine Art von Identität zwischen Kegel und Zylinder, und es taucht ein paradoxer Begriff auf, dessen Fruchtbarkeit für die Geometrie unermeßlich werden sollte: der Begriff des „unendlich fernen Punktes“ und der übrigen „unendlich fernen Gebilde“. Parallele Gerade schneiden einander eben im unendlich fernen Punkt und werden dadurch zu schneidenden Geraden. Und der Zylinder wird zu einem Strahlenbündel, dessen Vereinigungspunkt ein unendlich ferner Punkt ist. Es gibt aber bei Parallelen nicht etwa zwei unendlich ferne Punkte, je nachdem man die Geraden nach links oder rechts verlängert. Sondern es kann — eine äußerst paradoxe Annahme — für jedes Parallelenbüschel (in der Ebene) oder Parallelenbündel (im Raum) bloß e i n e n unendlich fernen Vereinigungspunkt geben. So etwa wie für uns die Sonnenstrahlen zwar parallel einfallen, wir aber gleichwohl nie behaupten werden, daß sie von zwei Sonnen herkämen.

Daß durch diese beiden Grunderkenntnisse des Erhaltenbleibens von Eigenschaften trotz perspektivischer Veränderung der Figuren und der Erfindung des Begriffes unendlichferner Gebilde eine ganz neue Geometrie geschaffen war, stellte sich erst heraus, als die Zeit dazu reif geworden war. Denn vorläufig wurde Desargues noch weidlich verlacht, und auch sein berühmter Satz, daß die verlängerten Seiten zweier beliebiger perspektivisch liegender Dreiecke einander paarweise auf einer einzigen Geraden schneiden müßten, fand keinen Widerhall. Nur Pascal durchforschte die Kegelschnitte im Sinn Desargues' weiter und förderte bald einen neuen grundlegenden Satz zutage, der so sehr an Zauberei grenzte, daß Pascal ihn selbst als „wundertätig" bezeichnete. Dies mit Recht. Denn dieser Pascalsche Satz ist ebenso wie der Satz des Desargues am Ende des neunzehnten Jahrhunderts als die einzige tragende Brücke erkannt worden, über die man vom Ufer der Algebra zum Ufer der Geometrie schreiten kann, ohne die Logik zu verletzen. Doch über all dies werden wir später sprechen. Wir merken an dieser Stelle nur noch ein sehr kurioses Ereignis an. Das von uns erwähnte Hauptwerk des Desargues wurde, nachdem es fast zwei Jahrhunderte lang verschollen gewesen war, bei einem Trödler am Seine-Ufer in einer Bücherkiste von niemand geringerem als vom großen Geometer und Mathematikhistoriker Michel Chasles aufgestöbert und angekauft. Und zwar im Jahre 1845, als schon durch Poncelet und v. Staudt die „neue oder projektivische Geometrie" begründet worden war.

Wir haben gehört, daß der große Laplace im letzten Jahre des achtzehnten Jahrhunderts für die Allgewalt des algebraischen Algorithmus sehr warme und begeisterte Töne fand. So begeistert, daß jeder glauben mußte, es gäbe für alle Zukunft wirklich nur mehr diesen einzigen Weg des Weitertreibens algorithmischer Algebra und infinitesimaler Analysis, um, über die Koordinaten und Funktionen hinweg, gleichsam den mathematischen Himmel zu stürmen. Zur selben Zeit aber vollzogen sich gleich zwei Ereignisse, von denen wir eines sofort erwähnen, während das zweite erst im übernächsten Kapitel gewürdigt werden soll, da es das erste Auftreten des jungen Gauß betrifft. Im Jahre 1798 also gab Gaspard de Monge, ein genialer Geometer und Genieoffizier der französischen Armee, die Frucht jahrzehntelanger Studien der Öffentlichkeit bekannt. Es war nicht weniger als die erste erschöpfende Begründung der sogenannten „deskriptiven oder darstellenden Geometrie", die zwar im allgemeinen als Anwendungsgebiet der Mathematik gilt, gleichwohl jedoch so viele Beziehungen zur reinen Mathematik hat, daß wir an ihrer ersten umfassenden Erörterung auch dann nicht hätten vorbeigehen können, wenn Poncelet nicht Schüler und Verehrer De Monges gewesen wäre. Nebenbei bemerkt, verstrickte das Schicksal in diesem großen Zeitalter der französischen Mathematik fast alle ihre Vertreter in sehr abenteuerliche Ereignisse. De Monge selbst, der Begründer der berühmten Ecole normale und der Ecole polytechnique, hatte als revolutionärer Marineminister die zweifelhafte Ehre, das Todesurteil an Ludwig XVI. vollziehen zu lassen. Unter Napoleon kam er zu hohem Rang, fiel aber mit dem Korsen und verbrachte den Rest seines Lebens im Schatten.

Sein Schüler Jean Victor Poncelet, ebenfalls ein Genieoffizier des französischen Heeres, zog mit der großen Armee im Jahre 1812 gegen Rußland und wurde mit vielen anderen Leidensgenossen bei Krasnoje gefangengenommen. In jenem furchtbaren Winter, in dem die Kälte so arg war, daß das Quecksilber in den Thermometern erstarrte, mußte Poncelet zu Fuß bis Saratow an der Wolga marschieren, wo er krank und niedergebrochen anlangte. Um so bewundernswerter ist die Seelengröße dieses Mannes, der sich von den paar Kopeken, die er als Verpflegsgeld erhielt, grobes Papier und Federn anschaffte und aus Lampenruß selbst Tinte fabrizierte, da er ja doch schließlich auch etwas Geld fürs Essen erübrigen mußte. Mit diesen opulenten Materialien begann er im Frühling die Grundzüge seines späteren Hauptwerkes festzulegen, das an Desargues und Pascal anknüpft, ohne daß jedoch Poncelet näher das Werk des ersteren gekannt hätte. Er beklagt nämlich in der Vorrede ausdrücklich den Verlust des Hauptwerkes von Desargues, desselben Werkes, von dem wir schon erwähnten, daß es durch Chasles im Jahre 1845 in einer Abschrift wieder aufgefunden wurde.

Poncelet kehrte 1814 in seine Heimat, nach Metz, zurück und vollendete im Jahre 1822 sein Hauptwerk „Traitée des proprietes projectives des figures" (Abhandlung über die projektiven Eigenschaften der Figuren), womit er zwar eine epochale Tat der Mathematikgeschichte setzte, in seinem Vaterlande jedoch auf alles eher denn wirkliches Verständnis stieß. Dieses mangelnde Verständnis war so groß, daß die französische Akademie die Veröffentlichung seiner Entdeckungen ablehnte, so daß sie in Deutschland, in Crelles Journal, erscheinen mußten. Diese Tatsache wurde allerdings für die Mathematik ein Segen, da sich auf deutschem Boden sogleich eine mächtige Phalanx von kongenialen Geistern, allen voran Steiner und v. Staudt, erhob, die die projektive Geometrie zu ihrer heutigen Vollendung führten.

Wir wollen aber nicht vorgreifen, sondern von Poncelet selbst hören, wie er seine Aufgabe auffaßte. „Betrachten wir", sagt er, „irgendeine Figur in einer allgemeinen, in gewissem Sinne unbestimmten Lage, wie die Figur sie einnehmen kann, ohne die Gesetze, die Bedingungen, die Verbindungen zu verletzen, die zwischen den verschiedenen Teilen des Systems bestehen (das durch die Figur ihrer Definition gemäß gegeben ist); nehmen wir an, daß wir bei diesen Angaben eine oder mehrere Beziehungen oder

Eigenschaften der Figur, gleichviel ob metrische oder projektive, gefunden haben. Wenn man nun bei denselben Angaben die ursprüngliche Figur beliebig wenig verändert, oder, wenn man für gewisse Teile dieser Figur eine stetige, sonst aber beliebige Bewegung zuläßt, ist es dann nicht ganz klar, daß dieselben Eigenschaften und Beziehungen, die für das erste System galten, auch für die verschiedenen, aus dem gegebenen System in dieser Weise hervorgehenden neuen Systeme anwendbar bleiben?"

Mit diesen Worten ist unzweideutig eine „Geometrie der Lage" gefordert, wie sie schon einem Leibniz vorschwebte. Das Maß und die Figur verschwinden aus der Geometrie und zurück bleiben schattenhafte „Beziehungen" und „Eigenschaften", die einzeln oder in ganzen Gruppen gegen jede Verzerrung oder Veränderung des „Systems" unempfindlich sind. Derartige Lagesätze hatten schon, wie erwähnt, Desargues und Pascal gefunden, auch Leibniz und Euler hatten hierzu Beiträge geleistet, wie etwa den berühmten Eulerschen Polyeder-Satz, der einfach als: „Ecken plus Flächen ist gleich Kanten plus zwei" formuliert werden kann und für alle Vielflache mit Ausnahme besonderer, in der gewöhnlichen Geometrie kaum vorkommender Fälle gilt. Auch der Franzose Carnot hatte schon eine Einteilung der Figuren gegeben, die den bisherigen geometrischen Gebilden ein System „vollständiger" Figuren gegenüberstellte und diese Figuren kombinatorisch erfaßte. Vier Punkte etwa bilden ein vollständiges Viereck, wenn alle Geraden gezogen werden, die durch diese Punkte laufen können. Dieses vollständige Viereck hat 4 Eckpunkte und $\binom{4}{2}$ Seiten, also 6 Seiten. Vier Gerade dagegen können einander in $\binom{4}{2}$ Punkten, also in 6 Punkten schneiden usw.[1])

Diese Art des Aufbaues aller Gebilde aus den Elementen Punkt, Gerade, Ebene usw. ist eine synthetische.

---

[1]) Näheres siehe u. a. in des Verfassers „Vom Punkt zur vierten Dimension", Geometrie für Jedermann, S. 108 ff.

Daher man auch die projektive Geometrie oft als die synthetische bezeichnet. Man wollte, und dies der tiefste Grund ihrer Schöpfung, der allgewaltigen analytischen Geometrie und der Algebraisierung und Algorithmisierung der ganzen Mathematik dadurch ein Paroli bieten, daß man auch der Geometrie den Vorteil des Algorithmus einverleibte. Man wollte in kühnstem Ansturm der Geometrie wieder ihren allbeherrschenden Platz verschaffen, geriet dabei tatsächlich in eine neue Welt von Wundern und Erleuchtungen, bis schließlich — fast eine Tragikomödie — die „Neue Geometrie" ihre geometrischen Hüllen abzustreifen begann und heute beinahe unbedingt die Züge einer geläuterten Algebra trägt. Inzwischen gingen viele Lullische Träume in Erfüllung, deren schönsten das „Dualitätsprinzip" bildete, das Poncelet entdeckte und im Jahre 1822 veröffentlichte. Wenige Jahre später wurde es, unabhängig von Poncelet, durch Gergonne aufgefunden und publiziert.

Dieses zauberhafte Prinzip, von dem wir eine verblüffende Probe geben werden, gestattet es, durch bloße Umbenennung bzw. Vertauschung von Begriffen neue geometrische Sätze zu finden. Man braucht etwa bloß die Begriffe „schneiden" und „verbinden", „Punkt" und „Gerade" zu vertauschen, um zu neuer Erkenntnis zu gelangen. Weiß man, daß in einer Ebene zwei „Gerade" einander in einem „Punkt" „schneiden", dann weiß man sofort durch Übersetzung dieser Wahrheit in die „duale" Sprache, daß in einer Ebene zwei „Punkte" durch eine „Gerade" „verbunden" werden. Bei solch einfachen geometrischen Tatsachen ist das Wirken des Dualitätsprinzips anscheinend selbstverständlich und nicht allzu erschütternd. Wie sehr jedoch dieser Schein trügt, mag dadurch illustriert werden, daß Pascal im Jahre 1640 seinen berühmten Sechsecksatz entdeckte, zu dem Brianchon erst 1806, also volle 166 Jahre später, den „dualen" Satz fand. Hätte Pascal bereits das Dualitätsprinzip gekannt, dann hätten sich diese 166 Jahre auf zwei Minuten verkürzen lassen.

Die spezielle Form des „Pascalsatzes", die wir für unseren Zweck benötigen, ist folgende:

Wir hätten zwei einander schneidende Gerade (wozu nach unseren Feststellungen über unendlichferne Punkte auch Parallele zu rechnen sind). Die Geraden heißen g_1 und g. Auf der Geraden g_1 liegen drei vollkommen willkürliche Punkte A_1, B_1 und C_1. Und auf der Geraden g die drei ebenfalls willkürlichen Punkte A, B und C. Nun „verbinden" wir A mit B_1 und B_1 mit C und bringen diese beiden Verbindungslinien zum Schnitt. Es entsteht da-

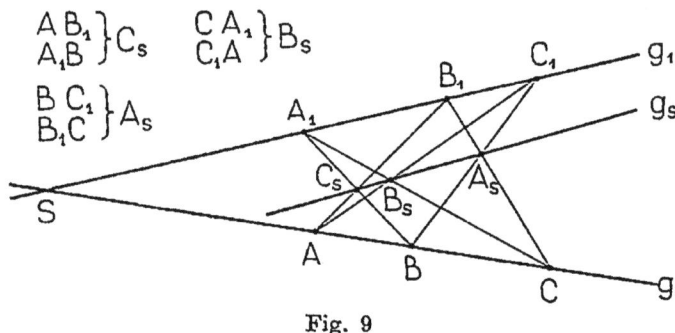

Fig. 9

durch der Punkt C_s. Dann verbinden wir B mit C_1 und B_1 mit C, wodurch der Schnittpunkt A_s entsteht. Wenn wir schließlich noch C mit A_1 und C_1 mit A verbinden und aus diesen beiden Verbindungslinien den Schnittpunkt B_s gewinnen, dann werden wir zu unserer Überraschung bemerken, daß die drei gewonnenen Schnittpunkte A_s, B_s und C_s auf einer Geraden g_s liegen. Es sei hier beigefügt, daß bei der praktischen Durchführung solcher Aufgaben in einer Zeichnung eine gewisse Übersicht und Routine notwendig ist. Gewiß, der Satz muß unter allen Umständen gelten. Aber praktisch kann es vorkommen, wenn ich die Punkte ungeschickt wähle, daß mir zur Gewinnung der Schnittpunkte die Zeichenfläche nicht ausreicht und dadurch die Zeichnung höchst unübersichtlich wird. Dies hat man auch manchmal gegen

258

die projektive Geometrie ins Treffen geführt und gesagt, diese Geometrie mache ruhig die Voraussetzung, daß jeder „Schnitt" auch wirklich durchgeführt werden könne, wobei man unter „wirklich" wohl die zeichnerische Möglichkeit zu verstehen hat. Wenn ich aber Linien ziehen muß, die etwa erst nach 150 m den erforderlichen Schnittpunkt liefern, kann ich solche Konstruktionen nicht gut für die Praxis brauchen.

Wir wollen uns aber jetzt durch diese an sich nicht unberechtigte Kritik nicht abschrecken lassen und auch unsere Bewunderung nicht verkleinern, wenn wir schon in den nächsten Minuten das Dualitätsprinzip gleichsam die Kluft von 166 Jahren werden überspringen sehen. Wir müssen zu diesem Behufe nur die Begriffe „verbinden" und „schneiden" und die Begriffe „Punkt" und „Gerade" vertauschen, um sofort zum Pascalschen Satz den „dualen" Satz, den Satz von Brianchon, aussprechen zu können. Theoretisieren wir nicht lange, sondern machen wir einfach die praktische Probe. Unser neuer Satz müßte lauten: Wir haben zwei Punkte P_1 und P. Denn beim „Pascal" hatten wir zwei Gerade g_1 und g. Die Geraden beim „Pascal" „verbanden" je drei „Punkte" A, B und C bzw. A_1, B_1, C_1. Deshalb müssen wir jetzt die Worte Pascals in die Sprache Brianchons übersetzen. Also in unseren zwei „Punkten" P_1 und P „schneiden" einander je drei „Gerade" a_1, b_1, c_1 und a, b, c. Nun müssen wir weiter forschen. Beim „Pascal" haben wir die drei „Punkte" „verbunden". Also müssen wir beim „Brianchon" die drei „Geraden" paarweise zum „Schnitt" bringen, und zwar nach demselben System wie beim „Pascal". Also a mit b_1, a_1 mit b, b mit c_1, b_1 mit c und schließlich c mit a_1 und c_1 mit a. Dadurch aber haben wir erst die duale Konstruktion zu den Verbindungslinien beim „Pascal" durchgeführt. Was haben wir beim „Pascal" weiter gemacht? Nun, wir haben „Verbindungsgerade" zum „Schnitt" gebracht. Was müssen wir also beim „Brianchon" machen? Wohl „Schnittpunkte" „verbinden". Nun ergibt die Verbindung der Schnittpunkte der Geraden a mit b_1 und a_1 mit b die Gerade c_s. Die Schnittpunkte der Geraden b mit a_1 und b_1 mit c ergeben die Gerade a_s. Und die Schnittpunkte der Geraden c mit a_1 und c_1 mit a liefern schließlich die Verbindungsgerade b_s. Wir haben also konsequent und streng dual, nur einem Spiel der Gedanken folgend, statt der drei „Schnittpunkte" A_s, B_s und C_s des „Pascal", drei „Verbindungsgerade" a_s, b_s und c_s des „Brianchon" gewonnen. Nun können wir die letzte Folgerung auf Grund des Dualitätsprinzips ziehen.

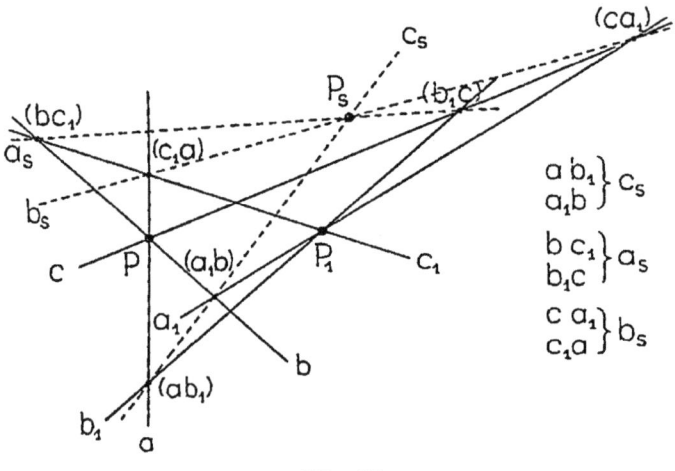

Fig. 10

Wenn nämlich beim „Pascal" die drei „Schnittpunkte" auf einer und derselben „Geraden" liegen müssen, dann müssen wohl die drei „Verbindungsgeraden" des „Brianchon" durch einen und denselben „Schnittpunkt" P_s gehen. Und in der Tat: Wir zeichnen die Figur und überzeugen uns mit staunender Verwunderung von der unfehlbaren Sicherheit unsrer neugewonnenen Denkmaschine.

Nun ist dieses Dualitätsprinzip noch viel großartiger, als wir es in diesem Falle zeigen konnten. Denn nicht nur „Punkt" und „Gerade" sind einander in der Ebene dual verkoppelt. Unsere Zaubermaschine erstreckt sich noch viel weiter, wovon wir sofort einige Beispiele geben werden. So lautet etwa einer der Hauptsätze der Dualitätstheorie folgendermaßen: „Jede ebene Figur ist ein Schnitt einer zentrischen Figur und jede zentrische Figur ist der Schein einer ebenen Figur." Wir müssen diesen sehr präzise formulierten Satz ein wenig sinnfälliger machen. Er besorgt nicht mehr und nicht weniger, als daß einander die Ebene und das Strahlenbündel gegenseitig „dual" entsprechen. Das aber ist eine der Grundwahrheiten, der tiefsten Urgründe der ganzen Geometrie des Auges. Denn der Strahlenkegel unseres Auges (zentrisches Bündel) kommt gleichsam überall, wohin er trifft, zum „Schnitt" mit einer Ebene, mit der auf eine Ebene bezogenen Welt. Und wenn ich jetzt die Richtung von dieser „Abbildwelt", dieser „Schnittebene" wieder zurück ins Auge wähle, dann ist der zentrische Strahlenkegel, das „Bündel", eben nichts anderes als der „Schein" dieser Welt, die Projektion der „Abbildwelt" in mein Auge. Hinter dem Schnittpunkt der Sehstrahlen innerhalb des Auges aber spielt sich der „duale" Vorgang noch einmal ab. Denn jetzt ist das Netzhautbild an der Rückwand des Auges der Schnitt mit dem Strahlenbündel und das Strahlenbündel selbst nichts als der Schein der Schnittpunkte.

Daher und nur aus diesem Grunde ist es möglich, auf jeder beliebigen Ebene gleichsam das Abbild der sichtbaren Welt herzustellen. Denn das Auge selbst „zeichnet" oder „malt" nach den Gesetzen der sogenannten Zentralperspektive, worunter man eine Art der Projektion versteht, bei der die Projektionsstrahlen alle einem zentrischen Bündel angehören. Daher stimmt auch weiters nur eine in sogenannter Zentralperspektive hergestellte Abbildung wirklich mit dem überein, was wir als Abbild der Welt durch unser Auge zu sehen gewohnt sind. Es ist also jede in sogenannter „Parallelperspektive" hergestellte Figur mehr oder weniger unnatürlich. Und hier haben wir auch die Lösung des Rätsels, warum wir „in Wirklichkeit" keine Parallelen sehen können. Denn die Zentralperspektive schließt die Parallelität aus. Streng genommen überhaupt. In der Praxis für jede größere Länge der Parallelen, wie sie etwa der Verlauf der Kanten eines Kirchturmes oder der Anblick eines Eisenbahngeleises, das sich in der Ferne verliert, darstellt. Nun sind wir es aber im Gegensatz zu dieser theoretischen Einschränkung in der Praxis gewohnt, alle technischen Pläne, Risse und schließlich auch den Großteil aller geometrischen Figuren in Parallelperspektive zu zeichnen. Das rührt davon her, daß wir unserer Vorstellung des Raumes rein parallelperspektivische Verhältnisse zugrunde legen und vom Standpunkt des Auges und von seinen projektiven Eigenschaften dabei vollständig absehen. Wir müssen uns aber stets klar darüber sein, daß wir dabei bewußt von einer anderen „Wirklichkeit", nämlich von der Wirklichkeit des Schauens abstrahieren, diese Wirklichkeit also dabei vollständig ausschalten. Wozu noch etwas zweites kommt, das hier erwähnt sein möge: Bei geometrischen Figuren aller Art legen wir noch eine Annahme unter, die eigentlich nur aus der Erfahrung in unserer Welt geschöpft ist. Wir denken nämlich sämtliche geometrische Figuren gleichsam als starre Körper. Wenn wir nicht Kugeln, Würfel, Dreiecke, Kegel, Pyramiden, Oktaeder u. dgl. aus Holz, Metall oder Stein herstellen könnten, wenn wir etwa Dreiecke und Quadrate nur aus nassem Löschpapier und Körper nur aus Streusand oder gar aus Flüssigkeiten formen könnten, würden wir unsere Art von Geometrie kaum erworben haben. Denn dann würde uns die Geradlinigkeit der Lichtstrahlen allein kaum zu einem solchen mächtigen Denkgebäude geführt haben. Diese von H. Poincaré und Hugo Dingler angestellten Erörterungen müssen uns nachdenklich stimmen. Sie dürfen aber anderseits wieder durchaus nicht als Beweis dafür gelten, daß Geometrie rein aus der „Erfahrung" entstanden sei. Zwischen dem Entstehen von Begriffen und An-

schauungen „aus" der Erfahrung und „an Hand" der
Erfahrung ist ein mächtiger Unterschied, den schon der
große Kant klargestellt hat. Wir sind also höchstens
dazu berechtigt, zu sagen, daß unsere Art, Geometrie zu
treiben, sich, unter dem Einfluß der Denkmöglichkeit
und des tatsächlichen Vorhandenseins starrer Körper
in unserer Welt, gerade in dieser Form entwickelt habe,
woraus auch sicher unsere vorwiegend parallelperspektivische, mit dem wirklichen Sehen nicht übereinstim-
mende Vorstellung des „wirklichen" Raumes und seiner
körperlichen Inhalte folgt.

Doch wir haben jetzt durch unsre Abschweifung die
Untersuchung des Dualitätsprinzips in sträflicher Weise
unterbrochen. Wir sagten, daß wir zur Gewinnung des
Brianchonsatzes aus dem Pascalsatz eigentlich nichts
anderes brauchten als die Dualität zwischen Punkt und
Gerader. Natürlich hätten wir, da es sich ja bei der
Dualität um eine umkehrbare, sogenannte eineindeutige
Zuordnung handelt, auch den Pascalsatz mit demselben
Rüstzeug aus dem Brianchonsatz ableiten können. In
plastischer Art werden oft duale Sätze als „Spiegelsätze"
bezeichnet. Ein Satz ist gleichsam das Spiegelbild seines
dual zugeordneten Satzes. Nur wäre es besser, dieses
„Spiegeln" nicht allzu wörtlich zu nehmen. Denn unser
dualer Spiegel ist in gewissem Sinne ein Zerrspiegel. Er
formt um und verkehrt die Grundgebilde ins Gegenteil.
Man sollte also richtiger von „Zauberspiegelsätzen"
sprechen. Dazu noch ein Wort: Es ist selbstverständlich,
oder besser, es sollte selbstverständlich sein, daß man den
Lehrsatz, von dem man ausgeht, um den dazu dualen zu
finden, bewiesen haben muß. Man darf sich nicht für
einen Entdecker halten, wenn man zu irgendeiner ganz
unbegründeten geometrischen Behauptung im Wege des
Dualitätsprinzips das Zauberspiegelbild, den dualen
Satz, aufstellt. Der Pascalsatz war bewiesen, folglich
hätte Brianchon, wenn er das Dualitätsprinzip gekannt
hätte, seinen Satz weder selbständig entdecken müssen,
noch hätte er ihn irgendwie gesondert zu beweisen brau-

chen. Wir formulieren also vorläufig folgendes: Wenn ein Satz der projektiven Geometrie einmal stichhältig und zureichend bewiesen ist, dann kann man mittels des Dualitätsprinzips nicht nur sofort den Zauberspiegelsatz, den dazu dualen Satz aussprechen, sondern man braucht ihn auch nicht mehr abgesondert zu beweisen. Vorausgesetzt, daß das Dualitätsprinzip richtig gehandhabt wurde und daß alle Vertauschungen korrekt durchgeführt wurden. Dazu aber dient am besten eine klare und übersichtliche Schreibweise.

Diese Schreibweise nun, konsequent durchgebildet und stets mehr erweitert, hat es schließlich zustande gebracht, daß, wie schon erwähnt, plötzlich die geometrische Hülle der „projektiven Geometrie" verschwand und ein algebraischer Algorithmus zurückblieb, so daß es heute Geometriebücher gibt, in denen statt Linien und Figuren nur mehr Buchstaben, Indizes und kombinatorische Formeln stehen. Der Sieg der synthetischen über die analytische Geometrie wurde also eigentlich zu einer weltbewegenden Versöhnung und Übereinstimmung, und es stellte sich, wie schon so oft in der Wissenschaftsgeschichte, heraus, daß man zwei Wege durch fernste Zonen gegangen war, um einander schließlich, bereichert durch neues Wissen, zu treffen.

Einen ungeheuren, rein praktischen Vorteil hat neben allen theoretischen Umwälzungen die „neue Geometrie" mit sich gebracht. Sie ermöglicht es, eine Unzahl von Konstruktionen, speziell der Kegelschnitte, in jeder beliebigen perspektivischen Verzerrung, auszuführen, und zwar ohne jede Zuhilfenahme des Zirkels. Die Konstruktion „bloß mit dem Lineal" ist einer der vielen Triumphe der „neueren Geometrie". Aber eine noch viel weitertragende Möglichkeit ist aus dieser Geometrie erwachsen. Da man nämlich durch sie die allgemeinen Aufbaugesetze sämtlicher Gebilde studieren und dem kombinatorischen Algorithmus unterordnen konnte, gelang es Graßmann, Schläfli und anderen, die Beschränkung unsrer Geometrie auf den dreidimensionalen Raum zu

264

sprengen. Wenn etwa die einfachste Figur, der „Simplex" der nullten Dimension der Punkt und der Simplex der Geraden die Strecke ist, dann ist in der Ebene oder im zweidimensionalen Raum, im R_2, wie man sagt, jene Figur die einfachste, die keinerlei Diagonalen zuläßt. Dieser S_2 oder der Simplex des R_2 ist das Dreieck bzw. Dreiseit. Es hat $\binom{3}{1}$ Ecken und $\binom{3}{2}$ Seiten oder $\binom{3}{1}$ Seiten und $\binom{3}{2}$ Ecken. Also stets drei Seiten und drei Ecken. Im R_3 gewinnen wir den S_3 durch die Überlegung, daß ein Raum R_3 nicht wie die Ebene schon durch 3, sondern erst durch 4 Punkte bestimmt ist, die nicht in einer Ebene liegen. Diese vier Punkte aber lassen sich kombinatorisch als $\binom{4}{1}$ Punkte bezeichnet, die durch $\binom{4}{2}$ Gerade und $\binom{4}{3}$ Flächen verbunden werden können, da stets zwei Punkte einer Geraden und drei Punkte einer Ebene angehören müssen, um sie zur Verbindungsgeraden oder Verbindungsebene zu stempeln. Der Simplex des R_3 also besteht aus vier Punkten, sechs Geraden und vier Flächen. Es ist das Tetraeder. Nun dürfen wir weiterschließen und sagen, daß im R_4, also in der gefürchteten „vierten Dimension", der Simplex dem Gesetz $\binom{5}{1}$, $\binom{5}{2}$, $\binom{5}{3}$, $\binom{5}{4}$ folgen müsse, da ein vierdimensionaler Raum nach allem bisherigen erst durch $(n + 1)$ Punkte bestimmt sein kann, weil der R_0 einen Punkt, der R_1 zwei Punkte, der R_2 drei Punkte und der R_3 vier Punkte zur Bestimmung braucht, der R_n also $(n + 1)$ Punkte. Unsere kombinatorischen Formeln aber heißen weiter nichts andres, als daß der Simplex der vierten Dimension aus fünf Eckpunkten, zehn Kanten, zehn Begrenzungsflächen und fünf Begrenzungskörpern oder „Zellen" besteht. Ganz allgemein kann man behaupten, der Simplexkörper der n-ten Dimension sei durch die Bauformel $\binom{n+1}{1}$, $\binom{n+1}{2}$, ... $\binom{n+1}{n}$ erschöpfend beschrieben. Aber noch viel mehr. Der kombinatorische Algorithmus der modernen Geometrie erlaubt es, Beziehungen und Eigenschaften der Körper in Räumen beliebiger Dimensionsanzahl auszusagen. So gibt es etwa ein „Schnittgesetz" für Räume beliebiger Dimensionierung, das uns erlaubt, zu berechnen, welche Schnittfigur zwei Gebilde beliebiger Dimension in einem beliebig dimensionierten Raum bilden müssen. Wenn nämlich die Dimensionszahlen zweier Gebilde n und m kleiner sind als die Dimensionszahl d des Raumes, in dem sie zum Schnitt kommen sollen, dann gilt

$$(d + 1) = (n + 1) + (m + 1) - (m \cdot n + 1) \quad \text{oder}$$
$$d = n + m - n \cdot m,$$

wobei $n \cdot m$ die Dimensionszahl der neuen Schnittfigur ist. Wären also d, n und m bekannt, dann ist $nm = n + m - d$. Nur im Vorbeigehen wollen wir uns fragen, welche Schnittfigur etwa eine Gerade und eine Ebene im Raume haben. Also ein R_1 und ein R_2 im R_3. Nach der Formel ist dann $nm = 1 + 2 - 3 = 0$ oder die Schnittfigur ist ein R_0, d. h. ein Punkt, was offensichtlich stimmt. Im vierdimensionalen Raum würden sich zwei Ebenen gemäß $nm = 2 + 2 - 4 = 0$ auch in einem Punkt und eine Gerade und ein Körper gemäß $nm = 1 + 3 - 4 = 0$ also auch in einem Punkt schneiden, was wir uns in keiner Weise vorstellen können. Im fünfdimensionalen Raum aber schneiden einander zwei Körper gemäß $nm = 3 + 3 - 5 = 1$ in einer Geraden und zwei Gerade nach $nm = 1 + 1 - 5 = -3$ wie bei uns in einem Punkt, da Minusresultate stets bedeuten, daß noch Freiheitsgrade zum Kreuzen oder Windschiefstehen da sind. Sie können einander in zwei uns unvorstellbaren und in einer uns bekannten Art kreuzen. Im R_7 aber können einander schon zwei Körper kreuzen, im R_6 schneiden einander zwei Körper in einem Punkt usw.

Diese mehrdimensionale Geometrie ist sicherlich eine der unheimlichsten Errungenschaften des neunzehnten Jahrhunderts, da sie in glasklarer, dennoch aber undurchsichtiger Art vor uns liegt. Sollen wir dem Algorithmus mehr vertrauen als der Anschauung? Sollen wir uns „auf Flügeln des Verstandes" hinauswagen in die Gefilde eines R_n, von dem wir bloß die Zauberformel kennen, die aus unsrem R_3 nach kombinatorischen Gesetzen extrapoliert ist? Einige Mathematiker versichern uns, es habe dies alles keine Mystik an sich, sei ungefährlich und harmlos wie a^4, a^5, a^6 .... a^n, und sei eben nichts als „Rechnung", unter der man sich nichts vorzustellen brauche, da sich dabei alles im logischen Raume, gleichsam im Denkraum oder, wie man später sagte, im Konfigurationsraum, vielleicht sogar in einem bloß kombinatorischen Raum abspiele. Mit irgendeiner „Erfahrung" oder „Wirklichkeit" hätten die höher dimensionierten Räume überhaupt nichts zu tun. Es sei zudem noch gar nicht ausgemacht, daß unser bekannter Erfahrungsraum dreidimensional sei. Vielleicht sei er undimensional oder metadimensional.

Wir können alles auch hier nur andeuten, da wir zudem mitten in die neueste Phase des Problems geraten sind. Wir wagen deshalb auch keinerlei Entscheidung, sondern glauben vielmehr vermuten zu dürfen, daß sich das Dimensionsproblem, das durch die projektive Geometrie erst wirklich beweglich wurde, noch nach allerlei Gesichtspunkten weiterentwickeln wird und weiterentwickeln muß, wobei der philosophische, erkenntniskritische Standpunkt nicht die letzte Rolle spielt.

Es soll dieses Kapitel aber, abgesehen von all dieser höchst erregenden Problematik, nicht geschlossen werden, ohne daß wir auch der Person Graßmanns, des Begründers der Dimensionentheorie, einige Worte widmen. Er wurde 1809 zu Stettin geboren, studierte Theologie und Philologie und war in der Mathematik durchaus Autodidakt. Mathematische Vorlesungen hat er niemals gehört. Gleichwohl machte er schon 1840 die ergänzende Lehramtsprüfung für Mathematik, da er als Lehrer auch diesen Gegenstand tradieren wollte. Seine „Lineale Ausdehnungslehre" (1844) wurde überhaupt nicht beachtet, und erst, nachdem er als Sanskritphilologe (Wörterbuch zum

Rigveda), als Herausgeber deutscher Volkslieder und als Zeitungsredakteur sich durchgesetzt hatte, wurde speziell Helmholtz auf seine Untersuchungen über elektrische Ströme, Farbenlehre und Akustik aufmerksam und verhalf auch dem Mathematiker zu der ihm gebührenden Anerkennung, die jetzt um so leichter war, als inzwischen schon andere Mathematiker ähnliche Wege beschritten hatten. Als Lehrer machte Graßmann ein Martyrium durch, da seine Schüler ihm überhaupt nicht gehorchten und seine Unterrichtsstunden ein wüster Tummelplatz von Allotria waren. Dies hauptsächlich deshalb, weil Hermann Graßmanns Charakter bloß Güte, Bescheidenheit und Freundlichkeit beinhaltete.

Wie gesagt, war es diesem sonderbaren Zwitterwesen aus Heiligkeit, Genie und Weltfremdheit beschieden, die Bestätigung der Richtigkeit seiner Ideen, ihren Aufschwung und auch persönlichen Ruhm noch zu erleben.

Mit diesem etwas melancholischen Ausklang wollen wir dieses menschlich wie sachlich bewegte Kapitel beschließen. Wir werden gleichwohl in anderem Zusammenhange noch einmal auf manche der hier angeschnittenen Probleme zurückkommen. Und werden auch dort merkwürdigerweise eine menschliche Tragödie nach der anderen antreffen, gleich als ob die Berührung gerade der höchsten Probleme unserer Wissenschaft, ähnlich wie im alten Griechenland, den Zorn der Götter erweckte.

Vierzehntes Kapitel
EVARISTE GALOIS
Mathematik als Verallgemeinerung

Daß Gleichungen aller Arten und Systeme von Gleichungen stets ein bevorzugter Gegenstand mathematischer Forschung waren, ist deshalb begreiflich, weil sich fast nirgends wie bei der Gleichung die Zauberkraft des Algorithmus offenbart. Irgend etwas ist uns unbekannt

268

und alle Überlegung nutzt nichts, es zu finden. Gedankengänge und Zahlen, Beziehungen und Proben verwirren sich und versagen. Da nehmen wir ein armseliges Zettelchen und einen Bleistift zur Hand, „setzen" die Gleichung „an" und überlassen uns weiterhin ebenso neugierig als vertrauensvoll der Automatik des Verfahrens. Und erhalten in jeder gewünschten Schärfe das Ergebnis.

Nein, nicht doch! Nicht stets erhalten wir dieses Resultat. Denn je höher der „Grad" der Gleichung wird, desto größere Schwierigkeiten türmen sich vor uns auf und betrügen uns schließlich um die Waffe, die wir schon fest in unserer Hand wähnten. Gut, die Gleichung steht da. Gelöst müßte sie unsere Frage beantworten. Wenn nur der „Grad" uns nicht alles Weitere versperrte.

Wir wissen aus unseren bisherigen Untersuchungen, daß dieses Hindernis sehr bald auftritt. Schon die Gleichung dritten Grades, noch mehr die biquadratische oder viertgradige Gleichung erfordert allerlei verwickelte Umwege und auch diese versagen in den „irreduziblen" Fällen. Nun kann man aber, speziell bei physikalischen oder technischen Problemen, der Unbekannten durchaus nicht a priori vorschreiben, welchen höchsten Grad sie bei einem vielleicht lebenswichtigen Problem annehmen soll. Hilfesuchend wendet sich der Ingenieur oder Physiker an den Mathematiker. Und dieser muß bedauernd die Achseln zucken, wenn nicht ein Zufall ihm die Möglichkeit von Kunstgriffen bietet, die eine höhergradige Gleichung auf lösbare Grade zurückzuführen oder zu reduzieren gestattet.

Das schlimmste aber war bei dieser dunklen Angelegenheit, bei diesem Skandal der Mathematik (der allerdings nur einen der zahlreichen anderen „Skandale" unserer Wissenschaft bildete), daß man nicht einmal wußte, ob Unmöglichkeit oder bloße Unfähigkeit den Weg zur Auflösung höhergradiger Gleichungen abriegelte. Noch im siebzehnten und achtzehnten Jahrhundert hoffte man mehr als einmal, die Zukunft werde plötzlich Erleuchtungen auf diesen Gebieten bringen, was um so wahrscheinlicher war, als etwa Euler das ganze Gebiet der Gleichungen mit viel neuem Licht erfüllte und auch Cramer, Lagrange und später Cauchy allerlei sehr wichtige Beiträge zur Gleichungslehre lieferten. Ganz zu schweigen vom sogenannten „Fundamentalsatz der Algebra", der besagt, eine Gleichung müsse so viele Lösungen besitzen, als die jeweils in der Gleichung enthaltene höchste Potenz der Unbekannten anzeige. Dieser Satz, der stets geahnt und zum Teil schon gehandhabt wurde, erscheint bei Girard im Jahre 1629 als Behauptung, wird von Descartes und den folgenden Algebraikern mehr oder weniger vorausgesetzt und von D'Alembert im Jahre 1746 sichergestellt, bis er dann speziell von Gauß in den ersten Jahrzehnten des 19. Jahrhunderts durch mehrere Beweise vollkommen unanfechtbar gemacht wird.

Wir wollen aber jetzt die prinzipielle Erörterung der für unsere Zwecke genügend angedeuteten Probleme der Gleichungslehre verlassen, um uns zwei Biographien zuzuwenden, deren Helden für alle Zeiten mit der tieferen Durchdringung der Gleichungen verknüpft sein werden. Wir meinen damit Niels Henrik Abel und Evariste Galois.

Abel wurde 1802 als Sohn eines Pastors zu Finhö in Norwegen geboren und war schon zu einer Zeit, da andere Menschen mit roten Backen im Schnee herumtollen und einem ahnungsschweren Zukunftsglück entgegenträumen, dreifach vom Schicksal gezeichnet. Armut, Schwindsucht und Melancholie leiteten ihn als finstere Paten in ein Leben, das ungeachtet seiner abgründigen Leistungsgewalt doch kein eigentliches Leben werden sollte. Trotz allem glühte in der schwachen Brust dieses Nordländers ein unbändig dämonischer Drang, der sich speziell auf mathematische Bereiche erstreckte und den jungen Mann befähigte, als purer Autodidakt tief in unsere Wissenschaft einzudringen. Schon im Jahre 1822 finden wir ihn an der Universität Christiania und 1823 scheint eine weltbewegende Entdeckung zum erstenmal Licht in sein düsteres Dasein zu bringen. Er glaubt, als Erster in der Geschichte der Mathematik, die allgemeine Methode zur Auflösung der Gleichung fünften Grades gefunden zu haben. Die innere Tragödie des folgenden Jahres ist kaum auszudenken. Wir ahnen nur, daß er in Fiebernächten seine „Entdeckung" mehr und mehr zerbröckeln sieht und daß dadurch für ihn Stück um Stück des kaum gehofften Glückes auf Nimmerwiedersehen entschwindet und sich in Dunst auflöst. Verzweifelt führt er im Jahre 1824 gegen sich selbst den zerschmetternden Schlag. Er beweist, auch diesmal als Erster in der Geistesgeschichte, daß die Gleichung fünften Grades durch Wurzelziehen nicht lösbar ist. Ein neuer Umschwung vollzieht sich in seinem Geschick. Man erkennt „maßgebenden Ortes" sofort die ungeheure Bedeutung dieser scheinbar bloß negativen Tat, die für alle Zeiten der Forschung eine klare Grenze setzt und überflüssige Bemühungen verhindert, und man verleiht ihm ein immerhin nennenswertes Stipendium. Neue Hoffnung schimmert in Abel auf und er reist zum Oberbaurat Crelle nach Berlin, der sich im Jahre 1826 durch die Begründung des berühmten „Crelleschen Journals", einer führenden Publikation mathematischen Inhaltes, ein äußerst großes Verdienst erwarb, wie er überhaupt auch auf anderen mathematischen Gebieten organisatorisch tätig war. In diesem Journal nun veröffentlicht Abel seine grundlegenden Erkenntnisse über die Gleichungen fünften Grades und über die Konvergenz der binomischen Reihe, welch letztere Untersuchungen von Cauchy beeinflußt waren. Noch im Jahre 1826 reiste Abel nach Paris, um den schon damals hochberühmten Cauchy zu besuchen, den er ja als Lehrer aus der Ferne verehrte. Cauchy aber, dessen Charakter mit seiner Leistung oft nicht in Einklang stand, und der mehr als einmal häßliche Anwandlungen von Mißgunst, ja von Bösartigkeit hatte, empfängt Abel einfach nicht. Auch diese Tragödie ist kaum auszudenken. Mit den letzten Pfennigen des Stipendiums, mit mühselig erschufteten Stundenhonoraren, war Abel bis nach Paris gelangt, um gerade dort verschlossene Türen zu finden, wo ihn neben allem Interesse auch noch eine große geistige Liebe hinzog. Doch auch dadurch ist der unselige Jüngling, dessen Krankheit sich stets verschlimmert, noch nicht vollständig geknickt. Im Gegenteil. Sein Genie rafft sich noch einmal zu einer Riesentat auf, indem er das nach im benannte Ab sche Theorem entdeckt und veröffentlicht, das eine Vera gemeinerung des Eulerschen Additionstheorems elli tischer Integrale darstellt. Hierzu sei bloß angemerl daß „elliptische Integrale", ungefähr ausgedrückt, Int grale sind, unter denen die Variable in einer verwick teren Irrationalität vorkommt, wie etwa beim Integral

$$\int \sqrt{(a_1 x^3 + \ldots + a_4 x^0)}\, dx \text{ oder } \int \sqrt{(a_1 x^4 + \ldots + a_5 x^0)}\, dx.$$

Zu derartigen Integralen gelangt man in der Praxis häufig und ihre Lösungsschwierigkeit war schon längst bekannt, weshalb stets erneute Versuche gemacht wurden, diesem Gebiete beizukommen. Abel nun gelang es auch noch, die Inversion solcher Integrale zu durchleuchten und die mit den elliptischen Integralen in engem Zusammenhang stehende Teilung der „Lemniskate" (einer höheren Kurve) durchzuführen. Auch dringt Abel zu dieser Zeit in das Gebiet der komplexen Zahlen vor.

Auf der Rückreise von Paris hatte Abel die Absicht, bei Gauß vorzusprechen, dessen Ruhm damals bereits im Zenith stand. Seine Erfahrungen mit Cauchy hatten ihn jedoch derart entmutigt, daß ihn plötzlich innere Hemmungen befielen, die sich bis zur Furcht steigerten. Todkrank floh er zurück nach Christiania, wo er noch kurze Zeit hungernd und frierend umherirrte, um eine auch noch so bescheidene Anstellung zu erhalten. Auch dieses bescheidenste Gelingen war ihm versagt. Er starb im Jahre 1829. Wenige Tage nach seinem Tode aber langte ein materiell und ideell bedeutendes Berufungsschreiben nach Berlin in Christiania ein und im Jahre 1830 verlieh die französische Akademie dem Toten einen Preis.

Wir unterdrücken jeden Kommentar zu diesem Inferno, in das ein Genie schuldlos geriet, von dem man bei

272

einigem guten Willen hätte wissen müssen, daß es ein Genie war. Jeder Leser von Crelles Journal, und das war die ganze Fachwelt, mußte es wissen. Auch Gauß, dieser rätselhafteste aller Gipfelmenschen, von dem sich erst nach seinem Tode herausstellte, daß er fast alle Erkenntnisse Abels schon im ersten Dezennium des neunzehnten Jahrhunderts, also seit zwanzig Jahren, aus eigenem besaß und gleichwohl schwieg. Vor allem aber wußte es Jacobi, der wahrscheinlich der schuldlose Anlaß des vorzeitigen Sterbens Abels war, da sich Abel in einem angespannten Wettkampf um den Aufbau der Theorie der elliptischen Integrale, die auch Jacobi behandelte, vollständig verzehrte. Wir wollen aber, wie gesagt, nicht pharisäische Tränen vergießen. Denn jeder von uns hat schon Unwürdigen geholfen und Würdige im Stich gelassen. Und es ist fast die Bestimmung mancher Menschen, daß man sie richtig einschätzt und sich trotzdem zu keiner Tat für sie entschließt.

Nun ging das Unheil Abels aber auf einen zweiten Jüngling über, dessen Schicksal mindestens ebenso tragisch war wie das Abels, bei dem es aber nicht von außen, sondern tief von innen heraus die endgültige Katastrophe herbeiführte. Im Jahre 1811 wurde nämlich in Bourg-la-Reine bei Paris ein Kind geboren, das den Namen Evariste Galois erhielt und das schon 1823 das elterliche Haus verlassen mußte, um in die vierte Klasse des Collegs „Louis le Grand" einzutreten. Als Evariste Galois fünfzehn Jahre zählte, offenbarten sich bei ihm bereits außerordentliche mathematische Fähigkeiten, die so umfassend waren, daß er sich um die Lehrbücher nicht kümmerte, sondern sich in das Studium der damals bekannten mathematischen Klassiker, vor allem des großen Lagrange, versenkte. Picard, dem wir diese sowie die weiteren biographischen Daten verdanken, sagt, daß Galois schon mit 17 Jahren auf mathematischem Gebiet Erkenntnisse von äußerster Tragweite besessen zu haben scheint. Leider sind die Arbeiten des Galois aus dieser frühen Zeit, die er der Akademie vorgelegt hat, verlorengegangen.

Damals besaß in Paris die von uns schon erwähnte „Ecole polytechnique" einen außerordentlichen Ruf. Wie ebenfalls schon angeführt, war diese Schule eine Gründung des Kriegsingenieurs De Monge und hatte es in einigen Jahrzehnten ihres Bestehens bewirkt, daß die Verwaltung Frankreichs zunehmend in die Hände von Mathematikern und Ingenieuren gelangte, eine Tatsache, deren Wirkungen auch heute für Frankreich strukturell und sogar machtpolitisch bedeutsam sind. Denn eine „Technokratie" zeigt stets andere Züge als etwa eine „Juristokratie" oder gar als eine „Literatokratie", wie sie im größten Stil durch Jahrtausende in China herrschte.

Es war nur natürlich, daß ein junger Mensch wie Galois das Sprungbrett der „Ecole polytechnique" als selbstverständlichen Beginn ansah. Er meldete sich auch im Jahre 1829, also als Achtzehnjähriger, dortselbst zur Aufnahmsprüfung, fiel jedoch zweimal durch, weil er sich weigerte, Fragen zu beantworten, die ihm lächerlich und überflüssig erschienen, wie etwa die Frage nach der arithmetischen Theorie der Logarithmen.

Mit diesem abstrusen Ereignis, daß ein Galois bei einer Aufnahmsprüfung in Mathematik durchfällt, ein Mensch, von dem die Größten der damaligen geistigen Riesen hätten lernen können, beginnt die Tragödie. Picard sagt, es scheine leider, daß der unglückliche junge Mensch das Lösegeld für sein Genie in trauriger Art bezahlte. Im gleichen Maß, in dem sich seine mathematischen Fähigkeiten entwickelten, sehe man seinen Charakter sich verdunkeln, der einst fröhlich und offen gewesen; das Gefühl seiner immensen Überlegenheit habe bei ihm einen exaltierten Hochmut hervorgetrieben.

Kurz, Galois bezog tief gekränkt die höhere „Ecole Normale", gleichfalls eine Gründung De Monges. Doch mußte er auch diese Schule „wegen ungebührlichen Betragens" schon nach einem Jahr verlassen. Jetzt aber ist die letzte bürgerliche Bindung zerrissen. Galois stürzt sich in die Politik, wird verhaftet, verbringt mehrere Monate hinter den Riegeln des Gefängnisses

„Sainte Pelagie", ohne jedoch trotz all dieser Ereignisse die Mathematik aus dem Blickfeld zu verlieren. Wir besitzen keine näheren Daten, um eine genaue Vorgeschichte der letzten Katastrophe zu schreiben. Manches können wir nur ahnen, wenn wir auf einem alten Stich in dieses trotzige, fast russische Knabengesicht blicken. Und da scheint es uns, daß dieser allzujunge Leib, dieser schmale Knabe von seinen Dämonen zersprengt wurde. Aus einer Liebesgeschichte, so sagt man, entwickelte sich ein Streit, der zum Duell führte. Vielleicht hatte die Braut, die Frau, die Geliebte eines anderen, dem Jüngling ihre Gunst geschenkt. Vielleicht. Sicher ist nur, daß Galois sich seiner Pflicht als Mann nicht entzog, obgleich er wußte, daß er als Genius unersetzbar war. Er fiel in diesem Duell am 31. Mai 1832, noch nicht einundzwanzig Jahre alt.

In der Nacht vor seinem Tode, den er vor sich gesehen zu haben scheint, schrieb er aber einen Brief an seinen Freund Chevalier. Eines der erschütterndsten Dokumente der Geistesgeschichte, da hinter jeder Zeile dieser mathematischen Abhandlung die Knochenfinger und leeren Augenhöhlen des Allwürgers hervorblicken und da sich in der verzweifelten Knappheit der Formulierung das Bestreben zeigt, den letzten Stunden noch all das abzutrotzen, was vielleicht erst weitere Jahre zur Vollreife gebracht hätten.

Doch auch hier wollen wir nicht räsonieren, wollen vor allem nicht einen Menschen bejammern, der stolz und herrisch starb und der auch in seinem „Testament" keinen Ton von Zaghaftigkeit oder Schwäche zeigt. Gerade Galois ist der Beweis, ist ein leuchtendes Beispiel, daß Mathematik eine Angelegenheit von Männern im besten Sinne des Wortes ist, wo sie sich über gewöhnliche Maße erhebt. Mathematik ist Dienst am Göttlichen, ist Berufung und Erleuchtung, ist Gottnähe und Wahrheitstrunkenheit. Wehe dem, der diese Sprengkraft des Universums als Firlefanz, trockenes Gewäsch oder Gelehrtenschrulle einschätzt. Er wird irgendwann einmal von einem letzten Ausläufer dieser kosmischen Macht erfaßt und wie ein welkes Blatt auf den Kehrichthaufen der Geschichte gewirbelt werden. Wenn er nicht schon vorher in Stumpfheit erblindet. Es ist gewiß und einleuchtend, daß sich nicht jeder mit Mathematik befassen kann und befassen soll. Ebenso gewiß aber ist es, daß die Negierung der Mathematik ein Verbrechen am Geist, an der Kultur und am Aufstieg der Menschheit ist. Wir sind solche Worte einfach den Manen eines Pythagoras, Archimedes, Leibniz und Galois schuldig.

Wir wollen aber jetzt das zeitliche Geschick des tapferen Jünglings, wollen die Kometenlaufbahn dieses allzufrüh Vernichteten beiseiteschieben, um all das deutlicher hervortreten zu lassen, was durch die Leistung des Galois eine mächtige und vielleicht sogar ewige Epoche der Mathematik geworden ist. Und wollen über die Ruhmeshalle, die wir dem trotzigen Knaben errichten, in goldenen Lettern das Wort: „Gruppentheorie" schreiben, das uns fürs erste so wenig sagt, obgleich es fast alles enthält, was heute den Begriff der obersten Regionen der Mathematik, speziell der Algebra, ausmacht. Und was führende Geister, wie etwa Oswald Spengler, zum Glauben veranlaßt hat, die Mathematik habe sich eben durch diese Theorie in nicht mehr zu überbietender Verallgemeinerung vollendet und sei für alle Zukunft gleichsam zur Erstarrung verurteilt. Wir bemerken schon hier, daß wir diese Ansicht durchaus nicht teilen, da alle bisherige Erfahrung der Mathematikgeschichte gegen derartige „Endstadien" der Erkenntnis spricht. Gleichwohl müssen wir aber ebenso deutlich betonen, daß das Wort „Verallgemeinerung" im höchsten Maß auf die Gruppentheorie zutrifft. Wir sind dabei jedoch innerhalb unseres Rahmens in keiner guten Lage. Denn wir müßten auch hier wieder ein ganzes Buch schreiben, um diese Theorie halbwegs erschöpfend und wissenschaftlich einwandfrei darzustellen. Trotz aller dieser Einschränkungen aber fühlen wir uns doch verpflichtet, nicht in der Art gewisser Geschichtsbücher der Wissenschaft bloß mit Namen und

276

Fachausdrücken umherzuwerfen. Und wir halten nach wie vor die Vermittlung eines angenäherten Verständnisses für besser als volle Unkenntnis. Dies um so mehr, als Wißbegierige und Fähige oft gerade durch solche skizzenhafte Andeutungen angeregt werden, sich bei Meistern unserer Kunst in aller Strenge und Vollständigkeit erschöpfendes Wissen zu holen.

Der Gruppenbegriff ist für die moderne Mathematik ein ebenso grundlegender und fruchtbarer Begriff wie etwa der Begriff der Größe, des Maßes, der Funktion oder der Menge. Nur ist er womöglich noch abstrakter und umfassender als alle diese aufgezählten mathematischen Kategorien. Deshalb werden wir uns langsam und auf verschiedenen Wegen zum Ziel vortasten. Es sagt uns dabei vorerst sehr wenig, wenn wir als „Gruppe" ein System von Dingen bezeichnen, das gewisse Eigenschaften, nämlich die sogenannten Gruppeneigenschaften, besitzen muß. Was ist das für ein „System" und was sind das für „Dinge"? Wir antworten, daß die Dinge sehr verschieden sein können und sein dürfen, die dieses System bilden. Wir werden uns bald präziser ausdrücken, wollen aber vorerst einige Beispiele aus der Mathematik bringen. Also „Systeme mathematischer Dinge". Denn eigentlich müßten es gar nicht mathematische Dinge sein. Doch wir wollen nicht übermäßig verwirren, sondern vorläufig noch sehr vage erklären, daß etwa sämtliche natürlichen Zahlen eine Gruppe bilden. Ebenso sämtliche Logarithmen. Oder etwa die ganze elementare Geometrie. Oder alle Permutationen, die sich aus n Elementen bilden lassen. Oder alle Gleichungen einer bestimmten Form, etwa sämtliche algebraischen Gleichungen, also Gleichungen, die bloß durch algebraische Operationen verknüpft sind. Oder sämtliche Zahlen, die, durch eine gewisse Zahl dividiert, denselben Rest ergeben usf.

Nun ist aber das Ziel der Gruppentheorie durchaus nicht bloß auf die Feststellung gerichtet, daß irgendeine Mehrheit oder ein System von Dingen einer Gruppe angehört. Sie will vielmehr genaue Kriterien dafür erhalten, ob wirklich eine „Gruppe" vorliegt. Denn davon hängt es wieder ab, ob man mit der Gruppe als solcher operieren kann, d. h. ob man sie etwa zu anderen Gruppen in Beziehung setzen oder ob man aus den Beziehungen innerhalb einer Gruppe auf Beziehungen innerhalb einer anderen schließen darf. Wir werden zur Verdeutlichung dieses Gedankens auf ein uns geläufiges Beispiel zurückgreifen, nämlich auf die Logarithmen. Nehmen wir inzwischen ohne jeden weiteren Beweis an, die Logarithmen der rationalen Zahlen seien tatsächlich eine Gruppe und die rationalen Zahlen seien ebenfalls eine Gruppe. Beides sind auf jeden Fall unendliche Gruppen, denn es gibt unendlich viel rationale Zahlen und unendlich viele entsprechende Logarithmen. Die Zahlen bzw. die Logarithmen sind die sogenannten „Elemente" der beiden Gruppen. Die Gruppentheorie aber fordert als erste Gruppeneigenschaft, daß eine Vorschrift vorliege, die ein Element S und ein anderes Element T des Systems eindeutig verknüpft, d. h. ein ST definiert, wobei die Art der Verknüpfung durchaus nicht festgelegt wird. Und wobei weiters S und T identisch sein könnten. Wir dürfen also zwei Elemente etwa addieren, subtrahieren, dividieren, multiplizieren usf. Dabei — und dies ist die zweite Gruppeneigenschaft — muß das Ergebnis dieser Verknüpfung stets wieder ein Element des Systems sein. Bei den rationalen Zahlen ist uns diese Eigenschaft durchaus geläufig. Das Produkt zweier rationaler Zahlen ist stets wieder eine rationale Zahl. Aber auch die Summe zweier Logarithmen ist wieder ein Logarithmus. Wir haben für unser Beispiel konkrete Verknüpfungsarten festgelegt. Das ist natürlich zulässig, sogar im konkreten Fall notwendig. Als weitere Gruppeneigenschaft wird das Prinzip der Assoziativität gefordert, das besagt, daß stets $(ST)U$ gleich ist $S(TU)$, daß man also die Elemente bei der Verknüpfung zu beliebigen Komplexionen zusammenfassen kann, ohne daß sich das Ergebnis ändert. So ist sicherlich $(3 \cdot 5) \cdot S$ dasselbe wie $3 \cdot (5 \cdot S)$ und ebenso ist $(\log 3 + \log 5) + \log S$ dasselbe wie $\log 3 + (\log 5 +$

+ log 8). Eine Kommutativität wird als Gruppeneigenschaft deshalb nicht gefordert, weil gerade die nichtkommutativen Gruppen hohes Interesse beanspruchen. Wir sagen: „wird nicht gefordert". Wir wollen damit zum Ausdruck bringen, daß der Gruppenbegriff keine Naturgegebenheit, sondern eine definitorische Festlegung ist, die, etwa wie ein Axiomensystem, auch anders lauten könnte. Doch auf diese allerschwierigste Grundlagenfrage der Mathematik können wir vorläufig nicht näher eingehen. Wir schreiten daher zur vierten Gruppeneigenschaft, die verlangt, daß im System ein Einheitselement vorhanden ist, das die Eigentümlichkeit hat, bei der speziell vorliegenden Art der Verknüpfung jedes beliebige Element des Systems unverändert zu lassen. So ist bei den durch Multiplikation verknüpften rationalen Zahlen die Einheit 1. Denn jede rationale Zahl ergibt, mit eins multipliziert, wieder diese rationale Zahl. Bei den durch Addition verknüpften Logarithmen ist die Einheit, allgemein gesprochen, der Logarithmus der nullten Potenz der Basis, also $^a\log a^0$, der stets als Ergebnis 0 liefern muß. Addiere ich zu irgendeinem Logarithmus diesen Logarithmus, dann bleibt er unverändert. Auf der Basis 10 etwa ist $\log 10^0 + \log n$ oder $\log 1 + \log n$ stets wieder $\log n$. Schließlich verlangt die fünfte und letzte Gruppeneigenschaft, daß zu jedem Element S des Systems ein inverses Element vorhanden sein muß, das bei der vorgeschriebenen Verknüpfung aus dem Element die Einheit macht. Man nennt es auch manchmal das reziproke Element. Bei der Multiplikation rationaler Zahlen ist dieses inverse Element nichts anderes als der reziproke Wert des Elements. Denn etwa $3 \cdot \frac{1}{3} = 1$, was unserer Forderung entspricht. Bei addierten Logarithmen aber ist dieses inverse Element $-^a\log n$, denn irgendein $^a\log n$ führt bei Addition von $^a\log n + (-^a\log n)$ wieder auf die „Einheit" $^a\log a^0$ oder Null.

Das sieht, oberflächlich betrachtet, wie eine müßige Spielerei oder wie ein verderblicher Kreisgang (circulus

vitiosus) aus. Oder bestenfalls wie eine logische Durchforschung von Systemen. Wir verraten aber — mehr
dürfen wir leider nicht —, daß auf den oben geschilderten
Gruppeneigenschaften und Gruppendefinitionen ein ganzer Algorithmus aufgebaut wurde, der es gestattet, aus
den Verhältnissen in einer uns bekannten und zugänglichen Gruppe auf die Zustände in einer anderen Gruppe
zu schließen. Sind etwa zwei Gruppen „isomorph", dann
können die Elemente beider Gruppen so geordnet werden,
daß bei gleicher Verknüpfungsart in beiden Gruppen die
Verknüpfung zweier oder mehrerer Elemente der einen
Gruppe ein Resultat zeitigt, das auf demselben Platz
steht wie das Resultat der Verknüpfung der entsprechenden Elemente der zweiten Gruppe. Kann man aber
konstatieren, daß, wie etwa in unserem Beispiel der
rationalen Zahlen und der Logarithmen, die Addition
in der einen Gruppe als Resultat die „analoge
Stelle" ergibt wie die Multiplikation in der anderen
Gruppe oder umgekehrt, dann liegt eine Transformation vor, und man kann überzeugt sein, daß dieses
Gesetz in jeder Weise erhalten bleiben muß. Man wird
einwenden, daß man die „logarithmische Eigenschaft"
ganz „allgemein" beweisen kann und daher keine
Gruppentheorie zum Beweis braucht. Das stimmt in
diesem besonderen Fall, den wir bloß wegen seiner
elementaren Bekanntheit als Beispiel wählten. Es
stimmt aber bei vielen anderen Untersuchungen und
Transformationen durchaus nicht. Etwa schon nicht
bei allen Umformungen, die wir vulgo „Substitution"
nennen und von denen wir einige Proben bei den Gleichungen Diophants oder Cardanos kennen gelernt haben.
Denn erst durch die Gruppentheorie ist es möglich geworden, in manchen Fällen geradezu zu prophezeien,
welche Transformationen der Gleichungen zum Ziele
führen werden und welche nicht. Dabei ist es natürlich
ungeheuer schwierig, die Gruppeneigenschaften im einzelnen Falle festzustellen. Dafür nun gibt es wieder
Sätze und Methoden, die es uns gestatten, aus gewissen

280

Eigenschaften zu schließen, daß die Gruppeneigenschaften wirklich vorliegen, obgleich diese Eigenschaften auf den ersten Blick mit unseren fünf geschilderten Eigenschaften der Gruppen nichts zu tun zu haben scheinen.

Kurz, es besteht bereits ein ganzer Algorithmus der Gruppen und nicht bloß der konkreten Gruppen. Es wurde vielmehr der Begriff der „abstrakten Gruppe" geschaffen, die ebenfalls ihren Algorithmus hat und mittels dessen man die allgemeinste Struktur der Gruppen durchforschen kann. Die Höhe der Abstraktion, die dabei zu leisten ist, wird geradezu schwindelerregend, denn es baut sich oberhalb der Algebra oder der Geometrie zuerst ein zweites, allgemeineres Gebäude auf, das Gebiete dieser Disziplinen gruppentheoretisch erfaßt. Über dieser Übergeometrie und Überalgebra liegt aber in dritter Höhenschicht die allgemeinste abstrakte Gruppentheorie, die diese Bündel von Geometrien oder Gleichungen oder Modulsystemen nur noch so behandelt wie die niedere Algebra die konkreten Zahlen.

Wir sind aber mit unserem Zauberteppich fast bis in die jüngste Zeit vorgeflogen. Denn die angedeutete Entwicklung der Gruppentheorie erfolgte erst nach Galois und wurde durch Camille Jordan, durch Sophus Lie und Felix Klein geleistet, wenn man nur die wichtigsten Namen anführen will. Wir müssen aber jetzt zum tragischen Helden dieses Kapitels, zu Evariste Galois, zurückkehren, der in seinem erschütternden „Testament", in jenem Brief an Chevalier, in seiner letzten irdischen Nacht die grundlegendsten Erkenntnisse über den Bau von Gruppen in harten, manchmal geheimnisvollen Worten festlegte und den Freund bat, den Inhalt des Briefes nicht bloß zu veröffentlichen, sondern speziell Gauß und Jacobi davon in Kenntnis zu setzen. Nicht, wie Galois sagt, zur Beurteilung der Wahrheit der Erkenntnisse, sondern wegen ihrer unmeßbaren Tragweite (importance).

Galois gelangte als Schüler Lagranges und Cauchys, von denen insbesondere der letztere bereits eine Art von grüppentheoretischen Betrachtungen angestellt hatte, vom Spezialgebiet der Gleichungen zu den Gruppen. Galois wußte von den Erkenntnissen Abels, wußte, daß die Hoffnung ein für allemal begraben war, Gleichungen, die den vierten Grad überschritten, durch Wurzelausziehungen zu lösen. Sonderfälle blieben natürlich lösbar, jene Fälle nämlich, in denen es gelingt, durch Kunstgriffe oder Transformationen (Substitutionen im gewöhnlichen Sinne), den Grad der Gleichung bis zum vierten Grad oder noch tiefer herunterzusetzen. Diese Möglichkeit kann man jedoch im allgemeinen einer Gleichung nicht a priori ansehen und noch weniger kann man die Unmöglichkeit einer solchen Umformung irgendwie halbwegs zuverlässig behaupten. Bei diesem Problem nun setzte Galois ein, und der Weg, den er gezeigt hat, ist ein so tiefgründiger und genialer, daß Galois' Name stets unter den ersten Mathematikern genannt werden wird. Er stellte nämlich die allgemeine Frage, wie die Koeffizienten in einer Gleichung n-ten Grades beschaffen sein müßten, damit die Gleichung durch Reduktion lösbar werde. Von den Potenzen der Unbekannten konnte die Lösbarkeit nicht abhängen, da sich bei Verschiedenheit der Koeffizienten Gleichungen mit denselben Potenzen der Unbekannten das einemal reduzieren ließen und das anderemal wieder nicht. Nun erfand Galois die gruppentheoretische Betrachtungsweise gerade dort, wo sie am allerschwierigsten ist, nämlich bei den Permutationsgruppen. Eine Permutationsgruppe ist sicherlich einmal eine endliche Gruppe, da die Möglichkeit der Permutation ein Ende nehmen muß, wenn bloß die Anzahl der zu permutierenden Elemente eine endliche Zahl ist. Die Anzahl der möglichen Permutationen ist dann $n!$ oder, wie man sagt, n-Fakultät $=$ $= 1 \cdot 2 \cdot 3 \dots n$. Unter Permutation kann man zweierlei verstehen. Erstens eine vollendete Umstellung der Elemente, wie etwa 1243 eine Permutation der Ausgangspermutation 1234 ist. Man kann aber auch die Tätigkeit des Umstellens, also „das Permutieren", als Permutation bezeichnen, und zwar den Akt des Überganges von einer Zusammenstellung zur anderen. In diesem zweiten Sinne faßt die Gruppentheorie den Begriff Permutation auf und nennt ihn auch Substitution im weiteren Sinne des Wortes. Eine Gruppierung wird für eine andere substituiert, untergestellt, an deren Stelle gesetzt, die einzelnen Übergänge oder Permutationen oder Substitutionen, oder wie man diese Umstellungen nennen mag, werden nun als Elemente der Permutationsgruppe aufgefaßt, wobei auch identische Permutationen vorkommen können, etwa 123 geht wieder in 123 über. Nun können zwei Permutationen der nämlichen Ziffern etwa 123, das in 312 übergegangen ist, und 123, das in 132 verwandelt wurde, miteinander in gruppentheoretischem Sinne dadurch verknüpft werden, daß sie nacheinander ausgeführt werden. Die erste Permutation ersetzt 1 durch 3, die zweite 3 durch 2, die beiden, wenn man sie nacheinander ausführt, also 1 durch 2. Weiters wird 2 durch 1 und bei der zweiten 1 durch 1, also schließlich 2 durch 1 ersetzt. Schließlich 3 durch 2 und 2 durch 3, also 3 durch 3. Das Ergebnis dieser „Verknüpfung" ist neuerlich ein Element der Gruppe, nämlich wieder eine Permutation von 123, nämlich 213. In ähnlicher Art kann man fortfahren und kann dabei noch durch eine geeignete Schreibweise den Vorgang einfacher, sicherer und durchsichtiger gestalten. Die Erörterung der Einzelheiten würde unseren Rahmen weitaus überschreiten und wir verweisen auf die in der Sammlung Göschen erschienene Darstellung der Gruppentheorie von Dr. Ludwig Baumgartner, in der man weitere Quellennachweise findet. Wir stellen nur fest, daß sich nach unseren Andeutungen auch aus Permutationen echte Gruppen bilden lassen, die sämtliche Gruppeneigenschaften besitzen. Nun untersucht Evariste Galois — und dies der Zweck dieser Ausführungen — die Permutationen der Koeffizienten von beliebigen Gleichungen und erzeugt dadurch aus einer Gleichung eine ganze Gruppe von Gleichungen. Die Gruppen von Substitutionen oder Permutationen werden weiters darauf geprüft, ob sich aus ihnen Untergruppen gewinnen lassen. Diese Überprüfung ist der Hauptzweck des ganzen Beginnens. Denn eine solche Untergruppe kann ohneweiters eine lösbare Form einer Gleichung darstellen oder beinhalten. Wenn weiters noch entdeckt werden kann, wie sich die Hauptgruppe mittels sogenannter Nebenkomplexe aus einer bestimmten Untergruppe zusammensetzen läßt, dann ist das Problem gelöst. Wir wiederholen etwas deutlicher und konkreter: Der erste Schritt ist die Bildung der Permutationsgruppe aus den Koeffizienten der vorgelegten Gleichung. Der zweite die Zerfällung in Untergruppen, von denen eine oder die andere durch Wegfall (Nullwerdung) von Koeffizienten auf eine höchstens biquadratische Gleichung führt. Der dritte Schritt ist der Versuch, aus dieser Untergruppe mittels gewisser Nebenkomplexe die Hauptgruppe zusammenzusetzen. Gelingt auch dieser, dann ist die Gleichung n-ten Grades (wobei $n > 4$) resolvierbar, d. h. schließlich auf solche Gleichungen reduzierbar, die durch Wurzelausziehen lösbar sind.

Es ist für uns unvorstellbar, daß der noch nicht Einundzwanzigjährige den vor ihm kaum noch halbwegs entwickelten Bau der Gruppen gerade von der vielleicht schwierigsten Stelle aus so vollständig durchschaute, daß er ihn praktisch verwerten konnte. Und es ist für alle geistig Schaffenden eine unheimliche Mahnung, sich diese Leistung auszumalen, die zwischen Widrigkeiten, Politik, Gefängnis, Liebe und Duell in wenigen Monaten so weit vorgetrieben wurde, daß sie in der letzten Nacht deutlich formuliert werden konnte, wobei die Gruppentheorie dazu noch bloß den ersten Teil des Briefes füllt, während der zweite Teil mindestens ebenso erstaunliche Erkenntnisse über elliptische Integrale enthält, deren eigentliche Erschließung erst Riemann und Weierstraß gelang.

Am Ende des Briefes stehen Worte, die in ihrer schlichten Größe so erschütternd sind, daß wir sie hier wiedergeben müssen. Sie lauten: „Aber ich habe keine Zeit mehr und meine Ideen über dieses unendlich große Gebiet sind noch nicht gut entwickelt. Du wirst diesen

Brief in der ‚Revue encyclopedique' abdrucken lassen. Ich habe es oft in meinem Leben gewagt,Vorschläge vorprellen zu lassen, deren ich noch nicht sicher war; aber alles, was ich geschrieben habe, ist seit beinahe einem Jahr bloß in meinem Kopf, und es ist zu sehr in meinem Interesse, mich nicht geirrt zu haben, damit man mich nicht verdächtigen kann, Theoreme auszusagen, deren vollkommenen Beweis ich nicht haben würde. Du wirst Jacobi oder Gauß bitten, ihre Meinung zu sagen, nicht über die Wahrheit, sondern über die Wichtigkeit meiner Theoreme. Nach all dem, so hoffe ich, wird es Leute geben, die darin ihren Vorteil finden werden, diesen Wirrwarr zu entziffern. Ich umarme dich in hinströmender Liebe..."

Das sind die letzten Worte, die der allzu früh Vernichtete in die Ewigkeit sprach. Sein Gesamtwerk ist in der Ausgabe von Picard ein schmales Bändchen von 61 Seiten. Seine Tat aber war ein so unermeßlicher Vorstoß zur Verallgemeinerung der Mathematik, daß Galois mit Recht neben Abel als Schöpfer der ersten Grundlagen moderner Algebra genannt werden muß.

Wir haben schon erwähnt, daß die Gruppentheorie speziell von Jordan ausgebaut wurde. Inzwischen aber setzten sich mehrere Entwicklungsreihen früherer Entdeckungen fort, die der Verallgemeinerung der Algebra neue Waffen lieferten. Eine dieser Entdeckungen haben wir ebenfalls schon erwähnt. Nämlich die Determinanten. In einem Brief an den Marquis von Hospital hatte Leibniz das Prinzip dieses großartigen Algorithmus klar und eindeutig ausgesprochen, wobei er sich der vollen Tragweite seiner Tat genau bewußt gewesen sein muß. Denn am Ende des Briefes schrieb er: „Man sieht hier, auf was ich schon gelegentlich hingewiesen habe, daß die Vervollkommnung der Algebra von der Kombination abhängt." Gleichwohl hat Leibniz entweder aus Zeitmangel oder aber weil ihm die Unendlichkeitsanalysis dringlicher und gewichtiger schien, die vielversprechenden Anfänge seiner algebraisch-kombinatorischen Entdeckung nicht ausgebaut, und seine Beteiligung an diesen

Gegenständen geriet so gründlich in Vergessenheit, daß Gabriel Cramer im Jahre 1750 dieselbe Entdeckung noch einmal machte und insofern mit Recht als der eigentliche Entdecker der Determinanten gilt, da alle Späteren auf seinen Grundlagen weiterbauten. Vor allem Laplace, Lagrange, Gauß und Cauchy, welch letzterer auch den Ausdruck „Determinante" zum ersten Male gebraucht, ihn jedoch merkwürdigerweise wieder fallen läßt und mit dem Namen „fonction alternée" vertauscht.

Erst Carl Gustav Jacob Jacobi hat in seinem im Jahre 1841 erschienenen Werk „Über die Bildung und die Eigenschaften der Determinanten" diese mathematische Kategorie endgültig zum Gemeingut der Mathematiker gemacht.

Nun hat später ein englischer Mathematiker, Sylvester, der die Theorie der Determimanten zur Theorie der Invarianten verallgemeinerte, einmal gesagt: „Was ist im Grunde genommen die Theorie der Determinanten? Sie ist eine über der Algebra stehende Algebra, ein Rechnungsverfahren, das uns in den Stand setzt, die Ergebnisse der algebraischen Operationen zu kombinieren und dieselben vorauszusagen, ähnlich wie wir uns mit Hilfe der Algebra der Ausführung der besonderen Operationen der Arithmetik entheben können."

Diese Worte aus derart berufenem Munde müssen uns neuerlich aufhorchen lassen, wie wir schon einmal aufhorchten, als wir hörten, daß sich die Theorie der Gruppen gleichsam als Algebra der Algebra entschleiert, wenn wir sie näher ins Auge fassen. Was also, so ist jeder, der unser bisheriges Ziel kennt, berechtigt zu fragen, was also sind diese rätselhaften Determinanten, von denen wir noch verraten, daß sie im Zeitraum zwischen Cramer und Jacobi gleichsam eine Art von Geheim- oder Privatwissenschaft der allerbedeutendsten Mathematiker waren?

Um diese Frage zu beantworten, müssen wir ein wenig ausholen. Alle Algebraiker seit Leibniz stießen stets wieder bei ihren Rechnungen auf ein unüberwindliches Hindernis. Wollte man nämlich die allgemeinen Lösungen eines Gleichungssystems angeben, das aus einer nur halbwegs höheren Anzahl von Gleichungen bestand, dann wurden diese sogenannten „Lösungssysteme" derart verwickelt, daß sie ganze Seiten füllten, wobei noch außerdem jedem Rechenfehler Tür und Tor geöffnet war. Wollte man aber gar ein System einer beliebigen Anzahl von Gleichungen, also n-Gleichungen allgemein lösen, dann hatte man überhaupt keinen Algorithmus und keine Schreibweise zur Hand, die solches leisten konnte. Gerade jedoch nach derart umfassenden Lösungen suchte man aus den verschiedensten Gründen in mehreren Gebieten der Algebra und der Geometrie.

Zur Vermittlung eines annähernden Begriffs der „Determinante", die eben dieses gesuchte Hilfsmittel wurde, wollen wir, ohne tiefer auf die zahllosen Einzelprobleme einzugehen, am Leitfaden eines einfachen Beispieles den Gedankengang erläutern. Wir hätten zwei Gleichungen vorgelegt, die wir allgemein als f_1 und f_2 bezeichnen wollen. Es handelt sich dabei um zwei lineare Gleichungen mit je zwei Unbekannten. Sie lauten:

$$f_1 = a_{11}x_1 + a_{12}x_2 + c_1 = 0$$
$$f_2 = a_{21}x_1 + a_{22}x_2 + c_2 = 0$$

Warum wir bei den Koeffizienten die Doppelindizes, die von Leibniz stammen, schreiben, wird bald klar werden. Es handelt sich dabei nicht um „a elf" und „a zwölf", sondern um „a eins eins" und „a eins zwei" usw. Die erste Zahl des Doppelindex zeigt die „Zeile", die zweite die „Spalte" an. Das allgemeine Schema von Doppelindizes also lautet:

$$11, 12, 13, 14, \ldots\ldots\ldots\ldots 1n$$
$$21, 22, 23, 24, \ldots\ldots\ldots\ldots 2n$$
$$31, 32, 33, 34, \ldots\ldots\ldots\ldots 3n$$
$$41, 42, 43, 44, \ldots\ldots\ldots\ldots 4n$$
$$\cdot \quad \cdot \quad \cdot \quad \cdot \ldots\ldots\ldots\ldots \cdot$$
$$\cdot \quad \cdot \quad \cdot \quad \cdot \ldots\ldots\ldots\ldots \cdot$$
$$\cdot \quad \cdot \quad \cdot \quad \cdot \ldots\ldots\ldots\ldots \cdot$$
$$\cdot \quad \cdot \quad \cdot \quad \cdot \ldots\ldots\ldots\ldots \cdot$$
$$n1, n2, n3, n4, \ldots\ldots\ldots\ldots nn.$$

Auf unsere Gleichungen übertragen, heißt etwa a_{53} (a fünfdrei), daß wir den Koeffizienten vor uns haben, der in der fünften Gleichung des Systems der dritten Unbekannten x_3 zugeordnet ist.

Dies vorausgesetzt, wollen wir nun unsere beiden Gleichungen behandeln. Wenn wir jeweils eine der Unbekannten dadurch eliminieren, daß wir die erste Gleichung mit a_{22} und die zweite mit $-a_{12}$ multiplizieren, bzw. die erste mit a_{21} und die zweite mit $-a_{11}$ und hierauf entsprechend die beiden Gleichungen addieren, dann erhalten wir als „Lösungssystem" für die beiden Gleichungen die Werte:

$$x_1 = -\frac{a_{22}\,c_1 - a_{12}\,c_2}{a_{11}\,a_{22} - a_{12}\,a_{21}} \quad \text{und} \quad x_2 = -\frac{a_{11}\,c_2 - a_{21}\,c_1}{a_{11}\,a_{22} - a_{12}\,a_{21}}.$$

Hierbei fällt uns bereits auf, daß im Nenner in beiden Fällen dieselbe Größe, nämlich $a_{11}a_{22} - a_{12}a_{21}$ steht. Wäre etwa dieser Ausdruck gleich Null, dann würden sich keine Lösungen für die Gleichungen ergeben. Daher ist dieser Ausdruck bestimmend für das Gleichungssystem, determiniert es, ist seine „Determinante". Das ist aber bloß eine der Aufgaben der Determinantentheorie und vorläufig nur eine Spracherklärung. Erst eine eigene Schreibweise und die Erkenntnis, daß die Determinante einen rein kombinatorischen Charakter hat, wurde der Schlüssel für alles weitere. Man erfand also als Schreibung dieser höchst wichtigen Größe die Darstellung $\begin{vmatrix} a_{11} & a_{12} \\ a_{21} & a_{22} \end{vmatrix}$, die, wie jeder solche Operationsbefehl, ihre eigene Regel der Behandlung hat. Man multipliziert nämlich in unserem Falle einfach die Diagonalen, wobei man von der ersten Diagonale $a_{11}a_{22}$ die zweite $a_{12}a_{21}$ subtrahiert.

Auf nähere Einzelheiten können wir nicht eingehen. Wir teilen deshalb nur mit, daß eine ganze Algebra der Determinanten möglich wurde, bei der solche zwischen Strichen stehende Schemata wie neue „Überzahlen" behandelt werden und addiert, subtrahiert, multipliziert, sogar differenziert werden können. Außerdem gibt es eine große Anzahl von Regeln und Sätzen, die es uns erlauben, sofort allerlei Eigenschaften dieser Determinanten zu erkennen. So ist es etwa leicht möglich, zu sehen, wann eine Determinante Null wird, was weiter heißt, daß das betreffende Gleichungssystem keine Lösungen hat. Damit der Leser aber doch wenigstens oberflächlich das praktische Funktionieren der Determinanten als Mittel zur Gleichungslösung sieht, wollen wir ein höchst einfaches konkretes Zahlenbeispiel geben. Wir hätten die beiden Gleichungen

$$3x + 4y + 1 = 0 \text{ und}$$
$$5x + 2y + 6 = 0$$

mittels Determinanten zu lösen. Wenn wir so weit geübt sind, uns die richtige Reihenfolge des allgemeinen Indexschemas vorzustellen, und wenn wir bedenken, daß die Koeffizienten 3 und 4 der ersten Gleichung a_{11} und a_{12} und die Koeffizienten 5 und 2 der zweiten Gleichung a_{21} und a_{22} bedeuten, dann wissen wir schon, daß die Determinante $\begin{vmatrix} 3 & 4 \\ 5 & 2 \end{vmatrix}$ lauten muß und als Ergebnis $3 \cdot 2 - 4 \cdot 5 =$ $= -14$ liefert. Das ist aber noch nicht mehr als die Gewähr, daß das System lösbar ist. Die endgültigen Lösungen sind

$$x = -\frac{\begin{vmatrix} 1 & 4 \\ 6 & 2 \end{vmatrix}}{\begin{vmatrix} 3 & 4 \\ 5 & 2 \end{vmatrix}} \text{ und } y = -\frac{\begin{vmatrix} 3 & 1 \\ 5 & 6 \end{vmatrix}}{\begin{vmatrix} 3 & 4 \\ 5 & 2 \end{vmatrix}},$$

da ja auch die Zähler als Determinanten gewonnen werden können, und zwar wieder nach bestimmten Gesetzen, die sich aus dem von uns oben angeführten Lösungssystem ergeben. Auch hier können wir keine weiteren Einzelheiten bringen, sondern zeigen bloß die Schlußausrechnung. Hiernach ist

$$x = -\frac{-22}{-14} = -\frac{22}{14} \text{ und } y = -\frac{13}{-14} = \frac{13}{14},$$

was sich bei Einsetzen in obige Gleichungen als richtig erweist.

Wir wollen nur noch einige allgemeine Worte beifügen. Aus dem Begriff und der Anwendung der Determinanten ist es möglich, die Auflösung eines Gleichungssystems von beliebig vielen Unbekannten mit einem
einzigen Griff einfach hinzuschreiben. Es muß sich dabei
bloß um lineare Gleichungen, also Gleichungen handeln,
bei denen sämtliche Unbekannten bloß in der ersten
Potenz vorkommen. Weiters aber wird durch die Operation mit Determinanten die tiefste Baustruktur der behandelten Gleichungssysteme enthüllt und es ergibt sich
ein Übergang zu den von uns schon erwähnten Permutationsgruppen und weiters zur allgemeinen Gruppentheorie und von da zur sogenannten Invariantentheorie.
Die Determinante wird nämlich dadurch zur „Invariante",
daß sie für das ganze Lösungssystem eines Gleichungssystems bestimmend wird und gleichzeitig ganze Gruppen
von Gleichungssystemen mit gleichgebauten Determinanten gewisse Eigenschaften gemeinsam haben
müssen. Ebenso lassen Operationen, die mit Determinanten durchgeführt wurden, in ihren Ergebnissen
Schlüsse zu auf die Eigenschaften von kombinierten
Gleichungssystemen. Die Algebra operiert hier also nicht
mehr mit Gleichungen und Gleichungssystemen, sondern
mit Gruppen von Gleichungssystemen, denen eine bestimmte vorgegebene Eigenschaft zukommt.

Auf jeden Fall hat mit diesen Errungenschaften der
Algorithmus und die Notation eine Höhe der Verallgemeinerung erreicht, die kaum mehr zu überbieten ist.
In der Schreibung Kroneckers wird eine Determinante
n-ter Ordnung einfach $|a_{ik}|$ geschrieben, wobei i und k
von $1, 2, 3 \ldots$ bis n laufen. Ein Gleichungssystem von n-
Gleichungen mit n-Unbekannten aber schreibt man heute
einfach $\sum_k a_{ik} x_k = c_i$ (wobei $i, k = 1, 2, 3 \ldots n$). Das
Unheimliche ist natürlich nicht, daß man so schreibt,
obwohl das Studium von Werken, die sich einer derartigen Stenographie bedienen, schon ein unglaublich
geschärftes mathematisches Auge und Ohr erfordert.

Das eigentliche Wunder ist vielmehr die Tatsache, daß man mit derartigen Denkmaschinen, die in sich ganze mathematische Welten bergen, ruhig rechnet, als ob es sich um einfache Zahlen handelte. Wer den Kalkül kennt und beherrscht, der rechnet mit sämtlichen denkbaren Gleichungen und Gleichungsgruppen eines bestimmten Koordinatensystems so bequem und sicher als mit irgendeinem anderen Algorithmus. Und er ist dadurch sogar befähigt, vorauszusagen, was irgendeine Gruppe von Gleichungssystemen in einem anderen Koordinatensystem treiben wird. Und er weiß, welche Eigenschaften bei dieser Transformation sich ändern und welche beharren werden. Solche Voraussagen, fast möchte man sie Prophezeiungen nennen, sind unter Umständen für die Physik von grundlegender Bedeutung, darüber hinaus aber für die gesamte Mathematik, da sie ganze Weltsysteme von Gleichungen miteinander verbinden oder voneinander lösen können. Kurz, mit der Gruppen- und der Determinantentheorie, der sich plötzlich auch noch die projektive Geometrie anschloß (die aus einer ursprünglichen Opposition zur Algebraisierung heraus entstand, um schließlich selbst zur Algebra zu werden), hat sich eine allgemeinste Theorie der Formen entwickelt, in der die Abstraktion kaum eine Grenze findet. Irgendwie ist damit der Leibnizsche Königsgedanke einer obersten Kabbala, eines allgemeinsten Kalküls seiner Verwirklichung nähergerückt.

Zu all dem gesellte sich aber noch eine weitere Disziplin, die auch in irgendeiner Art als „Übermathematik" angesprochen werden kann: die Mengenlehre. Sie ist vielleicht von allen Gegenständen dieses Kapitels am deutlichsten darstellbar, obgleich die Schwierigkeiten, die in ihrem Ausbau liegen, fast unüberwindlich sind.

Um uns genau zu orientieren, müssen wir räumlich, zeitlich und begrifflich unseren Zauberteppich in weitestem Maß in Anspruch nehmen, da die Mengenlehre fast an alle Gegenstände der Mathematik rührt. „Menge" ist eine Denkkategorie wie Zahl, Anzahl, Größe, Grad oder

Gruppe. Wir setzen die klassische Definition Georg Cantors, des Hauptbegründers der Mengenlehre, an den Beginn: „Eine Menge ist eine Zusammenfassung von wohlunterschiedenen Objekten unserer Anschauung oder unseres Denkens (die die Elemente der Menge genannt werden) zu einem Ganzen."

Eine Kompagnie Soldaten ist eine Menge von Soldaten, die, wenn sie richtig ausgerüstet sind, zusammen eine „äquivalente" Menge von Gewehren, Stiefelpaaren, Stahlhelmen und eine höhere Menge von Patronen besitzen. Jede Patrone enthält eine Menge von Pulverkörnern, die neuerlich größer ist als die Anzahl der Patronen. Das alles sind „endliche" und daher auch selbstverständlich „abzählbare" Mengen. Jeder Teil einer solchen Menge ist kleiner als die ganze Menge und es gibt dabei überhaupt die Begriffe des Teils und des Ganzen, des Größer und des Kleiner.

Nun stieß man aber, speziell in der Mathematik, was uns ja wohlbekannt ist, stets wieder auf Mannigfaltigkeiten oder Mengen, die alles andre, nur nicht endlich sind. Gleichwohl müssen sie deshalb nicht unabzählbar sein. Denn „Abzählbarkeit" ist keine Tätigkeit, die begrifflich an ein Ende gebunden ist. Zu jedem n in der Folge der natürlichen Zahlen läßt sich stets sofort ein $(n + 1)$ denken und zu jedem $(n + 1) = m$ wieder ein $(m + 1)$ usf. Diese Unendlichkeit oder Beliebigfortsetzbarkeit oder potentielle Unendlichkeit haben wir ebenfalls bereits in sehr zahlreichen Spielarten kennengelernt. Wir können sie rein logisch als die sich aus dem Bildungsgesetz des Zählens ergebende Folgerung ansehen. Wir dürfen aber auch sowohl psychologisch als transzendental im Sinne Kants den Ursprung dieser potentiellen Unendlichkeit in der reinen Anschauung des Raumes und speziell der Zeit erblicken. Und wir wissen, daß bereits Zenon an manche Paradoxie stieß, die sich aus dieser Unendlichkeit ergab. Jede in Form einer Reihe gebildete Zahl, etwa eine Irrationalzahl, eine konvergierende Zahl auf Grund eines Exhaustionsbeweises oder gar der Aufbau des Kontinuums, gibt uns dasselbe Rätsel auf. Nun erweitert sich dieses Rätsel aber ebenso bei der Konvergenz wie beim Kontinuum sofort durch neue Aspekte. Wir sehen nämlich in beiden Fällen gleichsam das Ergebnis des Aufbaues aus unendlich vielen Teilen vor uns und halten dadurch in der Reihensumme oder in der geometrischen Figur das aktual oder vollendet oder abgeschlossen Unendliche, kurz eine tatsächlich unendliche Menge in der Hand. Wir deuten nur an, daß die Angriffe auf diese Form der Darstellung, wie wir sie eben gaben, nie verstummen werden. Man wird uns sofort entgegenhalten, daß ein „Teil" nur dann unendlich klein sein kann, wenn die Aufsummierung unendlich vieler solcher Teile stets unter der Einheit bleibt, d. h. als Ergebnis weniger als die denkbar kleinste wirkliche Einheit liefert. Wenn wir auch diesen Standpunkt als relativ berechtigt anerkennen, so halten wir den allzu strengen Logikern entgegen, daß man durch derartige Strenge notwendigerweise in ein Wirrsal von Unendlichkeiten gerät, in dem man schließlich erstickt oder zumindest erkenntnismäßig steril wird. Der menschliche Verstand nimmt in Unendlichkeitsfragen nämlich einen ganz anderen Standpunkt ein als die Intuition. Der Verstand müßte alle Infinitesimalüberlegungen höherer Art überhaupt ablehnen und dürfte sich auch nicht durch das Postulat eines „Grenzbegriffes" oder „Grenzüberganges" aus der logischen Schlinge zu ziehen versuchen. Für den Verstand gibt es nichts Erschütterndes als die uns schon bekannte Feststellung Leibnizens, daß in einer konvergenten Reihe wie $\frac{1}{2} + \frac{1}{4} + \frac{1}{8} + \frac{1}{16} + \dots$ unmöglicherweise jemals ein Glied auftritt, das unendlich klein wäre. Jedes der Glieder muß endlich groß bleiben, wenn es auch noch so winzig ist. Also müßte die konvergente Reihe — wohl die krasseste „contradictio in adiecto" — divergent sein, denn Endliches, unendlichmal zueinander addiert, ist selbstverständlich unendlich. Es ist aber ebenso „selbstverständlich" das Gegenteil der Fall, wozu jedoch mehr die

Intuition als die Logik verhilft, da die Logik trotz aller apagogischen Beweise zumindest ein wenig unsicher bleibt.

Nun wissen wir weiter, daß schon die Scholastik, vor allem Bradwardinus, Thomas von Aquino und Cusanus tief in diese Antinomien eingedrungen sind, die trotz aller Beteuerungen der modernsten Grundlagenforschung, Logik, Logistik und der „Als-ob-Philosophie", für den gänzlich undogmatischen und unerbittlichen Betrachter nach wie vor das „Credo, quia absurdum" der Mathematik bilden und — wie wir hinzufügen — bilden sollen, da erst aus diesem metalogischen Gesichtswinkel heraus sich völlig neue Erkenntnislandschaften blickmäßig erschließen.

Gerade die stolzen und harten logischen Gefilde der Mengenlehre und der Gruppentheorie gehören zu diesen — man erschrecke nicht — metalogischen Gegenden. Denn im Verein mit der modernen Physik haben sie die Logik zu einem Prokrustesbett gemacht. Man rettet, kurz gesagt, die Logik bei einer neuen meta- oder kontralogischen Entdeckung dadurch, daß man ohne viel Aufsehen die Logik entsprechend „streckt" und hierauf triumphierend verkündet, die neuen Lehren vertrügen sich glänzend mit der Logik. Dadurch, und wir werden darüber im Schlußkapitel noch eingehend sprechen, ist das neunzehnte Jahrhundert das „Säkulum der dehnbaren Maßstäbe" geworden. Was für einen logischen Sinn, um zur Mengenlehre zurückzukehren, kann die apodiktische Aussage haben, daß der Teil unter gewissen Umständen dem Ganzen gleich sein muß? Und daß die Summe unendlich vieler solcher Teile wieder nicht größer sein kann als das Ganze? Für all das, was man billigerweise unter Logik verstehen kann, ist das ein kompletter Unsinn, ja ein Wahnsinn und Widersinn[1]). Solche Mög-

---

[1]) Man sagt bei unendlichen Mengen „Äquivalenz" und „Verschiedene Mächtigkeit", um die Begriffe der Gleichheit bzw. des Größer und Kleiner zu umgehen, das sind aber, wenn man will, bloße Alibiversuche der Logik-Streckung.

lichkeiten heben sofort die Sicherheit der gesamten elementaren Mathematik auf, wenn man sie für „logisch" einordenbar erklärt. Nun kommt aber der Kunstgriff: Man erweitert einfach die Logik, grenzt das Gebiet, in dem diese „Ungesetze" gelten, streng ab und betrachtet im Wege einer ebenso ungeheuren wie ungeheuerlichen Maßstabstreckung und Verallgemeinerung die Gesetze des Endlichen als nebensächliche Sonderfälle eines viel umfassenderen Kosmos des Aktual-Unendlichen, das sich seit dem Beginn des neunzehnten Jahrhunderts, seit Bolzano, ohne Widerspruch denken läßt. Im § 14 seiner „Paradoxien" stellt Bolzano nämlich fest, daß niemand, der sich die „Einwohnerschaft" Prags oder Pekings vorstelle, dabei auch an jeden einzelnen Einwohner denke. Ebensowenig müsse man etwa, so fügen wir hinzu, bei jeder unendlichen „Punkteschaft" (Punktmenge) jedem einzelnen Punkt in Gedanken nachlaufen.

Für uns ist Bolzanos Ausspruch geradezu der Beweis dafür, daß es sich bei all diesen Dingen um „Metalogik" handelt: Das ewige Vergleichen, das Extrapolieren aus dem Endlichen ins Unendliche, das absichtliche Verschwimmenlassen des Einzelnen, des Konstituierenden, ist ein intuitiv optischer Vorgang, der durch noch so scharfsinnige Zirkelschlüsse nicht widerlegt werden kann. Georg Cantor selbst, der sich ursprünglich wenig um Philosophie kümmerte, was er später in redlichstem Bemühen durch den Verkehr mit scholastisch geschulten Ordensgeistlichen ausglich, wobei er auf Thomas von Aquino und sein „aktuales Unendlich" stieß, hat seine Theorie sicherlich rein logisch gemeint. Es liegt uns auch vollkommen fern, die Genialität der Mengenlehre anzuzweifeln oder die ungeheuren Verdienste Cantors herabzusetzen. Wir fühlen nur, rein historisch, daß sich auch auf diesem Gebiet wieder eine weltwichtige geistige Entscheidung vollzieht, die in kürzerer oder längerer Zeit für die Weiterentwicklung der Mathematik epochal werden wird. Mathematisiert sich die Logik oder logisiert sich die Mathematik? so lautet hier die Kernfrage, und es ist eine Angelegenheit des Gegensatzes zwischen euklidischer, magischer oder faustischer Geisteshaltung, wie man zu diesem Problem, besser zu dieser Problemgruppe, Stellung nimmt.

Doch auch diese Umwälzungen, in denen wir heute noch mit beiden Füßen stehen, dürfen wir bloß andeuten, um unserer eigentlichen Aufgabe nicht untreu zu werden. Wir konkretisieren: Eine Menge $\mathfrak{M}$, die wir bereits definierten, kann endlich sein wie die Menge der Zündhölzer in einer Schachtel oder die Menge aller geraden Zahlen bis 10.000. Oder die Menge der Primzahlen von 1 bis 79. Solche endliche Mengen sind stets abzählbar[1]. Es gibt aber auch unendliche Mengen, die abzählbar sind, und das eben sind die Mengen, derentwegen die Mengenlehre geschaffen wurde. Die Menge aller natürlichen Zahlen ist abzählbar. Das heißt natürlich nicht, daß sie ein Mensch abzählen kann, sondern nur, daß sie prinzipiell abgezählt werden können. Diese prinzipielle Möglichkeit ist so einleuchtend, daß mein Töchterchen mit fünf Jahren sagte: „Nur der liebe Gott kann bis ans Ende zählen; denn er lebt immer." Nun kann man aber auch sämtliche anderen unendlichen Mengen abzählen, bei denen es möglich ist, jedem Element eineindeutig eine natürliche Zahl zuzuordnen. Etwa sämtliche geraden Zahlen, sämtliche Primzahlen, sämtliche durch 2, durch 5, durch 13, durch 79 teilbaren Zahlen. 'Jede dieser weiteren Mengen ist klarerweise eine Teilmenge der Menge aller natürlichen Zahlen, der eine sogenannte „transfinite Kardinalzahl" zugeordnet werden kann. Nur begibt sich dabei sofort das Schrecknis, daß alle diese Teilmengen, grob gesagt, gleich groß sind wie die Menge der Ganzheit der natürlichen Zahlen. Unser Schema zeigt deutlich diese Ungeheuerlichkeit:

---

[1] Und, wie man sagt, auch darüber hinaus noch tatsächlich „abgezählt".

```
 1,  2,  3,  4,  5,  6,  7,   8, ........ ∞
 2,  4,  6,  8, 10, 12, 14,  16, ........ ∞
 1,  3,  5,  7,  9, 11, 13,  15, ........ ∞
 3,  6,  9, 12, 15, 18, 21,  24, ........ ∞
13, 26, 39, 52, 65, 78, 91, 104, ........ ∞
```
usw.

Cantor führte für diese Tatsache, daß das „Größer" und „Kleiner", der „Teil" und das „Ganze" keinen Sinn mehr haben, den Ausdruck „Mächtigkeit einer Menge" ein und schuf Mächtigkeitsgruppen, die als transfinite Kardinalzahlen durch Indizierung voneinander unterschieden werden. Diese neue Zahl heißt $\aleph$ (Aleph) und erhält einen Index als $\aleph_0$, $\aleph_1$, $\aleph_2$, ... $\aleph_\infty$. Unsere obigen Beispiele gehören sämtlich zum Typus $\aleph_0$.

Nun glaubte man lange, daß die Menge aller rationalen Zahlen nicht abzählbar sei, also nicht zur Gruppe $\aleph_0$ gehöre. Cantor bewies jedoch, daß dieser Glaube nicht zutreffe. Denkt man sich nämlich alle rationalen Zahlen in folgender Art geschrieben:

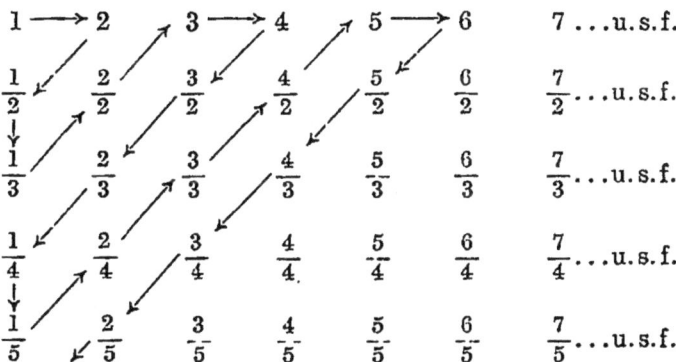

so ist es klar, daß man, den Pfeilen folgend, in einer Art zählen kann, die keine denkbare rationale Zahl ausläßt, da im Schema sogar zahlreiche Rationalzahlen mehrfach stehen, wie 1, $\frac{2}{2}$, $\frac{3}{3}$ usf. und $\frac{5}{6}$, $\frac{10}{12}$, $\frac{15}{18}$, $\frac{20}{24}$ usf. So ist etwa auch die Menge aller algebraischen Zahlen

$$a_n x^n + a_{n-1} x^{n-1} + \ldots + a_1 x^1 + a_0 x^0 = 0$$
abzählbar, was man sehr leicht beweisen kann.

Das eigentliche Kreuz der Mengenlehre bildet bis heute noch die Menge aller Zahlen, die das Kontinuum zusammensetzen. Sicherlich ist die Menge aller Irrationalzahlen, die zu den rationalen hinzutreten müssen, um das Stetige auch wirklich zu füllen, oder besser, um die Stetigkeit zu erzeugen, nicht abzählbar. Die Menge aller reellen Zahlen gehört somit nicht zum Typus $\aleph_0$. Wohin also gehört sie ? Das ist noch nicht geklärt und viele modernste Forscher neigen dazu, den Begriff der Mächtigkeit überhaupt fallen zu lassen.

Wir dürfen uns aber auch hier leider nicht in Einzelheiten verlieren, sondern wollen nur, außer den bereits erwähnten, noch einige Paradoxien anführen, die sich aus der Mengenlehre ergeben. Die bekanntesten Widersprüche liegen in den Begriffen der „Menge aller Kardinalzahlen'' und der „Menge aller Ordnungszahlen'' (Antinomie von Burali-Forti). Es muß nämlich zu jeder Kardinalzahl noch eine größere derartige Zahl geben. Daher sind die beiden angeführten Mengen unmöglich und sinnlos. Auch eine „Menge der geraden Ordnungszahlen'' ist sinnlos. Ein weiteres paradoxes Ergebnis wäre nach Zermelo und Russel die „Menge aller Mengen, die einander nicht als Element enthalten''. Ebenso ist die „Menge aller Mengen'' unmöglich und paradox.

In neuester Zeit haben Hausdorff und andere eine ganze Reihe anderer mengentheoretischer Paradoxien, speziell in der Geometrie, entdeckt, die oft zu phantastischen Ergebnissen führen. So kann man beweisen, daß sich die Sonne zerlegen und wieder zu Apfelgröße zusammensetzen läßt, ohne daß etwas weggenommen, hinzugegeben oder komprimiert wird.

Der Begriff der geometrischen „Mannigfaltigkeiten'', wie auch Cantor selbst ursprünglich die Mengen nannte, spielt übrigens schon seit Graßmann und seit Riemann eine große Rolle in der Mathematik. Es handelt sich dabei um den primärsten Aufbaubegriff des Ausgedehnten. Man glaubte nun, und der „gemeine Menschenverstand" hält dies für selbstverständlich, daß die Menge der Punkte in einer Linie zu den Mengen in der Fläche oder in den Körpern sich verhalten müßten wie ∞^1 zu ∞^2 zu ∞^3. Die Mächtigkeiten dieser Mengen müßten also verschieden sein wie Unendlichkeiten verschiedener Ordnung. Die Mengenlehre leugnet diesen Unterschied und kennt nur eine einheitliche Punktmenge für alle Dimensionen, die stets vom gleichen Grade der Mächtigkeit ist. Sehr unheimlich ist auch etwa folgende Antinomie. Nehmen wir an, wir hätten in einem gewöhnlichen kartesischen Koordinatensystem die Einheit auf der x-Achse etwa als Mikromillimeter und auf der y-Achse als Billion von Lichtjahren gewählt. Die Menge der Punkte in der x-Richtung muß „natürlich" dieselbe sein wie in der y-Richtung, da ja sonst keine eineindeutige Zuordnung oder Bildung von Zahlpaaren möglich wäre. Wie nun sehen diese Punkte aus? Kann es irgendein Verstand fassen, daß es sich dabei um Punkte handelt? Das müßten doch ebenso „natürlich" recht ansehnlich gedehnte Gebilde sein, und zwar gedehnt in der y-Richtung. Gut, es sind unendliche Mengen und vor der Unendlichkeit verschwinden solche lächerliche Unterschiede wie das Verhältnis von einem Mikromillimeter zu einer Billion Lichtjahre. Aber? Da gibt es kein „Aber". Wenn wir nämlich plötzlich die Maßstäbe der Koordinaten tauschen, entsteht nicht etwa eine furchtbare Umwälzung, sondern es geschieht mengentheoretisch und analytisch überhaupt nichts. Nicht einmal die bescheidenste Transformation.

Kurz, faustisch betrachtet, hat sich hier wieder einmal die Kabbala mit den gotischen Spitzbogengewölben verschwistert, die sich in unheimlich-ahnungsschweres Dunkel verlieren. Der Logiker wird nicht erschrecken. Er wird rechnen, wird sondern, prüfen, begrenzen, wird überlegen lächelnd behaupten, es seien gleichsam ungeduldige Kinder, die sich stets unter all diesen rein denkmaschinellen Dingen etwas „Anschauliches" vorstellen müßten. Man dürfe sich nichts vorstellen, sonst sei man bereits irgendwie mit außermathematischen Ansprüchen verseucht oder gar bloß infantil.

In dieser starren, gläsernen Begrenzung des Magischen wurde und wird auch die Mengenlehre zum Algorithmus ausgebaut und als Untermauerung der Zahlen-, der Funktionen- und der Integraltheorie verwendet. Sie wird mit einem Fingerschnippen sofort wieder ein Überbau der ganzen Mathematik und sogar der Logik. Sie wird überhaupt, wie die Gruppentheorie, zur Überwissenschaft, zur allgemeinen Denkkategorie.

Aber sie zeigt uns, wenn man so sagen darf, überall die Drachenzähne, und mehr als je stehen wir vor der Tatsache, daß jeden Augenblick die Donnerstimme ertönen kann: „Du gleichst dem Geist, den du begreifst, nicht mir!"

Denn die Intuition ist nicht bloß ein Requisit von Kindern, sondern in ihren Spitzenleistungen ein Requisit des Göttlichen. Wieder erhebt sich die dunkle Frage, ob wir Menschlein vollkommen ungestraft den Bereich der „Gē oikouméne", der bewohnten Erde, verlassen und uns jenseits dieser Grenzen im Bereich Gottes tummeln dürfen. Ungestraft in dem Sinne, als es sehr fraglich ist, ob wir berechtigt sind, uns in magisch-diesseitigem Überheblichkeitsgefühl einfach die Logik so zurechtzustutzen, wie wir sie eben brauchen. Oder ob wir nicht vielmehr die faustische Verpflichtung haben, die Beruhigung der Logik dort zu verschmähen, wo viel ursprünglichere Hintergründe fühlbar werden. Mathematische Puritaner wird das Wort „fühlbar" erschrecken oder abstoßen. Auch das Hereinziehen Goethescher Weltkategorien in diesen Bereich wird unzeitgemäß erscheinen, da Goethe unbestreitbar ein unmathematisch strukturierter Geist war, wenn man auch von mancher Seite seine angebliche mathematische Veranlagung zu retten versucht.[1]

---

[1] Unsere Ansicht des unmathematischen Goethe wird in schlagendster Art allein durch die Farbenlehre, das Musterbeispiel rein qualitativer und vollständig quantitätsfremder Physik bestätigt.

Diese Einschränkung ändertes jedoch nicht im mindesten, daß die gleiche Goethesche Struktur sich auch auf mathematische Bereiche erstrecken kann und erstrecken muß. Wir reden da nicht ins Leere. Geister wie Poincaré, Boutroux und hervorragende Mathematiker in Deutschland, wie Bieberbach, zielen mit ihren neuesten Forschungen in dieselbe Richtung. Und man läßt sich nicht überall dadurch verblüffen, daß die „Streckung der Logik" eine Pseudo-Logisierung der Mathematik ergibt. Es ist, noch einmal hervorgehoben, ebenso berechtigt, zu behaupten, es existiere gleichsam ein eigener „mathematischer Gegenstand", ein Reich der Mathematik, das eher entdeckt als erfunden werden muß.[1]) Hat man es entdeckt, kann man es logisch oder logistisch, oder wie man will, kultivieren, verallgemeinern und formalisieren. Dieses Reich ist aber so groß, so voll von unerhörten Wundern, daß sich ein aufmerksamer Historiker niemals einbilden kann und einbilden wird, es sei erschlossen oder auch nur erschließbar. Wieder und wieder wird zwischen den gleißend-glatten Fließen prunkvoller mathematischer Städte das Gras des ewigen Werdens hervorwuchern, und die Städte werden in Schutt und Trümmer sinken, bis neue Baumeister, in neuem, noch ungesehenem Stil, neue Städte bauen, in denen nie gehörte Idiome erklingen werden.

Der Algorithmus aber und die Verallgemeinerung, um wieder rein mathematisch zu sprechen, können riesige und stets riesigere Komplexe umgreifen. Irgendwo bleibt aber stets jeder „Überzahl" doch nur die Anzahl zugeordnet, die es erst erlaubt, mit der Überzahl zu rechnen. Und sowohl der Algorithmus als auch die Verallgemeinerung sind bloß Forschungsgeräte, wenn sie sich auch als Zauberlehrlinge noch so wild gebärden. Man glaubt auch heute nicht mehr so innig wie zur Zeit des großen Laplace an die Allgewalt der industriellen Erschließung der Mathematik

---

[1]) Vergleiche hiezu die lichtvollen Ausführungen Boutroux' in „Das Wissenschaftsideal der Mathematiker".

durch den Algorithmus. Die besten mathematischen Köpfe wissen aus eigener, primärer, unbestreitbarer Erfahrung zu gut, daß neue mathematische Erkenntnisse nicht nur „errechnet" oder „kalkuliert" werden, sondern daß die größten Erleuchtungen wie nie gehörte Melodien plötzlich aus Urtiefen herauftönen, die auch ihr Schöpfer nie durchleuchten oder ergründen wird.

Die reinen Tautologisten und Panlogiker wollen in puritanischem Eifer den Kosmos der Mathematik zur Erstarrung und zum Abschluß, die Untergangspropheten der Richtung Spengler dagegen die mathematische Forschung zur Verzweiflung bringen. Wir behaupten dies in keiner Weise degradierend, sondern konstatierend. Gegen beide Tendenzen meldet sich aber nicht bloß religiöses und faustisches Empfinden, sondern geradezu das biologische Urgesetz, so daß man auch auf diesem Felde den Materialismus materialistisch schlagen könnte. Wozu wir noch, um Mißverständnisse zu vermeiden, anmerken, daß wir eine rein instrumentale, panlogische Behandlung der Mathematik als durchaus materialistisch betrachten müssen, da der Instrumentalgedanke in einem anderen Weltanschauungstypus kaum zureichend widerspruchslos verankert werden kann.

Da aber — und dies möge als versöhnlicher Ausklang dieses Kapitels noch angefügt werden — die scharfe Logisierung der Mathematik und die Mathematisierung der Logik zur Vertiefung unserer Wissenschaft mächtig beigetragen haben, sollen nicht die Auswüchse, sondern eher die Früchte dieses Wachstumsprozesses betrachtet werden. Wir müssen noch einige Provinzen des Reiches der Mathematik durchschreiten, in denen im neunzehnten Jahrhundert mächtige Revolutionen tobten. Trotzdem aber wollen wir vorgreifend feststellen, daß die Beherrscher der „Provinz Algebra und Verallgemeinerung" das Haus für die Zukunft wohlgeordnet haben und daß alles bereitsteht, um neue Gäste und Boten aus dem Jenseits gebührend zu empfangen.

Fünfzehntes Kapitel

C. F. GAUSS

Mathematik als Weltfahrt

Wir schlossen unser letztes Kapitel mit der Ankündigung, daß noch einige Provinzen zu durchschreiten wären.
Soweit es die Anlage unseres Buches betrifft, stimmt
dieses Versprechen, besser diese Begrenzung. Nicht aber
für Gauß selbst. Denn dieser Heros, dem wir uns jetzt
ehrfürchtig nahen, war nicht bloß Beherrscher einer
dieser Provinzen, sondern der unbestrittene „princeps
mathematicorum", der Fürst des Gesamtreiches der
Mathematik. Und jedem, der sich äußerlich und innerlich
der deutschen Kultur zugehörig fühlt, muß sich bei der
bloßen Nennung dieses Namens die Brust vor Stolz
schwellen. Kein Makel, kein Schatten liegt über diesem
einzigartigen Stern allererster Größe, über dieser Gestalt,
die, wie Leibniz, Goethe und Kant, zu den ganz unver-
gleichlichen Spitzen der Menschheit aller Nationen und
aller Zeiten gehört.

Wie ein Kant der Sohn eines armen Sattlers war, so
verlebte der kleine Gauß die ersten Jahre seines Lebens
im bescheidenen Hause eines Maurers. Doch nein. Nicht
Maurer allein war der Vater, sondern noch dazu „Wasser-
kunstmeister", also ein Mann, der die Wasserkünste und
Springbrunnen zu betreuen hatte. Geboren wurde Gauß
im Jahre 1777 in Braunschweig, wo besagter Vater an-
sässig war. In den allerersten Lebensjahren lernte Gauß,
wie er selbst erzählt, früher rechnen als sprechen. Dann
begann er seine Verwandten „um Buchstaben anzu-
betteln" und konnte plötzlich lesen und schreiben, ohne
daß jemand recht wußte, woher. Mit sieben Jahren bezog
er die Katherinen-Volksschule, wo er an hundert Mit-
schüler hatte und sich durch nichts weiter auszeichnete.
Erst mit neun Jahren führte ein Zufall zu seiner Ent-

deckung. Sein Lehrer Büttner stellte den Knaben die Aufgabe, die Zahlen 1 bis 60 zu summieren. Jeder, der mit der Aufgabe fertig sei, sollte dann die Schiefertafel auf einen großen Tisch legen, und zwar eine über die andere, so daß der Lehrer sowohl Tempo als Richtigkeit der Lösung konstatieren konnte. Wenige Augenblicke nach Bekanntgabe des Problems springt der winzige Gauß auf, eilt zum Tisch und sagt im Braunschweiger Dialekt die in der Wissenschaftsgeschichte ewigen Worte „ligget se" („hier liegt sie"). Der Lehrer, der die Karbatsche in der Hand hält, sieht den blassen kleinen Kerl mitleidig an. Gut, wie er will. Die Karbatsche wird ihm solche Scherze für die Zukunft versalzen. Als nach geraumer Zeit alle Tafeln auf dem Tisch liegen, blickt der Lehrer eine nach der andern an und spendet Lob und Tadel. Fast hat er schon der ersten Tafel vergessen. Was ? Wie ? Dort steht ja nichts als 1830 auf der Tafel ? Wie hat er das gemacht, der Knirps ? Hat er gar zufällig das Ergebnis auswendig gewußt ? Gauß aber sagt schlicht, er habe in Gedanken die höchste unter die niederste Zahl geschrieben, die zweithöchste unter die zweitniederste und so weiter. Also

$$
\begin{array}{l}
1,\ \ 2,\ \ 3,\ \ 4,\ \ 5, \ldots, 30 \\
60, 59, 58, 57, 56, \ldots, 31 \\
\hline
61, 61, 61, 61, 61, \ldots, 61.
\end{array}
$$

Dann habe er stets je zwei addiert und die dreißig gleichen Resultate summiert, bzw. durch Multiplikation von 30×61 die Summe erhalten. Dreimal einundsechzig ist doch 183 mal zehn ist 1830. Ist das so schwer ? Büttner ließ die Karbatsche sinken und tat etwas, wofür ihm ein Denkmal gebührt. Er besorgte für Gauß ein Lehrbuch der Mathematik aus Hamburg und erklärte kurze Zeit nach dieser ersten Tat freimütig, Gauß könne von ihm nichts mehr lernen. So aber ging es weiter. Weder die technische Hochschule noch die Universität Göttingen konnten dem Riesengeist etwas bieten, der, gleich einem Galois, schon mit 15 Jahren Newton, Euler und

304

Lagrange studierte. Noch nicht ganz 19 Jahre alt, entdeckte er die Kreisteilungsgleichungen, auf die wir zurückkommen werden, und empfand über diese Entdeckung, wie er später sagte, eine „mäßige Freude". In dieser sonderbar melancholischen Freude schenkte er seinem besten Freund Wolfgang Bolyai die historische Schiefertafel, auf der seine Karriere als Mathematiker begonnen hatte. Sofort aber strebte er weiter. In seiner Studentenzeit verfaßte er bereits eines der grandiosesten Werke der Mathematikgeschichte, die „Disquisitiones arithmeticae", die 1801 erschienen und den greisen Lagrange zum Ausruf nötigten, Gauß habe sich damit sogleich in den Rang der ersten Mathematiker erhoben. Mit 23 Jahren wurde Gauß bereits Mitglied der Petersburger Akademie und mit 25 Jahren setzte er die ganze Welt in Erstaunen. Der kleine Planet „Ceres" war nämlich kurz nach seiner Entdeckung dem Gesichtskreis der Astronomen wieder entschwunden und man wußte kein Mittel, ihn wiederzufinden. Da setzte sich der junge Mathematikerfürst zum Schreibtisch, rechnete einige Blätter voll und erklärte, er habe die Bahn der „Ceres" festgestellt. Dort und dort müsse sich das Sternchen eben herumtreiben. Man suchte und fand sofort. Gauß aber war zum Weltwunder geworden, um den die Staaten zu buhlen begannen. Um ihn in der Heimat festzuhalten, ernannte man ihn zum Leiter der noch nicht erbauten Sternwarte in Göttingen, an der er dann bis an sein Lebensende im Jahre 1855 wirkte.

So weit eine kurze Skizze seines Lebenslaufes. Strukturell verbanden sich im Geist Gaußens, etwa wie bei Archimedes, drei Eigenschaften, die zugleich seine Einzigartigkeit ausmachen. Er blickte auf die Mathematik herab wie auf eine Landkarte, die man bloß zu entziffern brauchte, um die entferntesten Gegenden miteinander zu verbinden. Er wußte aber als durch und durch prometheischer Geist auch, daß Mathematik nicht Selbstzweck sei. Er wollte das Schwert nicht nur schmieden, sondern wollte wie Siegfried mit diesem

Nothung sich durch Erde und Himmel durchschlagen. Dadurch aber wurde er ein Bahnbrecher der angewandten Mathematik, speziell der Geodäsie, Physik und der Astronomie. Drittens, und das erinnert ebenfalls an Archimedes, brauchte er keine fremde Hilfe, um die verwickeltsten und mühsamsten Dinge zu berechnen. Er rechnete mit gewöhnlichen Zahlen ebenso bienenfleißig wie mit Integralen, komplexen Variablen und gekrümmten Räumen. Oder mit Wahrscheinlichkeitskurven und Kongruenzen. Und er maß ein Riesendreieck Brocken—Hohenhagen—Inselsberg, um, wieder mittels der Fehlertheorie, herauszubringen, ob der Raum, in dem wir leben, ein ebener oder gekrümmter Raum sei. Und das Rätselhafteste: Er behielt gerade, wie wir schon bei der Besprechung Niels Henrik Abels gesehen haben, die allerwichtigsten Entdeckungen bis an sein Lebensende bei sich und sah, im wohltätigen Gegensatz zu einem Newton, seelenruhig zu, wie andere seine Entdeckungen neu entdeckten und publizierten. Ja, er lobte sie dafür noch in überschwenglichen Worten. Als man ihn aber fragte, warum er etwa die nichteuklidische Geometrie, die er vollständig besaß, nicht bekanntgemacht habe, meinte er, er habe das „Geschrei der Böotier" gefürchtet. Obwohl Gauß diese Worte gesagt hat, wagen wir, an ihrer objektiven Richtigkeit zu zweifeln. Ein Gauß, vor dem fast sechzig Jahre seines Lebens alle maßgebenden Kritiker ehrfürchtig und bewundernd, neidlos und um Gunst werbend, gleichsam kniend im Staube lagen, hatte kein Böotiergeschrei, also keinen Pöbelaufstand der Banausen zu fürchten. Viel eher fürchtete er die „Mütter", fürchtete, durch Preisgabe eines Geheimnisses letzter Urtiefen, in dessen Besitz er durch Zufall gelangt war, die Harmonie der Sphären zu erschüttern oder Kräfte in Bewegung zu setzen, die das Maß des durch Menschen zu Bändigenden überstiegen. Wir halten das „Rätsel Gauß" für ein hohepriesterliches Geschehen, für Gottesfurcht und Moralität in des Wortes schönster Bedeutung, für tiefinnerstes Deutschtum, dem

die große Sache der Welt über allen persönlichen Motiven
steht. Schrullig war Gauß in keiner Art. Er war bloß
dämonisch durch und durch und war so wissend, daß er
nicht Dinge in Bewegung setzen wollte, für die die Zeit
vielleicht noch nicht reif war. Fanden andere seine
Geheimnisse aus eigenem, dann war dies für ihn der
Beweis, daß die Zeit doch schon reif war. Und da wieder
nur er wußte, wie unsäglich schwer diese Erkenntnisse zu
erringen waren, schreibt er an Wolfgang Bolyai, als
dessen Sohn Johann Bolyai die nichteuklidische Geometrie entdeckt hat und die äußere Priorität dieser Entdeckung gewinnt: „Ich halte diesen jungen Geometer
von Bolyai für ein Genie erster Größe." Wir aber fügen
hinzu, daß wir Gauß aus überströmendem Herzen und
mit tiefster Ehrfurcht für einen Charakter erster Größe
halten, was vielleicht noch mehr ist als höchste Genialität.
Es ist uns leider im Rahmen einer Epochengeschichte
versagt, die Gesamterscheinung dieses Mannes zu würdigen. Doch dürfen wir uns dabei damit trösten, daß
Gauß, rein wissenschaftlich, mitten unter uns lebt und
auch auf mehr als eine Art jedem zugänglich ist, der
ernster in die Mathematik eindringt. Wir werden uns
also darauf beschränken, einige seiner allerobersten
Entdeckungen anzudeuten und in unserer schon oft
geübten Art auf unser Niveau herunterzutransformieren,
wobei wir versuchen werden, an Dinge anzuknüpfen, die
uns schon bekannt sind. Zuerst wollen wir die früheste
epochale Entdeckung Gaußens, die die sogenannten
Kreisteilungsgleichungen betrifft, unter die Lupe nehmen.
Daß Gauß einer der größten Zahlentheoretiker war, sei
hierbei vorausgeschickt. Ebensolche Gegenstände behandelten ja die berühmten „Disquisitiones arithmeticae" vom Jahre 1801, die man, frei übersetzt, als
eine „Untersuchung über das Reich der Zahlen" bezeichnen könnte. Es war nun, ohne daß Gauß darum wußte,
dem norwegischen Feldmesser Wessel gelungen, im
Jahre 1798 zum erstenmal die imaginären Zahlen analytisch darzustellen, die man bisher, wie wir schon wissen,

als „unmöglich" oder höchstens als Einbildungsprodukte bildlosester Art angesehen hatte. Wessel sei genannt, weil er nicht um den Ruhm kommen soll, eine Genietat vollbracht zu haben. Als Epoche aber wirkte bloß die fast gleichzeitige identische Entdeckung Gaußens. Wir, die wir heute ja gewohnt sind, in jedem Mittelschullehrbuch oder im Konversationslexikon kurz und bündig über diese Abbildung imaginärer und komplexer Zahlen Aufschluß zu erhalten, können uns nicht mehr in die Lage zurückversetzen, der sich der junge Gauß gegenübersah. Man war noch das ganze achtzehnte Jahrhundert hindurch äußerst mißtrauisch gegen die imaginären Zahlen gewesen, da selbst die großen Mathematiker im Rechnen mit Imaginärzahlen unablässig die schwersten Fehler begingen, so daß es schließlich keiner mehr wagen wollte, für das mathematische Geisterreich seinen im mathematischen Diesseits festbegründeten Ruf aufs Spiel zu setzen. Gut, man hatte allerlei Rätselhaftes gefunden. So etwa hatte De Moivre im Jahre 1738 bereits ausgesprochen, daß die n-te Potenz der komplexen Zahl $(\cos \alpha + i \sin \alpha)^n$ gleich sei $\cos n\alpha + i \sin n\alpha$. Euler wieder wußte um die Beziehung $i^i = e^{\frac{\pi}{2}}$, und schließlich fanden Bernoulli und D'Alembert, daß durch beliebige algebraische Behandlung komplexer Zahlen stets wieder eine komplexe Zahl gewonnen werden müsse, wofür, nebenbei erwähnt, die Formel De Moivres ein sehr allgemeines Beispiel war.

Gleichwohl aber blieb das Reich der imaginären und komplexen Zahlen ein höchst unheimliches Geisterreich, dessen Gesetze dem allzu kühnen Eindringling ungreifbar und unkontrollierbar in den Händen zerrannen, als ob er nach Schleiern von Gespenstern hätte langen und sie festhalten wollen. Nun konnte man aber in einem bestimmten Gebiet der Mathematik dem „Geisterreich" nicht ausweichen. Nämlich in der Lehre von den Gleichungen. Wenn der „Fundamentalsatz der Algebra" (Gleichung n-ten Grades hat stets n Lösungen) gelten

sollte, dann kam man um komplexe Lösungen nicht
herum. Auch natürlich nicht bei einer Gleichung vom
Typus $x^n = 1$ oder, was dasselbe ist, $x^n - 1 = 0$. Bei
dieser Gleichung sind höchstens zwei Lösungen reell,
nämlich $+ 1$ und $- 1$ bei geradem n, während alle
anderen Lösungen zwangsläufig komplex sein müssen.
Nun war es aber, wie wir schon mitteilten, Gauß gelungen,

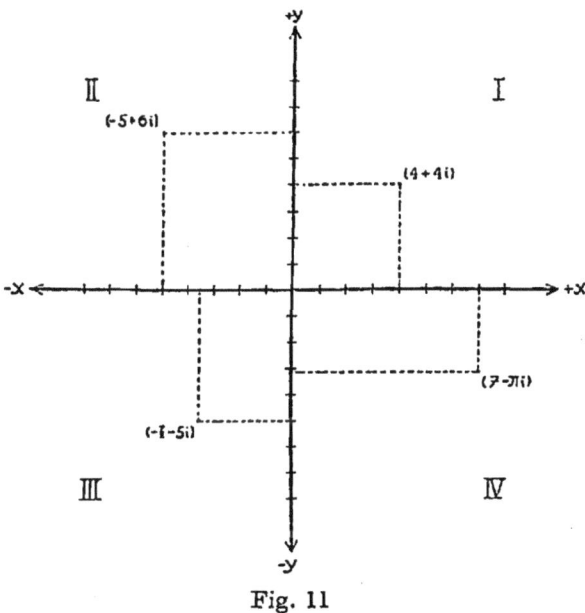

Fig. 11

in genialer Art eine geometrisch-analytische Darstellung
der komplexen Zahlen zu finden, die nicht mehr auf
Zahlenlinien, sondern in einer Zahlenebene liegen. In
unserer Figur sehen wir diese „komplexe Zahlenebene"
vor uns, deren Ausdeutung und Entstehungsart in unserem Buche „Vom Einmaleins zum Integral" nach-
gelesen werden kann. Tragen wir nun alle Lösungen der
Gleichung $x^n - 1 = 0$ auf diese Zahlenebene ein, dann
lassen sich die Punkte, die diesen Zahlen entsprechen,

durch Gerade verbinden, die zusammen ein regelmäßiges
n-Eck bilden. Welch magisches Wunder mit dieser Entdeckung erschlossen war, ist kaum zu schildern. Man
mache sich den Tatbestand klar: Eine Gruppe von
reellen und komplexen Zahlen, die zusammen alle Lösungen der Gleichung $x^n - 1 = 0$ bilden, ergibt in
einer zweidimensionalen analytisch-geometrischen Darstellung ein reguläres Polygon und teilt damit den diesem
Vieleck umschriebenen Kreis in n Teile, bzw. n gleiche
Zentriwinkel. Arithmetik, Algebra, analytische Geometrie, Trigonometrie und Funktionenlehre verschwistern
sich in diesem Gebiet mit der elementaren Geometrie
und erhellen zudem noch das Gebiet der Konstruktion.
Denn jetzt kann man untersuchen und voraussagen,
wann ein regelmäßiges n-Eck mit Zirkel und Lineal
konstruierbar sei. Zu allgemeinster Verblüffung selbst
der größten Zeitgenossen bewies Gauß, daß das reguläre
17-Eck mit Zirkel und Lineal konstruierbar sei. Denn die
Gleichung $x^n - 1 = 0$ ist dann auf Quadratwurzeln
rückführbar[1]), wenn n eine Primzahl und von der Form
$2^k + 1$ ist, wobei k selbst von der Form 2^s sein muß. Unter
Berücksichtigung dieser Bedingung kommt man für
$s = 0$ auf $n = 3$, für $s = 1$ auf $n = 5$ und für $s = 2$ auf
$n = 17$ usw. wobei sich allerdings für n in weiterer Folge
nicht stets Primzahlen ergeben müssen.

Schon mit dieser Tat hatte sich der neunzehnjährige Gauß
als „Meister der drei großen A" erwiesen, wie man ihn später
nannte: der Arithmetik, der Algebra und der Analysis.

Wir wollen aber wieder nur andeuten, wenn wir erklären, daß er einen ganz neuen Operationstypus algorithmischer Art den Gleichungen an die Seite stellte,
den man $a \equiv b \pmod{n}$ schreibt und „a kongruent b,
modulo (oder nach dem Modul) n" spricht. Im tiefsten
Wesen liegt dieser „Kongruenz" ein Gruppengedanke
zugrunde, da sich eine Zahl durch eine derartige Operation
nicht als gleich mit einer anderen, sondern bloß als

---

[1]) Was ja bekanntlich die Bedingung für eine Konstruktion mit Zirkel und Lineal ist.

„strukturparallel" herausstellen soll, wenn dieser Ausdruck erlaubt ist. So wäre etwa 19 kongruent mit 40 nach dem Modul 7 oder $19 \equiv 40 \pmod 7$, weil beide Zahlen, durch 7 dividiert, den Rest 5 ergeben, sich also in bezug auf den gemeinsamen Modul 7 gleichartig verhalten.

Im Zusammenhang mit dieser Kongruenz wollen wir als einfaches Beispiel einer zahlentheoretischen Untersuchung die sogenannte Neunerprobe analysieren, die man schon im alten Griechenland und Indien kannte und die gleichwohl alle Mathematiker stets höchst geheimnisvoll anmutete. Wir stellen fest, daß es ebenso eine Elferprobe gibt, wenn man im Zehnersystem bleibt. In einem nichtdekadischen Ziffernsystem mit der Basis g gibt es demgemäß eine $(g-1)$er- und eine $(g+1)$er-Probe.

Wir hätten also irgendeine Zahl $z = a_m 10^m + \ldots + a_0 10^0$, die man umformen kann in

$$\underbrace{a_m 10^m + \ldots + a_1 10^1 - a_m - a_{m-1} - \ldots - a_1 +}_{\text{Rest}}$$

$$\overbrace{+\, a_m + a_{m-1} + \ldots + a_0}$$

Nun ist der durch die Eckklammer unterstrichene Ausdruck weiters gleich $a_m (10^m - 1) + a_{m-1} (10^{m-1} - 1) + \ldots + a_1 (10^1 - 1)$ und $(10^{m-\mu} - 1) = (10^1 - 1) \cdot (10^{m-\mu-1} + \ldots + 10^0)$, wobei das μ die natürlichen Zahlen von $0, 1, 2, \ldots$ bis $(m-1)$ durchläuft. Aus obigen Beziehungen ergibt sich, daß $a_m (10^m - 1) + \ldots + a_1 (10^1 - 1)$, also der Wert des geklammert unterstrichenen Teils der beliebigen Zahl z, ein Vielfaches von $(10^1 - 1)$, also von 9 sein muß. $a_m + a_{m-1} + \ldots + a_0$ ist dann der bei der Division durch 9 verbleibende Rest. Dieses $a_m + \ldots + a_0$ ist aber nichts anderes als die Ziffernsumme der Zahl z, da ja die a_μ nichts anderes sind als die Koeffizienten der Zehnerpotenzen, also eben die Ziffern, aus denen sich die Zahl z zusammensetzt. Wir nennen diese Ziffernsumme jetzt $S(z)$ und schreiben entweder $a_m + \ldots + a_0 = S(z)$ oder mit Gauß $z \equiv S(z) \bmod 9$, weil ja sowohl die ganze Zahl z als deren Ziffernsumme, durch $(10^1 - 1) = 9$ dividiert, denselben „Neuner-rest" $(a_m + \ldots + a_0)$ ergeben müssen. Es gilt nämlich auch als Gewinnung eines „Restes", wenn wir sagen: „$8 : 9 = 0$, bleibt als Rest 8." Aus all dem ergibt sich, daß $z \equiv S(z) \bmod (g-1)$, wenn g die Grundzahl ist. Wir hätten nämlich, ohne daß sich etwas geändert hätte, unsere Ableitung mit Potenzen von g statt von 10, also unabhängig von einer konkreten Größe der Grund-zahl des Systems, durchführen können.

Da nun weiters die Ziffernsumme einer Ziffernsumme wieder der ursprünglichen Ziffernsumme kongruent ist, so ist sie nach dem Prinzip der Transitivität auch der ur-sprünglichen Zahl kongruent. Aus dieser Transitivität der Kongruenz ergibt sich folgendes Schema der Neunerprobe:

Addition: }
Subtraktion: } $a \pm b = c$.

$$S(a) \equiv a$$
$$S(b) \equiv b$$
$$S(a) \pm S(b) \equiv [a \pm b = c] \equiv S(c).$$

Multiplikation: $a \cdot b = c$.

$$S(a) \equiv a$$
$$S(b) \equiv b$$
$$S(a) \cdot S(b) \equiv [a \cdot b = c] \equiv S(c).$$

Division: $a = b \cdot q + r$.

$$q = \frac{a-r}{b} \quad (r = \text{Rest}).$$

$$S(a) \equiv a$$
$$S(b) \equiv b$$
$$S(q) \equiv q$$
$$S(r) \equiv r$$

$$S(q) - S(r) = a - r; \quad a - r = b \cdot q;$$
$$S(a) - S(r) \equiv S(b) \, S(q); \quad S(a) \equiv S(b) \, S(q) + S(r)^1)$$

$^1)$ Bei jeder „Kongruenz" ist „mod $(g-1)$" hinzuzuden-ken. Oder mod 9, wenn man speziell die Neunerprobe im Auge hat.

Zur Verdeutlichung geben wir für alle Spezies konkrete Beispiele:

Addition: $a + b + c = d$ (SS bedeutet die Ziffernsumme der Ziffernsumme).

$$
\left.\begin{array}{llll}
a = 1638 & S\,(a) = 18 & SS\,(a) = & 9 \\
b = 1224 & S\,(b) = 9 & SS\,(b) = & 9 \\
c = 37 & S\,(c) = 10 & SS\,(c) = & 1
\end{array}\right\} 19;\ 19 \equiv 10\,(\mathrm{mod}\,9).
$$

$$
\overline{\begin{array}{llll}
d = 2899 & S\,(d) = 28 & SS\,(d) = 10
\end{array}}
$$

Multiplikation: $a \cdot b = c$.

$$
\left.\begin{array}{llll}
a = 1726 & S\,(a) = 16 & SS\,(a) = 7 \\
b = 321 & S\,(b) = 6 & SS\,(b) = 6
\end{array}\right\} 42;\ 42 \equiv 6\,(\mathrm{mod}\,9).
$$

$$
\overline{\begin{array}{llll}
c = 554.046 & S\,(c) = 24 & SS\,(c) = 6
\end{array}}
$$

Division: $a : b = q$ mit einem Rest r.
$$a = b \cdot q + r.$$

$$
\begin{array}{llll|l}
a = 4647 & S\,(a) = 21 & SS\,(a) = 3 & \ 3 \equiv \underbrace{8 \cdot 3 + 6}\,(\mathrm{mod}\,9). \\
b = 215 & S\,(b) = 8 & SS\,(b) = 8 & \\ \hline
q = 21 & S\,(q) = 3 & SS\,(q) = 3 & \qquad\ \ 30 \\
r = 132 & S\,(r) = 6 & SS\,(r) = 6 &
\end{array}
$$

Wir haben mit dem Beispiel der Neunerprobe versucht, einen Schimmer zahlentheoretischer Herrlichkeit zu zeigen. Und dürfen jetzt wagen, das berühmte „quadratische Reziprozitätsgesetz" Gaußens wenigstens anzudeuten, das einen der zahllosen Gipfelpunkte seiner Leistungen darstellt und ebenfalls in den „Disquisitiones arithmeticae" enthalten ist. Es betrifft die sogenannten „quadratischen Reste" und wurde von Gauß selbst wegen seiner ungeheuren Wichtigkeit für die gesamte Zahlentheorie als „Theorema aureum" und „Theorema fundamentale" bezeichnet. In der Schreibung Legendres lautet es $\left(\dfrac{q}{p}\right)\left(\dfrac{p}{q}\right) = (-1)^{\frac{p-1}{2} \cdot \frac{q-1}{2}}$, wobei $\left(\dfrac{q}{p}\right) = +1$ die Tatsache ausdrückt, daß q als Rest einer Quadratzahl nach dem Modul p auftreten kann. $\left(\dfrac{q}{p}\right) = -1$

dagegen bedeutet, daß q kein Rest modulo p eines Quadrates ist. Außerdem ist für die Geltung des „Reziprozitätsgesetzes" gefordert, daß p und q voneinander verschieden und ungerade Primzahlen sein müssen. Wir wollen dazu nur bemerken, daß mod 3 nur 1 als quadratischer Rest denkbar ist, mod 5 dagegen 1 und 4, mod 7 die Zahlen 1, 2, 4, nach dem Modul 11 die Zahlen 1, 3, 4, 5, 9, usw., da die quadratischen Reste gleichsam eine Periode bilden, in der, symmetrisch angeordnet, stets wieder dieselben Reste auftreten. Beginnt man mit 0^2, dann lautet diese Periode für den Modul 7 etwa: 0, 1, 4, 2, 2, 4, 1, 0 und für den Modul 11 etwa: 0, 1, 4, 9, 5, 3, 3, 5, 9, 4, 1, 0. Es hätte also 5^2 modulo 7 den quadratischen Rest 4, da 25, durch 7 dividiert, den Rest 4 ergibt. Und die Bedingung $c^2 \equiv q \pmod{p}$ ist dann erfüllt, wenn, wie schon erwähnt, $\left(\dfrac{q}{p}\right) = +1$. Wir wollen aber hierbei nicht länger verweilen und erwähnen nur, daß Gauß in einem zweiten Hauptwerk, der „Algebra", den schon besprochenen Fundamentalsatz der Algebra bewies. Und zwar führte Gauß diesen Beweis mehrere Male in ganz verschiedener Art. Eine weitere seiner Großtaten war die Aufstellung der hypergeometrischen Reihe, deren Bedeutung darin liegt, daß diese Reihe zahlreiche andere Reihen als Spezialfälle in sich enthält. Sie hat das Bildungsgesetz:

$$F\,(\alpha, \beta, \gamma;\, x) = 1 + \frac{\alpha \cdot \beta}{1 \cdot \gamma}\, x + \frac{\alpha\,(\alpha + 1)\,\beta\,(\beta + 1)}{1 \cdot 2 \cdot \gamma \cdot (\gamma + 1)}\, x^2 +$$

$$+ \frac{\alpha\,(\alpha + 1)\,(\alpha + 2)\,\beta\,(\beta + 1)\,(\beta + 2)}{1 \cdot 2 \cdot 3 \cdot \gamma \cdot (\gamma + \gamma)\,(1 + 2)}\, x^3 + \cdots,$$

würde also in einem konkreten Fall für $\alpha = 2$, $\beta = 5$ und $\gamma = 3$ lauten:

$$F\,(2, 5, 3;\, x) = 1 + \frac{10}{3}\, x + \frac{15}{2}\, x^2 + 14\, x^3 \cdots$$

Aber auch hier dürfen wir nicht verweilen. Denn wir wissen, daß wir das Andenken Gaußens nur heben können, wenn wir uns dem Gebiete zuwenden, das er selbst bis ans Lebensende unveröffentlicht ließ. Und wissen, daß sich kaum mehr ein „Böotier" finden wird, der schreit, weil man von nichteuklidischen Geometrien spricht. Allerdings gibt es heute eine andere Sorte von Böotiern. Das sind nämlich die historisch und mathematisch Halbgebildeten, die glauben, die neueste Physik habe all diese Dinge erfunden, begonnen von der schon Newton sattsam geläufigen Relativität der Bewegung bis zu den Imaginärzahlen, den gekrümmten Räumen und den mehrdimensionalen Geometrien, bei denen die Anzahl der Dimension $d > 3$. Damit soll der neuen Physik, die, das ganze neunzehnte Jahrhundert hindurch, die Mathematik gleichsam vorwärtspeitschte, um so weniger nahegetreten sein, als Gauß selbst oder Hamilton oder andere bahnbrechende Mathematiker ja selbst ungeheure Verdienste um die theoretische Physik haben oder selbst Physiker waren. Es ist gleichwohl ganz unzulässig, ohne genaueste Nachprüfung, meistens direkt im Widerspruch zu den eigenen Quellenangaben dieser neuesten Physiker, die Entdeckungsgeschichte in derart krasser Form zu vernebeln. Aber die großen Physiker sind für das Volk der Böotier neuerer Prägung nun einmal gleichsam die Schwergewichtsweltmeister der Wirklichkeit, und es mag besser sein, daß die Wahrheit irgendwie zur Diskussion gestellt, als daß sie überhaupt übersehen wird.

Daß Euklid dem Parallelenpostulat eine komplizierte Fassung gab, die wesentlich von der Formulierung der anderen Axiome abweicht, haben wir bereits erwähnt. Dem wachen mathematischen Sinn der alten Hellenen mußte diese Ungleichmäßigkeit irgendwie auffallen. Und sie ist tatsächlich mehr als einem einzigen Mathematiker der Antike aufgefallen. Wozu noch all die Verwirrung kam, die die Entdeckung der Asymptoten in das Problem trug, was wir auch bereits angedeutet haben. So setzten schon frühzeitig die Bemühungen der Forscher ein, in diese unklare Lage Ordnung zu bringen, und zwar zielten die Bemühungen nach zwei Richtungen. Man wollte einerseits das Parallelenpostulat auf eine vereinfachte Form bringen, um es den übrigen Grundsätzen anzugleichen; anderseits versuchte man, es zu beweisen, was nichts anderes heißt, als daß man es seines axiomatischen oder postulatorischen Charakters entkleiden wollte. Dazu noch eine kurze terminologische Klarstellung. Bei Euklid findet sich eine Trennung der Grundsätze, die geometrische Gebilde betreffen (Postulate), von den Aussagen über reine Größenbeziehungen (Axiome). Da, vom modernen Standpunkt aus gesehen, diese Unterscheidung keine Bedeutung hat, sondern für uns ein Axiom stets eine Behauptung oder Festsetzung ist, deren weiterer Beweis sich erübrigt, weil eben diese Grundsätze selbst die letzten Beweisinstanzen sind, werden wir von nun an sowohl die Postulate als die Axiome im engeren Sinn als Axiome schlechtweg bezeichnen; daher auch ruhig vom Parallelenaxiom sprechen. Also noch einmal: Man wollte das Parallelenaxiom etwa in der Art des Proklos (410 bis 485 n. Chr. Geb.) vereinfachen, der es folgendermaßen formulierte: „Wenn a eine Parallele zu g durch den Punkt P ist, so gibt es keine zweite von a verschiedene Parallele zu g durch diesen Punkt P." Oder man wollte es auf die übrigen Axiome zurückführen und es dadurch gleichsam zum abgeleiteten Lehrsatz degradieren. Dabei aber stellte es sich regelmäßig und mit unfehlbarer Sicherheit heraus, daß ein solcher „Beweis" des Parallelenaxioms durch irgendeine Hintertür ein neues Axiom einschmuggelte, das über die anderen Axiome Euklids hinausging und sich schließlich als „äquivalent" mit dem Parallelenaxiom entpuppte. So haben die Geometer M. Pasch und Baldus am Ende des neunzehnten bzw. am Beginn des zwanzigsten Jahrhunderts gezeigt, daß man das Parallelenaxiom durch andere Grundsätze ersetzen kann, deren jeder geeignet ist, im Zusammenhalt mit den übrigen Axiomen Euklids eine Beweisgrundlage für das Parallelenaxiom zu liefern, das dann tatsächlich zu einem abgeleiteten Lehrsatz wird. Solche neue Ersatzaxiome sind etwa: „Die Winkelsumme im Dreieck beträgt stets

316

zwei Rechte", „Es gibt zwei ähnliche, nicht kongruente Dreiecke", „Die auf derselben Seite einer Geraden von dieser gleich weit entfernten Punkte liegen selbst auf einer Geraden" usw.

Wie wenig man sich aber trotzdem über alle diese Dinge im klaren war und welche Verwirrung herrschte, mag man daraus entnehmen, daß bis gegen Ende des neunzehnten Jahrhunderts in manchen Lehrbüchern der Geometrie ein „Beweis" des Parallelenaxioms enthalten war, den der Verfasser selbst in seiner Kindheit vor Augen gehabt hat. Natürlich hat sich auch dieser „Beweis" im Lichte der neuen Forschung als mit logischen Mängeln und versteckten Voraussetzungen behaftet herausgestellt und ist daher inzwischen überall ausgemerzt worden.

Wir wollen nur im Vorbeigehen erwähnen, daß sich griechische, arabische, italienische, deutsche, englische, französische und ungarische Gelehrte mit dem Parallelenaxiom beschäftigten, daß es mehr als 250 ernst zu nehmende Schriften gibt, die sich damit befassen und die uns bekannt sind, und daß man sich schließlich auf einen resignierten Standpunkt zurückzog und einige Warnungstafeln vor diesen Versuchen aufstellte. Es ist nämlich buchstäblich mehr als einmal vorgekommen, daß hochbegabte Mathematiker den Scharfsinn und die Arbeitskraft eines langen Lebens ans Rätsel der Parallelen vergeudeten und dieses vergeudete Leben schließlich in tiefster Verzweiflung beschlossen. Solch ein Schicksal widerfuhr etwa Gaußens Freund Wolfgang von Bolyai, den noch die weitere Tragik umhüllte, daß sein eigener Sohn Johann von Bolyai als einer der ersten das Rätsel löste, ohne daß es der Vater begriff oder anerkannte.

Nun sind wir aber verpflichtet, zur Chronologie zurückzukehren. Wir haben zu berichten, daß der geniale Jesuitenpater Gerolamo Saccheri, Professor der Grammatik, Philosophie, polemischen Theologie, Arithmetik, Algebra, Geometrie usw., der zuletzt an der Hochschule von Pavia wirkte, eine Schrift verfaßte, in der er, grob gesprochen, die Unrichtigkeit des Parallelenpostulates hypothetisch annahm und diese Annahme ad absurdum zu führen versuchte. Dieser apogogische Beweis glückte ihm verhältnismäßig leicht bei der „Hypothese des stumpfen Winkels". Bei der „Hypothese des spitzen Winkels" ließ Saccheri sich dagegen von Scheinbeweisen täuschen und schloß dann irrtümlicherweise, er habe Euklid von jedem Makel gereinigt. Die Schrift heißt in diesem Sinne auch „Euclides ab omni naevo vindicatus". Wir wollen hierzu nur noch nachtragen, was man unter den oberwähnten Hypothesen versteht. Betrachtet man nämlich ein Viereck, bei dem auf der Basis AB die beiden angenommenermaßen gleichlangen Seiten AD und BC senkrecht stehen, so daß also die Basiswinkel α und β kongruent und rechte Winkel sind, dann läßt sich, unabhängig vom Parallelenaxiom, bloß beweisen, daß die beiden verbleibenden Winkel γ und δ einander gleich sind. Daß sie rechte Winkel sind, ist ohne das Parallelenaxiom unbeweisbar.

Nun ruhte seit Saccheri unser Problem nicht mehr, sondern die Entwicklung vollzog sich in dramatischer Steigerung. J. H. Lambert (1728—1777), der beide Hypothesen untersuchte, drang ziemlich weit vor, zog das sphärische Dreieck (Winkelsumme größer als 180⁰) in den Kreis der Betrachtung, wobei er sich der Äquivalenz von Dreieckswinkelsumme und Parallelenpostulat bewußt war. Er sprach sogar schon von der „imaginären Kugel". Und G. S. Klügel (1739—1812) sowie der große Geometriker Legendre (1752—1833) stießen gleichfalls auf das Problem, wobei sie es allerdings bei Zweifeln an der Denknotwendigkeit (Apriorität) des Parallelenpostulats bewenden ließen. Oder gar die Falschheit der „Hypothesen" durch Scheinbeweise zu erhärten suchten. Die große Revolution der Geometrie beginnt so eigentlich erst mit Gauß, der sich schon 1799 mit dem Parallelenpostulat beschäftigte, wie aus seinem Brief an Wolfgang von Bolyai hervorgeht. W. Bolyai selbst beschäftigte sich ein Leben lang mit diesem Gegenstand, um schließlich die Nichtigkeit seiner Bemühung einzusehen, Euklid voll zu rechtfertigen. Und nun begann eine der merkwürdigsten Entdeckungs-Gleichzeitigkeiten der Wissenschaftsgeschichte, die wir, um nicht zu verwirren, schematisch darstellen müssen:

a) Gauß selbst war, wie erwähnt, dem Geheimnis bald auf der Spur. Er entwickelte selbständig eine widerspruchsfreie Geometrie, bei der das Parallelenpostulat nicht galt und die Winkelsumme im Dreieck kleiner war als 180⁰.

b) Zur grundsätzlich selben Geometrie gelangte der Jurist Schweikart, der seine Gedanken an Gauß weitergab und von diesem Lob erntete.

c) Der Neffe Schweikarts, Taurinus, veröffentlichte als erster im Jahre 1825 Erörterungen über unseren Gegenstand, wobei er sowohl die Hypothese des spitzen als des stumpfen Winkels prüfte und auch von der imaginären Kugel sprach. Er verfiel allerdings wieder in den Fehler Saccheris und behauptete schließlich die Alleingültigkeit des Parallelenpostulats im Sinne Euklids.

d) Erst der Sohn W. Bolyais, der ungarische Genieoffizier Johann Bolyai, baute 1823 eine mit der Gaußschen identische „nichteuklidische" Geometrie (nach der Hypothese des spitzen Winkels) aus und veröffentlichte sie im Jahre 1832.

e) Ebenfalls unabhängig von allen andern[1]) gelangte der Russe I. N. Lobatschefskij (1793—1856) im Jahre 1826 zur nämlichen nichteuklidischen Geometrie und legte seine Entdeckung der Universität Kasan vor („Kasaner Abhandlung"). Die Veröffentlichung erfolgte 1829—1840. Lobatschefskij stellte seine Geometrie ausdrücklich als gleichberechtigt neben die euklidische.

f) In aller Allgemeinheit bereitete der geniale Bernhard Riemann, ein Schüler von Gauß und später Professor in Göttingen, im Jahre 1854 den endgültigen Sieg der

---

[1]) Wenn man davon absieht, daß ein Schüler Gaußens Kollege des Russen an der Universität war, der ihm vielleicht von der Beschäftigung Gaußens mit dem Parallelenproblem sprach,

Revolution vor. Seine Habilitationsschrift „Über die Hypothesen, welche der Geometrie zugrunde liegen", die Gauß noch anhörte, kennt bereits alle drei Geometrien mit $\Sigma = 2R$, $\Sigma > 2R$ und $\Sigma < 2R$, wobei Σ die Winkelsumme des Dreiecks bedeutet.

g) Den vollen Sieg erfochten dann Beltrami und F. Klein zwischen 1868 und 1871, die beide die Reellpunktigkeit auch der negativ konstant gekrümmten Fläche, also der angeblichen „imaginären Kugel", nachwiesen und darüber hinaus das geometrische Weltbild ebenso vereinfachten wie erweiterten. ˜

Es kann nun durchaus nicht unsre Aufgabe sein, dieser sonderbaren Entdeckung in ihren Einzelheiten nachzuspüren. Wir haben uns eher mit ihren erkenntniskritischen Folgen zu befassen und verweisen für Einzelheiten u. a. auf die Darstellung in unsrer Geometrie für Jedermann „Vom Punkt zur vierten Dimension".

Hier fragen wir bloß, was dadurch geschehen war, daß man einsehen lernte, das Problem der Parallelen sei deshalb undurchdringlich, weil es in der bisherigen Art gar nicht gestellt werden durfte. Es sind, so wußte man plötzlich, Geometrien denkbar und in gewissem Sinne realisierbar, in denen es zu einer Geraden durch einen Punkt überhaupt keine oder zwei Parallele gab. Wobei allerdings der Begriff der „Geraden" im archimedischen Sinne genommen und all das als „Gerade" bezeichnet wird, was sich auf der gegebenen Fläche als „kürzeste Verbindung zwischen zwei Punkten" herausstellt. Ist daher ein „gekrümmter Raum", etwa der gekrümmte R_2 der Kugeloberfläche, im ebenen oder nicht gekrümmten euklidischen R_3 „eingebettet", dann ist, von diesem Standpunkt aus, die „Gerade" des nichteuklidischen Raumes „gekrümmt". Aber nur von diesem außernichteuklidischen Standpunkt aus. Schon der Kapitän weiter Fahrt, der, von Plymouth aus, New York anzusteuern hat, fährt nur dann auf „geradem Wege" dorthin, wenn er auf einem Kugelgrößtkreis navigiert, also eine nichteuklidische g-Linie, wie Mohrmann die allgemeinste Gerade nennt, als Kurs benutzt. Wir geben zu, daß dieses Jonglieren mit scheinbaren Kontradiktionen die nichteuklidischen Geometrien für den sogenannten „gesunden Menschenverstand" schwer verdächtig macht. Was aber, so lautet die Gegenfrage, hat dieser Verstand, wenn er nur gesund sein will, als Richtschnur? Wohl die Gesetze der Logik. Wenn wir also, seit Archimedes, als „Gerade" die kürzeste Verbindung zweier Punkte definieren, wobei wir diese Verbindung nicht unbedingt in einem euklidischen R_2, also in einer Ebene verlangen (deren Ebenenqualität, nebenbei bemerkt, auch erst wieder festgelegt werden müßte), dann bleibt uns nichts übrig, als jenes Gebilde als „Gerade" zu akzeptieren, das dieser Definition genügt. Wen das Wort „Gerade" stört, der kann ruhig „g-Linie" oder „geodätische Linie" oder „Kürzest-Verbindung" oder irgendwie sagen. Das Wesen der Sache liegt nicht in dieser scheinbaren Ungereimtheit, sondern in einer weit auffallenderen Symmetrie. Es stellt sich nämlich heraus, daß alle Axiome Euklids, vom Parallelenaxiom abgesehen, auch in den nichteuklidischen Geometrien widerspruchsfrei gelten und daß etwa Konstruktionen, die das Parallelenaxiom nicht voraussetzen, in jeder beliebigen Geometrie durchgeführt werden können. Daher hat man auch mehr als einmal in den letzten Jahren von „absoluter Geometrie" gesprochen, wenn man den Inbegriff aller geometrischen Axiome und Sätze zusammenfassen wollte, die invariant zu allen Geometrien, also gleichsam unempfindlich gegen den Strukturtypus der betreffenden Geometrie sind.

Nun sind wir im Verlaufe unsrer mathematischen Zeit-Raum-Fahrt sicherlich schon gegen Verallgemeinerungen und Antinomien aller Art ziemlich abgestumpft. Im Zusammenhang mit dem Nichteuklidischen aber werden erfahrungsgemäß auch sonst geduldige Antinomieverzeiher ungeduldig und böse. Denn hier kommt etwas in die Betrachtung hinein, was nicht bloß dem „common sense" im Sinne des Verstandes, sondern auch im Sinne der Anschauung widerspricht. Unsre Geometrie, so glaubte man bis zu Kant und glaubt es in mathematisch nicht genügend orientierten Philosophenkreisen noch heute, ist a priori an den dreidimensionalen euklidischen, ebenen Raum gebunden, ist sonach naturgegeben, und eine andere „Wirklichkeit" ist der Traum von Phantasten, Spintisierern oder bestenfalls die rein rationalistische Konstruktion von Pan-Logikern, die sich durch ihre Begriffsakrobatik im Kreise drehen; und dazu gleichsam vom Bekannten ins ewig Unbekannte hinaus extrapolieren, in dem Gesetze der Anschauung gelten können, die so anders geartet sind als unsre Formen der Anschauung, daß damit allein schon der Versuch des Überschreitens unsrer gegebenen Möglichkeiten zur leeren metaphysischen Spielerei werde.

Auf derartige Einwände wurden die verschiedensten Antworten gegeben, insbesondere im Zusammenhang mit der neuesten Physik. Einige, wie etwa Georg Simmel, erklären, daß die Apriorität im Sinne Kants durch die Erweiterung der Geometrie überhaupt nicht berührt wird. Wir lassen ja die Apriorität der Axiomatik und Logik voll bestehen, im Gegenteil, wir beugen uns dieser „Notwendigkeit" und „Allgemeingültigkeit" dadurch, daß wir die verlorene Position des einseitig festgelegten Parallelenpostulats aufgeben und die Geometrie durch Verallgemeinerung von einer inneren Schwäche, wenn nicht gar von einem inneren Widerspruch befreien. Was die Erfahrungsseite anbelangt, können wir im R_2 sowohl die sphärische nichteuklidische Geometrie auf der Kugelfläche als auch die pseudosphärische auf der Pseudosphäre mit Zirkel und Lineal handhaben, als ob es sich um Schulwandtafeln ältester euklidischer Observanz handelte. Ob der R_3 als Erfahrungsraum euklidisch sein muß, um unser Leben und Erkennen zu ermöglichen, ist mehr als zweifelhaft. Wir halten ja die Erde heute auch nicht mehr für eine ebene Scheibe, obgleich wir im Alltagsleben so handeln, als ob sie eine solche wäre. Vielleicht ist unser Raumgefühl auch nur ein solches „Als ob".

Was, so fragen wir, würde sich für uns ändern, wenn sich durch verfeinerte Messung herausstellte, daß die Winkelsumme aller Dreiecke ein wenig kleiner oder größer als 180⁰ ist? Nichts würde sich ändern, antworten wir sofort. Denn in der Astronomie und theoretischen Physik arbeitet man ohnehin bereits mit nichteuklidischen Geometrien und im Alltagsleben würde die euklidische Geometrie wie bisher stets mit genügender Annäherung ihre Geltung behalten. Und wenn sie auch diese Geltung verlöre? Auch solche Umstürze des Denkens haben wir in der oder jener Form überlebt und wir wurden nicht krank, als wir erfuhren, daß die Quadratur des Kreises unausführbar ist. Um derartige Größenordnungen aber wie bei der Abweichung der Zahl π vom „wahren Wert" kann es sich bei der Auswirkung einer allfälligen Raumkrümmung für uns nicht einmal handeln, und die neue Physik nimmt dazu noch an, daß die genaue Geltung der euklidischen Geometrie für gewisse Gebiete überhaupt nicht fraglich ist.

Jedenfalls haben wir bisher keinen experimentellen Anlaß, in begrenzten Gebieten die euklidische Geometrie zu verlassen. Wir müssen aber gleichwohl stets darauf gefaßt sein, daß sich, auch rein real, die Notwendigkeit der Annahme einer Raumkrümmung aufdrängt. Dies ganz abgesehen davon, daß es auch noch andre Wege gibt, dem Dilemma zu entkommen. Es ist nämlich jederzeit möglich, gekrümmte Räume gedanklich in höher dimensionierte „euklidische" Räume „einzubetten" und die euklidische Geometrie projektiv anzuwenden. Aus solchen Gedankengängen heraus ergibt sich der „Verabredungs-" oder der konventionalistische Standpunkt, wie ihn in gewissem Sinn Henri Poincaré vertrat, der die anzuwendende Geometrie nicht nach ihrer „Wahrheit", sondern nach ihrer „Bequemlichkeit" auswählt. Damit ist die Frage nach der „Wahrheit" überhaupt ausgeschaltet. Allerdings scheint es uns, daß selbst Poincaré diesen Standpunkt nicht vollständig extrem vertritt, da ihn daran sein Intuitionismus hindert, der irgendwo der reinen „Richtigkeit", also der logischen Unanfechtbarkeit allein mißtraut.

Wir wollen an dieser Stelle vorläufig abbrechen. Und wollen bloß noch hinzufügen, daß auch das Kapitel der nichteuklidischen Geometrien unseres Erachtens nach noch lange nicht abgeschlossen ist, wenn es auch einen ungeheuren Schritt zur Eroberung des mathematischen Kosmos bedeutet. Wir dürften auch auf diesen Gebieten eher früher als später noch Überraschungen erleben. Denn einige revolutionäre Provinzen der Mathematik streben, in sich abgekämpft, nach einer höheren Synthese, die ihren heutigen Stand ebenso grundlegend verändern kann, wie sich der Sinn der Tangente durch den Unendlichkeitskalkül veränderte. Nur ein innerlicher „Alexandriner" kann wähnen, es sei bereits alles entdeckt. Aufrichtige Forscher zeigen uns in allen Regionen der mathematischen Landkarte die „weißen Flecken" des Unerforschtseins, und selbst wenn solche weiße Flecken nicht vorhanden wären, ist es sehr leicht möglich, daß auch innerhalb der bereits „pazifierten" Gebiete der Mathematik in abgelegenen Tälern Schätze liegen, die noch nicht gehoben sind.

Um keine unerfüllbaren Hoffnungen zu erwecken, erklären wir an dieser Stelle, daß wir damit durchaus nicht die konstruktive Winkeldreiteilung mit Zirkel und Lineal oder die Rationalität der Wurzel aus zwei meinen, die beide sich in keiner denkbaren neuen Mathematik enthüllen können, die die Voraussetzung jeder Logik nicht über Bord wirft.

Aber — und das wollen wir deutlich bekennen — wir sind als historisch Schauende um nichts in der Welt dazu zu bewegen, uns dem Eingeständnis anzuschließen, das man oft hört: dem Eingeständnis, die Mathematik sei mit „ihrem Latein" am Ende angelangt. Ob sie sich in einer Sackgasse befindet, ist ebenso schwer zu sehen wie das Gegenteil. Vielleicht sitzt, während wir diese Zeilen schreiben, irgendwo ein junger Galois oder Gauß am Schreibtisch und formt die vorläufig nur ihm selbst verständlichen Hieroglyphen eines neuen Kalküls, dem gegenüber alle bisher bekannten Gebiete neuerlich zu Spezialgebieten herabsinken. Oder aber wird eine weit umfassendere Wissenschaft — der Traum des Lullus, des Descartes, des Leibniz — die Mathematik in ihren Schoß aufzunehmen und ihr neuen Sinn geben. Nicht ohne daß vielleicht auch die Mathematik sich plötzlich als Überwissenschaft enthüllt und einige ihrer obersten Denkformen an eine solche „Universalmathematik" abgibt.

Der Zeichen sind viele. Die Taten werden folgen.

Sechzehntes Kapitel

BERNHARD RIEMANN

Mathematik als Geisterreich

Einer der ältesten und großartigsten Träume der Menschheit führt in ein Land, in dem all das in unvorstellbarer Vollkommenheit existiert, von dem wir auf Erden gleichsam nur Bruchstücke oder einen entfernten Abglanz wahrnehmen dürfen. Kein Geringerer als Platon hat diesem „Urmythos der Sehnsucht" in der Ideenlehre seinen erhabensten und tiefsten Ausdruck geschaffen. Wir haben diese Ideenlehre seinerzeit als einen Gipfelpunkt eleatischer Weisheit gekennzeichnet und angedeutet, daß in der Idee das Sein, das ewige Wesen verkörpert ist, dem irgendeine dem Werden unterworfene Wirklichkeit sich zwar in einer Stufenfolge nähern, es aber niemals erreichen kann. Aus diesem Gesichtswinkel gesehen, erhält die Ideenlehre wieder etwas Dynamisch-Prometheisches. Denn alle Sehnsucht, aller Erkenntnistrieb drängt zur Idee, ob er sie nun als verlorenes, einst besessenes Paradies oder als fernes, unerreichbares Ziel betrachtet.

Dem neunzehnten Jahrhundert war es nun vorbehalten, ein Reich zu erobern, das irgendwie an das Ideenreich Platons gemahnt, zum mindesten jener Vorstellung von der Unvollkommenheit des Diesseitigen und der Vollendung im Jenseits nahekommt. Wir haben dieses Geisterreich der Mathematik bereits angedeutet. Wir wollen aber jetzt über diese Andeutungen hinausgehen und sein Bild in einer gewissen Breite entrollen. Dabei wird es uns auch möglich sein, einige Blicke hinter die magischen Kulissen zu werfen, zwischen denen sich all das abspielt, was wir Mathematik nennen. Und wir wollen auf dieser unserer Fahrt ins Geisterreich vergessen, daß es möglich ist, ganz kühl, ganz logisch und ganz nüchtern all das zu betrachten, was uns auf unserer Forschungsfahrt als Wunder erscheinen muß. Um jedoch dieses Erlebnisses teilhaftig zu werden, müssen wir neuerlich ziemlich weit ausholen.

Über das Wesen und über die Macht des Algorithmus und der Notation, der Symbolik und des speziellen Kalküls brauchen wir nichts mehr zu sagen, da wir diese mathematischen Requisiten bei ihrem Werden durch die Jahrtausende verfolgt und geprüft haben. Gleichwohl müssen wir eine spezifische Seite dieses Algorithmus näher ins Auge fassen und die Grundlagen des Rechnens und die Eigenschaften der Zahlentypen ein wenig erörtern.

Es zeigten sich nämlich gelegentlich sämtlicher Versuche, die Algorithmen zu verallgemeinern, sonderbare und eigentlich recht disharmonische Erscheinungen. Wollte man etwa die Rechnungsoperationen im Bereiche der natürlichen Zahlen durchführen, dann erlebte man sofort Enttäuschungen, die dazu zwangen, diesen Bereich zu überschreiten und zu verlassen. Man mußte, wie man endlich einbekannte, dem ursprünglichen Zahltypus der natürlichen Zahlen stets neue Zahltypen „adjungieren" oder, zu deutsch, angliedern. Zu solcher Notwendigkeit zwang bereits die kleinste Verallgemeinerung insbesondere der lytischen Operationen. Wenn wir b von a subtrahieren und a und b beides natürliche Zahlen sind, dann genügt die Bedingung $b > a$, um den Bereich der natür-

lichen Zahlen zu sprengen. Wir müssen das Resultat entweder als „falsch" betrachten, wie man es bis zu Descartes hielt. Oder aber wir müssen uns dazu entschließen,
einen umfassenderen Typus der „ganzen Zahlen" einzuführen, der sowohl die positiven (natürlichen) ganzen
Zahlen als auch die negativen ganzen Zahlen in sich begreift. In einer anderen Art sprengt die Division das
System der natürlichen Zahlen. Hier nämlich erzeugt die
Forderung, eine kleinere natürliche Zahl durch eine
größere zu teilen, den Begriff oder den Typus der echten
Brüche, die außerdem sowohl positiv als negativ sein können, wenn man zur Division nicht allein die natürlichen,
sondern die ganzen Zahlen verwendet. Dadurch aber haben
wir unseren Zahlenbereich bereits zum Bereich aller
rationalen Zahlen erweitert, da innerhalb dieses Zahltypus eine Vergleichbarkeit der einzelnen Zahlen untereinander stets in einem greifbaren Verhältnis möglich ist.
Kurz, die Teilung kann im rationalen Bereich in irgendeiner Form prinzipiell zu Ende geführt werden. Doch
schon die nächsthöhere lytische Operation, die Ausziehung der Wurzel, stellt ein neues Problem und liefert
einen neuen Zahltypus, der wiederum weit über unsre
eben mühsam abgegrenzten rationalen Gefilde hinaus-
führt. Mit der Mehrzahl sämtlicher Wurzeln betreten
wir das Gebiet der irrationalen Zahlen, deren erschöpfende
Darstellung in statischer Art unmöglich ist. Um irrationale Zahlen zu fassen, müssen wir zum „dynamischen
Ausdruck" greifen und wir können in irgendeiner Reihe
bestenfalls ein Bildungsgesetz aufspüren, das uns erlaubt,
die Annäherung an den „wirklichen Wert" einer solchen
Irrationalzahl so weit vorzutreiben, als wir es wollen.
Oder den Fehler unter eine beliebige Grenze zu drücken,
wie man auch sagt. In der Praxis, die sich ja stets der
Approximationsmathematik bedient, wird uns dieser
Wesensunterschied oft gar nicht fühlbar. Und wir
brechen ruhig Rechnungen mit rationalen oder irrationalen Dezimalbruchentwicklungen irgendwo ab, ohne uns
über die prinzipielle Ungleichartigkeit dieses Abbrechens

aufzuregen. Theoretisch aber müssen wir feststellen, daß das Einbeziehen irrationaler Zahlen in die Operationen eine der mächtigsten Erweiterungen des Zahlenbereiches ist.. Denn es kann bewiesen werden, daß zwischen je zwei unendlich benachbarten Rationalzahlen eine unendliche Menge von Irrationalzahlen liegen muß. Und zwar im Sinne der Mengenlehre eine nicht mehr abzählbare Menge, deren transfinite Kardinalzahl ihrer Index-Ordnung nach bis heute nicht erforscht ist. Mit dieser neuerlichen Erweiterung des Zahlbegriffes, mit der „Adjunktion" der Irrationalzahlen, haben wir aber den Begriff der Zahlen zum Bereich der reellen Zahlen ausgedehnt, in dem jetzt alle natürlichen, alle positiven und negativen ganzen, alle positiven und negativen gebrochenen und alle positiven und negativen Irrationalzahlen enthalten sind.

Nun hat es der Gleichungsalgorithmus bald geoffenbart, daß sich das Ausziehen der Wurzeln nicht immer nur auf positive Zahlen erstrecken kann. Wozu noch anzumerken wäre, daß derartige Probleme auch bei einer rein kombinatorischen Durchforschung der Anwendung aller Operationsarten auf sämtliche Zahltypen auftauchen müßten. Man müßte ja bei solchen Untersuchungen nicht nur die Division negativer Zahlen, sondern auch deren Radizierung unter die Lupe nehmen. Wir haben also die Gleichung nicht aus prinzipiellen, sondern aus rein historischen Gründen in unsere Betrachtung einbezogen, weil bei der Lösung von Gleichungen durch Wurzelziehen die „unmöglichen" oder „imaginären" Forderungen zum erstenmal auftraten. Wir wissen auch bereits einiges über diese imaginären Zahlen und ihre Behandlung, wissen, daß der Fundamentalsatz der Algebra im tiefsten Grund darauf beruht, daß eine n-te Wurzel eben n verschiedene Wurzelwerte ergibt, die zum Teil imaginär bzw. komplex sind.

Nun wurde aber, was wir gleichfalls schon angedeutet haben, durch D'Alembert, Euler und andre die hochbedeutsame Tatsache entdeckt, daß Operationen mit komplexen Zahlen, also mit Zahlen des Typus $(a + bi)$, niemals den Bereich der komplexen Zahlen sprengen. Ob wir komplexe Zahlen addieren, subtrahieren, multiplizieren, dividieren, potenzieren, radizieren, stets erhalten wir äußerstenfalls wieder eine komplexe Zahl als Ergebnis. Da man aber in weiterer Folge auch andere Operationen, etwa logarithmische und goniometrische, mit Imaginärzahlen und komplexen Zahlen durchzuführen lernte und dabei stets wieder nur auf höchstens komplexe Zahlen stieß, mußte man sich schließlich sagen, daß hier die Grenzen des Zahlenreiches entdeckt sein müßten. So weit waren Gauß und Cauchy bereits gelangt. Ebenso Graßmann und andre. Es drängte sich aber dazu noch der Gedanke auf, ob man unbedingt in der komplexen Zahlenebene, wie sie ein Gauß dargestellt hatte, verbleiben müßte, oder ob nicht eine Erweiterung in den Raum zu hyperkomplexen Zahlen des Typus $a + bi + cj$ führen könnte. Die einschlägigen Untersuchungen ergaben jedoch bald, daß dreigliedrige hyperkomplexe Zahlen infolge ihrer Asymmetrie schwer und umständlich zu handhaben seien und keine Vorteile brächten. Deshalb, dies sei vorweggenommen, entschloß sich Sir William Rowan Hamilton, einer der genialsten und eigenwilligsten Geister des neunzehnten Jahrhunderts, zu einem noch höheren hyperkomplexen Typus, zu den sogenannten Quaternionen der Form $a + bi + cj + dk$ vorzustoßen, über die wir noch sprechen werden.

Inzwischen, und auch hierin waren schon Gauß und Cauchy in mancher Art vorangegangen, kam es zu einer entwicklungsgeschichtlich und entwicklungspsychologisch außerordentlich interessanten Situation, die wir am Beginn dieses Kapitels bereits angedeutet haben. Wie nämlich Konquistadoren in fernen, neuerworbenen Gebieten plötzlich ihre Heimat in anderer Beleuchtung zu erblicken beginnen und aus den Schätzen des Neulandes manche Einrichtung der „alten Welt" als verstümmelten oder unvollkommenen Rest einer viel reicheren Vor-Welt erkennen, so schauten die Konquistadoren des komplexen Geisterreiches unvermittelt zurück auf alles, was unterhalb dieses Dorados der Zahlen lag. Und dabei stellte es sich heraus, daß das Reich der reellen Zahlen tatsächlich oft nicht mehr war als ein rudimentärer Rest einer viel ursprünglicheren, vollkommeneren und symmetrischeren Welt, die man hier, im Geisterreich, gleichsam wie in einem Reich platonischer Ideen der Mathematik mit Händen greifen konnte. Als es dazu noch offenbar wurde, daß man aus dem Verhalten der „Urbilder" in einer bisher unzugänglichen Art auf das Verhalten der Zahlen in den unteren Bereichen schließen und daß man sogar mit vergleichsweiser Leichtigkeit aufzeigen konnte, warum selbst große Mathematiker Fehler über Fehler gemacht hatten, war ein weites Tor zu neuem Anstieg geöffnet. Zu einer neuen Welt von Formen, die so vielfältig und bestimmend wurde, daß ein großer Mathematiker am Ende des neunzehnten Jahrhunderts dieses Jahrhundert kurzweg als das „Jahrhundert der Funktionentheorie" bezeichnete.

Wir haben jetzt das Wort ausgesprochen, an dessen Inhalt wir uns bisher langsam heranzutasten bemühten. Wir sind nämlich auch hier wieder gezwungen, durch indirekte Schilderung einen ungefähren Einblick in das sicherlich unzugänglichste und unpopulärste Gebiet der modernen Mathematik zu vermitteln: in die Theorie der „komplexen Veränderlichen" oder in die „Funktionentheorie" im engeren Sinne des Wortes.

Unter „Funktionentheorie" überhaupt müßte man einen großen Teil der Mathematik zusammenfassen. Denn was kann schließlich nicht alles als Funktion angesehen werden? Schon am Beginn des neunzehnten Jahrhunderts hatte man den klassischen Begriff der Funktion verlassen und derart erweitert, daß diese Verallgemeinerung fast einer Veränderung gleichkam. Dirichlet nämlich prägte den Begriff einer Funktion dahin um, daß man unter Funktion einer reellen Veränderlichen x in einem Gebiet oder Intervall von a bis b jede Größe y zu verstehen habe, die für jeden besonderen Wert, den x in diesem Gebiet annehmen kann, einen einzigen und bestimmten Wert hat, der durch den Wert des x gegeben ist oder gefunden werden kann, gleichviel, ob durch Rechnung, geometrische Konstruktion, Beobachtung oder sonstwie. So wäre etwa ein Dezimalbruch, dessen Stellen wir auswürfeln, eine Funktion der Anzahl x der Würfe u. dgl. m.[1]) Eine allgemeinste Funktionentheorie hätte also in diese fast unendliche Mannigfaltigkeit von Funktionen Ordnung hineinzutragen, sie zu klassifizieren, ihre Eigenschaften zu erforschen, ihre Kalküle zu prüfen usw. Nun haben es aber diese Verallgemeinerungen des Funktionsbegriffes auch bei der Funktionentheorie im engeren Sinne, also bei der Theorie der komplexen Veränderlichen, bewirkt, daß die Definition des Funktionsbegriffes vorerst so weit gezogen werden muß, daß dieser Bereich, wie etwa Knopp[2]) sagt, kaum von allgemeinen Sätzen und Gesetzen beherrscht sein kann. Knopp fährt fort: „Es wird unsre Aufgabe sein, die Voraussetzungen in geeigneter Weise so einzuschränken, daß aus der Gesamtheit aller Funktionen eine zwar speziellere, aber besonders wertvolle Klasse von Funktionen ausgesondert werde, wertvoll im Hinblick auf ihre Anwendbarkeit in Mathematik und Naturwissenschaften. Die einschränkenden Forderungen, die wir stellen werden, sind die der Stetigkeit und der Differentiierbarkeit.‘‘

Wir haben mit Absicht diese Sätze aus einem Lehrbuch jüngsten Datums zitiert, um zu zeigen, daß sich der Forschungsstandpunkt der Funktionentheorie seit ihrer Entdeckung kaum wesentlich geändert hat. Differentiierbarkeit und Stetigkeit sind „wertvoll‘‘, weil nur derartige Funktionen der eigentlichen rechnerischen Behandlung durch den Unendlichkeitskalkül zugänglich sind. Darauf aber kommt es an, so tiefgründig und verwickelt die Mittel sind, die zu dieser Erkenntnis führen, sofern es sich um einigermaßen unelementarere Funktionen handelt. Die

---

[1]) Dagegen wird eine gerade Wurzel von x erst dann zur Funktion von x, wenn das Vorzeichen eindeutig bestimmt ist.

[2]) „Funktionentheorie‘‘ (Sammlung Göschen).

Unendlichkeitsanalysis ist voll von Tücken und Abgründen, man muß auf Schritt und Tritt auf sonderbare Extravaganzen der Funktionen gefaßt sein, und eine wirklich erschöpfende Kenntnis einer Funktion ist gewöhnlich erst dann möglich, wenn man sie in ihrem komplexen Ur- oder Idealzustand untersucht hat. Für diese Behauptung möge nach Wieleitner[1]) ein einfaches Beispiel gegeben werden, das die Exponentialfunktion bzw. die Logarithmusfunktion betrifft. Im Jahre 1748 wurde von Euler die wichtige Beziehung entdeckt: $e^{i\alpha} = \cos\alpha + i\sin\alpha$. Nun wird bekanntlich $\sin\alpha$ gleich 0 für $\alpha = 0$, $\pm\pi$, $\pm 2\pi$, ... $\pm n\pi$, und $\cos\alpha$ gleich 1 für gerade Vielfache von π, wobei π das Bogenmaß für 180 Grade bedeutet, wie das in der Analysis allgemein üblich ist. Daher ist $e^{2ni\pi} = 1$, da bei dem Winkel $\alpha = 2n\pi$ der Sinus α gleich Null und der $\cos\alpha$ gleich 1 wird. Wäre also irgendeine Potenz von e, etwa e^m gegeben, so darf statt dieser Potenz $e^{m+2i\pi}$, $e^{m+4i\pi}$, allgemein $e^{m+2ni\pi}$ geschrieben werden, da sich ja hierdurch nichts ändert. Denn $e^{m+2ni\pi} = e^m \cdot e^{2ni\pi}$ und $e^{2ni\pi} = 1$, wie wir schon fanden. Es ist also, wenn wir jetzt weiters die „Potenz" als Exponentialfunktion ansehen, also den Exponenten als Veränderliche auffassen, diese Exponentialfunktion im komplexen Gebiet unendlich vieldeutig. Wenn wir aber jetzt die Exponentialgleichung $e^m = a$ oder $a = e^m$ logarithmieren, dann erhalten wir nach obigem, aus dem Wesen des Logarithmus heraus, nicht bloß $\text{'log } a = m$, sondern mit ebendemselben Recht $\text{'log } a = m + 2ni\pi$, wobei n irgendeine ganze Zahl von 0 bis $\pm\infty$ bedeuten kann. Es gibt also im Geisterreich zu jeder Zahl a unendlich viele Logarithmen, von denen allerdings nur ein einziger reell ist und uns gewöhnlichen Sterblichen als „der" Logarithmus erscheint.

Aber auch in der Lehre von den Reihen treffen wir beim Übergang ins komplexe Gebiet derartige Erweiterungen an. Die uns geläufigen Reihen, etwa die fallenden

---

[1]) „Der Gegenstand der Mathematik im Lichte ihrer Entwicklung" (Mathematisch-physikalische Bibliothek).

geometrischen Progressionen vom Typus $1 + \dfrac{1}{q} + \dfrac{1}{q^2} +$
$+ \dfrac{1}{q^3} + \ldots$ bewegen sich ausschließlich auf der Zahlenlinie und sind auf dieser einzutragen, wenn man sie geometrisch darstellen will. Sie streben auch auf dieser
Linie einer Grenze, einem Konvergenzpunkt zu, der etwa
für $1 + \dfrac{1}{2} + \dfrac{1}{4} + \dfrac{1}{8} + \ldots$ der Punkt 2 auf der Zahlenlinie ist. Ganz anders verhalten sich komplexe konver-
gente Reihen. Der Eigentümlichkeit der komplexen Zahl
entsprechend, breiten sich solche Reihen auf der ganzen
Zahlenfläche aus, und aus dem Konvergenzpunkt wird
dementsprechend ein Konvergenzkreis. Man könnte, sehr
bildlich gesprochen, die komplexe Zahlenebene überhaupt mit zwei einander kreuzenden Straßen vergleichen,
die auf festen Dämmen laufen. Bleibt man entweder
im Bereich der reellen oder aber der rein imaginären
Zahlen, dann spielen sich alle rechnerischen Vorgänge auf
diesen festen Straßen ab. Hat man es jedoch mit einer
Mischung beider Zahlenarten, also mit komplexen Größen
zu tun, dann gerät man nach allen Seiten in die üppig
verwucherten Sumpfregionen der komplexen Ebene, die,
quadrantenartig angeordnet, zwischen dem Straßenkreuz
liegt.

Wie schon mehrfach erwähnt, ist es uns leider versagt,
hier eine Materie abzuhandeln, deren gewissenhafte Darstellung ein ganzes Buch erfordern würde, wenn man
auch nur die wichtigsten Kapitel erschöpfend erörtern
wollte. Wir müssen uns also wieder darauf beschränken,
im Wege unsrer „pädagogischen Substitution", einige zu-
gängliche Beispiele zu geben, deren vielfache Transformation in die Gefilde der höheren Schwierigkeit und
Kompliziertheit erst den Gegenstand ausmacht, von dem
wir andeutungsweise zu sprechen versuchen. Wir haben
schon gehört, daß Stetigkeit und Differentiierbarkeit
charakteristisch und bedeutungsvoll für eine Klasse von
Funktionen sind. Mit dieser Klasse haben wir es im
„Leben" vorwiegend zu tun. Wobei unter „Leben" die

Physik, Technik, Geodäsie, Astronomie, Meteorologie usw. zu verstehen ist. Am Beginn der Unendlichkeitsanalysis hielt man auch diese beiden Klasseneigenschaften der Stetigkeit und Differentiierbarkeit fast als begriffswesentlich für eine Funktion, zumindest war man der festen Überzeugung, daß es sich hierbei nicht um getrennte Eigenschaften handelte. Wußte man, daß eine Funktion stetig war, dann war sie differentiierbar, und war sie differentiierbar, dann war sie stetig. War sie aber das eine oder das andere, dann mußte die Bildkurve der Funktion eine Tangente haben. Denn der Differentialquotient ist ja nichts andres als ein rechnerischer Ausdruck des Verhältnisses gewisser mit der Tangente zusammenhängender Projektionen. Um so erstaunter war man, als Weierstraß diesem Traum ein unwiderrufliches Ende bereitete. Die von Riemann und Weierstraß begründete Funktionentheorie deckte nämlich nicht nur all die Dinge auf, von denen wir bisher gesprochen haben, sondern sie bewies darüber hinaus, daß die Stetigkeit und die Differentiierbarkeit zwei voneinander getrennte Eigenschaften sind. Es gibt also Funktionen, die stetig sind und keinen Differentialquotienten, also keine Tangente besitzen.[1]) Allerdings ein geometrisch kaum faßbarer Gedanke. Außerdem weiß man heute, daß Funktionen mit Stetigkeit und Differentiierbarkeit nur ein winziges Inselchen im Ozean der ungleich zahlreicheren Funktionen sind, denen diese Eigenschaften nicht zukommen. Dazu allerdings müssen wir bemerken, daß dieser Tatbestand, rein logisch betrachtet, nicht so sehr aus dem Wesen der ursprünglichen Begriffsbestimmung der Funktion, als aus deren Erweiterung resultiert. Und daß es sich hierbei im höheren Sinne um einen Trugschluß handelt, der allerdings der Mathematik nicht angelastet werden soll, da es nur durch die Erweiterung des Funktionsbegriffes möglich wurde, das Gebiet der Funktionen im alten Sinne richtig abzustecken und zu sichern. Wobei noch außer-

---

[1]) Wie wir sehen werden, gibt es sogar Stellen, an denen ein Differentialquotient, aber keine Tangente existiert!

dem selbst in dieses eingeengte, sozusagen klassische Gebiet der Funktionen Dinge und Abnormalitäten hineinragen, deren tiefere Zusammenhänge nur im erweiterten Gebiet der komplexen Funktionen erforscht werden können.

Doch wir versprachen Beispiele, damit wir wenigstens einen schwachen Schimmer der Tiefen erblicken, um die es sich in diesem Kapitel handelt. Hätten wir etwa die Funktion $y = x^{\frac{1}{3}}$ zu untersuchen, so müssen wir sofort einsehen, daß sie im ganzen Bereich von $-\infty$ bis $+\infty$ stetig verläuft. Der Differentialquotient dieser Funktion ist $y' = \frac{1}{3} x^{-\frac{2}{3}}$ für x kleiner oder größer als 0. Für $x = 0$ erhalten wir als Differentialquotienten den Wert ∞. Unsre Funktion hat also einen Differentialquotienten, der allerdings in einem bestimmten Punkt keine endliche Zahl darstellt. Komplizierter wird die Lage bereits bei der sogenannten Neilschen Parabel $y = x^{\frac{2}{3}}$, die ebenfalls von $-\infty$ bis $+\infty$ stetig verläuft. Diese Kurve hat nämlich an der Stelle $x = 0$ als sogenannten vorderen oder rechten Differentialquotienten $+\infty$ und als hinteren oder linken Differentialquotienten $-\infty$. Es existiert an dieser Stelle also trotz Stetigkeit keine Tangente. Dasselbe wäre der Fall bei $y = |x|$, wo für die Stelle $|x| = 0$ der vordere Differentialquotient $+1$ und der hintere Differentialquotient -1 beträgt. Also wieder keine Tangente trotz Stetigkeit und Differentiierbarkeit. Nun existieren aber, wie gesagt, sogar stetige nicht differenzierbare Funktionen, die wir allerdings in unsrem Rahmen nicht erörtern können. Als Abschluß dieser Betrachtungen noch ein kleines Beispiel: Bis zur Einführung komplexer Größen glaubte man mit Recht, die Funktion $y = \frac{1}{1+x^2}$ sei von $+\infty$ bis $-\infty$ stetig. Bei näherer Betrachtung stellte es sich jedoch sofort heraus, daß diese Funktion bei $x = \pm i$ zwei Unstetigkeitsstellen hat, an denen der Funktions- .

wert plötzlich ins Unendliche fortschnellt. Denn $\frac{1}{1+i^2} =$

$$= \frac{1}{1+(\sqrt{-1})^2} = \frac{1}{1-1} = \infty \text{ und bei } (-i) \text{ desgleichen.}$$

Daß diese und ähnliche weitergehende Untersuchungen außerdem eine ungeheure Bedeutung für die Theorie der Integrale haben, ist klar. Und es ist weiter klar, daß sie diese Bedeutung auch auf einem Gebiet besitzen, das zu den Hauptanwendungsbereichen des Integralkalküls gehört: nämlich bei den Differentialgleichungen. Eine Differentialgleichung ist eine Gleichung, bei der nicht bloß die Veränderlichen, etwa x und y, sondern auch Differentiale der Veränderlichen, also dx und dy, entweder allein oder in Verbindung mit den Veränderlichen erscheinen. Solche Gleichungen entstehen in allen Gebieten der theoretischen Physik durch Umformungen von vorhergegangenen Differentiationen oder als primärer Ansatz. Sie dienen in ausgedehntester Weise zur Beschreibung von Naturvorgängen, da wir imstande sind, durch Differentialgleichungen Zustände ganzer Felder oder Bereiche zu fixieren. Die Auflösung derartiger Gleichungen erfolgt in letzter Linie durch beiderseitige Integration der Gleichung, wodurch die Differentialgleichung auf eine normale Funktion mehrerer Veränderlicher zurückgeführt wird, also nunmehr einen konkreten Verlauf charakterisiert.

Was also spielt bei diesen Problemen, zu denen noch die teilweise oder partielle Differentiation erschwerend hinzutritt, die Hauptrolle? Wohl die Funktion, die Differentiation und die Integration. Wie aber komme ich diesen Gebieten wirklich zureichend bei? Wieder nur durch eine erschöpfende Kenntnis aller Möglichkeiten, die in den Funktionen liegen.

Wir denken, daß es dem Leser jetzt schon einigermaßen klar sein muß, worum es sich bei der Funktionentheorie rein zielmäßig handelt. Und daß er dazu überzeugt ist, es drehe sich dabei um todernste Realitäten und nicht um geistige Exzesse mathematischer Akrobaten. Wir werden

336

dieses Kapitel aber gleichwohl nicht schließen, bevor wir noch das Tor zu einem weit grandioseren Ausblick geöffnet haben, zu einem Reich, dessen Kolonien heute fast alle Gebiete der dynamischen Physik sind. Damit aber wollen wir zugleich in den biographischen Teil unsrer Erörterungen eintreten und von Sir William Rowan Hamilton sprechen, der im Jahre 1805 in Dublin geboren wurde. Wir nannten ihn bereits ein eigenwilliges Genie. Er war fast mehr. Nämlich einer der göttlich Wahnwitzigen unsrer Wissenschaft, besser unsrer großen Kunst. Hamilton konnte bereits mit 10 Jahren den ganzen Homer auswendig und begann hierauf Arabisch und Sanskrit zu studieren. Wenige Jahre später beherrschte er 13 Sprachen. Er dichtete auch und lebte in Freundschaft mit Wordsworth. Mit 23 Jahren erhielt er die ehrenvolle Stellung eines Direktors der Sternwarte von Dunsink bei Dublin mit dem Titel „Royal Astronomer of Ireland", die er bis zu seinem Tode (1865) inne hatte. Er ist auch zeitlebens der Dichtung nicht untreu geworden. Leider aber auch nicht dem Alkohol, dem er so sehr frönte, daß eine Legende berichtet, er habe des Nachts mit einem Seil an das Fernrohr der Sternwarte festgebunden werden müssen, um nicht abzustürzen. Die vielfachen Räusche des Dichtens, der höchsten Mathematik, der Philosophie und des Alkohols verdüsterten schließlich seinen Geist, so daß er in den letzten Lebensjahren wunderlich, wenn nicht sogar wirklich geistig abnormal wurde. Jedenfalls wollen wir in keiner Weise mit diesem Genius rechten, sondern bloß feststellen, wie er dionysisch lebte, schuf und starb. Denn sein Wollen war sicherlich noch weit gigantischer als seine riesige Tat und er wurde darum so recht eigentlich einer der mächtigsten Propheten des Geisterreiches der Mathematik.

Schon im Jahre 1835 erschien das erste Werk Hamiltons über „konjugierte Funktionen". Er versuchte in dieser Arbeit den philosophischen Spuren Kants zu folgen und den Zahlbegriff aus der Anschauungsform der Zeit zu begründen, was er in Sätzen wie: „Das quantitativ

Räumliche tritt erst bei der Differenzenbildung in die Vorstellungswelt, wodurch die Operation des Messens ermöglicht wird" ausdrückte. Die gewöhnlichen komplexen Zahlen faßt er in dieser Abhandlung als Zahlenpaare auf, eine Deutung des Komplexen, die seither nicht mehr verschwunden ist und die ganze analytische Auslegung des Komplexen wesentlich erleichterte.

Um aber wenigstens etwas über die „Quaternionen" zu sagen, die durch seine Veröffentlichungen von 1853 (Vorlesungen über die Quaternionen) und von 1866 (Elemente der Quaternionen) der Allgemeinheit zugänglich gemacht wurden, müssen wir einen Übergang zur Physik suchen. Wir haben seinerzeit im Kapitel über Leibniz erwähnt, daß Varignon das Parallelogramm der Kräfte einführte, das es gestattet, die resultierende Kraft zweier Komponenten (oder zusammensetzenden Kräfte) festzustellen, bzw. umgekehrt eine Resultierende in ihre Komponenten zu zerlegen. Wenn man nun die komplexen Zahlen nicht mehr in der gewöhnlichen Art, sondern nach Art von Polarkoordinaten darstellt, dann erhält man für jede komplexe Zahl einen sogenannten Vektor, d. h. eine gerichtete Strecke, aus deren Länge, Richtung und Neigungswinkel zur Abszisse alle Bestimmungsstücke der komplexen Zahl entnommen werden können. Addiert man derartige Vektoren, dann entsteht ein Bild, das genau dem Parallelogramm der Kräfte entspricht. Die Operation mit komplexen Zahlen ist also gleichsam eine genaue Abbildung dynamischer Vorgänge, und das Rechnungsresultat komplexer Operationen ist unter gewissen Voraussetzungen identisch mit mechanischen Untersuchungen und Umformungen. Mathematisch gesprochen, tritt durch die Addition $(x + iy) + (a + ib) = (x + a) + i(y + b)$ eine Parallelverschiebung der Ebene um die Strecke $(a + ib)$ ein. Eine Multiplikation $(x + iy) \cdot (a + ib) = = (x + iy) \varrho . e^{i\varphi}$ verursacht eine Drehung der Ebene um den Koordinatenursprungspunkt um den Winkel φ bei gleichzeitiger Vergrößerung sämtlicher Strecken im Verhältnis $1 : \varrho$, also eine Ähnlichkeitstransformation und

Drehung oder, wie man kurz sagt, eine Drehstreckung. Diese sogenannte „Vektoranalysis", d. h. die Rechnung mit derartigen „gerichteten Strecken", ist inzwischen zu einem riesigen Betätigungsfeld der Mathematik und Physik geworden, da durch eine solche Betrachtungsweise die meisten mechanischen und anderen Naturvorgänge in verblüffender Unmittelbarkeit rechnerisch erfaßt werden

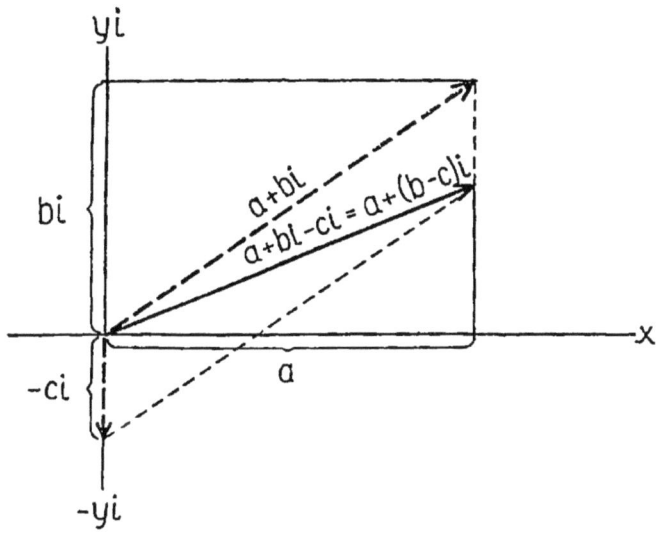

Fig. 12

können. Hamilton selbst hat den Begriff des Vektors (des „Fahrers") im Jahre 1845 in einer Abhandlung im Quarterly Journal erstmalig eingeführt und dann später jede komplexe Größe in den skalaren[1], rein numerischen Teil und den gerichteten vektoriellen Teil geschieden, eine Unterscheidung, die aus naheliegenden Gründen für jede Vektorrechnung von eminenter Bedeutung ist, da für den skalaren Teil der Größe andre Rechnungsregeln gelten als für den vektoriellen.

[1] Abgeleitet von „Skala" = Zahlenlinie.

Nun sind die schon oft erwähnten Quaternionen nichts andres als hyperkomplexe Zahlen des Typus $t + ix + jy + kz$, bei denen t der skalare und $ix + jy + kz$ der vektorielle Teil ist. Sie sind in erster Linie für die Bewegungen (Drehstreckungen usw.) im Raume erdacht und erfordern vier Koordinaten. Die Rechenregeln mit solchen Quaternionen sind äußerst komplizierte und es mag nur angedeutet werden, daß die Multiplikation der Quaternionen eine Kommutativität nicht kennt, also für zwei Quaternionen, die miteinander multipliziert werden, je nach der Reihenfolge der Faktoren zwei voneinander verschiedene Produkte resultieren. Felix Klein, dem wir auch bisher schon vielerlei Daten entnahmen, sagt in seinen „Vorlesungen über die Entwicklung der Mathematik im 19. Jahrhundert" ungefähr, die Quaternionen hätten in England ein derartiges Aufsehen erregt, daß sie zu einem Credo der Schule in Dublin wurden. Sie sind in ihrer Behandlung so elegant und auf gewisse Probleme der Physik in so symmetrischer Weise anwendbar, daß sie zu einer ungeheuren Überschätzung dieser Methode führen mußten. So hat sich 1895 in England ein „Weltbund zur Förderung der Quaternionen" gebildet, der sich als letztes Forschungsziel eine „quaternionistische Funktionentheorie" setzte, von der man sich einen vollständigen Umsturz der Mathematik, ja in gewissem Sinne eine Lösung aller Welträtsel erhoffte. Gelegentlich derartiger Untersuchungen stellte sich schließlich heraus, daß eine quaternionistische Algebra möglich ist, in der der Fundamentalsatz der Algebra nicht gilt und in der dafür eine kubische Gleichung existiert, der sämtliche denkbaren Quaternionen als Lösungen genügen.

Es ist heute noch nicht zu entscheiden, wohin diese Epoche der Mathematik führen wird. Als weithin sichtbaren Erfolg hatten die Quaternionen Hamiltons inzwischen ihre Verwendung in der Relativitätstheorie Einsteins zu buchen, die ihnen in gewissem Sinne ihre rechnerische Abrundung verdankt.

Wir müssen also feststellen, daß das Geisterreich der Mathematik in mehrfacher Art die Herrschaft über die anderen mathematischen und mathematisch-physikalischen Provinzen an sich riß und teils als Welt der Urbilder, teils als Welt der Vektoren zur Begründung der Funktionentheorie und Vektoranalysis beitrug. Nun verschwisterten sich aber in letzter Zeit die Mengenlehre und die Gruppentheorie sowohl mit der Funktionentheorie als mit der Vektoranalysis, so daß tatsächlich eine neue riesengroße mathematische Welt im Werden ist, deren weitere Hilfsregionen noch die mehrdimensionale, die nichteuklidische und die projektive Geometrie sind, die untereinander wieder in den verschiedensten Beziehungen stehen.

Es wird aber jetzt langsam höchste Zeit, der großen Vorkämpfer zu gedenken, die den Grund zur Theorie der komplexen Veränderlichen, also der Funktionentheorie im eigentlichen, engeren Sinne, legten. Es sind dies Bernhard Riemann und Carl Weierstraß, die Felix Klein, selbst ein mathematischer Stern erster Größe, in folgender Weise charakterisiert: „Riemann ist der Mann der glänzenden Intuition. Durch seine umfassende Genialität überragt er alle seine Zeitgenossen. Wo sein Interesse geweckt ist, beginnt er neu, ohne sich durch Tradition beirren zu lassen und ohne einen Zwang der Systematik anzuerkennen. Weierstraß ist in erster Linie Logiker; er geht langsam, systematisch, schrittweise vor. Wo er arbeitet, erstrebt er die abschließende Form." Wir fügen hinzu, daß sich das äußere Leben dieser beiden deutschen Bahnbrecher, die der Welt den gewaltigsten mathematischen Fortschritt des neunzehnten Jahrhunderts geschenkt haben, ihren Anlagen entsprechend gestaltet. Oder daß diese Anlagen gleichsam eine Abbildung ihrer Lebensläufe sind.

Riemann wurde, gleich Abel, als Sohn eines Landpfarrers geboren, und zwar im Jahre 1826. Die göttliche Vorsehung, an die er in stiller und erhabener Frömmigkeit glaubte wie kein zweiter, gönnte ihm eine Lebenszeit von weniger als vierzig Jahren, die zudem noch von einem Passionsweg erfüllt war, der sich nur schwer ausdenken läßt. Er verliert zuerst die Mutter, im Jahre 1855 den Vater und eine Schwester, im Jahre 1857 einen Bruder, im Jahre 1864 eine zweite Schwester: das unerbittliche Schicksal einer schwindsüchtigen Familie, das auch ihn selbst bald umkrallt. Im Jahre 1862 heiratet er. Kaum einen Monat nach der Hochzeit wirft ihn jedoch schon eine Brustfellentzündung nieder, die der Anfang vom Ende wird. Er erlebt noch das Glück eines Kindes, das im Jahre 1863 zu Pisa das Licht der Welt erblickt. Die letzten drei Jahre seines Lebens aber sind nur mehr ein verworrener Traum. Er verlebt sie größtenteils in Italien, flieht 1865 heim an die Stätte seiner Wirksamkeit nach Göttingen und versucht, über den Winter an Arbeit zu retten, was noch zu retten ist. Plötzlich, im Frühsommer, weiß er, daß alles zu Ende ist. Letzter Lebenswille bäumt sich in ihm auf und er will nach Italien. Da sperrt ihm der Krieg mit Österreich den Weg. In Kassel sind die Schienen aufgerissen. Trotzdem will er nach dem Süden. Mit Pferdefuhrwerk, zu Fuß. Am 28. Juni war er endlich am Lago Maggiore eingetroffen, am 20. Juli starb er wie ein Heiliger im Garten der Villa Pisoni in Selasca bei Intra. Bis zum letzten Tag hat er gearbeitet. Hat die jämmerlich kurze Zeitspanne von kaum fünfzehn Jahren bis zum Rest ausgenützt, die ihm zum Aufbau seiner ungeheuren Gedanken gegönnt war.

Wo er hingriff, leuchtete der mathematische Kosmos in nie gesehenem Glanz auf. Seine Habilitationsschrift vom Jahre 1854 „Über die Hypothesen, welche der Geometrie zugrunde liegen" ist das klassische Produkt reifsten Könnens, die sogar einen Gauß, der selbst schon vom Tod gezeichnet war, als er sie hörte, zutiefst erschütterte. Schon im Jahre 1851 aber hat er mit fünfundzwanzig Jahren als Doktordissertation seine „Grundlagen für eine allgemeine Theorie der Funktionen einer komplexen Größe" eingereicht, die vollkommen ohne äußeren Widerhall blieb, obgleich sie all das enthält, was den Fortschritt der modernen Mathematik begründet. Es war Riemans Schicksal, übergangen und vernachlässigt zu werden, obgleich er auf akademischem Boden nicht zurückgesetzt wurde und verhältnismäßig jung die Professur erreichte. Seine stille, esoterische und tiefe Art brachte es aber gleichwohl mit sich, daß sein Name in den Konversationslexicis noch in den Neunzigerjahren des neunzehnten Jahrhunderts fehlte! Wohl eine erschütternde Tatsache. Aber der Grund für diese Erscheinungen liegt so sehr im Wesen der von ihm behandelten und erforschten Materie, daß auch wir nicht imstande sind, seine Taten in halbwegs populärer Art zu schildern. Wir müssen uns damit begnügen, zu berichten, daß die „Riemann-Fläche" eine der genialsten Erleuchtungen ist, die die Mathematik kennt, da es auf dieser Fläche möglich ist, den Bereich und Verlauf auch verwickelter Funktionen abzubilden und dadurch etwas anschaulich und greifbar zu machen, was ohne diese Königtsat für ewig reine Abstraktion geblieben wäre.

Auch bei Weierstraß sind wir in keiner viel besseren Lage, obwohl es diesem Manne vergönnt war, seine Ideen durch ein langes Leben zur Reife zu bringen. Er wurde im Jahre 1815 in Ostenfelde im Münsterland geboren, war zuerst Jurist in Bonn und aktives Mitglied des Korps „Saxonia". Er führte ein ziemlich bewegtes, teils recht ärmliches Leben, war 1842 bis 1848 Gymnasiallehrer in Deutsch-Crone in Westpreußen, 1848 bis 1855 Lehrer am Collegium Hoseanum in Braunsberg in Ostpreußen, erhielt 1854 das Ehrendoktorat in Königsberg und wurde 1856 als Professor der Mathematik nach Berlin berufen. Dort wirkte er vor einer stets wachsenden Hörerzahl fast 30 Jahre und starb im Jahre 1897. Er hatte die Gewohnheit, kaum etwas drucken zu lassen, und verlangte, daß seine Vorlesungen in Abschriften zirkulierten, die nicht einmal mechanisch vervielfältigt werden durften.

Wie schon erwähnt, verdanken wir Weierstraß hauptsächlich die logische Abrundung der Funktionentheorie und die Erkenntnis, daß die stetigen und differentiierbaren Funktionen nur eine winzige Insel im Ozean sämtlicher Funktionen sind. Dabei untersuchte er in erster Linie die Potenzreihen, in die er die Funktionen verwandelte.

Wir wollen dieses Kapitel nicht schließen, ohne wenigstens einen ungefähren Überblick darüber zu geben, welche Probleme die von uns sehr indirekt angedeutete Funktionentheorie behandelt. Wir durchblättern zu diesem Behuf ein modernes Werk über Funktionentheorie und stellen fest, daß als grundlegende Begriffe mengentheoretische Untersuchungen über Punktmengen in der Ebene und über Funktionen einer komplexen Veränderlichen nach Definition, Stetigkeit und Differentiierbarkeit vorangesetzt werden. Hierauf folgen die sogenannten Integralsätze, unter denen die Formeln Cauchys einen hervorragenden Platz einnehmen. Hierauf werden Konvergenzuntersuchungen und Untersuchungen über die Entwicklung analytischer Funktionen in Potenzreihen angestellt, worauf transzendente Funktionen und schließlich die sogenannten „singulären Stellen“ in die Betrachtung einbezogen werden. Hierzu ist zu bemerken, daß etwa das Verhalten analytischer Funktionen im Unendlichen zu dieser Lehre von den „singulären Stellen“ gehört. Damit sind die allgemeinen Grundlagen der Theorie abgeschlossen. Eine spezielle Theorie befaßt sich jetzt etwa näher mit den eindeutigen Funktionen, zu denen die periodischen gehören, und mit mehrdeutigen, die wir bereits als Wurzeln und Logarithmen kennen gelernt haben. Bei diesen letzteren Funktionen finden wir auch Darstellungen solcher Funktionen auf der Riemannschen Fläche.

Natürlich soll dieser kleine Streifzug durch ein besonders leicht zugängliches Werk über Funktionentheorie (von Prof. Knopp in der Sammlung Göschen) nicht mehr bedeuten als eine Anregung und einen Hinweis. Denn die Funktionentheorie wird stets eine Disziplin bleiben, die den Mathematikern im engeren Sinne als Überwissenschaft zur Prüfung und Richtigstellung weiter Gebiete der Mathematik dient. Ihre praktische Bedeutung ist infolge der physikalischen Anwendung verwickelter Funktionen ungeheuer groß. Aber ihre elementare Darstellung oder Erlernbarkeit ist so schwer, daß vorläufig keine Hoffnung auf Änderung ihres esoterischen Charakters besteht.

Wir schließen auch deshalb dieses Kapitel ab, ohne den Versuch weiteren Eindringens in diese Materie zu wagen, und betonen nur noch einmal, daß das „mathematische Geisterreich" heute die unteren Regionen der Mathematik beherrscht und den Bereich der Zahlen vollständig abschließt. Woraus allerdings nicht geschlossen werden darf, daß neue Entdeckungen und Erleuchtungen, auch auf diesem Gebiete, unmöglich sind. Waren es doch gerade die komplexen Zahlen selbst, die durch Jahrtausende als „impossibiles", als unmöglich bezeichnet wurden.

Siebzehntes Kapitel

DAVID HILBERT

Mathematik und Logik

Wir haben versucht, auf die Entwicklung der Mathematik im letzten Jahrhundert einige Streiflichter zu werfen. Dabei konnten wir aus der verwirrenden Mannigfaltigkeit der genialen Entdeckungen manche herausheben, die dem historisch geschulten Auge als Epochen oder als Ansätze zu solchen Epochen erscheinen. Wir werden aber trotz dieser Einzelanalysen uns jetzt bemühen, einen noch höheren Standpunkt zu gewinnen, indem wir trachten werden, das bereits Gehörte zu vereinfachen. Es ist nämlich ein immanentes Gesetz jeder Durchforschung irgendeines Gegenstandes, daß uns zuerst die Einzelheiten, die Unterschiede, die Varietäten überwältigen, da wir ja im allgemeinen nur von den Details her an die eigentlichen Gegenstände herankommen. Erst langsam und nach großer Bemühung wird der tiefinnere Zusammenhang sichtbar, die Differenzen fliehen zurück, und rein und klar liegt die Aussicht auf die Gipfel vor uns.

Dieses „Gesetz der Zusammenziehung der Einzelheiten", wie man es nennen könnte, ist nirgends so sehr am Werke wie in einer werdenden Wissenschaft. An tausend Stellen wird an Einzelheiten gearbeitet, werden neue Wege versucht, neue Stollendurchbrüche vorbereitet. Irgendeiner dieser Durchbrüche stößt auf bisher unbekannte Quellen, unbekannte Erzlager. Hängen sie mit anderen Lagern zusammen, die im Nachbartal erschlossen wurden? Zu welchem Stromsystem gehört die Quelle? Wohin wird der Bach fließen? Haben wir bloß den abgekürzten Weg nach Indien gefunden oder den neuen Weltteil Amerika entdeckt? Weder die Quelle, noch das Erzlager, noch der Weltteil geben uns auf solche Fragen Antwort. Oft währt es Jahrhunderte lang, bis man sich aller Zusammenhänge bewußt wird. Oft auch hält man die Forschung, wie etwa bei den Irrationalzahlen, für ein todeswürdiges Verbrechen, bis man nach Jahrtausenden endlich dazukommt, zu behaupten, der Begriff der Stetigkeit wäre ohne das Irrationale ein Unding und die Zahlenfläche bliebe ohne Irrationalzahlen im besten Falle ein Gitter von Punkten.

Irgendwie dreht sich nicht nur die Erde, sondern auch der geistige Kosmos im Kreise herum. Vielleicht auch in einer Spirale, die, je nachdem, wie man es auffaßt, den Mittelpunkt in stets weiteren Umschwüngen umkreist oder ihm in stets engeren Windungen näherkommt. Und es wird kaum einen Mathematiker geben, der sich nicht in Stunden der Einkehr, des Katzenjammers oder der Verzweiflung die bange Frage vorlegt, ob seine ganze mathematische Welt nicht eine ungeheure Seifenblase sei. Gewiß, manchmal wirft sich der Mathematiker stolz in die Brust, weist auf die großartigen Erfolge hin, die den Arm des Menschen gleichsam bis zu den entferntesten Spiralnebeln verlängert haben. Und die ihm die Gabe des Zauberers und des Propheten verleihen. Ist der Arm des

Menschen aber wirklich so lang geworden? Ist das alles nicht bloß eine furchtbare Selbsttäuschung? Schon der Kubikinhalt eines knorrigen Eichbaumes ist rechnerisch fast unzugänglich — wozu also die Theorien komplexer Veränderlicher?

Es ist zugegeben, daß dieses Chaos der Gefühle manches für sich hat. Es ist aber doch wieder auch hier alles nicht so einfach. Denn wenn ein Banause behaglich auf die Uhr blickt, hierauf den Radioapparat andreht und sich dann im Sportbericht an den Weltrekorden von Automobilen oder Flugzeugen ergötzt, kann er wohl, subjektiv ehrlich, behaupten, er habe es ohne Mathematik zu diesem Wohlstand und Lebensgenuß gebracht und jede höhere Mathematik sei für ihn Humbug. Allerdings vergißt er dabei die Kleinigkeit, daß sein „Wohlstand" für ihn von anderen durch die Mathematik geschaffen wurde. Begonnen von der Uhr, auf die er blickt. Mit solchem Unsinn wollen wir uns weiter auch nicht auseinandersetzen. Wir meinen bloß, daß selbst in den Gedanken großer Mathematiker manchmal ein Schimmer solchen Banausentums steckt. Es kreißen Berge und ein Mäuslein wird geboren. So erscheint die ganze Bemühung oft den Forschern selbst. Und es dürfte solchen Zweifelregionen entsprungen sein, wenn der französische Mathematiker Brunschwicg einmal ausrief: „Es ist ein feierlicher Augenblick, wenn zwei Gebiete der Mathematik miteinander in Kontakt treten." Denn dann, so fügen wir hinzu, ist es zu hoffen, daß sich wieder die Verwirrung um ein gutes Stück entknotet.

Unsere Leser, soferne sie nicht Mathematiker sind, werden wähnen, wir hätten sie in den letzten Kapiteln zunehmend mit einem Wust von stets schwieriger werdenden Einzelheiten und mathematischen Sensationen überschüttet. Weit gefehlt! Mit geradezu väterlichem Gefühle haben wir ihnen, so weit es ging, die Schrecknisse des Details vorenthalten und sie nur von Gipfeln über weite Länder blicken lassen, die von diesen Gipfeln aus friedlich in der Sonne liegen. Betritt man diese Länder, dann umgibt einen sofort tosender Lärm, Volksgedränge, Aufruhr, Einsturz, wildes Geschrei. Und die Gassen, in die man fliehen will, werden undurchdringlicher und krauser als die Gänge des kretischen Labyrinths. Wir haben vieles verschwiegen. Haben nichts über höhere Flächen, nichts über nichtorientierbare Räume gesprochen, in denen man nach einer Weltumseglung sein Herz auf der rechten Seite finden kann, während der zurückgebliebene Freund sein Herz auf der linken Seite behielt. Der einfachste Fall eines solchen Raumes ist das bekannte Blatt von Möbius, das sich jeder aus einem Stück Papier kleben und es hierauf in einem Zug auf

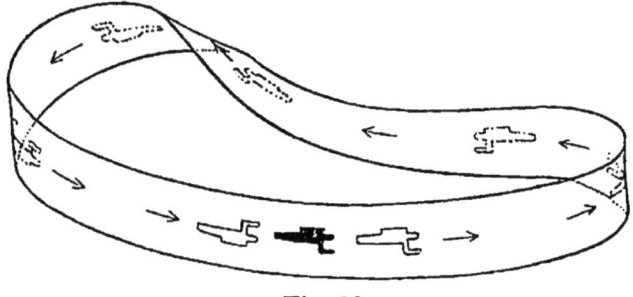

Fig. 13

beiden Seiten mit einer in sich zurückkehrenden Linie beschriften kann. Wir zeigen es im Bilde, zeigen, wie dabei durch „Weltumseglung" die rechte und linke Seite vertauscht wird, was ein sogenanntes Beltramisches Flächenwesen gar nicht verstände, da es sich nicht in die dritte Dimension erheben kann.

Wir haben auch nichts über die große Erregung berichtet, die all diese geometrischen Entdeckungen hervorriefen. So erfuhr etwa der berühmte Astrophysiker Zöllner (geb. 1834), der durch seine Untersuchungen der Protuberanzen und Spektrallinien rühmlichst bekannt ist, einmal zufällig durch Felix Klein, daß ein Knoten in einem R_3 eine Angelegenheit der Lagegeometrie, also gegen jede Verzerrung seinem Wesen nach invariant oder unempfindlich sei. Im R_4 dagegen könnte ein solcher Knoten durch bloße „Verzerrung" gelöst werden. Klein war über die enthusiastische Aufnahme dieser Neuheit durch Zöllner erstaunt. Er war aber geradezu entsetzt, als er erfuhr, daß sich Zöllner mit dem damals berühmten, später entlarvten amerikanischen Medium und Okkultisten Slade verbündet habe, um im Wege der Knotenlösung die reale Existenz des vierdimensionalen Raumes zu beweisen. Durch die Taschenspielerkunststücke Slades gelangen die Experimente trotz Versiegelung der Knoten und trotz anderer Vorsichtsmaßnahmen. Nun gab es für Zöllner keinen Halt mehr. Er begann eine fieberhafte Tätigkeit zu entwickeln, ließ in seinen letzten Lebensjahren täglich mindestens einen Bogen Abhandlungen drucken und starb im Jahre 1882 infolge Überreizung, noch nicht fünfzig Jahre alt, an Gehirnschlag.

Wir haben aber auch noch über viele andere Dinge geschwiegen. Vor allem über die heute bereits zu unerhörter Durchbildung gelangte Wahrscheinlichkeitsrechnung, die in alle Wissenschaften stets siegreicher eindringt und die im Begriffe ist, das von „Gesetzen" beherrschte klassische Weltbild zu einem „Statistischen Weltbild" umzumodeln, in dem es keine Sicherheit, sondern nur mehr Grade von Wahrscheinlichkeit gibt. Wir haben weiters gar nicht erwähnt, daß Hamilton, Cayley und andere Mathematiker die Algebra durch einen Symbolkalkül erweiterten, der an Allgemeinheit und Unerforschtheit alles Bisherige übertrifft; und haben vor allem nicht die Kombinatorik durchleuchten können, die für manche Mathematiker geradezu die Grundlage der Forschung geworden ist. Ganz zu schweigen von den Höhen der Zahlentheorie, von denen sich selbst der mathematisch einigermaßen Gebildete kaum eine Vorstellung machen kann.

Damit aber nicht genug. Es gibt noch etwas Diffuseres im heutigen Reich der Mathematik, etwas, das der Laie gar nicht erfahren sollte. So hat etwa ein Mann wie

Felix Klein, der einer der ganz großen führenden Geometriker und Funktionentheoretiker des neunzehnten
Jahrhunderts war, nach seiner Darstellung der Quaternionen Hamiltons von englischen „Quaternionisten" die
Zensur erhalten, es seien gar nicht Quaternionen, von
denen er spreche. Und von dem ebenso berühmten Mathematiker und Zahlentheoretiker Kronecker behauptete
Henri Poincaré, er hätte niemals etwas Geniales zustandegebracht, wenn er nicht zeitweilig die eigenen philosophischen Grundsätze seiner Forschung vergessen hätte.
Riemann und Weierstraß erging es nicht viel besser,
und es ist unbestreitbar, daß es Gebiete gibt, in denen
selbst große Mathematiker einander nicht mehr folgen
können.

Wir sprechen hier von durchwegs seriösen Kennern
ihres Faches und nicht von den zahllosen mathemati-
sierenden Philosophen, die frisch, frank und frei General-
urteile über das „Wesen der Mathematik" abgeben und
sofort betreten schweigen, wenn man ihnen als Widerlegung ihrer Behauptungen ein verhältnismäßig einfaches Exempel irgendeines Gebietes der Mathematik
vorhält.

Das alles soll uns aber nicht hindern, auf solider
Grundlage eine Vereinfachung dieser babylonischen Verwirrung zu erstreben. Und so wollen wir festhalten, daß
wohl der Zahlbegriff stets die Grundlage aller Mathematik
bleiben wird und bleiben muß. Wir haben gerade auf
diesem Gebiete im neunzehnten Jahrhundert durch die
Ausbildung der Theorie der komplexen Zahlen ungeheuer
viel Terrain gewonnen, und auch die Gleichungstheorie
tat ihr übriges, um den Zahlbegriff zu festigen und zu erweitern, da sie ja mit Wurzeln, Irrationalitäten und
komplexen Zahlen aufs innigste zusammenhängt. Dann
hat uns das neunzehnte Jahrhundert endgültige Erkenntnisse über die Unauflösbarkeit der Gleichungen, die den
vierten Grad überschreiten, und über die Unmöglichkeit
der Quadratur des Kreises gebracht (Lindemann 1882).
Weiters gewannen wir in den Determinanten, Mengen

und Gruppen gleichsam neue „Überzahlen", mit denen wir bereits ohne viel Schwierigkeit operieren. Und schließlich hat es die darstellende, die projektive und die nichteuklidische Geometrie verstanden, einen neuen, bedeutenden Aufstieg der Geometrie einzuleiten, der weit über alles Vorhergegangene hinaufreicht.

Nach all dem, was mathematisch, physikalisch und philosophisch in diesem neunzehnten Jahrhundert vorging, war es klar, daß in mehr als einem Kopf und Gemüt der Wunsch erwachte, das riesige Chaos der genialen Entdeckungen und Verallgemeinerungen zu bändigen. Und man war bestrebt, gleichsam die Wurzeln all dieses üppigen Wachstums bloßzulegen. In geometrischen Dingen hatte man für diese Bemühung ein leuchtendes Vorbild, nämlich Euklid, an dessen Sturz durch die nichteuklidischen Geometrien wohl nur neuerungssüchtige Progressisten glaubten, denen die Auflösung und Relativierung aller Wahrheit irgendwie am Herzen lag.

Nun gelang es David Hilbert (geb. 1862, zuletzt Professor in Göttingen) in einer fast endgültigen Art, die ganzen Fragenkomplexe über die Grundlagen der Geometrie zu klären, und sein Axiomensystem ist eine der großen Leistungen des neunzehnten Jahrhunderts. Diese Axiomatik erlaubt es nämlich, sämtliche Typen von Geometrien in ihrem Aufbau und in ihrer Bedingtheit klarzustellen. Durch bloße Weglassung gewisser Axiome gewinnen wir mühelos die nichteuklidischen, die nichtarchimedischen und andere Geometrien und können dadurch begreifen, warum Geometrien widerspruchsfrei möglich sind, die unserem am vollständigen euklidischen Axiomensystem geschulten Empfinden auf den ersten Blick wie Wahnsinn erscheinen. Hilbert leistete in seinen „Grundlagen der Geometrie" jedoch noch weit mehr. Vor allem zeigte er, daß die Verschwisterung von Geometrie und Arithmetik, also von Größe und Zahl, nur dann aufrechterhalten werden kann, wenn sämtliche Rechnungsregeln reeller Zahlen vollständig identisch auch für die sogenannte Streckenrechnung, also für eine

Rechnung mit Größen gelten. Ist eine solche Identität zu erweisen, dann dürfen, gleichsam gruppentheoretisch, Größe und Zahl oder Zahl und Größe mutatis mutandis miteinander vertauscht werden. Diese Möglichkeit, die als stillschweigende Voraussetzung jeder analytischen und jeder Maßgeometrie überhaupt zugrunde liegt, ist das unerläßliche Fundament der logischen Berechtigung der Maßgeometrie. Wie Hilbert zeigt, ist diese Verschwisterung von Größe und Zahl durchaus nicht selbstverständlich, sondern muß auf Grund der projektiven Geometrie, insbesondere der Sätze von Pascal und Desargues, sorgfältig nachgeprüft und nachgewiesen werden.

Wir wollen nicht verschweigen, daß auch die Geometriker Pasch und Schur, Zermelo und andere an der axiomatischen Grundlagenerforschung in vieler Beziehung beteiligt sind. Sie ist überhaupt seit mindestens fünfzig Jahren auf der „Tagesordnung", und noch niemals hat ein so heißes Bemühen stattgefunden, den erworbenen Geistesbesitz zu sichern.

Die Gründe für solche Bemühungen liegen sehr tief und sind in verschiedener Richtung zu suchen. Rein historisch betrachtet, handelt es sich um die Rezeption Euklids im faustischen Kulturkreis. Aber auch nur zum Teil. Denn es steckt ebenso gut der Geist des Ramon Lullus hinter all diesen Bestrebungen. Wissenschaftspsychologisch kommt man einfach vom Traum der „Denkmaschine", der „allgemeinen Charakteristik", der „ars inveniendi" nicht los und will es mit der Logisierung der Mathematik versuchen, wenn es im Algorithmus und Kalkül selbst nicht mehr weitergeht. Dabei ergeht es der Logik aber genau so wie der Geometrie. Wir haben früher schon die Tragikomödie erwähnt, daß die projektive Geometrie aus dem Wunsch heraus geschaffen wurde, dem sieghaften Algorithmus der Algebra ein Paroli zu bieten. Der Schluß war eine vollständige Algebraisierung der Geometrie, wobei sich projektive Geometrie und Algebra fast unlösbar amalgamierten, und aus der revolutionierenden Geometrie erst recht eine

Algebra der Formen, Invarianzen und anderer Beziehungen wurde. Die Algebra scheint ein Licht zu sein, in das die Schmetterlinge der anderen Geisteszonen nicht ungestraft fliegen dürfen. Denn wenn auch die Logik sich plötzlich als Übermathematik zu gebärden begann, sich als Überwissenschaft konstituierte und mit allen Mitteln der Symbolik zu operieren anhub, so stellte es sich gleichwohl sehr bald heraus, daß sie nichts anderes getan hatte, als sich in aller Stille zu algebraisieren. Wie ein militanter Eroberer, der ein fremdes Reich unterwirft, am Ende jedoch Sprache und Sitten der unterjochten Völker annimmt, ist es der Logik und der Logistik ergangen. Und nur unter vollständiger Verwirrung aller Begriffe kann man ernstlich behaupten, daß der Gedanke des Kalküls und der Symbolschreibung eine logische und keine mathematische Kategorie sei.

Wir wollen in keiner Weise die Fruchtbarkeit dieser „Streckung der Logik" anzweifeln, solange sie sich in vernünftigen Grenzen hält. Wenn aber behauptet wird, daß es sich plötzlich „herausgestellt" habe, daß die Mathematik nichts sei als ein Komplex von Tautologien und Kreisschlüssen, dann muß der Historiker der Mathematik darauf hinweisen, daß eine solche Auffassung zumindest etwas einseitig ist, wenn sie auch nicht ohneweiters widerlegt werden kann. Sie kann nämlich deshalb schwer widerlegt werden, weil sie Dinge postuliert, die vollständig der Willkür unterliegen. Und diese Dinge sind eben die Kompetenzgrenzen von Mathematik und Logik. Durch Jahrtausende hat sich die Mathematik der logischen Operationen des Schließens, des Beweisens und des Analysierens bedient. Sie hatte auch stets und fast zu jeder Zeit das Bestreben, dieses „negative Kriterium der Wahrheit", wie es Kant nennt, nicht zu verletzen. Sie war aber gezwungen, nicht nur die formale, sondern auch die transzendentale Logik zu berücksichtigen. Mußte darüber hinaus stets am Rande der Metaphysik, ja sogar der Mystik operieren, da ihr sonst gerade die leuchtendsten Gipfel ihres Erfolges nicht beschieden gewesen wären. Von einem gewissen Standpunkte aus könnte man der Mathematik sogar biologische Bedingtheiten nachsagen, zumindest aber kulturmorphologische.

In solchen Bindungen und gegen solche Bindungen hat sich die Mathematik entwickelt und es ist vom Standpunkt einer Wesensschau kaum zweifelhaft, was man unter mathematischem Denken und Handeln verstehen kann und was nicht. Wenn sich also eine der Mathematik irgendwie bisher stets nebengeordnete Wissenschaft plötzlich der integrierenden Errungenschaften der Mathematik zu bedienen beginnt und aus dieser Position heraus Vorrangsansprüche stellt, ist das Wesen der Sache, vom historischen Standpunkt aus, so gut wie ins Gegenteil verkehrt.

Wir wollen an diese Stelle einige Worte Hilberts aus dessen Abhandlung über „Logik und Arithmetik" setzen, die nach unserer Ansicht das Wesentliche sehr scharf wiedergeben. Hilbert sagt: „Man bezeichnet wohl die Arithmetik als einen Teil der Logik und setzt meist bei der Begründung der Arithmetik die hergebrachten logischen Grundbegriffe voraus. Allein bei aufmerksamer Betrachtung werden wir gewahr, daß bei der hergebrachten Darstellung der Gesetze der Logik gewisse arithmetische Grundbegriffe, z. B. der Begriff der Menge, zum Teil auch der Begriff der Zahl, insbesondere als Anzahl bereits zur Verwendung kommen. Wir geraten so in eine Zwickmühle und zur Vermeidung von Paradoxien ist daher eine teilweise gleichzeitige Entwicklung der Gesetze der Logik und der Arithmetik erforderlich."

Wir haben absichtlich nicht einen Intuitionisten oder Mystiker der Mathematik, sondern einen der strengsten und erfolgreichsten Logiker der Mathematik zitiert. Wir sind nämlich der festen Überzeugung, daß sich diese unpolare und objektive Stellungnahme gegenüber der Rangordnung der beiden Wissenschaften Logik und Mathematik deshalb durchringen muß, weil die Verwischung oder Veränderung der Grenzen keiner der beiden

354

Wissenschaften auf die Dauer Vorteile bringen kann. Und wir sind weiter der Überzeugung, daß die Geschichtsschreibung einer nicht allzufernen Zeit eine „Epoche" konstatieren wird, die mit dem Titel „Prioritätsstreit der Logik mit der Mathematik" überschrieben werden könnte. Wobei „Priorität" nicht zeitlich, sondern erkenntniskritisch gemeint ist.

Noch einmal: Es fällt uns nicht im geringsten ein, die Bemühungen um die logische Fundierung und Reinigung der Mathematik zu verkennen und zu verkleinern. Wer so dächte, dem läge die Wahrheit nicht am Herzen und er müßte als schlechter Mann verachtet werden, der nicht bedenkt, was er vollbringt. Anderseits aber erscheint uns wieder die heute sehr verbreitete Bestrebung, die Produktivität der Mathematik um jeden Preis zu verriegeln, und die Erzeugung des Wahnglaubens, es sei bereits alles „durchschaut", als eine Versündigung am Geist, die scharfe Zurückweisung verdient. Aus solchem Sterilitätsaspekt heraus, der sich puritanisch gebärdet wie irgendeine andere Beckmesserei der Weltgeschichte, wird den „Meistersingern" der Mathematik, vor allem den Stolzings der Weg versperrt, auf dem allein nach allen Lehren der Mathematikgeschichte die Wissenschaft vorwärtskam. Es muß nämlich — und hier liegt die Gefahr — nicht jeder geniale Mathematiker durchaus a priori ein großer fachlich geschulter Logiker und Philosoph sein. Und es könnte geschehen, daß solche zukünftige Bahnbrecher gleichsam verzagt und kopfscheu werden, wenn sie den Wust vor sich sehen, durch den sie angeblich schreiten müssen, oder aber wenn man ihnen von philosophischer Seite vorhält, sie befänden sich in einem Zauberkreis, den sie nicht sprengen könnten.

Unsere Ermahnung zu intensiverer historischer Einstellung gegenüber dieser wahrscheinlich bald wieder vorübergehenden einseitigen Hyper-Logisierung der Mathematik, die in Wahrheit allem Anschein nach nichts ist als die Tragikomödie einer Mathematisierung der Logik, richtet sich auch nicht an die Fachleute, die ja sicherlich alle diese Tatbestände kennen und ihre eigenen Lehren durchaus nicht so einseitig meinen, als sie von all denen aufgefaßt werden, die weder die Mathematik, noch die Logik, noch die Philosophie, noch auch die Kulturgeschichte hinreichend allgemein überblicken. Kurz zusammengefaßt: Wir befinden uns seit der Grundlagenforschung der Mathematik und seit der Erfindung des Logikkalküls in einer äußerst spannungsreichen und interessanten Epoche der Mathematik und der Logik, die durch die Aufstellung der mehrwertigen Logiken und durch die Verbindung n-wertiger Logiken mit der Wahrscheinlichkeitstheorie, wie sie etwa durch Reichenbach erfolgte, an Problematik nicht gerade arm ist; wobei gleichwohl ein kühler Historiker der Mathematik mit einer gewissen Skepsis feststellen muß, daß diese Überkomplikationen den Befähigungsnachweis nach der produktiven Seite hin noch durchaus nicht erbracht haben.

Wir wollen deshalb die strengen Bereiche der logisierten Mathematik und der mathematisierten Logik, die wir ja auch bloß streifen durften, verlassen und wollen uns am Schluß dieser Reise durch Zeiten und Räume der Frage zuwenden, welches übergeordnete, gemeinsame Merkmal wohl all den Bestrebungen der Jahrhunderte seit Leibniz, insbesondere dem neunzehnten und dem beginnenden zwanzigsten Jahrhundert zukommen möge. Wir sind uns darüber klar, daß wir damit in gewissem Sinne den Boden der Tatsachen verlassen und die Regionen subjektiver Eindrücke betreten müssen. Wir werden uns aber gleichwohl bemühen, diese Eindrücke nicht zu Träumen oder zur Fabuliererei entarten zu lassen.

Wenn wir also auf den langen und mühsamen Weg zurückblicken, den wir bisher miteinander gegangen sind, dann fällt uns eine merkwürdige Eigenschaft auf, die all den Entdeckungen der letzten hundertfünfzig Jahre mehr oder minder versteckt zugrundeliegt. Wir wollen sie vorläufig sehr angenähert als „Perspektive", als „Ähnlichkeitsuntersuchung" und als „Maßstabveränderung" bezeichnen. Im innersten Wesen gehören alle drei Stand-

356

punkte irgendwie eng zusammen. Wir wollen es aber nicht bei der Andeutung größerer Zusammenhänge bewenden lassen, sondern unsere Vermutung im einzelnen durchführen.

Daß sich die darstellende und die projektive Geometrie, weiters auch überhaupt jede Geometrie der Lage, mit allen dreien der oben erwähnten Begriffskategorien befaßt und befassen muß, ist einleuchtend und bedarf keiner weiteren Erörterung. Dieser Drang, alle Dinge unter anderen Gesichtswinkeln abzubilden, sie zu transformieren, um zu untersuchen, was dabei Bestand habe und was nicht, griff jedoch weit über den engeren Bereich der darstellenden und der projektiven Geometrie hinaus und wurde etwa bezüglich der nichteuklidischen Geometrien zur unbedingten Verallgemeinerung des Begriffes einer Geometrie überhaupt. Dadurch auch entwickelte sich die Idee einer invarianten oder unempfindlichen Zone, die sämtlichen Geometrien gemeinsam ist und von manchen Autoren treffend die „absolute Geometrie" neben den unendlich vielen möglichen, gleichsam relativen Geometrien genannt wird. Da nun aber seit Descartes ein weitgehender Strukturparallelismus, wenn nicht gar eine Identität von Geometrie und Algebra besteht, indem beide Teilreiche der Mathematik als nichts anderes betrachtet werden denn als untergeordnete Vasallenstaaten eines über beiden stehenden Reiches der reinen Formen[1]), war es sehr wenig verwunderlich, daß sich die Veränderung in den Anschauungen über die Geometrie sofort auch als eine Verfassungsänderung im Reiche der Algebra und der universellen Symbolik geltend machte. Auf dieser Linie liegen sämtliche epochalen Entdeckungen über Kongruenz im Sinne Gaußens und über Gruppen. Überall in diesen Ideengebäuden handelt es sich irgendwie um die Frage, was bei allerlei Ver-

---

[1]) Wir gebrauchen den Ausdruck „Form" in noch umfassenderem Sinn als die moderne Theorie, die unter „Form" die linke Seite einer auf Null gebrachten Gleichung versteht.

zerrungen, allerlei anderen Perspektiven und allerlei Substitutionen bzw. Transformationen erhalten oder invariant bleibt. Wir erinnern uns bei diesen vielfältigen Bemühungen um versteckte Zusammenhänge unwillkürlich an die „Koinzidenzen" des Cusanus. Natürlich ist die Ähnlichkeit des scholastischen Begriffes der „Koinzidenz" mit dem modernen Begriff der „Struktur-Invarianz" nur eine sehr ungefähre. Aber sie besteht trotzdem irgendwie in der psychologischen Richtung des Herantretens an die Probleme.

Was, so fragen wir uns, ist nun der tiefste Sinn und die unterste Absicht all dieser perspektivischen Bemühungen? Ist es bloß das Bestreben, die Dinge aus verschiedensten Gesichtswinkeln zu erblicken, sie deutlicher oder allgemeiner zu machen? Sicherlich sind derartige Motive in diesem Forschungsziel auch mitenthalten. Sie sind aber unserer Ansicht nach nicht die primären Triebkräfte. Denn „Verallgemeinerung" an sich wäre bloß eine extensive und durchaus keine intensive Bemühung. Man hätte dadurch letzten Endes das Feld der Forschung nur verbreitert, ohne den wirklichen Zusammenhängen näher an den Leib zu rücken. Im Gegenteil: man hätte sich — und es schien zum Teil wirklich so — durch eine zügellose Verallgemeinerung sogar von der Möglichkeit entfernt, die Zusammenhänge zu durchschauen. Aber es schien nur oberflächlichen Betrachtern so. Denn die gleichzeitige Bemühung um Verallgemeinerung und Erkenntnis der Invarianz ist etwas grundlegend anderes als die Ausbreitung und Anhäufung des verallgemeinerten Materiales ohne die Korrektur der Invarianzuntersuchung. Wählen wir ein simples Beispiel: Schon Diophant, wenn nicht manch noch früherer Arithmetiker hat instinktmäßig gewußt, daß eine an sich unlösbare Gleichung sofort lösbar wird, wenn man, im gewöhnlichen Sinne des Wortes, für die Unbekannte einfachere oder vielleicht auch manchmal kompliziertere Ausdrücke „substituiert". Die Tätigkeit des Umformens, die wir etwa bei der Cardanoschen Lösung der kubischen Gleichungen in besonderer Deutlichkeit erfolgreich am Werke gesehen haben, ist jedoch nicht auf die Gleichungen beschränkt geblieben. In weit umfassenderer und noch viel weniger durchsichtiger Art trat sie bei der Auswertung (Lösung) von Integralen auf, bei denen sie zum großen Teil die Voraussetzung der Brauchbarkeit des ganzen Integral-Algorithmus wurde. Warum nun darf man das eine Mal substituieren, das andre Mal nicht? Warum führt die eine Art dieser Transformation bei gewissen Integralen sicher zum Ziel, während sie ein anderes Mal kläglich versagt? Was, wie und wo darf man transformieren? Wir sprechen dabei noch gar nicht von der theoretischen Physik, bei der solche Fragen gleichsam stündlich auftreten.

Kurz, man mußte in all diese Probleme des Algorithmus irgendeine Klarheit hineinbringen, mußte die einzelnen Algorithmen gleichsam degradieren, mußte sie zu Teilalgorithmen machen, um die Möglichkeit und Richtigkeit der Übergänge von einem Formreich zum andren zu zeigen. Diesem Zwecke diente auch in hervorragendem Maße die Einführung der komplexen Zahlen. Wir haben wiederholt vom „Geisterreich" der Mathematik gesprochen, haben die komplexen Gebilde mit platonischen Ideen verglichen und behauptet, sie seien in ihrer Vollkommenheit und Symmetrie die Urbilder aller anderen Zahlen, die manchmal so sehr verstümmelt, so sehr von „irdischen" Mängeln und Gebrechen entstellt seien, daß man ihre wahren Eigenschaften überhaupt nicht mehr erkennen könne und dadurch zwangsläufig in Fehler verfalle, die nur dann vermeidbar seien, wenn man sich Rat im Geisterreich bei den Vorbildern hole. Auch diesen Methoden liegt ein perspektivischer, ein Abbildungsgedanke zugrunde. Man projiziert gleichsam das reelle Reich ins komplexe und das komplexe ins reelle und erkennt bei dieser Transformation, welche Eigenschaften erhalten bleiben und welche nicht. Und man ist imstande, im komplexen Gebiet Operationen allgemeinster Art durchzuführen, deren manchmal sehr begrenzte Spezialfälle hierauf die Operationen im reellen Reiche sind.

Denken wir hier bloß an den Fundamentalsatz der Algebra, an die polygonale Anordnung der Wurzellösungen und an die mit dieser Polygoneigenschaft zusammenhängende Lehre von der Kreisteilung. Diese Kreisteilungslehre setzt sich weiter in trigonometrischer, konstruktiver und gleichungstheoretischer Richtung fort und man ist, etwa in der Gruppentheorie, imstande, eine „Gruppe" der Lösungen einer Gleichung n-ten Grades zu bilden, die sich nun nach dem Algorithmus der Gruppentheorie zu anderen Gruppen, etwa Rest-Modulsystemen, in Beziehung setzen läßt. Oder denken wir an die Logarithmen, deren Eigenschaften zugleich erklärlicher, zugleich aber noch mystischer und noch „wundertätiger" werden, wenn wir erfahren, daß im Geisterreich jeder Zahl unendlich viele Logarithmen zugeordnet sind. Solche „Geistereigenschaften" treten auf der reellen „Erde" plötzlich irgendwo unvermutet ans Tageslicht und sind ebenso undurchsichtig als verheerend, wenn man die Urbilder nicht kennt.

Es gibt aber noch ein weiteres Gebiet der Mathematik, das mit dieser „perspektivischen Weltanschauung" zu tun hat, die wir als gemeinsames Symptom der Forschungen des neunzehnten Jahrhunderts ansprechen. Wir meinen den Begriff der Konvergenz. Rein optisch betrachtet, ist eine konvergente Reihe nichts andres als eine Skala, deren „Einheiten" irgendwie perspektivisch liegen. Gewisse konvergente Reihen gleichen, bildlich gesprochen, einem Meßband, das sich in die Ferne verliert, so daß die „Einheiten" sich mehr und mehr verkürzen, bis sie endlich an die Sky-line, an den Horizont des Grenzpunktes, bzw. komplex gesprochen, des Randes oder Konvergenzkreises stoßen. Aus solchen Überlegungen heraus verbinden sich auch sofort die nichteuklidischen Geometrien, die projektive Geometrie und die Konvergenzbetrachtungen zu einer neuen Übereinheit von Gebieten. Derartige Standpunkte aber leiten weiter zu kosmologischen Betrachtungen, wie etwa zur Ansicht von der Geschlossenheit und Endlichkeit des Universums über, da es sich ja dabei um nichts andres als um die Postulierung einer nichteuklidischen Struktur des Erfahrungsraumes handelt. Aber selbst die Mengenlehre, die auf den ersten Blick mit ihrer aktualen Unendlichkeit den Gesetzen der Perspektive nicht zu folgen und abseits von diesen Aspekten ihren Weg zu schreiten scheint, ist durchaus in das „perspektivische Weltbild“ des neunzehnten und des beginnenden zwanzigsten Jahrhunderts eingegliedert. Die „punktweise Zuordnung“ der Mengen allein ist eine perspektivische Angelegenheit und sämtliche Maßstabfragen der Koordinatengeometrie, die mit Punktmengen operiert, führen auf derartige Probleme zurück.

Wir haben versucht, in kurzen Andeutungen zu zeigen, daß die ganze Mathematik der letzten hundertfünfzig Jahre, so vielfältig, verworren, esoterisch und andersgeartet sie auch erscheint, gleichwohl einen sehr deutlichen „Konvergenzpunkt“ zeigt, der alles eher denn ein unendlich ferner Punkt zu sein scheint. Irgendwie liegt die Tat des Jakobiners De Monge und seiner Schüler, die auf deutschem Boden dann ihren faustischen Aufwärtstrieb erhielt, als Schatten über dem Jahrhundert. Und wir vermuten, daß sich, rein historisch betrachtet, eine Synthese all dieser „perspektivischen“ Ansätze vorbereitet, die in irgendeine allgemeinste „Ähnlichkeitsmathematik“ münden wird. Dieser Mathematik gegenüber dürfte die „vor-Galoissche“ oder „vor-Gaußsche“ Mathematik als „Gleichheitsmathematik“ bezeichnet werden dürfen.

Naturgemäß ist der einwandfreie und gesicherte Ausbau dieser Synthese, zu der im höchsten Maß sämtliche Vektorenbetrachtungen mit ihren Verschiebungen, Drehungen, Drehstreckungen und Drehkürzungen gehören, ohne gründlichste philosophische Kontrolle nicht möglich. An dieser Stelle und von diesem neuen Standpunkt aus ist die Mitarbeit der Logistik nicht nur interessant, sondern höchst ersprießlich, sofern sie sich ihrer kontrollierenden Aufgabe bewußt bleibt und nicht wähnt, die letzte Instanz eines vollendeten logisch-mathematischen

Kosmos zu sein. Dieser letztere, durchaus magische Gedanke widerspricht, wie wir zu zeigen versuchten, den Tatsachen der Geschichte. Und widerspricht, wie man in unerschöpflicher Vielfalt zeigen könnte, auch dem tiefsten Instinkt zahlreicher erstrangiger Mathematiker. So sagt etwa Felix Klein auf Seite 51 seiner bereits erwähnten „Vorlesungen über die Entwicklung der Mathematik im 19. Jahrhundert" ungefähr, daß „Strenge" der Mathematik ein aus der griechischen Antike stammendes Ideal sei, das die rein logische Ableitung der ganzen Mathematik aus einer möglichst beschränkten Anzahl an die Spitze gestellter Voraussetzungen beinhalte. „Hier möchte ich", fährt Klein fort, „nun betonen, daß selbst bei einer idealen ‚Strenge' in diesem Sinne ein gewisses, anschauungsmäßiges, alogisches Element bei der Bildung der Grundlagen beteiligt bleibt." Und er sagt dann auf Seite 53 weiter: „Aus der Betrachtung der Geschichte unsrer Wissenschaft ergibt sich nämlich, daß ‚Strenge' bei alledem etwas Relatives ist, eine Forderung, die sich mit der fortschreitenden Wissenschaft erst entwickelt. Es ist interessant, zu beobachten, wie in einer auf Strenge gerichteten Periode die Zeitgenossen jedesmal glauben, das Maximum in dieser Richtung geleistet zu haben, und wie dann noch eine spätere Generation in ihren Forderungen und Leistungen über sie hinwegschreitet. So wurde Euklid überholt, so Gauß, so Weierstraß. Es scheinen der Entwicklung in dieser Richtung so wenig Grenzen gesetzt zu sein, wie sie für die schöpferische Erfindungskraft existieren."

Diese Worte sind nicht etwa als Programm, sondern als Summe eines unendlich reichen Lebens gesprochen worden. Der damals mehr als sechzigjährige Klein hielt seine „Vorlesungen" in den ersten Kriegsjahren, also zu einer Zeit, da alle Untersuchungen über die Grundlagen der Mathematik, an die man heute appelliert, bereits vorlagen. Kronecker, Frege, Hilbert, um nur wenige Namen zu nennen, waren Klein bereits genau bekannt, ebenso Poincaré, Couturat und andre.

Wir halten somit diese Worte für durchaus mehr als ein geistreiches Aperçu. Und wir können und wollen uns nach unsrer Fahrt durch Raum und Zeit keinerlei Untergangs- oder Vollendungsbehauptung unterwerfen. Im Gegenteil: Wie sich nach der Monadenlehre eines der Größten unsrer Wissenschaft, des großen Leibniz, ein Kosmos über den andren türmt, um schließlich in die Monade der Monaden, in Gott, zu münden, so scheinen, um die Worte Kleins abgekürzt zu wiederholen, weder der kritischen noch der produktiven Entwicklung unsrer herrlichen, wahrhaft königlichen Wissenschaft irgendwelche Grenzen des Höherbaues gesetzt zu sein.

Für die vorliegende Arbeit wurden — außer der allgemeinen mathematischen Literatur, Lehrbüchern etc. — vorwiegend folgende Spezialwerke benutzt:

M. Cantor, Vorlesungen über Geschichte der Mathematik, Band 1 bis 4.

I. Tropfke, Geschichte der Elementar-Mathematik, Band 1 bis 6.

S. Günther und H. Wieleitner, Geschichte der Mathematik, Band 1 bis 3.

Ambros Sturm, Geschichte der Mathematik bis zum Ausgange des 18. Jahrhunderts (Göschen).

H. Wieleitner, Geschichte der Mathematik, Band 1 und 2 (Göschen).

H. G. Zeuthen, Geschichte der Mathematik im Altertum und Mittelalter.

F. Klein, Vorlesungen über die Entwicklung der Mathematik im 19. Jahrhundert.

P. Boutroux, Das Wissenschaftsideal der Mathematiker.

E. Löffler, Ziffern und Ziffernsysteme.

Fritz Kliem, Apollonius.

F. Kliem und G. Wolff, Archimedes.

A. Czwalina, Archimedes.

H. Poincaré, Wissenschaft und Hypothese.

H. Poincaré, Der Wert der Wissenschaft.

D. Hilbert, Grundlagen der Geometrie (4. Auflage).

M. Émile Picard, Oeuvres mathematiques D'Evarsiste Galois.

S. Günther, Die Anfänge und Entwicklungsstadien des Coordinatenprincipes.

Dietrich Mahnke, Zur Keimesgeschichte der Leibnizschen Differentialrechnung.

Hk. de Vries, Die vierte Dimension.

Hans Mohrmann, Einführung in die nichteuklidische Geometrie.

Liebmann-Bonola, Die nichteuklidische Geometrie.

Außerdem Originalschriften von Euklid, Archimedes, Apollonios, Diophant, Kepler, Descartes, Cavalieri, Newton, Leibniz, Euler, Gauß, Riemann, Dedekind usw.

Die Rote Edition

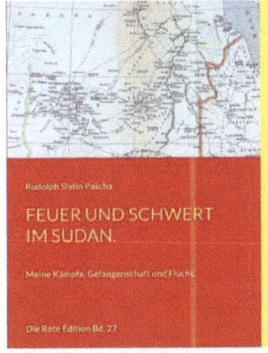

Feuer und Schwert im Sudan

Die Wildnis ruft

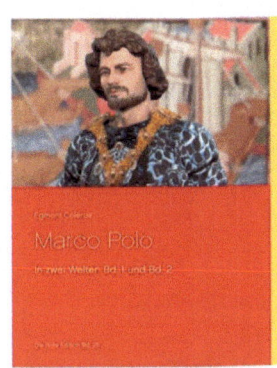

Marco Polo

Sodom

Die Höhlenkinder - Trilogie

Die Folgen des Leichtsinns

www.bod.de/buchshop